职场无忧

丛书

Dreamweaver CS4 网页制作

尼春雨 编著

快学易用 • 职场无忧

结构清晰 阅读方便 实时提示 延伸知识 内容合理 快速上手

案例贴切 实用性强 配套光盘 互动学习

兵器工業出版社

北京希望电子出版社
Beijing Hope Electronic Press
www.bhp.com.cn

内 容 简 介

本书详细介绍了 Dreamweaver CS4 在网页制作中的应用。内容包括网页制作基础、站点创建与页面属性设置、CSS 样式表、创建文本、插入图像、创建多媒体网页、用表格规范网页、在网页中应用超级链接、布局网页、使用模板创建网页、使用表单实现交互功能、使用行为实现特效、测试与发布站点以及综合案例等。全书语言简洁明了、重点突出，针对初级用户的特点编排章节，操作过程详细，图文并茂；全书设置经验谈等版块，使读者一目了然，便于记忆和掌握。在排版方面，本书采用通栏与双栏相结合的排版方式，结构清晰，内容紧凑，实用性强。

本书定位于从零开始学习网页制作的初级读者，也可以作为公司在职人员和大中专院校师生的参考书籍。尤其适合需要在短期内掌握网页制作基本操作的读者使用。

本书配套光盘内容包括范例的部分素材、源文件以及教学视频，读者在学习过程中可以参考使用。

图书在版编目（CIP）数据

Dreamweaver CS4 网页制作/ 尼春雨编著. —北京：兵器工业出版社；北京希望电子出版社，2009. 12

（职场无忧丛书）

ISBN 978-7-80248-438-2

Ⅰ. D… Ⅱ. 尼… Ⅲ. 主页制作—图形软件，Dreamweaver CS4 Ⅳ. TP393.092

中国版本图书馆 CIP 数据核字（2009）第 181283 号

出版发行：兵器工业出版社　北京希望电子出版社

邮编社址：100089　北京市海淀区车道沟 10 号

100085　北京市海淀区上地 3 街 9 号 金隅嘉华大厦 C 座 611

电　　话：010-62978181（总机）转发行部

010-82702675（邮购）010-82702698（传真）

经　　销：各地新华书店　软件连锁店

印　　刷：北京市密东印刷有限公司

版　　次：2009 年 12 月第 1 版第 1 次印刷

封面设计：叶毅登

责任编辑：郭春临　宋丽华　白　凌

责任校对：马　君

开　　本：787mm×1092mm 1/16

印　　张：14.625

印　　数：1-3 000

字　　数：332 千字

定　　价：28.50 元（配 1 张 DVD）

前 言

- 为什么需要学习 Dreamweaver CS4?
- Dreamweaver CS4 在日常生活中主要有哪些用途?
- 因为不熟悉 Dreamweaver CS4，是不是找相关工作困难重重?
- 网页制作中是不是经常遇到问题?

随着计算机在商务领域的广泛使用，熟练掌握计算机以及专业软件的使用已经成为现代职场最基本的技能要求。广大在职人员需要提升自己的计算机使用技能，即将进入职场的人员也需要学习计算机与专业软件的使用方法。而将计算机图书作为学习工具，也是目前最广泛的计算机学习途径，因此如何在众多计算机图书中选择一本好书、一本适合自己的书，更是学习计算机的关键所在。

《职场无忧》丛书是本书编委会经过深入的市场研究与读者调查后，推出的一套以实用为依据、以易学为基准的计算机自学图书。全书采用“基础讲解＋实例巩固”的讲解方式，读者通过基础知识讲解从零开始循序渐进地学习，进而通过实例巩固将所学知识实时结合到典型的商业案例中，实现操作与应用的融会贯通，真正做到“学以致用”。本套丛书主要包括以下图书：

Office 2007 三合一办公应用	局域网组建与维护
计算机操作基础	Windows Vista 系统操作
计算机上网	CorelDRAW X4I 图形绘制
Word 2007 文档制作	Excel 2007 表格与财务办公
PowerPoint 2007 演示文稿与多媒体课件制作	Photoshop CS4 图像处理与制作
Access 2007 数据库办公应用	Flash CS4 动画设计
Dreamweaver CS4 网页制作	AutoCAD 2009 机械制图

套书特点：

➢ 结构清晰 阅读方便

全书采用更加直观易读的结构，基础内容采用通栏讲解，而“新手演练”与“知识点拨”则采用双栏排版，确保在内容充足的情况下结构更加合理，阅读起来更加直观。

➢ 案例贴切 实用性强

在“新手演练”版块中全部采用典型的商业案例，读者通过学习，不仅能掌握软件的操作方法，还可以了解常用商业案例的制作方法与制作理念，以便将所学知识发挥到商务应用中。

➢ 内容合理 快速上手

本书完全从读者角度出发，分析了读者在学习过程中“哪些知识简单了解”、“哪些知识重点掌握”的学习需求，合理安排章节内容，保证读者快速学习的同时，也能在学习后掌握软件的基本应用。

➢ **实时提示 延伸知识**

全书穿插了“温馨提示牌”与“职场经验谈”两个小栏目。“温馨提示牌”用于提示知识点技巧、注意事项以及扩展知识等，避免读者在学习中走弯路；“职场经验谈”则用于在制作典型商业案例时延伸讲解制作经验，补充读者对相关行业案例的认识。

本书读者对象：

- 网页制作初学者——学习 Dreamweaver 基础知识、掌握典型案例，实现一步到位。
- 公司在职人员——巩固软件操作，提高操作能力，让工作更加轻松。
- 网页设计爱好者。
- 大中专学生、培训机构的学员。

注：本书尤其适用于需要在短期内快速掌握网页制作的读者使用。

关于我们：

本书由登巅资讯策划、尼春雨编著。在本书编写过程中得到了陈洪彬、杨静、卢如海、黄馨、胡芳、罗珍妮、明君、于新杰、黄梅、刘红、刘华等人的帮助。由于作者水平有限，书中如存在疏漏和不足之处，恳请专家和广大读者赐教指正。

编者

目　录

第 1 章

网页制作基础

精彩案例

安装 Dreamweaver CS4

创建一个空白网页文档

保存创建的网页文档

打开已有的网页文档

预览“yulan.html”网页文档

本章导读

网页是一个网站的主体，也是 Internet 上信息的主要载体。在学习网页制作前，需要先了解网页制作的一些相关知识，如网页制作的流程、网页中有哪些常见元素以及这些元素的常见称谓等，以便为以后的学习打下基础。另外，还要认识主要的网页制作工具—— Dreamweaver CS4，熟悉其安装方法与工作界面，学习新建、保存、预览、打开网页文档等一些简单的操作。

1.1 网站开发的一般流程

网站制作涉及到多个方面，因此，在正式制作网站之前应对网站有一个整体的规划，如：网站主题定位、资料和素材的收集等；网页制作完成后，还要进行网站上传、宣传、更新、维护等一系列的后期工作。

1.1.1 网站主题定位

决定要开发一个网站时，首先要了解清楚这是一个什么样的网站，其服务对象是哪些用户，这是网站制作中关键的一步。网络用户是一个庞大的群体，每一个用户都有不同的需求，上网的软、硬件环境也不尽相同，要做到面面俱到是不可能的，因此，在建站的初期，就要对网站的服务对象进行定位，尽量做到有的放矢，从而建立一个适合目标用户需要的网站。

制作前要明确网站所要表达的信息。制作者可以通过各种途径多方面了解相关信息，只有充分了解当前市场的情况，才有可能设计出更具时代感、更具实用性的网站。

所做的网页中不要什么主题都包括，而其中的内容却很少，这样会给人一种肤浅的感觉，使效果适得其反。好的网页不仅页面漂亮，信息也很丰富，如下面两幅图所示。

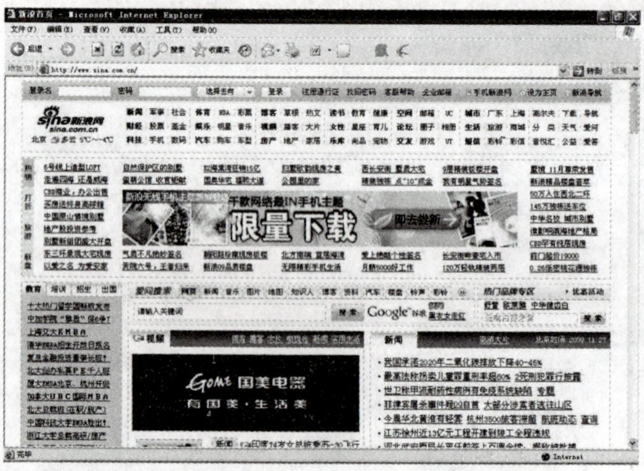

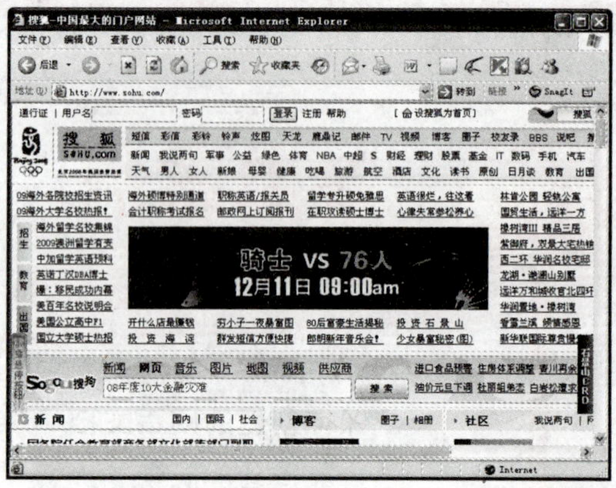

1.1.2 资料和素材的收集

定位网站的主题后，就可以搜集开发网站所需的文字、图片以及用于加强页面效果的动画等各种素材了。如果是开发个人网站，则应收集个人基本资料、兴趣特长、照片等方面的材料；如果是开发校园网站，则需要准备学校简介、招生情况说明，以及与学校有关的图片与视频等；如果是开发企业网站，则应收集企业的介绍、产品信息、市场活动以及招聘信息等。在收集资料和素材的过程中可以参考其他同类优秀网站来确定设计标准。下面两幅图所示分别为个人网站和企业网站。

1.1.3 规划站点

规划站点是指网站开发者从一个网页浏览者的角度来设计网站结构，确定如何有条理地在网页之间跳转。

站点的组织结构有并列、层次和网状等多种类型，在规划时应按站点所包含的内容进行频道划分（即确定导航方式），如：一个综合性网站所包含的内容非常多，有新闻、财经、科技、娱乐、体育、房产、文学、生活和情感等主频道，而各主频道下又有很多分类，各分类又包括了许多内容。

由于开发网站的过程较复杂，这使得规划站点显得很有必要。在规划站点时，应对整个页面乃至每个频道的各级子页面进行规划，包括页面整体的布局、整体样式的把握，以及什么地方用到什么文件等都要做到心中有数。

当然，频道页面的级数也不能太多，应尽可能少于四级。若级数太多，容易使浏览者感到繁琐，也不方便管理。如果网站内容很多，绘制一个站点导航图是非常必要的，这样可以让浏览者更方便地访问网站内容，同时，也更容易在各栏目间进行切换。

1.1.4 设计网页布局

规划完站点后，还不能立即着手制作网页，还需设计其版面布局。这就像平常所看到的报纸或杂志一样，要在每一个版面上进行合理的排版，从而使网站既美观又实用。

版面是指在浏览器中看到的完整页面。由于用户显示器所采用的分辨率不尽相同，所以同一个页面的显示效果也有所不同。如显示器的分辨率为 800 像素×600 像素，则在实际制作网页时，应将网页内容宽度限制在 778 像素以内，这样在用 800 像素×600 像素的显示器进行浏览时，可以完整地显示出网页的内容；若分辨率为 1024 像素×768 像素，应将网页内容宽度限制在 950 像素以内。其具体设置方法将在后面的章节中进行详细讲解。下图所示为不同像素下的网页效果。

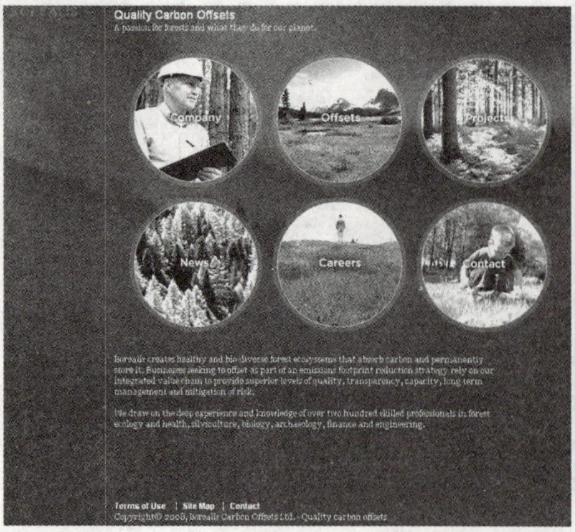

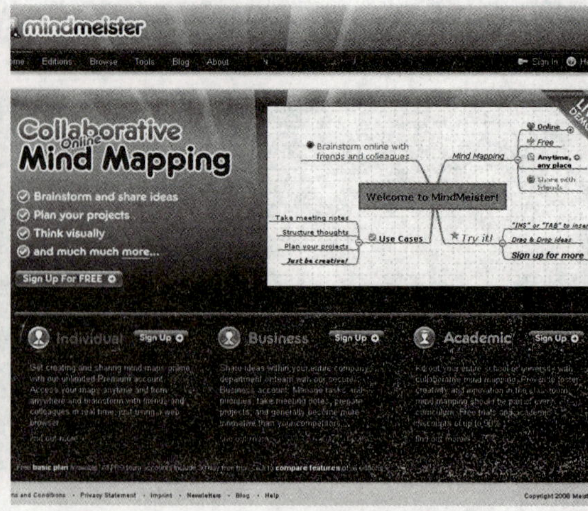

1.1.5 制作网页

制作网页时通常由首页做起，可以先使用表格或 AP Div 对页面进行整体布局，然后将所需的内容分别添加到相应的位置。另外，在网站的任何一个页面上都需提供与站点相关主题的链接，以便使浏览者尽快找到所需内容，因此，创建具有引导作用的导航条是必要的。下图所示为两个不同样式的导航条。

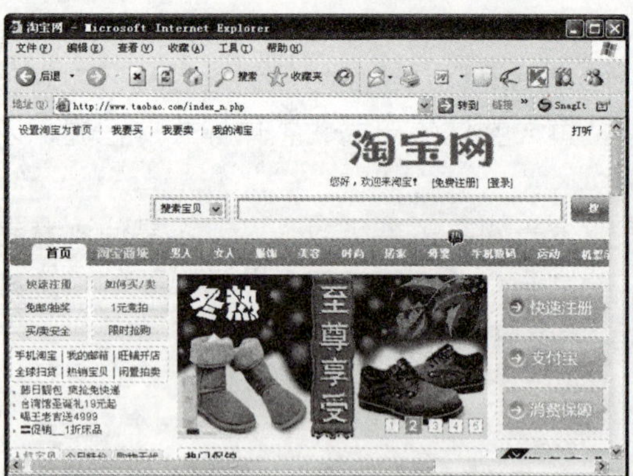

在制作网页的过程中，要随时预览网页效果，并进行调整，直至达到理想效果。根据上述步骤再依次制作网站中的其他页面。

1.1.6 网站测试

将网站发布前需对其进行测试，它包括检查链接、监测页面的文件大小与下载速度，检查浏览器兼容性等工作。站点测试可从客户端需求、网站大小以及浏览器种类等不同角度出发进行测试。通常所采用的测试方法是将站点上传到一个模拟调试服务器上进行测试或编辑。

1.1.7 发布网站

发布网站是指在 Internet 上申请一个主页空间，在发布网站时要注册域名，然后将制作的网站发布在该空间中，以便其他用户通过域名访问。

发布网站时可使用两种方法，一种是使用远程文件传输软件（FTP）上传到服务器中申请的网址目录下，这类软件有 LeapFTP、FlashFXP 与 CuteFTP 等；另一种方法是直接使用 Dreamweaver CS4 中的发布站点命令进行发布。虽然这两种方法都能达到预期效果，但对于内容较多的网站，上传时一般都采用第一种方法，这是因为该方法具有速度快、支持断点续传等特点。

1.1.8 更新和维护站点

发布网站后并不是已经万事大吉了，因为一个好的网站只有不断地更新，才能吸引更多的浏览者，增强网站的持久性。每隔一段时间对网站进行更新，定期打开浏览器检查页面元素显示是否正常、各链接是否能正常使用也是每个网站开发者应做的工作。

1.2 网页的组成

访问网站时在浏览器中看到的一个个页面就是网页，它是一种网络信息传递的载体。网页与日常的报纸、广播、电视等传统媒体相似，只是媒介载体不同而已。多个网页组织在一起构成整个站点，也就是网站。所以，网页与网站之间有着密切的联系。

网页中包括了多种多样的对象，它们都是网页的组成部分，下面就从结构与外观两方面来说明网页由什么组成。

1.2.1 网页的结构组成

网页的源代码实际上是一个文本文件，用户可以在记事本等文本编辑器中编写网页的源代码，然后在浏览器中进行浏览。网页的源代码主要包含两类元素：文档内容和标签。下图左则是网页的源文件，右则为相应的网页。下面将具体讲解网页的结构组成以及常用标签的具体作用。

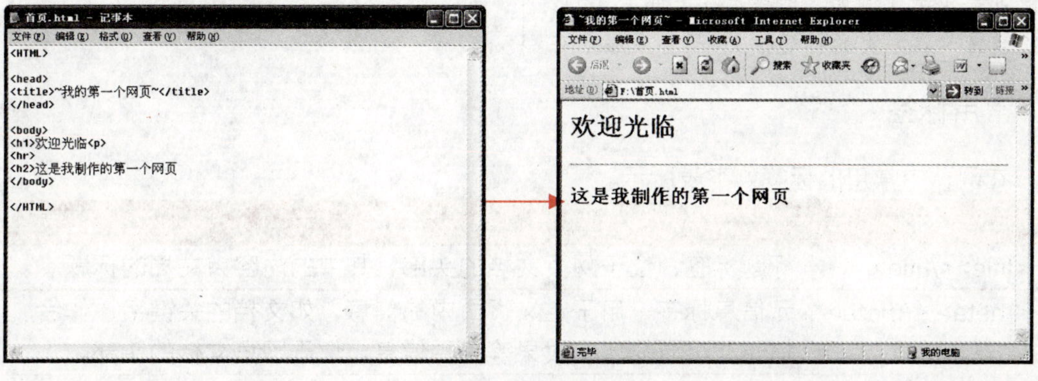

1. 基本结构

从结构上来说，网页由头部和主体组成。头部内容包网页信息，其中的网页标题将显示在浏览器的标题栏中，而主体内容将显示在浏览器的浏览窗口中。它们对应的源代码如下图所示：

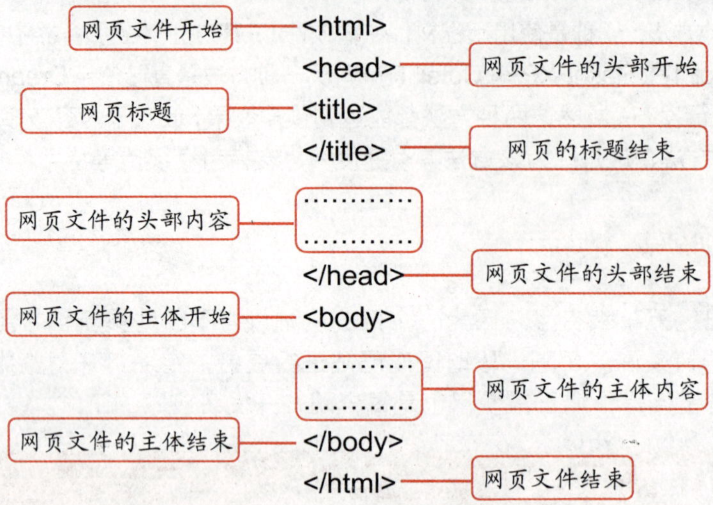

知识点拨 Knowledge　认识网页的基本结构及其作用

<html>……</html>：告诉浏览器网页的开始和结束，其中包含<head>和<body>标签。文档中的所有内容都应该在这两个标签之间。而且，一般来说一个网页文档，总是以<html>开始，</html>结束的。

<head>……</head>：网页文档的头部标签，其中包含了当前文档的有关信息，如标题与关键字等，通常我们将这两个标签之间的内容统称为网页文档的“头部”。一般来说，位于头部的内容都不会直接显示在网页中，而是通过其他方式显示，例如，标题是在头部定义的，但它只显示在网页的标题栏上，而不会显示在页面中。

<body>……</body>：网页文件的主体标签，绝大多数的网页内容都放置在这个区域中，其中包含多个标签，如文字、图片、超级链接等等。通常它在</head>标签之后，而在</html>标签之前。

温馨提示牌 Warm and prompt licensing

在 html 代码中，英文字母不区分大小写。

2. 常用标签

在网页中常用的标签如下表所示。

名称	作用
<title></title>	标题标签，位于网页文档的头部，其中的内容为文档的标题。
<meta> </meta>	元信息标签，用于定义页面中的信息，如文档的关键字、作者、描述与页面的切换效果等多种信息，位于网页文档的头部。

续表

名称	作用
<style></style>	层叠样式表标签，位于网页文档的头部，用于设定 CSS 样式。
<link></link>	链接标签，用于设定外部文件的链接，位于网页文档的头部。
<script></script>	脚本标签，用于设定页面中的程序脚本。
<h1></h1>	标题字标签其中的数字范围为 1~6，用于定义文档中的标题，位于网页主体。该标签共有 6 种，即 h1~h6，分别定义了 1~6 级标题，每级标题的字体大小依次递减。
<font></font>	字体标签，用于定义文字的字体、字号与颜色，位于网页主体。
<hr></hr>	水平线标签，用于在文档中插入水平线，并定义其高度、宽度、颜色与对齐方式等属性，位于网页主体。
<img><img>	插入图片标签，位于网页主体，其中包含多个修饰图片的属性。
<form></form>	表单标签，用于定义表单的相关属性，位于网页的主体。

1.2.2 网页的外观组成

网页的外观是指通过浏览器浏览网页时所看到的部分，在这部分中看不到任何代码，而是一些直观的文字、图片与动画等，它们就是网页外观的组成部分。下面就来详细了解网页的外观都由哪些元素组成。

1. 常见的网页元素

对于一个简单的网页来说，其基本元素是文字、图像与超级链接，而要制作一个赏心悦目的网页，还需要具备一些其他常见元素，如动画与音乐等。

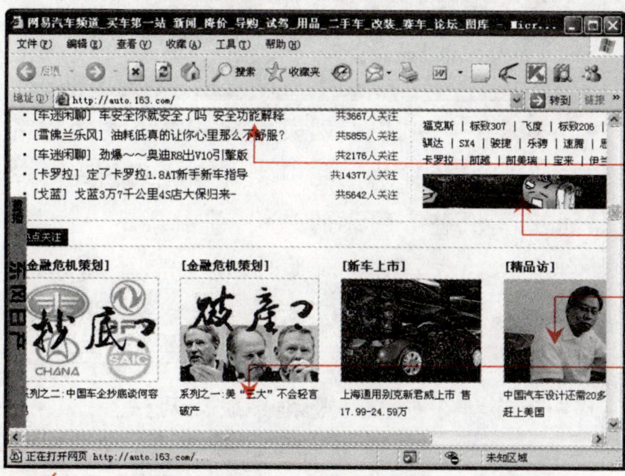

网页中常见元素的作用如下。

文字：用于传递信息

动画：用于增加网页的视觉效果

图像：用于美化网页

超级链接：用于在各个页面之间进行跳转

知识点拨 Knowledge 网页中常见的组成元素

文字：文字是网页内容的主体，用于向浏览者传递信息。相较于其他可达到同样目的的网页元素，如图像或动画，文字所占用的空间非常小，当进入一个纯文字的网页时，大约只需1~2 秒钟就可以下载完网页的所有内容，这是其优势所在。

图像：图像可以使网页看起来更美观，它带给浏览者的视觉冲击要比文字强烈，变化也比文字多。网页中的图像要清晰，但不能太大，其大小应尽量控制在 8KB 以内，否则将因为带宽限制，使得打开网页的速度变慢。对于清晰度要求较高的图像，可采用 jpg 格式，而其他色彩不太丰富的图像都应尽量采用 gif 格式。

超级链接：超级链接是指页面对象之间的链接关系，单击它就可以跳转到相应的页面。它类似于城市中的路标，可以指引浏览者访问所需的页面。超级链接可以是同一站点页面之间的链接，也可以是与其他网站页面之间的链接，链接种类有文本链接、图像链接等类型。

动画：在网页中添加动画，也是网页制作者常用的增加网页视觉效果的手段之一。网页中常用的动画格式主要有 gif 动画和 swf 动画两种。gif 动画是逐帧动画，制作相对简单，可以使用 Photoshop 或 Fireworks 进行制作；swf 动画是使用 Flash 制作出来的，该格式的动画能够用较小的体积来表现丰富的多媒体形式，同时还可结合音乐，使网页更具表现力，在目前的网页中使用得非常广泛。

音乐：音乐在网页制作中也有广泛的应用，插入音乐是提升网页浏览量的手段之一。但是，网页中不应添加过大的音乐，否则将影响网页的浏览速度。另外，由于受音乐版权的约束，在插入音乐时应慎重选择。

2. 常见的网页组成部分

通常情况下，网页的组成部分主要有 Logo、Banner、导航条与版权信息，另外还有表单与按钮等组成部分。

知识点拨 Knowledge 认识网页中常见的组成部分

Logo：Logo 是网站的标志，类似于企业的商标。它一般包含网站名称、网址、网站标志、网站理念 4 个部分，也可以只包括其中的任一部分。Logo 通常位于网页的左上角，并可以为 Logo 设置超级链接，使其功能性更强。

新浪网 sina.com.cn　驱动之家 MyDrivers.com

Banner：Banner 也称为广告条，用于宣传网页内容，也是 Internet 中最基本的广告形式。通常采用图片、动画、FLASH 等方式来体现。国际上 Banner 的尺寸标准有许多，但使用最为广泛的是 480 像素 × 60 像素，其大小大致在 15K 左右，最好不要超过 22K。某些网站会在网页上的不同位置放置多个 Banner，在用户浏览网页信息的同时，吸引用户对于广告信息的关注，从而起到宣传效果。

导航条：导航条在网页中起着很重要的作用，它如同书的目录，指引浏览者找到相关内容，并且体现整个网站的结构。导航条由一幅或一组图像组成，浏览网页时，它会随着鼠标的移动而相互更替，合理地使用导航条，可以使网页层次分明。根据放置位置的不同，导航条可分为横排导航条和竖排导航条两种。

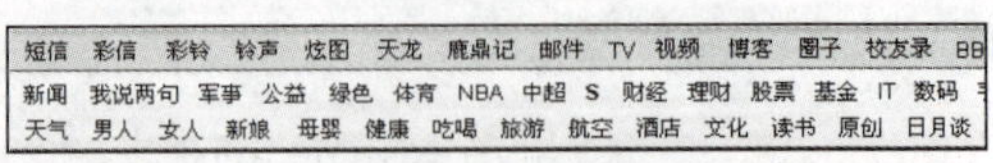

版权信息：版权信息一般位于网页的最底端，用于进行版权申明，这一项并不是每个网站都必须添加的，但绝大多数网站都会有这。

按钮：按钮实际上是一种超级链接，其大小及样式没有具体的规定，但一般要与网页的整体设计相匹配。

表单：表单是实现网页互动的元素，比如：在申请会员和邮箱时实现用户信息的提交功能。

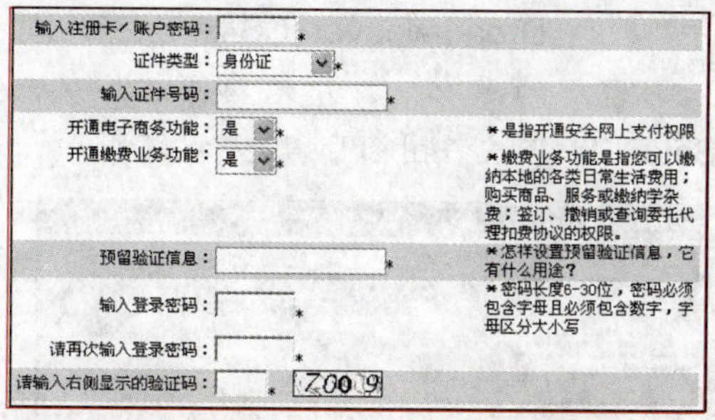

1.3 认识 Dreamweaver CS4

目前，制作网页最为常用的软件是 Dreamweaver，它最初是由 Macromedia 公司开发的，与 Fireworks、Flash 并称为“网页三剑客”，其版本一直升级至 Dreamweaver 8，此后该公司被 Adobe 公司并购。Adobe 公司将 Dreamweaver 升级至 Dreamweaver CS3，现在其最新版本为 Dreamweaver CS4。本节就来详细介绍其功能与安装方法，并认识其工作界面。

1.3.1 Dreamweaver CS4 的功能

Dreamweaver CS4 是一款专业的可视化网页设计软件，它将可视布局工具、应用程序开发功能和代码编辑支持组合在一起，包含 HTML 检查、HTML 格式控制、HomeSite/BBEdit 捆绑、图像编辑、全局查找替换、全 FTP 功能、处理多媒体格式等功能，使得各个层次的开发人员和设计人员都能够快速地创建界面吸引人的网站。

在使用 Dreamweaver CS4 时可根据用户需要选择可视化方式或者源代码编辑方式，它不仅能制作出精美的网页，还可以插入程序以实现动态网页的创建。而且在 Dreamweaver CS4 中可以不用手动添加代码，直接使用其内置的一些菜单命令即可创建出完整的动态网站。另外，该软件还具有强大的网站管理功能。软件功能的不断完善，使得通过 Dreamweaver 创建网站变得越来越简单。

与此同时，Dreamweaver CS4 去除了一些之前版本原有的功能，其中包括时间轴、Web 服务、布局模式、“站点地图”视图、JavaBean 支持、图像查看器、插入 Flash 文本与 Flash 按钮，以及 ASP.NET 和 JSP 服务器行为和记录集。

1.3.2 Dreamweaver CS4 的安装

在使用 Dreamweaver CS4 之前，需要将其安装在计算机中，安装后即可启动程序并进行网页制作。下面介绍 Dreamweaver CS4 的安装过程。Dreamweaver CS4 安装完成后，即可单击任务栏左侧的“开始”按钮，在打开的菜单中选择“所有程序”|“Adobe Dreamweaver CS4”命令启动程序。

新手演练 Novice exercises 在电脑中安装 Dreamweaver CS4

Step 01 将 Dreamweaver CS4 的安装光盘放入光盘驱动器中，打开光盘目录，双击“Setup.exe”文件图标开始进行安装。

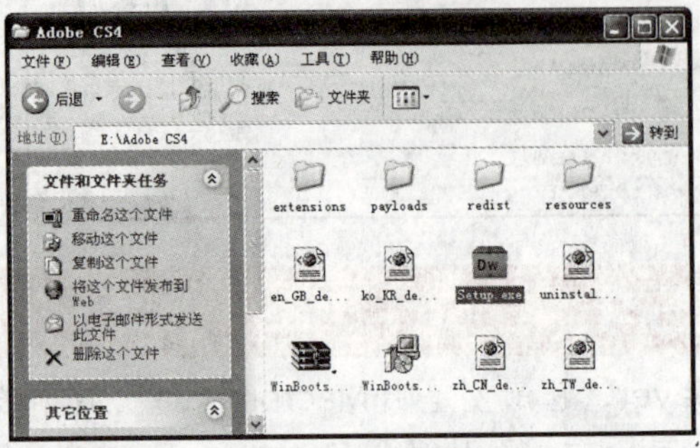

Step 02 Dreamweaver CS4 加载安装文件并初始化后出现“欢迎”对话框，默认选择“我有 Adobe Dreamweaver CS4 的序列号”单选按钮，在其下的文本框中输入安装序列号后，单击 下一步 按钮。

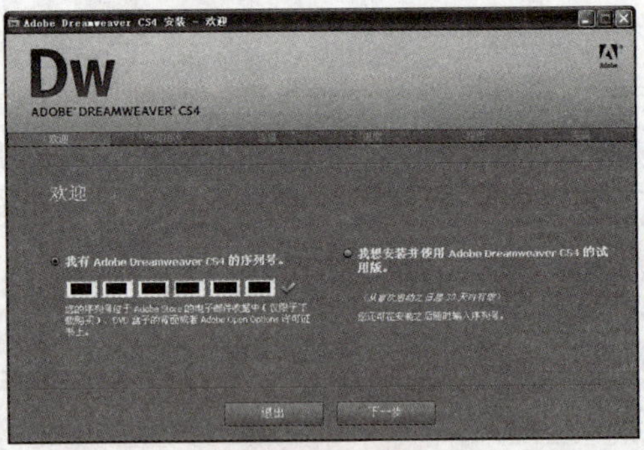

温馨提示牌 Warm and prompt licensing

若没有该软件的安装序列号，或者想先试用 Dreamweaver CS4，则可选择“我想安装并使用 Adobe Dreamweaver CS4 的试用版”单选按钮。

Step 03 出现“许可协议”对话框，在“显示语言”下拉列表中选择使用语言，这里保持默认设置“简体中文”，单击 接受 按钮接受许可协议。如右上图所示。

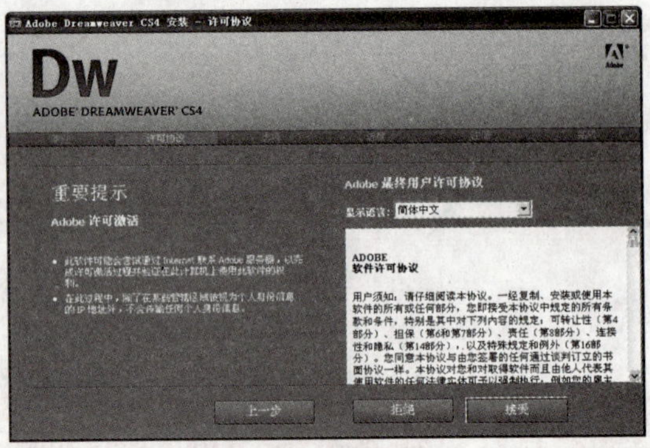

Step 04 打开“选项”对话框，单击 更改... 按钮，在打开的“选择位置”对话框的列表框中选择程序的安装位置，这里选择“D:\Program Files\Adobe”文件夹，单击 确定 按钮。

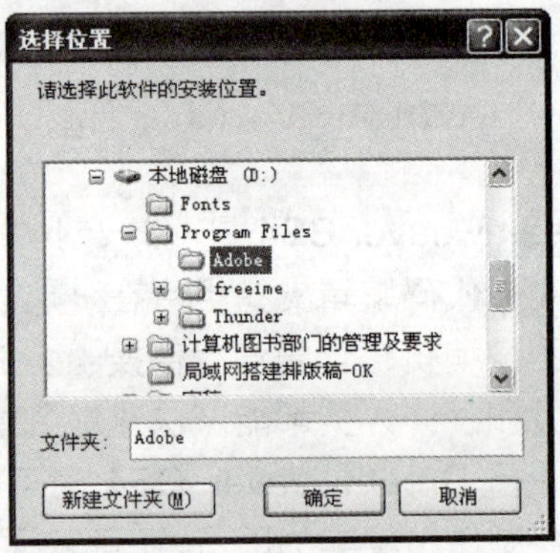

温馨提示牌 Warm and prompt licensing

若想保持默认的安装位置，那么在第 4 步中不进行任何操作，直接进行下一步操作即可。

Step 05 返回“选项”对话框，在右侧的列表中选择需要安装的组件，组件前的复选框被勾选即表示要安装该组件，这里只勾选“Adobe Dreamweaver CS4”复选框，单击 安装 按钮。

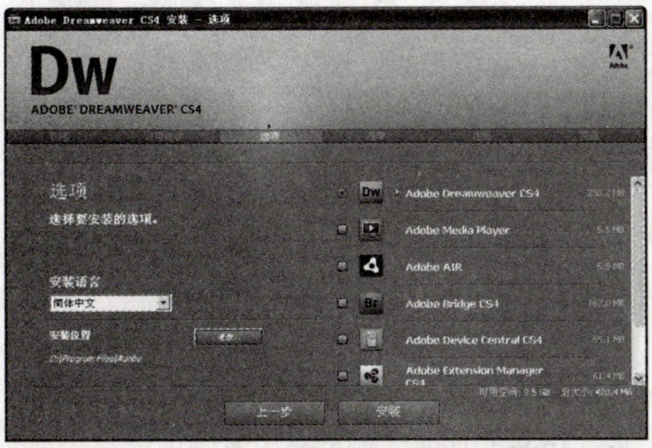

Step 06 系统开始安装 Dreamweaver CS4 并显示安装进度，稍候将出现“注册您的软件”对话框，在其中填入注册信息。如需暂时不进行注册，直接单击 以后注册(L) 按钮。

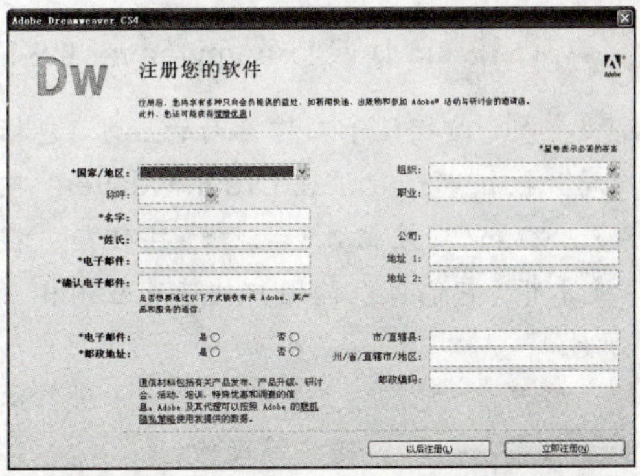

Step 07 在随后出现的完成对话框中单击 退出 按钮完成 Dreamweaver CS4 的安装。

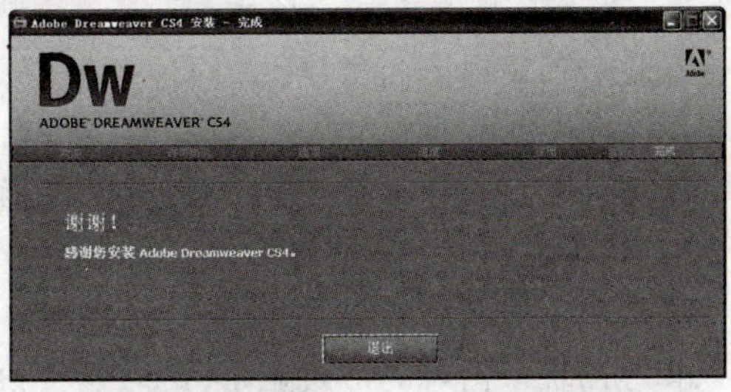

温馨提示牌 Warm and prompt licensing

注册软件后，Adobe 官方网站将记录用户所提交的注册信息，并会不定时的向注册用户发送产品升级、活动与研讨会等信息。

1.3.3 Dreamweaver CS4 的工作界面

启动 Dreamweaver CS4 后将首先显示一个开始页，新建或打开一个网页后即进入其工作界面。网页编辑工作大多是在其工作界面内完成的，因此，认识 Dreamweaver CS4 的工作界面也是开始制作网页前的准备工作。

Dreamweaver CS4 的工作界面较以往有了较大的变化：在菜单栏上方增加了 4 个按钮和“搜索”文本框，以提高用户的工作效率；将插入栏移至界面右侧，以列表的形式显示，并可以进行折叠；界面右侧的各面板都可以折叠起来，以图标方式显示，需要时再展开，这样节省了不少空间。

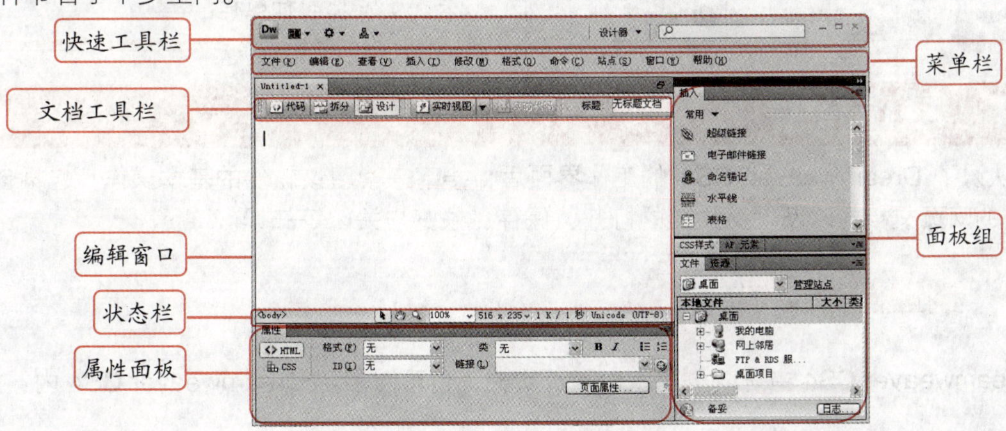

知识点拨 Knowledge 认识 Dreamweaver CS4 工作界面的主要组成部分

快速工具栏： 该栏位于工作界面的上方，包括“布局”按钮、“扩展 Dreamweaver”按钮、“站点”按钮、设计器按钮与“搜索”文本框，它们可以使用户快速地应用相应的功能。

文档工具栏： “文档”工具栏主要用于进行文档的工作布局切换、预览等操作。

编辑窗口： 编辑窗口是指工作界面中间的空白区域，它是制作网页内容的场所，可以以直观的方式进行网页内容的制作。

面板组： 面板组位于工作界面右侧，是各种面板的集合，用于进行站点管理、事件添加等操作，在 CS4 版本中，将“插入”栏移到此处。单击面板组右上角的“折叠为图标”按钮，可以使各面板以图标的形式显示，此时该按钮变为“展开面板”按钮，单击该按钮即可使面板恢复为原样。

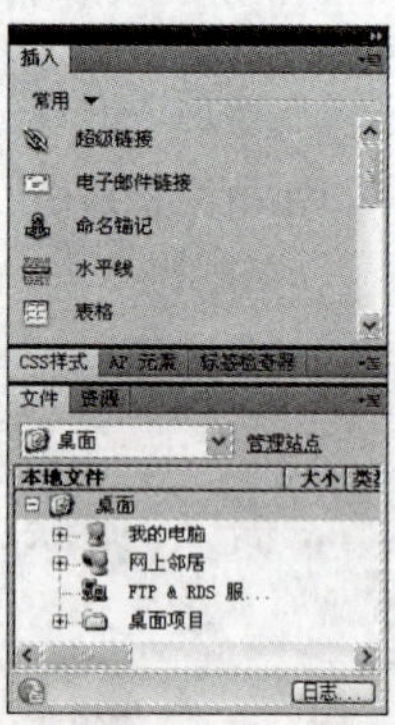

温馨提示牌 Warm and prompt licensing

单击各面板顶部的空白位置可以展开显示其详细内容，再次单击即可折叠面板；单击各面板右侧的按钮，将弹出一个下拉菜单，在其中可以进行更详细的操作。

状态栏： 状态栏左侧为标签选择器，它代表了针对当前选定内容的标签的层次结构。单击其中任何标签可以选择该标签及其全部内容；状态栏右侧显示了文档的缩放大小、当前对象的大小等信息。

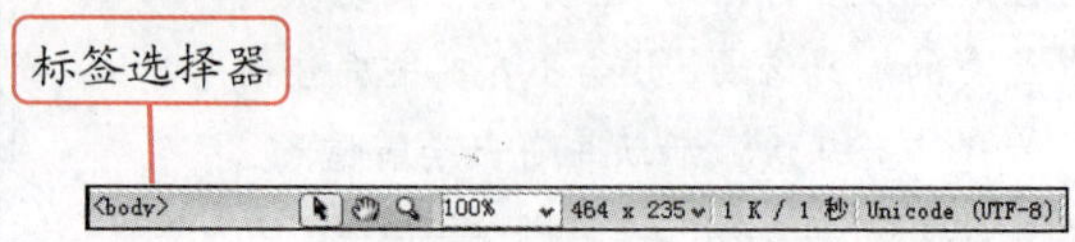

属性面板： 用于查看和更改所选对象或文本的各种属性。不同的对象或文本，其对应的“属性”面板的参数设置项目也不同。

温馨提示牌 Warm and prompt licensing

在 Dreamweaver CS4 的工作界面中，去掉了常见的标题栏。

1.4 基本操作

认识了 Dreamweaver CS4 的工作界面后，接下来学习该软件的基本操作，包括创建简单的网页文档，以及网页文档的打开、保存、预览与关闭等知识。

1.4.1 创建网页文档

在 Dreamweaver CS4 中可以创建空白网页文档，也可以利用 Dreamweaver CS4 内置的模板创建具有一定内容及样式的网页文档。

新手演练 Novice exercises 创建一个空白网页文档

Step 01 单击任务栏左侧的“开始”按钮，选择“所有程序”|“Adobe Dreamweaver CS4”命令。

Step 02 启动 Dreamweaver CS4，选择“文件”|“新建”命令。

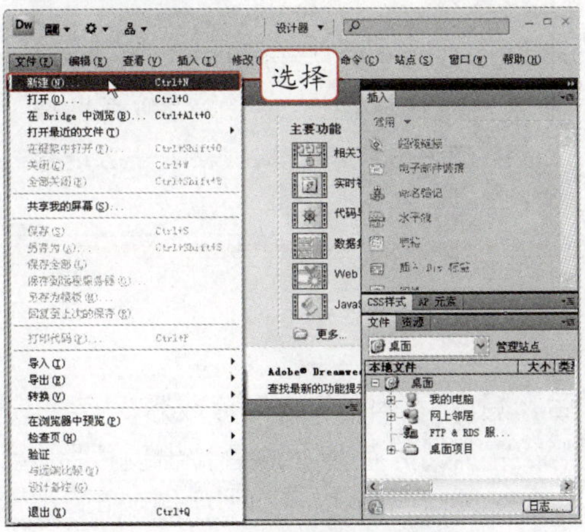

Step 03 出现“新建文档”对话框，在左侧窗格中选择“空白页”选项卡，在“页面类型”列表框中选择“HTML”选项，在“布局”列表框中选择“无”选项，单击 创建(R) 按钮。

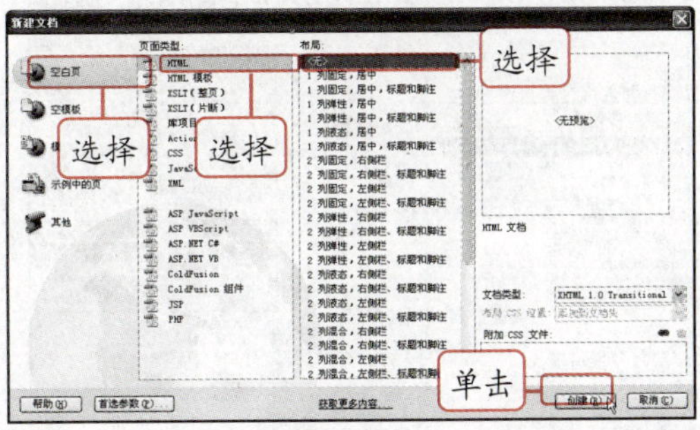

Step 04 在 Dreamweaver CS4 环境下即会新建一个空白网页文档。

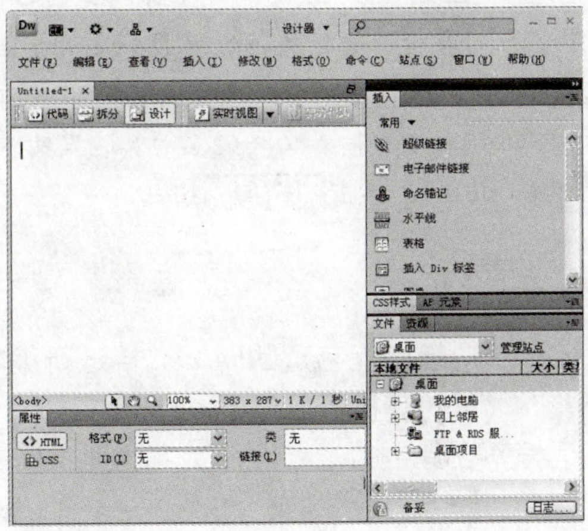

1.4.2 保存网页文档

在 Dreamweaver CS4 中创建网页文档后，应该进行保存，当然，也可以在对文档的编辑工作完成后再保存，但一旦电脑出现故障，将有可能前功尽弃，从而造成不必要的损失，因此应在工作中养成随时保存文件的好习惯。保存方式有直接保存和另存为两种。

1. 直接保存

无论是新建的还是已经保存过的网页文档，都可以使用直接保存的方法进行保存。直接保存新建的网页文档时，将会提示用户输入保存的文件名与保存路径；若要直接保存已经存在的文档，则会提示执行覆盖保存。

新手演练 Novice exercises　保存创建的网页文档

Step 01　在 Dreamweaver CS4 的工作界面中选择“文件”|“保存”命令。

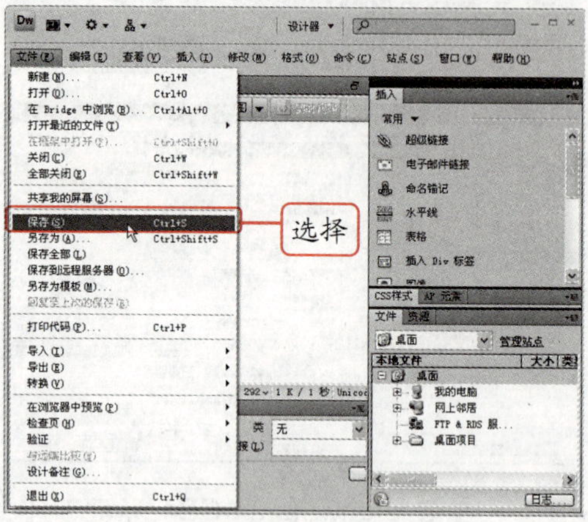

Step 02　出现“另存为”对话框，在“保存在”下拉列表框中选择文档的保存位置，这里选择“D:\Dreamweaver”文件夹，在“文件名”下拉列表框中输入文档的名称，这里输入“index.html”，单击 保存(S) 按钮。

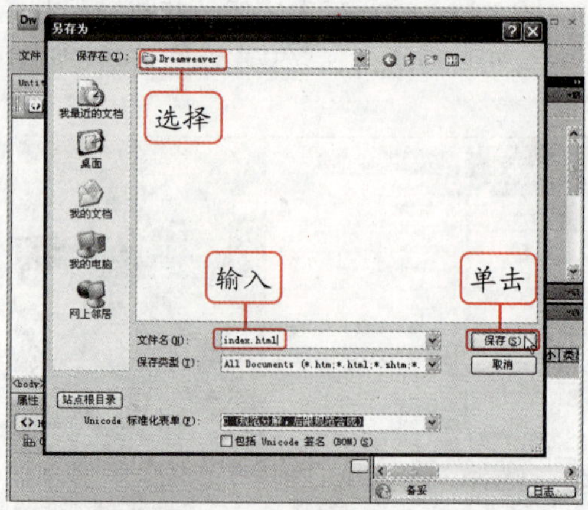

温馨提示牌 Warm and prompt licensing

按 Ctrl+S 组合键也可以打开“另存为”对话框；在保存已经存在的网页文档时，按 Ctrl+S 键将直接以原文件名进行保存。

2. 另存为

如果对已经保存过的网页文档进行编辑操作后，想以另外的名称保存或想保存在其他位置时，可对其执行另存为操作。方法是：选择“文件”|“另存为”命令，出现“另存为”对话框，在其中的“文件名”下拉列表框中输入一个新名称后单击 保存(S) 按钮即可。

1.4.3 打开网页文档

编辑完网页文档后，即可单击编辑窗口上方选项卡中的 × 按钮关闭当前的网页文档。而直接单击工作界面右上角的 × 按钮，或选择“文件”|“退出”命令，可关闭所有的文档并退出 Dreamweaver CS4。

对于已经保存在电脑中的网页文档，关闭后若要再进行编辑时，可在 Dreamweaver CS4 中再次打开。

新手演练 Novice exercises　打开已有的网页文档

Step 01　启动 Dreamweaver CS4，选择“文件”|“打开”命令。

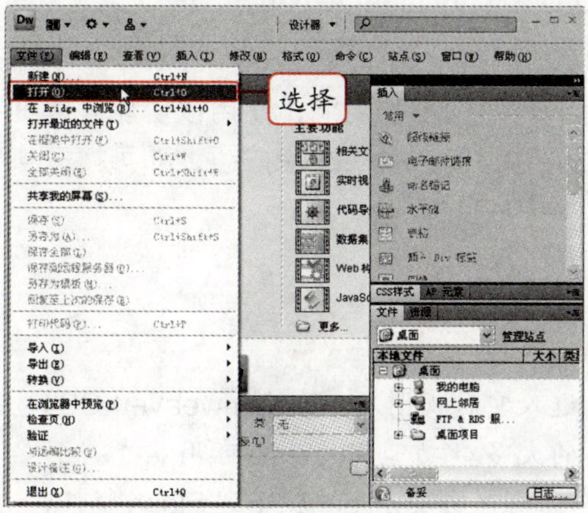

Step 02 出现“打开”对话框，在“查找范围”下拉列表框中选择网页文档所在位置，在文件列表框中选择要打开的网页文档，这里选择之前保存的“index.html”网页文档，单击 打开(O) 按钮。

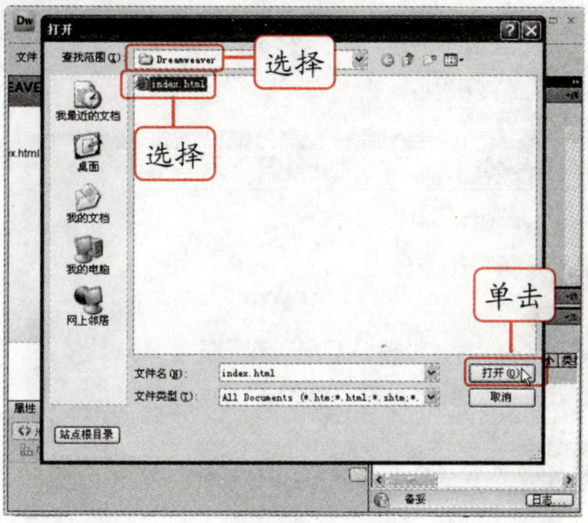

1.4.4 预览网页文档

对网页文档进行编辑后，可以对网页进行预览，这样可以看到是否达到所要求的效果。而且，这一步操作将时刻伴随着网页制作的全过程，只有这样不断地发现问题，不断地进行改进，才能制作出高质量的网页。

1. 在浏览器中预览

在 Dreamweaver 中选择相应的预览命令后，即可使用默认浏览器预览网页效果。

新手演练 Novice exercises 预览“yulan.html”网页文档

Step 03 打开“yulan.html”网页文档，单击“文档”工具栏中的“在浏览器中预览|调试”按钮，在下拉菜单中选择“预览在IExplorer”命令；或选择“文件”|“在浏览器中预览”|“IExplorer”命令。

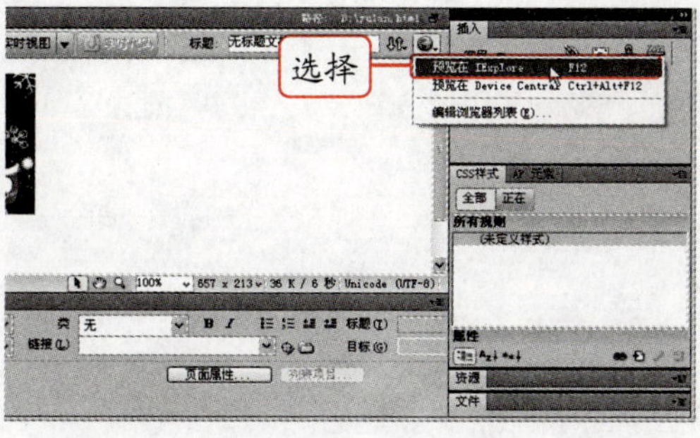

Step 04 系统将自动启动默认的 IE 浏览器，并显示“yulan.html”网页文档在浏览器中的效果，如下图所示。

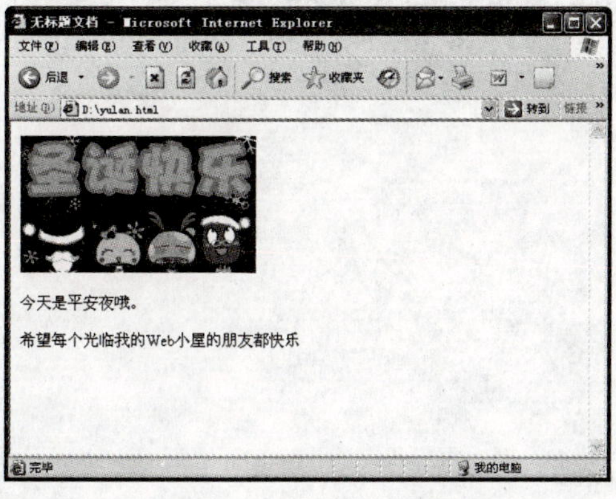

2. 在实时视图中预览

在 Dreamweaver CS4 版本中，增加了一个“实时视图”功能，使用该功能可以在不打开浏览器的情况下预览网页效果。单击“文档”工具栏中的实时视图按钮，即可打开实时视图预览网页。

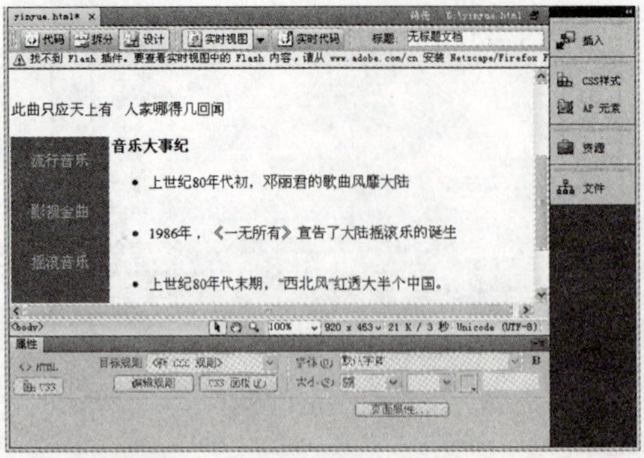

温馨提示牌 Warm and prompt licensing

进入实时视图后，Dreamweaver CS4 的大多数功能将处于不可用状态。另外，程序会提示用户找不到 Flash 插件，要查看 Flash 内容需到 Adobe 官方网站下载支持其他浏览器的 Flash 插件。

1.5 职场特训

本章主要讲解了网页制作的基础知识，包括了解网页制作的一般流程、网页的组成、Dreamweaver CS4 的功能、认识 Dreamweaver CS4 的工作界面、如何操作网页文档等知识。下面通过一个实例巩固本章知所学识并拓展其应用。

特训：在计算机中安装 Dreamweaver CS4

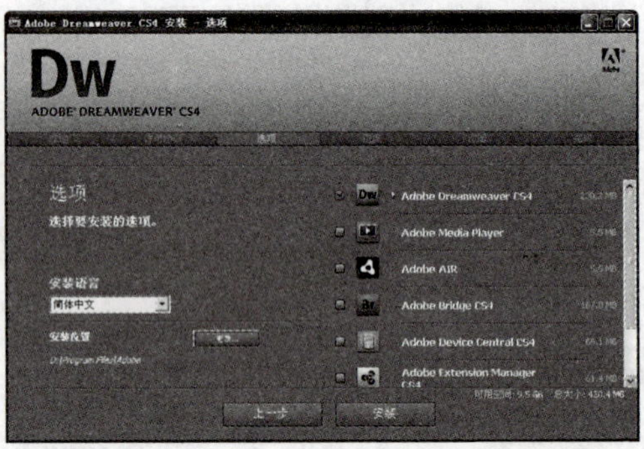

1. 打开 Dreamweaver CS4 的安装光盘，双击“Setup.exe”文件图标。
2. 在“欢迎”对话框中选择“我有 Adobe Dreamweaver CS4 的序列号”单选按钮，在文本框中输入安装序列号。
3. 在“选项”对话框中选择安装路径与需要安装的组件，单击安装按钮开始安装。

第2章

站点创建与页面属性设置

精彩案例

创建本地站点“zonghe”

在站点中删除文件“long.html”

将“qqqqq”文件夹重命名为“hunyu”

修改“zonghe”站点

设置“index.html”网页文档的 CSS 页面外观

本章导读

在着手制作网页前，应先创建站点并进行页面属性设置。对于单个的静态网页来说，创建站点是为了便于管理。如果制作的是动态网页，则必须先创建站点，否则将无法进行预览。而属性设置是指定义网页的外观、标题及超级链接等元素，这样既可以使网页整体保持一致，也可节省操作步骤，从而提高工作效率。

2.1 站点的分类与结构规划

站点是管理网页文档的场所，利用它的管理功能可以对其中的各个网页进行管理、测试与维护，因此，在制作网页之前最好先创建站点。而了解站点的分类与如何规划站点结构的知识，则是合理地创建站点的前提。

2.1.1 站点的分类

通过各种链接关联起来的多个网页文档就构成了站点，而网站就是由若干站点互相链接而成的。在 Dreamweaver CS4 中提供了 3 类站点，即本地站点、远程站点与测试站点。

知识点拨 Knowledge　认识各类型站点的作用

本地站点：本地站点是指用户的工作目录，即存放用户制作的网页文档的本地文件夹，在制作一般网页时只建立本地站点即可。

远程站点：远程站点是指远程 Web 服务器，例如您的 ISP 服务器、您的客户所拥有的服务器、公司中的 Intranet 服务器，或者 Windows 计算机上的 Internet 信息服务 (IIS) 服务器。

测试站点：制作动态网页后，若想对其进行测试，就需创建测试站点。它是 Dreamweaver 处理动态页面的文件夹，Dreamweaver 使用该文件夹生成动态内容并在工作时连接到数据库。

温馨提示牌 Warm and prompt licensing

严格地说，站点也是一种文件的磁盘组织形式，它同样是由网页文件及其所在的文件夹组成。

2.1.2 站点结构的规划

站点结构的规划是指将不同的网页内容分门别类地保存在相应的文件夹中，从而合理地组织站点。

知识点拨 Knowledge　规划站点结构

创建根目录：在本地磁盘中创建一个文件夹作为站点的根目录，所有在制作过程中产生的网页文档与用到的素材、图像文件与多媒体文件都保存在该文件夹中。在发布站点时，只需将其中的所有内容上传到 Web 服务器上。

归类内容：整理一下站点页面中要包含的频道，对其进行分类，然后在根目录下创建一些子文件夹，用于存放该频道网页用到的文件。如果站点结构复杂，内容较多，则还需在子文件夹中再创建文件夹以存放不同内容的网页或图像等。另外，对于制作网页时所需的图片和动画等文件，也应该有一个固定的存放位置。如下图就是一个归类放置的网页文件。

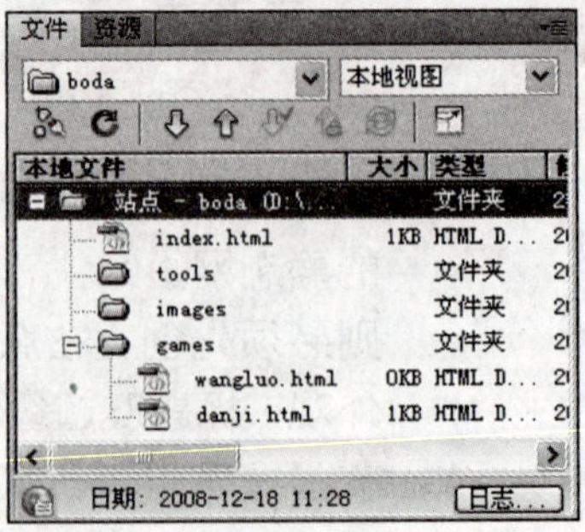

合理命名：在站点规划时，应按既容易理解，又能表达出网页内容的原则对文件或文件夹进行命名。另外，由于很多 Web 服务器使用的是英文操作系统或 Unix 操作系统，而 Unix 操作系统是区分英文大小写的，如 NEWS.html 和 news.html 会被视为两个不同的文件，因此，在命名时应注意英文名称的大小写，建议以小写的英文字母命名，避免使用长文件名和中文。如“新闻”频道可命名为“news”，“游戏”频道可命名为“games”。

2.2 创建与管理站点

了解了站点分类与规划站点结构的知识后，就可以开始创建站点了，创建后用户还可以对其进行管理。

2.2.1 创建本地站点

新建站点时既可以在站点定义对话框中通过向导的方式进行创建，也可以在其中的“高级”选项卡中创建。这两种方式的创建方法大致相同，这里以向导的方式为例讲解本地站点的创建方法，远程站点的创建将在 13.3 节中进行讲解。

新手演练 Novice exercises　创建本地站点“zonghe”

Step 01　进入 Dreamweaver CS4 工作界面后，选择“站点”|“新建站点”命令，在出现的“站点定义”对话框的“您打算为您的站点起什么名字？”文本框中输入站点名称，这里输入“zonghe”，对话框的标题栏将出现刚创建的站点的名称。单击 下一步(N) > 按钮。

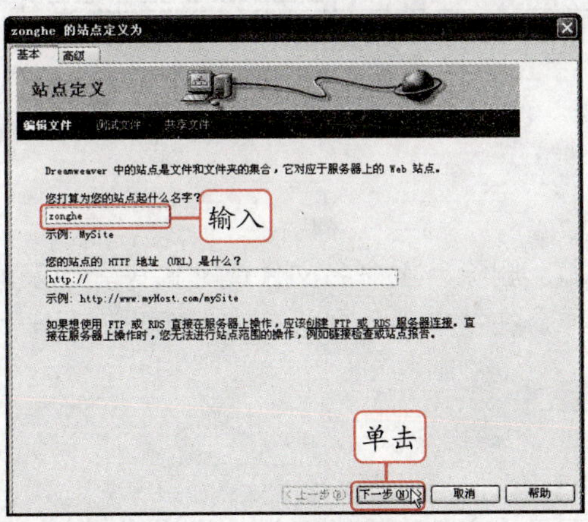

Step 02　点选“否，我不想使用服务器技术”单选按钮，单击 下一步(N) > 按钮。

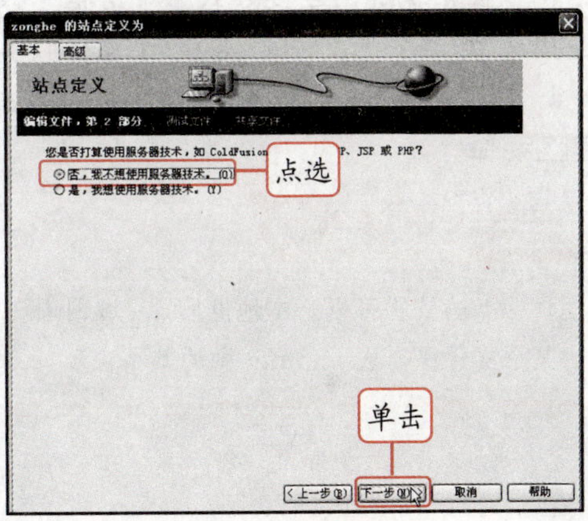

温馨提示牌 Warm and prompt licensing

点选“是，我想使用服务器技术”单选按钮，可以启用测试服务器。

Step 03　在出现的选择存储位置对话框中默认点选第一个单选按钮，在“您将把文件存储在计算机上的什么位置？”文本框中输入本地站点存储的位置，然后单击 下一步(N) > 按钮。

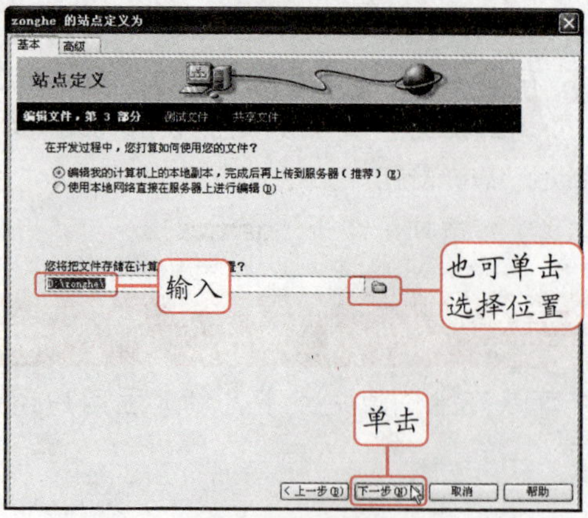

温馨提示牌 Warm and prompt licensing

单击“使用本地网络直接在服务器上进行编辑”单选按钮，可以在后面打开的对话框中进行远程站点的详细配置。

Step 04 在出现的“连接方式”对话框中设置连接方式，在“您如何连接到远程服务器？”下拉列表中选择“无”选项，单击[下一步(N) >]按钮。

温馨提示牌 Warm and prompt licensing

远程站点的位置可以是本地电脑、局域网中的某个文件夹，或 Internet 中的某个位置。

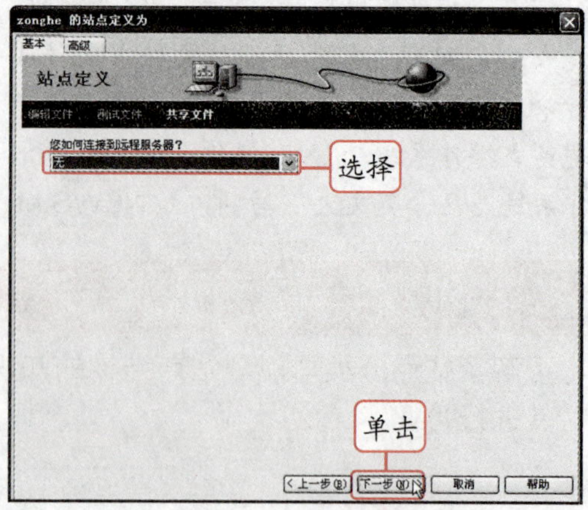

Step 05 在打开的完成站点创建对话框中，单击[完成(D)]按钮完成本地站点的创建。

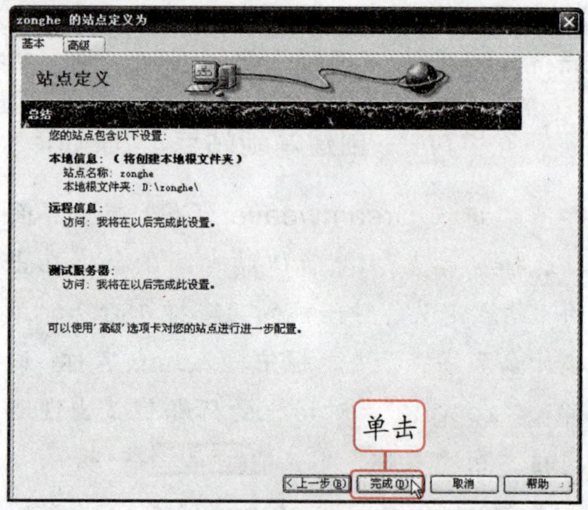

2.2.2 管理站点

站点是管理网页文档的场所，其管理包括添加、删除、重命名文件或文件夹，以及修改或删除站点等内容。管理站点有两种方式：一种是在“文件”面板中进行管理，另一种是在“管理站点”对话框中进行管理。

1. 添加文件与文件夹

若所制作的网站中的频道较多，就需要创建不同的文件夹来放置与其相关的内容，这时就可以在站点中添加文件和文件夹。为了能够更有效、更直观地管理各个频道中的文件与文件夹，建议按照网站频道的树状结构逐级建立分类目录，然后在各级目录中添加相应的文件或文件夹。

新手演练 Novice exercises 在“zonghe”站点中添加文件和文件夹

Step 01 在“文件”面板的站点根目录图标上右击，在出现的快捷菜单中选择“新建文件夹”命令。

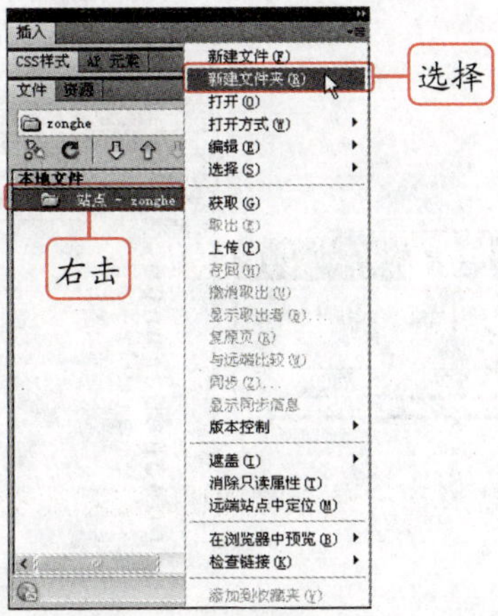

温馨提示牌 Warm and prompt licensing

若工作界面中未显示“文件”面板，可以选择“窗口”|“文件”命令将其打开。

Step 02 Dreamweaver CS4 将自动新建一个文件夹，其名称处于改写状态，根据需要输入文件夹名，这里将文件夹命名为“pic”，按 Enter 键确认。

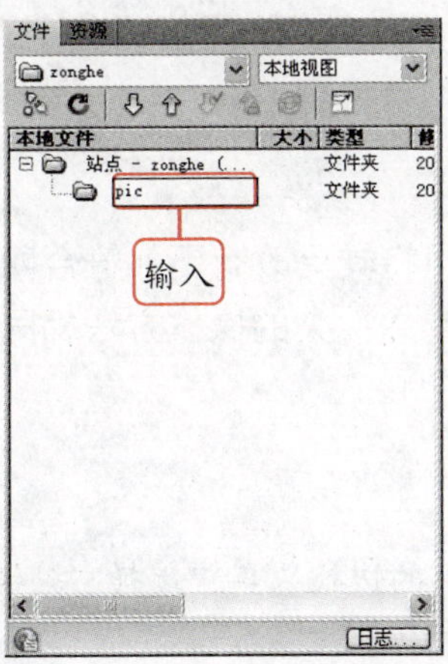

Step 03 再次在站点根目录图标上右击，在弹出的快捷菜单中选择“新建文件”命令。

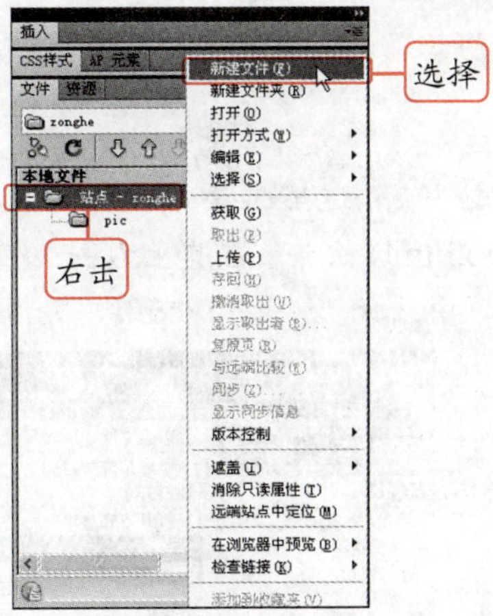

Step 04 新建文件的文件名处于改写状态，输入文件名，这里将文件命名为“index.html”。

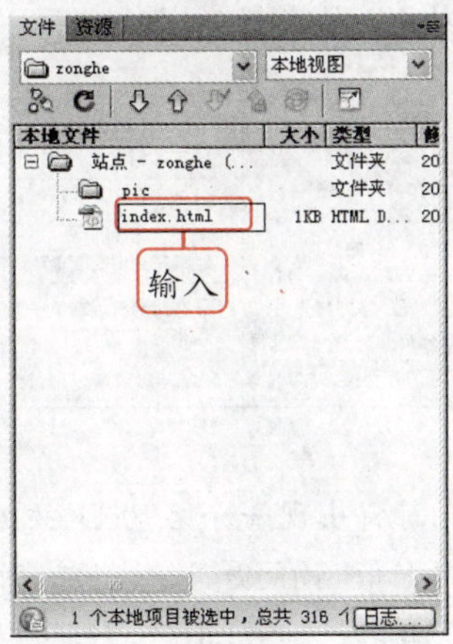

温馨提示牌 Warm and prompt licensing

在“文件”面板中添加文件后，双击该文件，将在 Dreamweaver CS4 的编辑窗口中打开该文件，用户可在其中直接进行编辑操作。

2. 删除文件与文件夹

对于不需要的文件或文件夹，可以将其删除，以节省磁盘空间、使网站更具条理性。删除文件和文件夹的方法相同，这里只讲解删除文件的方法。

新手演练 Novice exercises 在站点中删除文件“long.html”

Step 01 在“文件”面板中选择需删除的文件或文件夹，这里选择“junshi”文件夹中的“long.html”文件。在其上右击，在弹出的快捷菜单中选择“编辑”|“删除”命令。

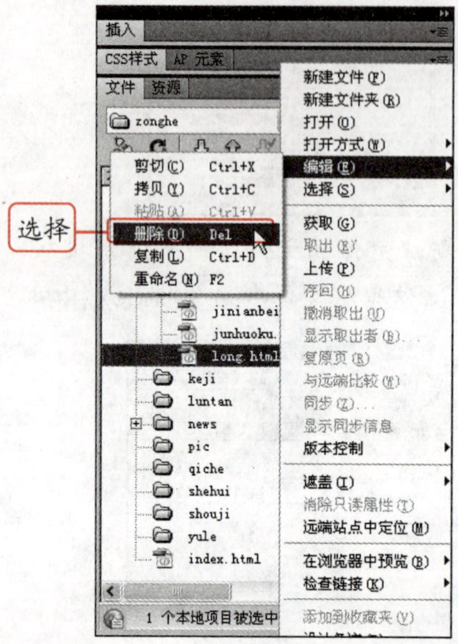

Step 02 此时将出现一个名为 Dreamweaver 的提示对话框，询问是否确认删除所选文件。单击“是(Y)”按钮，long.html 文件将被删除。

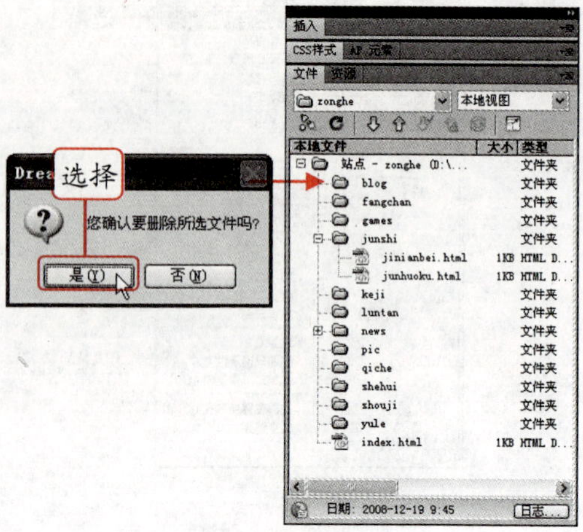

温馨提示牌 Warm and prompt licensing

“文件”面板中所显示的文件和文件夹与本地站点文件夹中的内容是相同的，若直接在本地站点文件夹中添加或删除了文件或文件夹，则重新启动 Dreamweaver CS4 后，将在“文件”面板中显示或不显示出该文件或文件夹。

3. 重命名文件与文件夹

若在创建文件或文件夹时并未对其进行命名，或者想将其更改为更加符合网页内容的名称，可以通过“重命名”命令进行更改。重命名文件或文件夹的操作方法相同，因此这里只以重命名文件夹为例进行讲解。

新手演练 Novice exercises 将“qqqqq”文件夹重命名为“hunyu”

Step 01 在文件面板中选择“qqqqq”文件夹，右击，在弹出的快捷菜单中选择“编辑”|“重命名”命令。

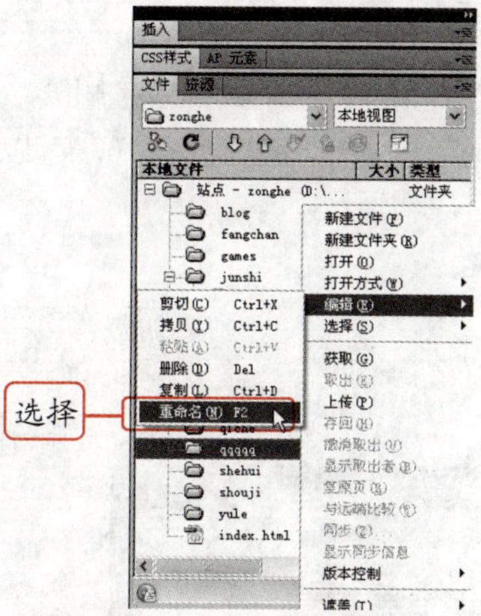

温馨提示牌 Warm and prompt licensing

将 Dreamweaver CS4 关闭后再次启动时，"文件"面板中站点根目录下的文件与文件夹将按英文字母由 A 到 Z 的顺序进行排列。

Step 02 此时文件夹名进入改写状态，输入新名称"hunyu"，单击面板空白处完成重命名操作。

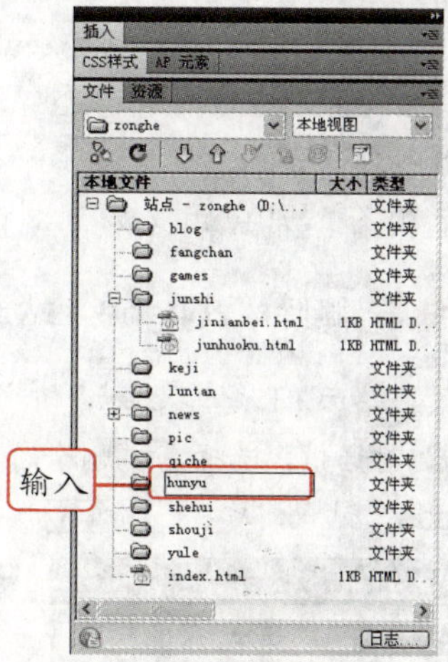

温馨提示牌 Warm and prompt licensing

选择要进行重命名操作的文件或文件夹，按 F2 键，或稍等片刻再单击文件或文件夹的名称，也可使其处于改写状态，输入新名称后按 Enter 键确认。使用这种方法也可以重命名文件或文件夹。

4. 修改站点

对已创建的站点可进行编辑，如修改站点的名称和本地站点根文件夹的位置等。

新手演练 Novice exercises　修改"zonghe"站点

Step 01 选择"站点"|"管理站点"命令，出现"管理站点"对话框，在站点列表中选择需要编辑的站点，这里选择"zonghe"选项，单击 编辑(E)... 按钮。

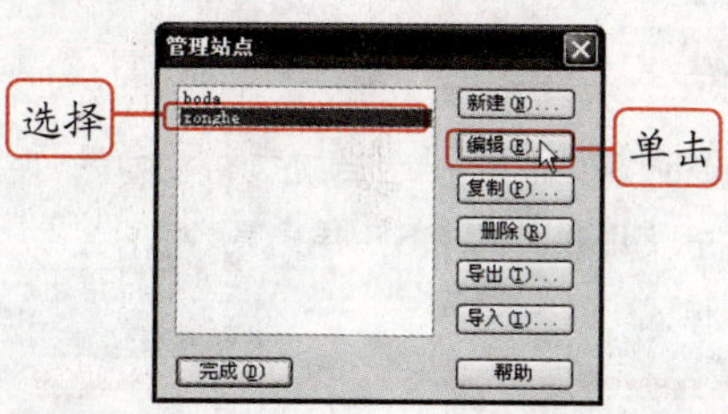

Step 02 出现"zonghe 的站点定义为"对话框，在此可对站点进行编辑，其操作过程和创建站点基本相同，只需按提示进行即可。

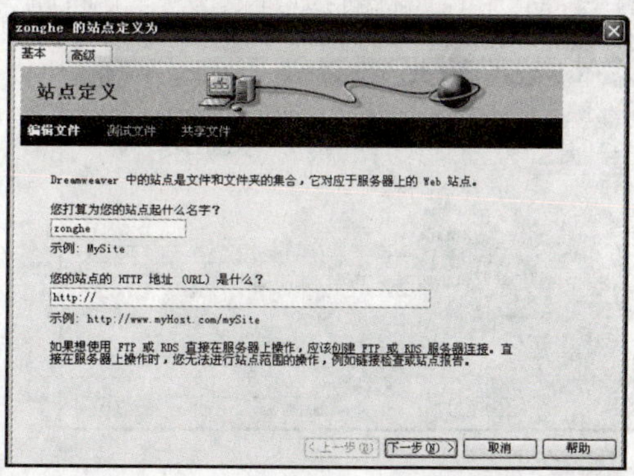

5. 删除站点

在制作网页的过程中，用户还可以在“管理站点”对话框中将不需要的站点删除。采用这种方法删除的站点，并没有将站点文件夹从电脑中删除，如果想恢复该站点，可以再次新建站点，并在“站点定义为”对话框中设置站点位置为原位置即可。

新手演练 Novice exercises 删除“zonghe”站点

Step 01 选择“站点”|“管理站点”命令，出现“管理站点”对话框，选择需要删除的站点，这里选择“boda”站点，单击 删除(R) 按钮。

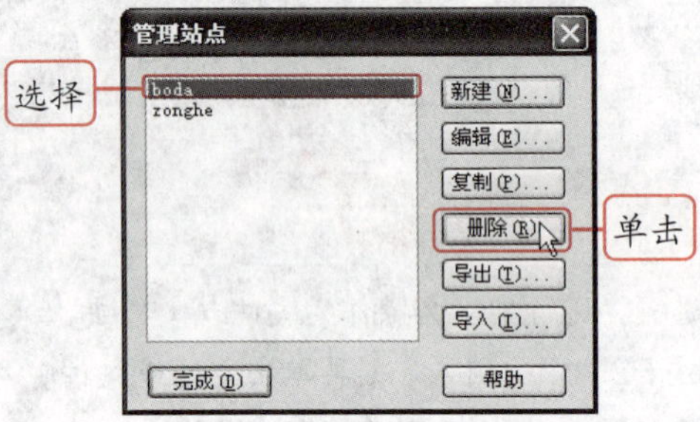

Step 02 此时将出现一个警告对话框，提示该操作不能撤销，单击 是(Y) 按钮删除所选站点。

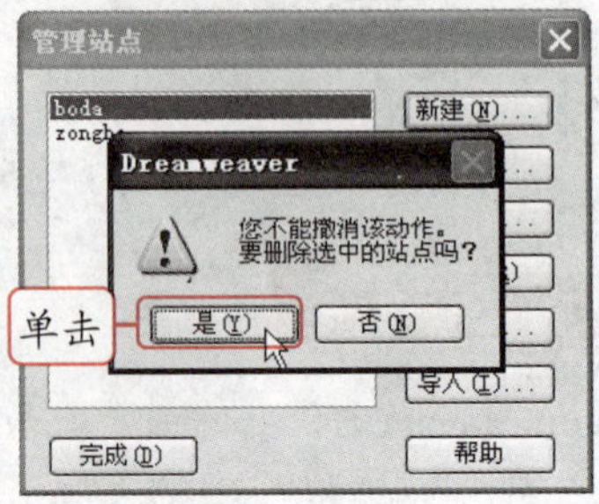

Step 03 返回“管理站点”对话框，单击 完成(D) 按钮关闭对话框。

2.3 设置页面属性

使用 Dreamweaver CS4 制作网页时，常常会根据页面内容和风格的要求来改变其字体格式、网页外观及超级链接的颜色等，若每做一步操作都要更改一次，不仅麻烦，也大大降低了工作效率。其实在制作网页前，可以在“页面属性”对话框中对页面属性进行整体设置，然后再进行制作，这样会极大地提高工作效率。

选择“修改”|“页面属性”命令，出现“页面属性”对话框，在对话框左侧的“分类”列表框中包含了外观（CSS）、外观（HTML）、链接（CSS）、标题（CSS）、标题/编码与跟踪图像 6 个类别，对话框右侧窗格用于对各类别的属性进行详细设置。其中外观（CSS）、链接（CSS）与标题（CSS）类别用于定义 CSS 相应属性的规则，而外观（HTML）用于设置 HTML 的页面属性。下图为“页面属性”对话框。

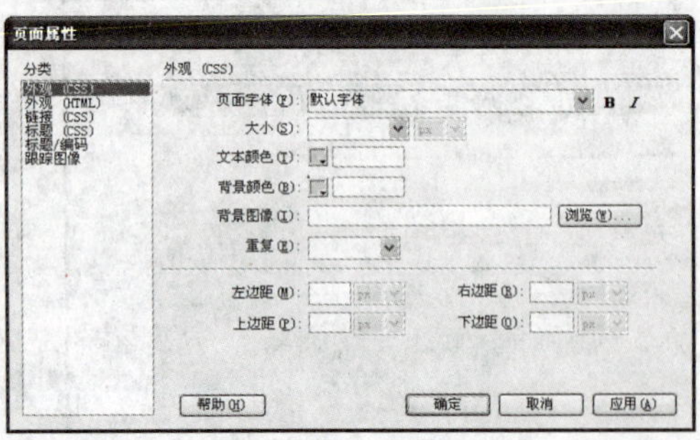

温馨提示牌 Warm and prompt licensing

设置的页面属性仅应用于当前文档。如果在页面中使用了外部 CSS 样式表，将不会改变其样式。

在设置页面属性之前，首先来了解一下 Dreamweaver CS4 中的各度量单位，这在页面属性的设置及后面的制作过程中都会接触到。只有熟悉了这些基础知识，才会在实际工作中更加轻松。

2.3.1 Dreamweaver CS4 中的度量单位

在网页中对网页元素的修饰除了数值大小外，还有就是度量单位的选择了。不同的度量单位会有哪些不同的效果呢？下面我们就来认识网页设计中的各类单位。

知识点拨 Knowledge　**认识 Dreamweaver CS4 中的度量单位**

像素（px）：像素（px）是网页制作中采用得最多的度量单位。使用该度量单位时，Dreamweaver CS4 将根据显示器的分辨率来确定网页元素的长度。如下图所示为默认设置下 16px 大小的文字（默认设置下，网页中的字体大小为 16px）与 36px 大小的文字比较。

磅（pt）：也称点数。使用该度量单位时，将根据 Windows 操作系统定义的字号大小来确定网页元素的长度。如下图所示为 36pt 大小的文字。

英寸（in）、厘米（cm）和毫米（mm）：根据显示的实际尺寸来确定长度。此类单位不随显示器分辨率的改变而改变，其中 1in = 72pt。如下图所示为 1 英寸大小的文字。

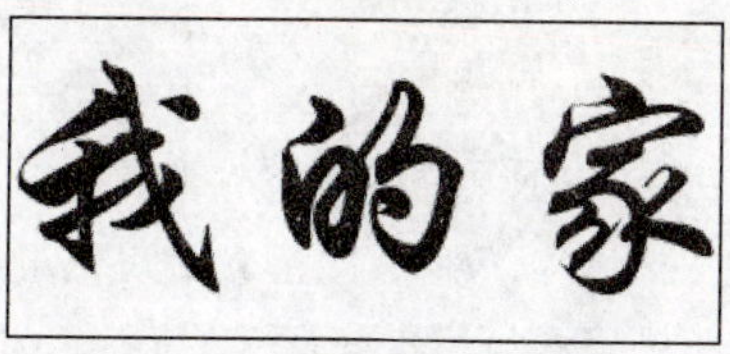

12pt 字（pc）：以 windows 操作系统定义的 12 磅字号大小为度量单位，1pc=12pt。该单位前输入的数字表示字号大小的倍数。如代码 {font-size: 2pc;}表示文字大小为 24pt。如下图所示为 12pt 字大小的文字。

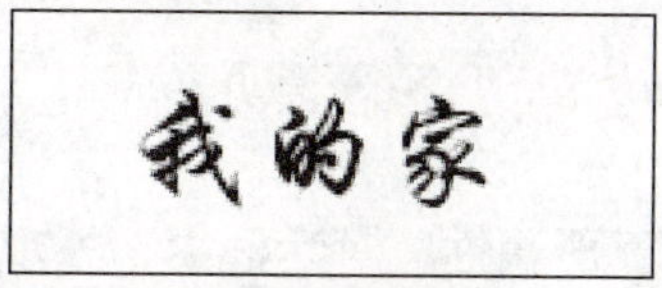

温馨提示牌 Warm and prompt licensing

以上度量单位均为定值，改变浏览器中浏览文字的大小不会对应用这些单位的文字产生变化。

字体高（em）：em 是一个相对长度度量单位，它相对于字体的磅值来定义长度，如果现在的字体大小为 12pt，那么 1.5em=18pt。而 {font-size:2em}是指文字大小为原来的 2 倍。如下图所示为 1.5em 大小的文字。

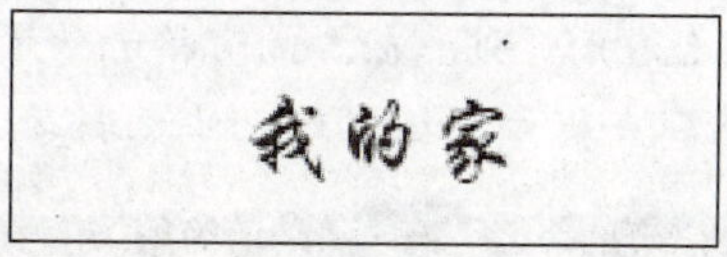

字体 x 的高（ex）：ex 同样为一个相对长度度量单位，它是指相对于当前字体中字母“X”方向上的高度。一个单位的 ex 大小既取决于字体的大小，也取决于所属字体的类别。因为在给定的磅值下，实际的 x 高度将随字体类别的不同而不同。如下图所示为 5ex 大小的“隶书”文字与“方正粗倩简体”文字在缩放比

例都为 67%时的对比效果。

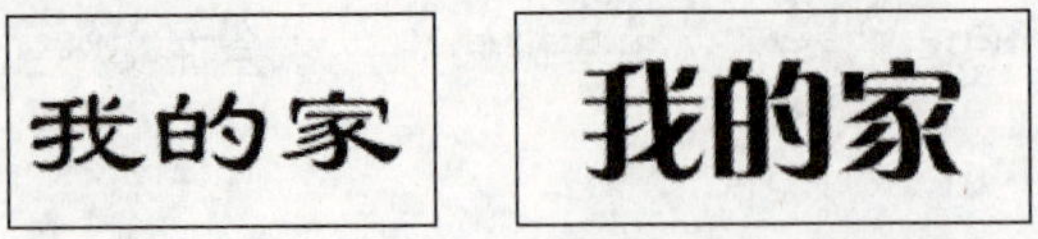

百分比（%）：%也是一个相对单位，它以当前文本的百分比值定义尺寸。如{font-size: 200%}是指文字大小为原来的 2 倍。如下图所示为 100%大小的文字与 200%大小文字的对比效果。

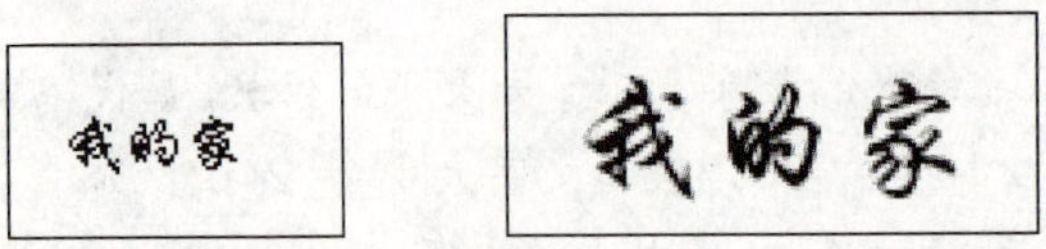

温馨提示牌

如上所述，再结合已知的条件，可以推导这些度量单位之间的转换关系，如下表所示。

HTML 文档中常用的数值度量单位之间的关系

1in=72pt=6pc=2.54mm
1pc=1/6in=12pt=0.423mm
1pt=1/72in=1/12pc=0.035mm

2.3.2 设置页面外观

在“页面属性”对话框中，外观（CSS）类别与外观（HTML）类别都用于设置页面外观。当在外观（CSS）类别中进行设置后，页面将采用 CSS 样式。相对的，当在外观（HTML）类别中进行设置后，页面将采用 HTML 样式。另外，若同时对这两个类别都进行了设置，那么实际页面外观将应用外观（CSS）类别中的设置。

1. 设置 CSS 页面外观

默认设置下，页面字体为“宋体”、字体颜色为“黑色”，页面背景为“白色”、背景图像为“无”、背景重复模式为“不重复”，页边距都为 0。在外观（CSS）类别中可以改变这些默认设置。

新手演练 设置“index.html”网页文档的 CSS 页面外观

Step 01 打开“页面属性”对话框，默认选中外观（CSS）类别，在右侧窗格的“页面字体”下拉列表框中选择字体“华文新魏”。

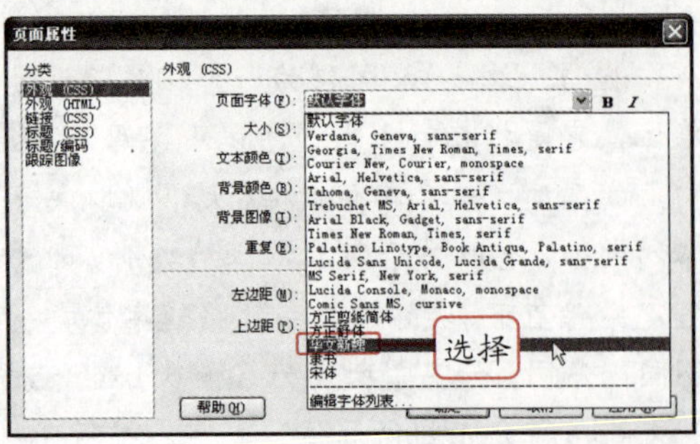

Step 02 在“大小”下拉列表框中选择“18”。

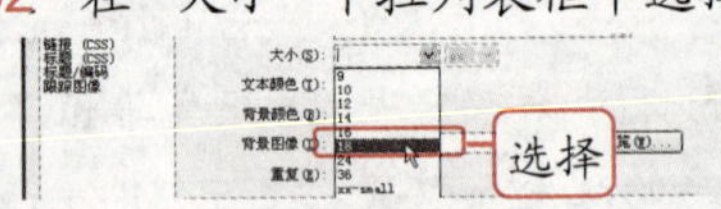

温馨提示牌

默认情况下，“页面字体”下拉列表框中只有一种中文字体，即“宋体”。若想使用其他字体需进行添加，其添加方法将在 4.2.1 小节中详细讲解。

Step 03 单击“文本颜色”标签旁的按钮，在出现的“颜色”面板中单击“#903”色块，即选择深红色。

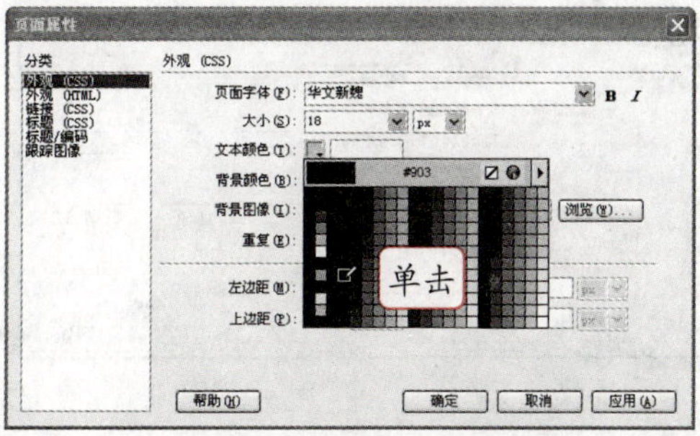

Step 04 单击“背景图像”文本框后的浏览(B)...按钮，打开“选择图像源文件”对话框。

Step 05 在“查找范围”下拉列表框框中选择图像所在的位置，在图像列表框中选择背景图像，这里选择“D:\资料图片\图片 8.jpg”文件，单击确定按钮关闭对话框。

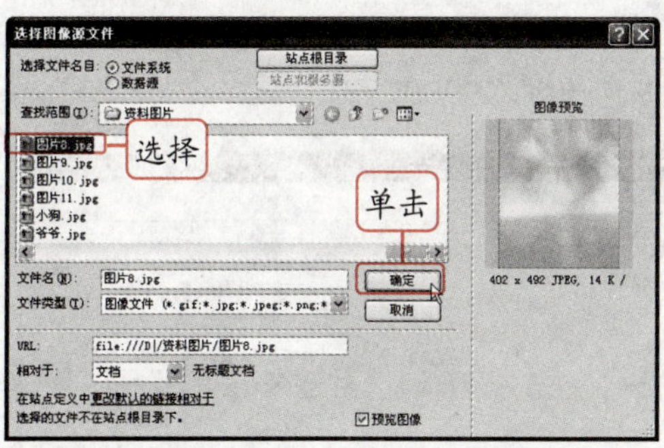

Step 06 出现一个提示对话框，提示该文件在站点根文件夹以外，询问用户是否将其复制到根文件夹中，单击是(Y)按钮确认。

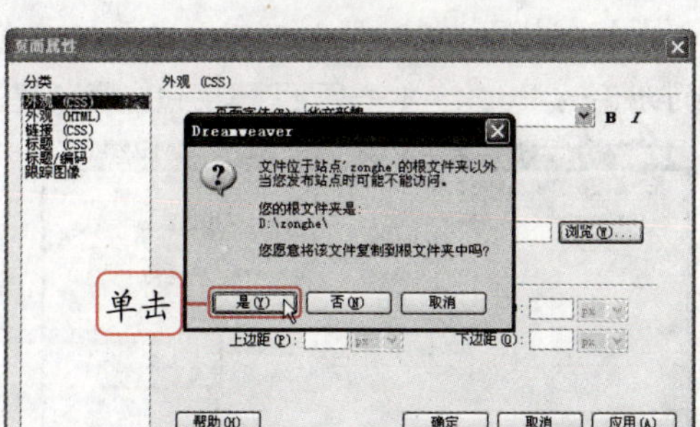

温馨提示牌 Warm and prompt licensing

在已创建的站点中制作网页时，往往会在其中插入图像、音频或视频等文件时，若这些文件未在站点根目录中，将提示用户是否复制到该站点根目录中。建议用户在规划站点结构时做好这步准备工作，否则可能由于遗忘使网页在显示时出现错误。在以后的操作中，都默认为已将这些文件放入根目录中。

Step 07 出现“复制文件为”对话框，在其中选择文件的存放位置，并设置其文件名，这里选择“zonghe”站点中的 pic 文件夹，文件名保持默认设置，单击保存(S)按钮。

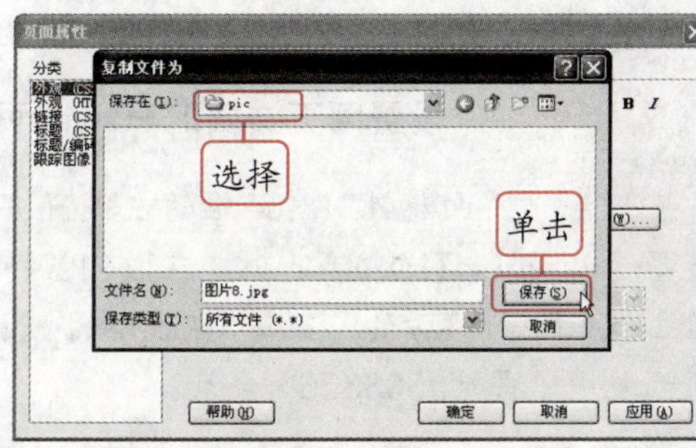

温馨提示牌 Warm and prompt licensing

在设置页面的背景属性时，只能选择设置背景颜色与背景图像中的一个。

Step 08 在“重复”下拉列表框中选择背景图像的重复方式，这里选择 no-repeat 选项。

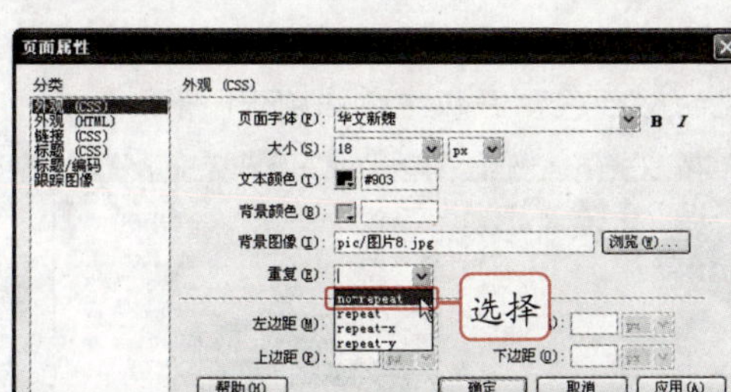

温馨提示牌 Warm and prompt licensing

在“重复”下拉列表框中，“no-repeat”选项表示不重复、“repeat”选项表示重复、“repeat-x”选项表示横向重复、“repeat-y”选项表示纵向重复。

Step 09 在“左边距”、“右边距”、“上边距”、“下边距”文本框中分别输入相应的值，以设置页面内容与页边之间的距离。单击[确定]按钮完成设置。

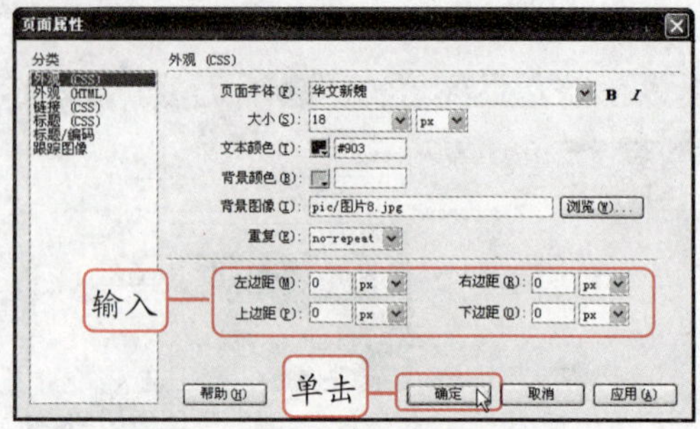

2. 设置 HTML 页面外观

设置 HTML 页面外观是在外观（HTML）类别中设置的。在该类别中，有些项目与外观（CSS）类别中的项目一样，其设置方法也相同，这里不再赘述，只讲解其他不同项目的设置方法。

新手演练 Novice exercises　设置网页文档的 HTML 页面外观

Step 10 在“页面属性”对话框的左侧窗格中选择“外观（HTML）”选项，在右侧窗格中单击“背景”标签旁的[ ]按钮，在出现的“颜色”面板中单击“#003366”色块。

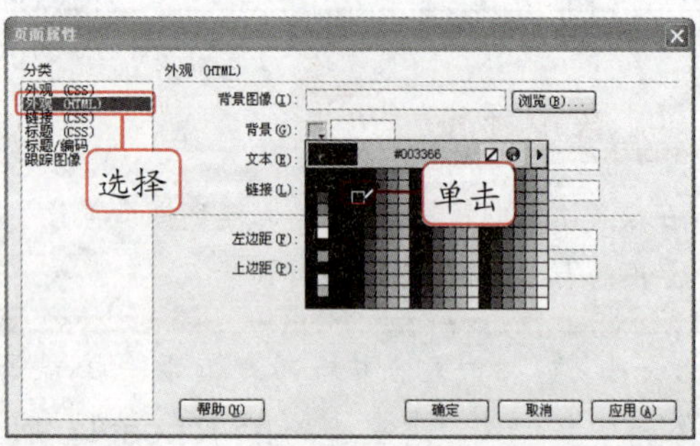

Step 11 单击“链接”标签旁的[ ]按钮，在出现的“颜色”面板中单击#FFFFFF 色块。

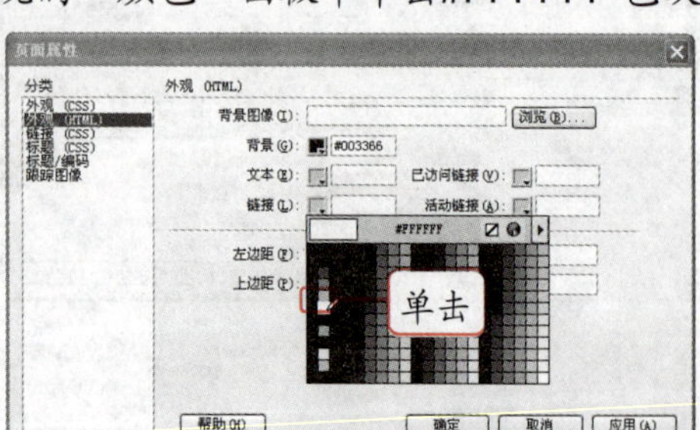

Step 12 按照类似的方法设置“已访问链接”的颜色为#CC0000。

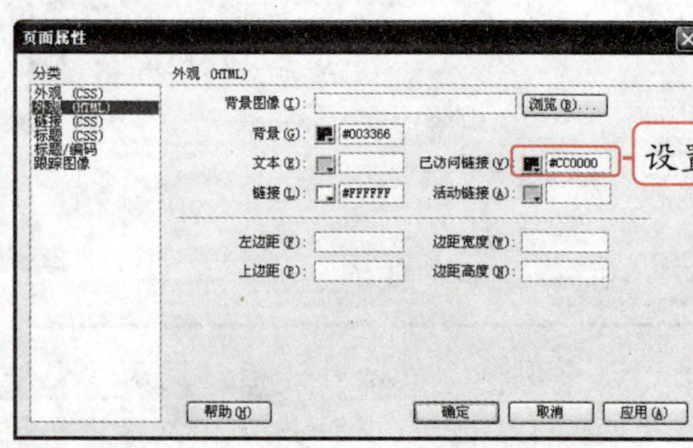

Step 13 在“边距宽度”与“边距高度”文本框中分别输入“20”，即网页内容与网页边框的距离为 20px。单击[确定]按钮完成设置。

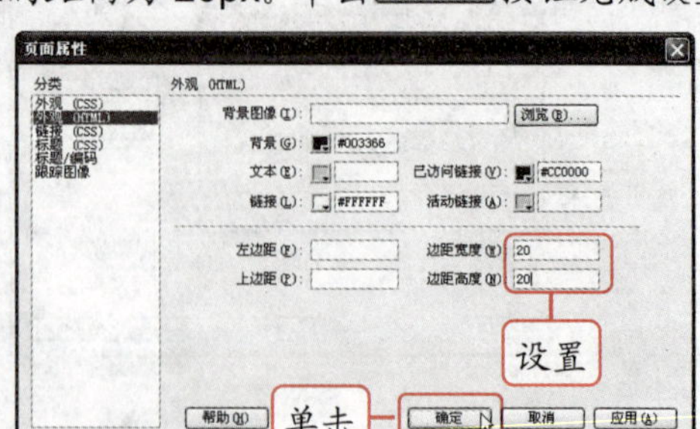

2.3.3 设置超级链接

打开“页面属性”对话框，在“分类”列表框中选择“链接（CSS）”选项，在右侧可进行 CSS 样式链接属性中的详细设置，即设置超级链接各状态下的样式。

默认设置下，超级链接文字的字体与页面中文字的字体相同，大小为默认值 16px，颜色为“蓝色”。下划线样式为“有下划线”，已访问超级链接的颜色为“紫色”。下面以设置超级链接的字体为“黑体”、大小为“12px”、“变换图像链接”与“活动链接”的颜色分别为“蓝、黄”，无下划线为例讲解其设置方法。

新手演练 Novice exercises　**设置“index.html”网页文档的超级链接属性**

Step 01　选择“链接（CSS）”选项，在右侧窗格的“链接字体”下拉列表框中选择“黑体”选项。

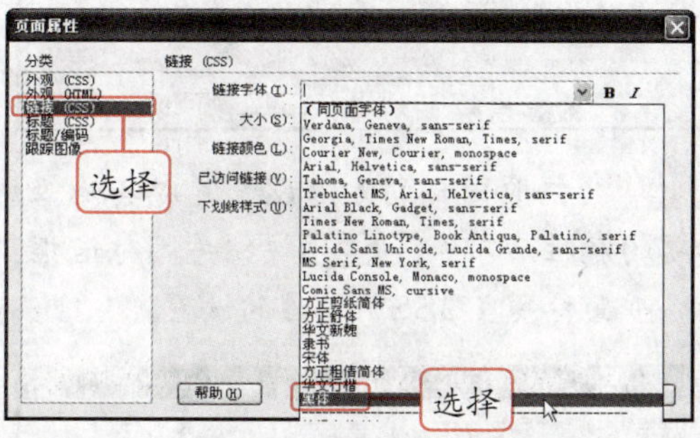

Step 02　在“大小”下拉列表框中选择“12”选项。

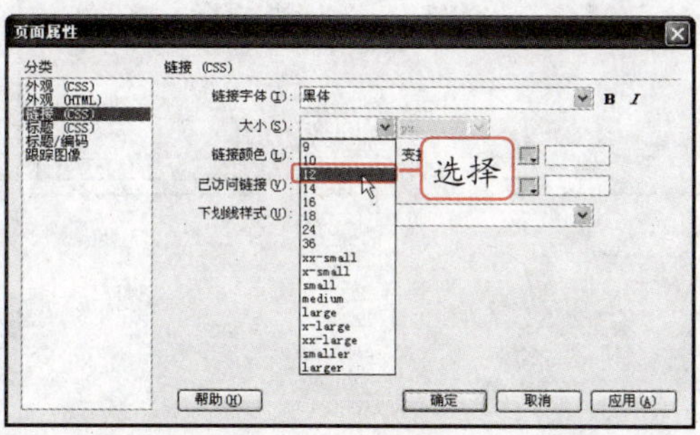

温馨提示牌 Warm and prompt licensing

在设置超级链接属性时，通常只设置“链接颜色”、“变换图像链接”和“已访问链接”几个选项。

Step 03　单击“变换图像链接”标签旁的按钮，在出现的“颜色”面板中选择蓝色。

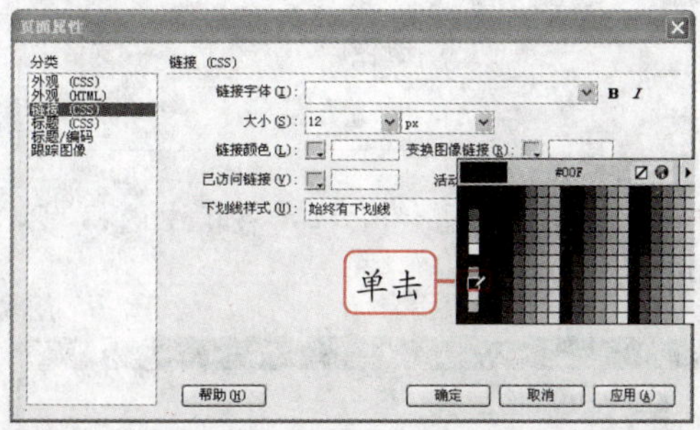

Step 04　按照同样的方法设置“活动链接”的颜色为黄色。

Step 05　在“下划线样式”下拉列表框中选择“始终无下划线”选项，单击 确定 按钮关闭对话框，完成页面链接属性的设置。

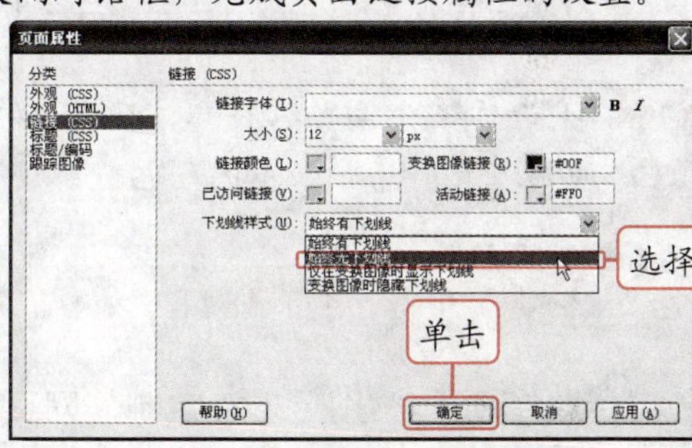

2.3.4 设置标题

打开“页面属性”对话框，在“分类”列表框中选择“标题（CSS）”选项，在其右侧窗格中可设置页面中各级标题文本的字体、大小与颜色，以及是否粗体或倾斜等属性。

新手演练 Novice exercises 设置“index.html”网页文档的标题属性

Step 01 在右侧窗格的“标题字体”下拉列表框中选择“方正剪纸简体”选项。

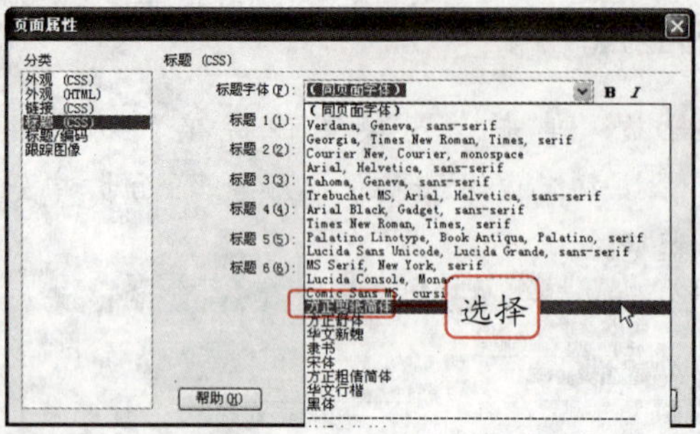

Step 02 在“标题 1”下拉列表框中选择“24”选项。

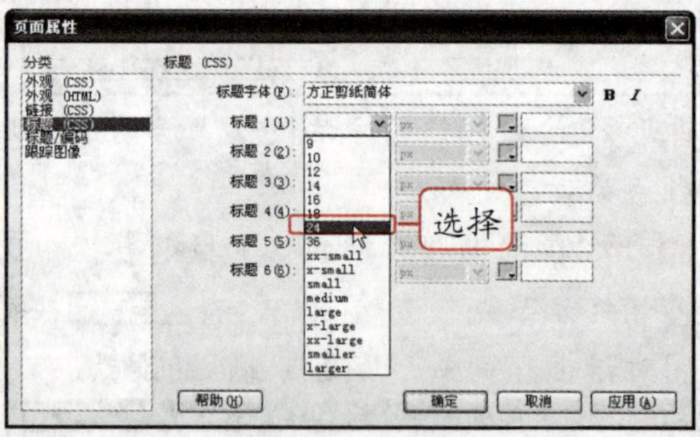

Step 03 单击标题 1 后的按钮，在出现的“颜色”面板中选择标题文本的颜色。

Step 04 分别单击 **B** 与 *I* 按钮，设置标题文本为加粗并倾斜显示。

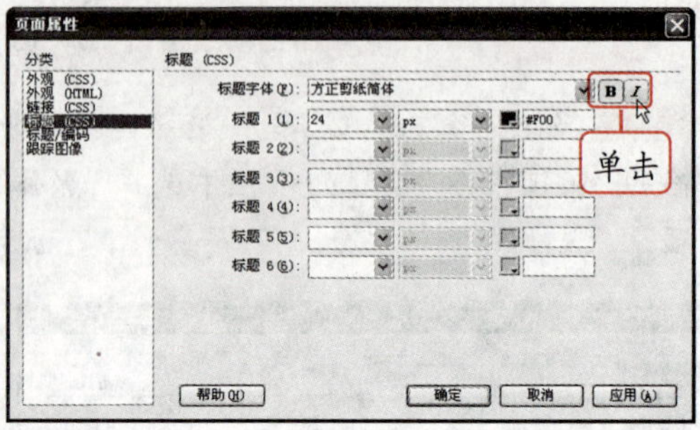

Step 05 按照同样的方法设置完成其他级别标题的属性后单击 确定 按钮关闭对话框，完成页面标题（CSS）属性的设置。

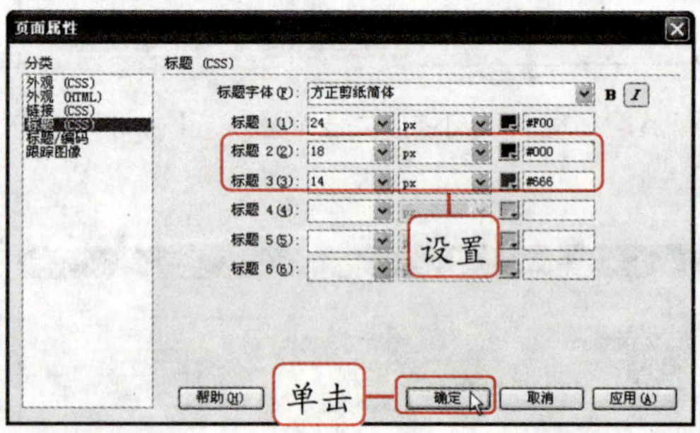

2.3.5 设置标题/编码

“标题/编码”类别用于指定制作网页时所用语言的文档编码类型，以及指定要用于该编码类型的 Unicode 类型。

新手演练 Novice exercises 设置“index.html”网页文档的标题/编码属性

Step 01 打开“页面属性”对话框，在“分类”列表框中选择“标题/编码”选项，在右侧窗格的“标题”文本框中输入网页文档的标题，这里输入“新闻”。

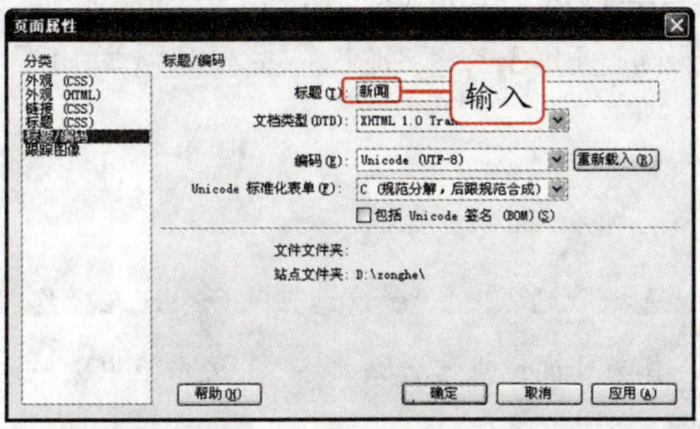

Step 02 在“文档类型”下拉列表框中选择文档类型，这里保持默认设置。

Step 03 在“编码”下拉列表框中选择网页文档的编码方案，这里选择“简体中文(GB2312)”选项。单击 确定 按钮完成设置。

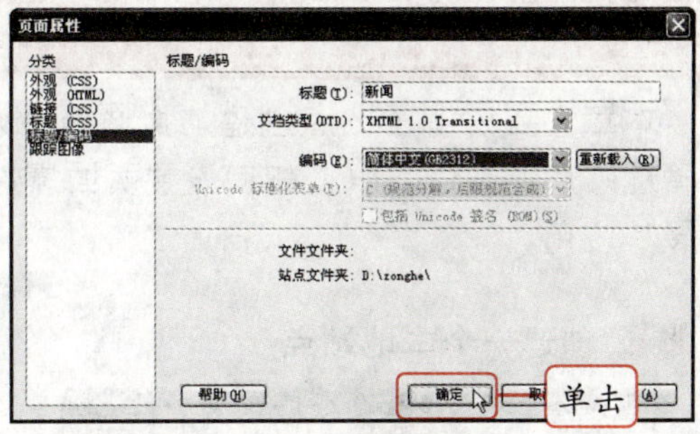

温馨提示牌 Warm and prompt licensing

Unicode（Universal Multiple-Octet Coded Character Set，简称 UCS）是世界各国统一的字符编码标准。采用该编码标准时，可以在同一个屏幕中显示任何语言的内容。

2.3.6 设置跟踪图像

设置跟踪图像是指在网页中插入一个图片，在设计页面时可以以该图像作为参考，使网页内容更加清晰明确。

新手演练 Novice exercises　为“index.html”网页文档设置跟踪图像

Step 01 打开“页面属性”对话框，在“分类”列表框中选择“跟踪图像”选项，在右侧窗格中单击 浏览(O)... 按钮。

Step 02 出现“选择图像源文件”对话框。在“选择图像源文件”对话框中选择需要的图像文件后单击 确定 按钮。

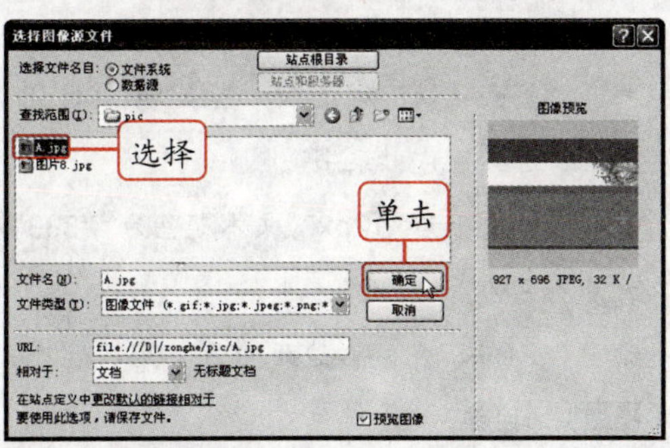

Step 03 返回到“页面属性”对话框，拖动透明度滑块，设置跟踪图像的透明度。

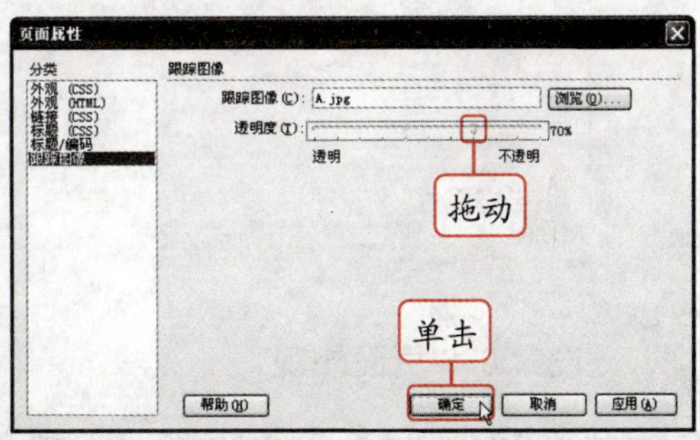

Step 04 单击 确定 按钮关闭对话框，编辑效果如下图所示。

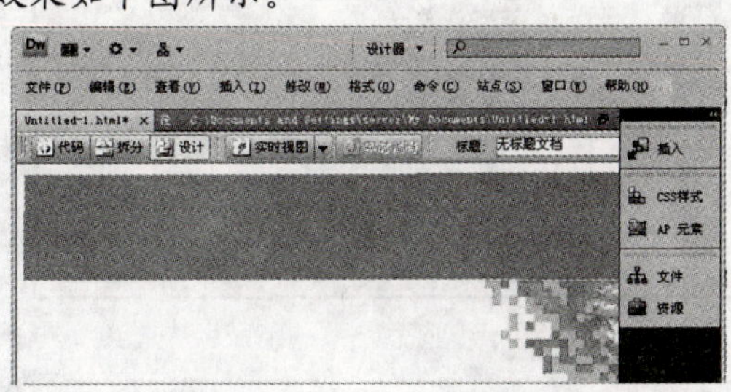

2.4 职场特训

本章主要讲解了站点创建与页面属性设置的相关知识，包括站点的分类与结构、创建与管理站点的方法，以及如何设置页面属性等。下面通过 3 个实例来巩固本章所学知识并拓展其应用。

特训 1：创建一个本地站点

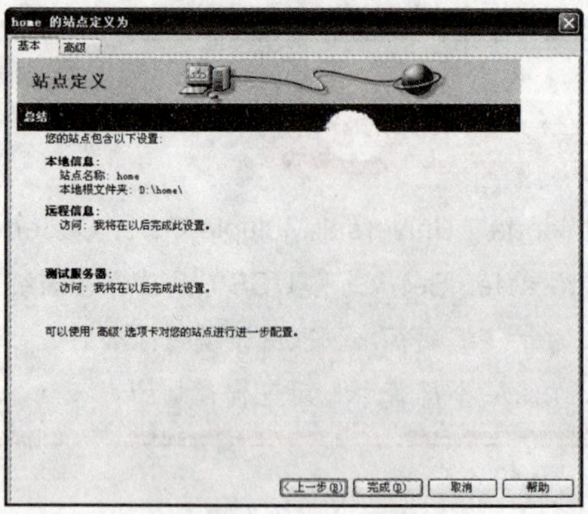

1. 选择“站点”|“新建站点”命令，在“您打算为您的站点起什么名字？”文本框中输入站点名称。
2. 设置是否使用服务器技术。
3. 设置本地站点的存储位置。
4. 设置连接到远程服务器的方式。

特训 2：在站点中添加文件与文件夹

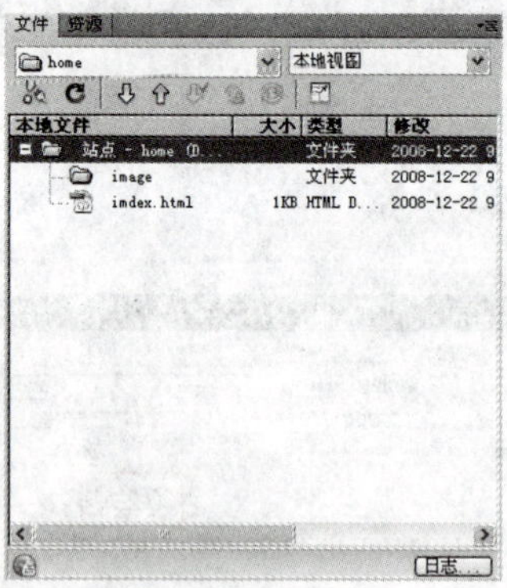

1. 在站点根目录图标上右击，在出现的快捷菜单中选择“新建文件夹”命令。
2. Dreamweaver CS4 将自动新建一个文件夹，输入文件夹名。
3. 再次在站点根目录图标上右击，在出现的快捷菜单中选择“新建文件”命令。
4. 输入新建文件的名称。

特训 3：设置 CSS 页面外观

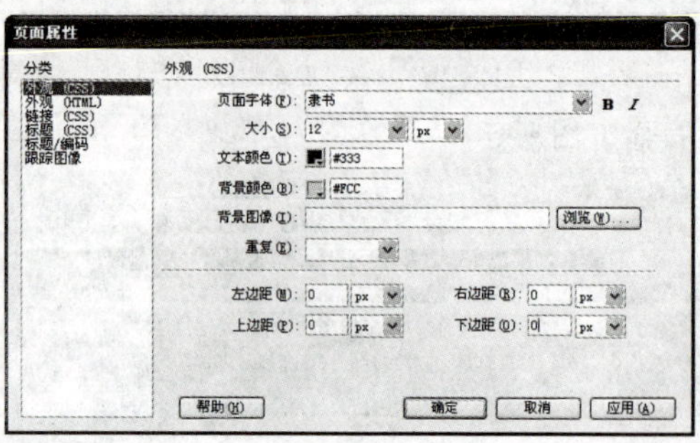

1. 打开“页面属性”对话框，选择外观（CSS）类别，选择字体“隶书”。
2. 设置字体大小为“12px”，文本颜色为“#333”，背景颜色为“#FCC”。
3. 设置上、下、左、右边距均为“0px”，单击 确定 按钮。

第3章

CSS样式表

精彩案例

创建一个名为“.z”的内部 CSS 样式

修改名为“.sd”的 CSS 样式

为网页元素应用“sd2”CSS 样式

链接外部 CSS 文件“yangshi.css”

本章导读

我们在制作网页时，有些网页元素，如图像或文本，它们的属性设置步骤都一样，在 Dreamweaver CS4 中有一个类似于格式刷的工具，即 CSS，它是进行网页元素外观控制的重要技术，用户只需定义一次 CSS 样式，就可以将其应用于多个对象上。使用 CSS 既可以提高工作效率，也可以使网页风格具有统一性。本章就来讲解什么是 CSS、如何创建 CSS 与定义 CSS 等知识。

3.1 CSS 简介

设计网页时，常需要设置网页中各种元素的样式属性，如文本的字体、大小与颜色，段落的格式，以及图像的大小、边框与位置等，在同一个页面中，为了保持页面整体风格的统一性，因此相同类型的网页元素都设置为相同的样式。

如果逐一设置每个元素的属性，就会做许多重复的工作，这时就可以定义一个 CSS 样式，然后将其应用到不同的网页元素中，使它们都具有相同的属性。而且，当对 CSS 进行修改后，Dreamweaver CS4 会自动更新应用了该样式的网页元素的显示效果。

3.1.1 什么是 CSS

CSS 是 Cascading Style Sheets（层叠样式表）的简称，它是一种标记语言，用于为网页文档定义布局。例如，CSS 涉及字体、颜色、边距、高度、宽度、背景图像、高级定位等方面。

通过 CSS 不仅可以控制一个页面的文本格式，而且还可以通过外部链接的方式控制多个页面的文本格式。

3.1.2 CSS 的类型

CSS 主要有类 CSS 样式、IDCSS 样式、标签 CSS 样式和复合 CSS 样式，其具体含义如下。

知识点拨 Knowledge　认识 CSS 的类型及其含义

类 CSS 样式：该样式可以对所有的网页元素进行定义。定义样式后需手动对网页元素进行套用。

IDCSS 样式：该样式只能定义所设置 ID 的 CSS 样式。如为 ID 为“a”的元素定义了 CSS 样式，那么该样式将应用于任何 ID 为“a”的 HTML 元素中。

标签 CSS 样式：用户可以直接为网页中的 HTML 标签定义 CSS 样式，从而使网页中所有使用该标签的内容都具有相同的属性。如为“<hr>”标签定义 CSS 样式—— 设置其宽度为 500 像素，则网页中所有水平线的宽度都为 500 像素。

复合 CSS 样式　某些标签具有不同的状态，用户可以为每个状态分别定义不同的 CSS 样式。如定义超级链接的标签“<a>”，它具有 link、active、visited 和 hover 共 4 种状态，其中“link”表示还没有被访问过的超级链接，“active”表示正在被访问的超级链接，“visited”表示已经访问过的超级链接，“hover”表示当鼠标光标移动到超级链接上时超级链接的样式，可以分别对各个状态进行定义。

温馨提示牌 Warm and prompt licensing

类 CSS 样式名称前通常有“.”，如“.img”；IDCSS 样式名称前有“#”，如“#a”；标签 CSS 样式直接是标签名称，如“body”；复合 CSS 样式的名称前通常为“a:”如“a:link”。

3.2 创建 CSS

通常情况下，都在“CSS 样式”面板中创建层叠样式表，因此，在创建 CSS 之前先来认识“CSS 样式”面板。

3.2.1 认识“CSS 样式”面板

“CSS 样式”面板位于工作界面右侧“插入”面板的下方，选择“窗口”|“CSS 样式”命令或按 Shift + F11 组合键可打开或关闭“CSS 样式”面板。

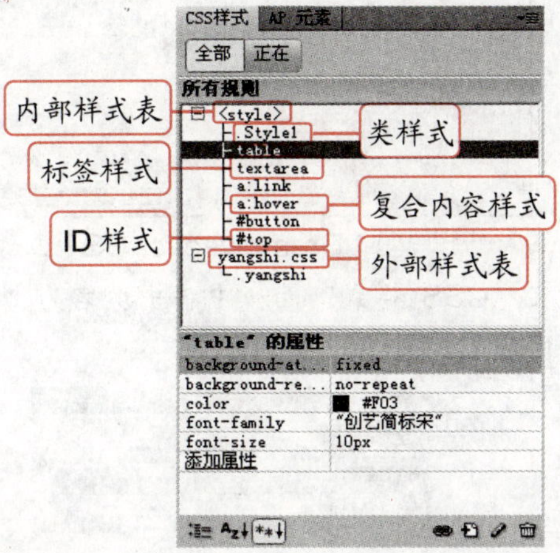

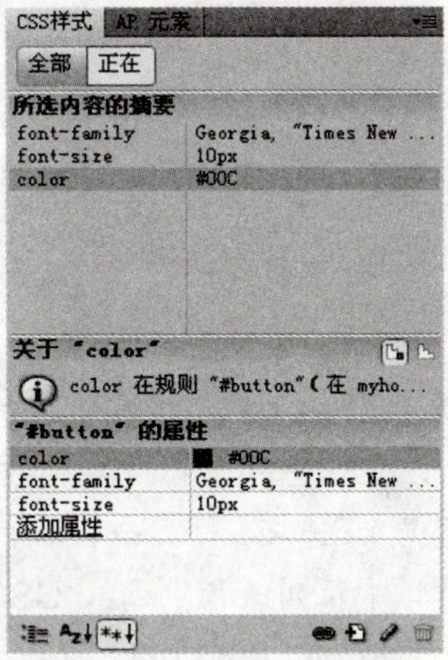

知识点拨 Knowledge　“CSS 样式”面板中各部件的含义

全部按钮：显示当前网页所有的 CSS 规则。

“所有规则”栏：显示规则的名称。

“‘table’的属性”栏：显示当前选择的规则的定义信息。

与按钮：在属性栏中以不同的方式显示所有的属性。单击“显示类别视图”按钮将分类显示；单击“显示列表视图”按钮将按字母顺序显示；单击按钮将只显示设定了值的属性。

按钮：“附加样式表”按钮，用于链接外部的 CSS 样式表，单击该按钮将出现链接外部样式的对话框。

按钮：“新建 CSS 规则”按钮，用于新建 CSS 样式，单击该按钮将出现“新建 CSS 规则”对话框，在其中可进行新建 CSS 的操作。

按钮：“编辑样式”按钮，用于编辑选择的 CSS 规则。

按钮：“取消 CSS 样式表的链接”，单击该按钮，可删除选择的 CSS 样式。

正在按钮：显示当前选择的网页元素的 CSS 样式信息。

3.2.2 创建 CSS

创建 CSS 分为创建内部 CSS 与创建外部 CSS，其操作是在“新建 CSS 规则”对话框中完成的，在其中还可以设置 CSS 的类型。

1. 创建内部 CSS

内部 CSS 只能用于当前网页，这是它与外部 CSS 样式的区别之处。

新手演练 Novice exercises 创建一个名为“. z”的内部 CSS

Step 01 在“CSS 样式”面板中单击“新建 CSS 规则”按钮，出现“新建 CSS 规则”对话框。

> **温馨提示牌 Warm and prompt licensing**
>
> 右击编辑窗口的空白处，在弹出的快捷菜单中选择“CSS 样式”|“新建”命令，也可出现“新建 CSS 规则”对话框。

Step 02 在“选择器类型”下拉列表框中选择所需定义的样式类型，这里选择“类（可应用于任何 HTML 元素）”选项。

Step 03 在“名称”下拉列表框中输入 CSS 样式的名称，这里输入“z”，在“规则定义”下拉列表框中选择“仅限该文档”选项，单击 确定 按钮。

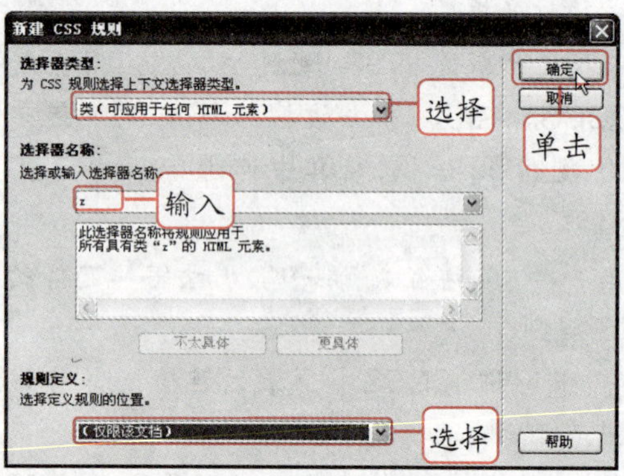

Step 04 出现“.Z 的 CSS 规则定义”对话框，在“Text-decoration”区域中选择“underline”复选框，单击 确定 按钮完成创建。

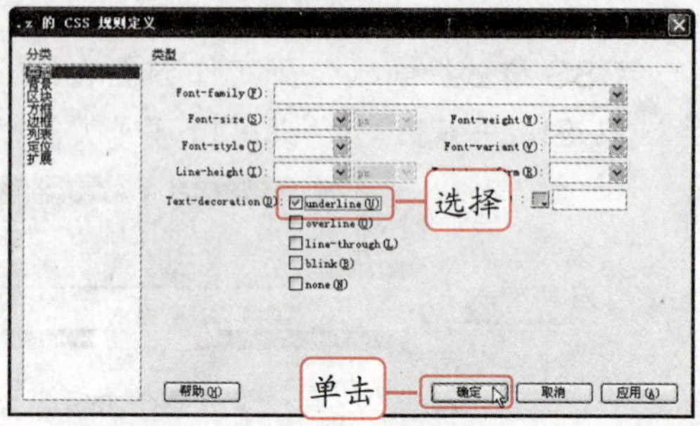

Step 05 返回 Dreamweaver CS4 工作窗口，在“CSS 样式”面板中将出现名为“.z”的内部 CSS，如下图所示。

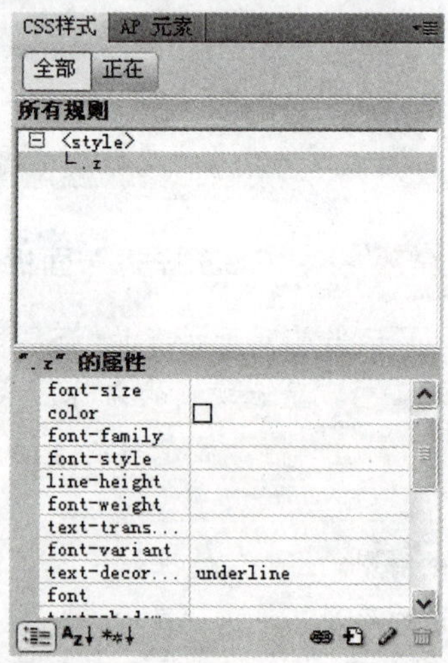

> **温馨提示牌 Warm and prompt licensing**
>
> 在名称下拉列表文本框中输入 CSS 样式的名称后，程序将自动在其前面加上“.”。

2. 创建外部 CSS

外部 CSS 是作为单独的一个文件存在的，其扩展名为.css，它可以应用于多个网页中。外部 CSS 的创建方法与内部 CSS 的创建方法基本相同，只是保存位置不同。

新手演练 Novice exercises 为<font>标签创建一个外部 CSS 样式

Step 01 打开“新建 CSS 规则”对话框，在“选择器类型”下拉列表框中选择“标签（重新定义 HTML 元素）”选项。

Step 02 在“选择器名称”下拉列表框中选择“font”，在“规则定义”下拉列表框中选择“新建样式表文件”选项，完成后单击确定按钮。

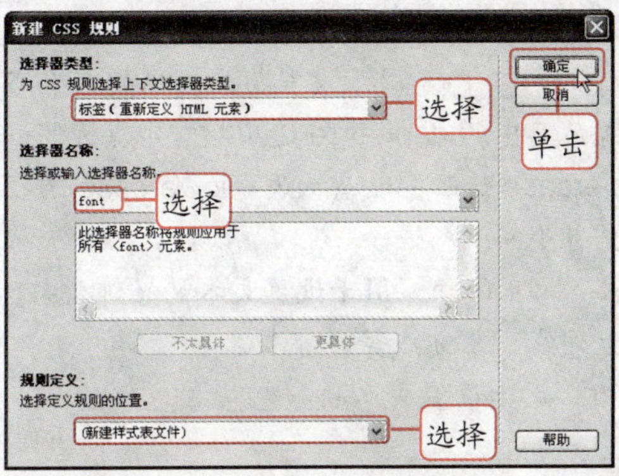

Step 03 打开“将样式表文件另存为”对话框，在“保存在”下拉列表框中选择保存位置，在“文件名”文本框中输入 CSS 样式的名称，这里输入“font”，单击保存(S)按钮。

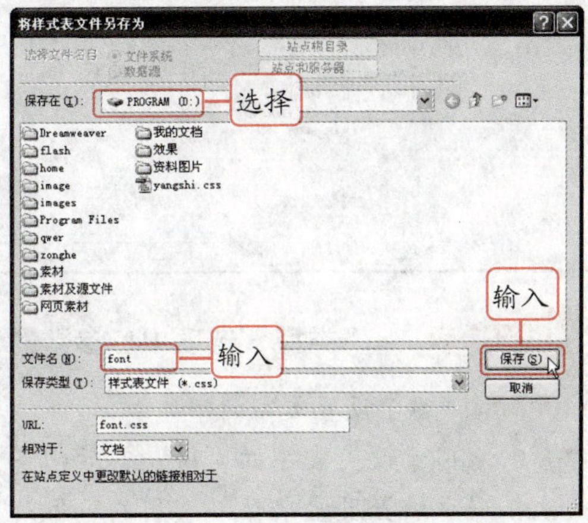

Step 04 出现 CSS 规则定义对话框，在其中进行相应设置，完成后单击确定按钮完成外部 CSS 样式的创建。

温馨提示牌 Warm and prompt licensing

保存 CSS 样式表文件时，应将其保存在站点文件夹内，否则上传站点后很可能因找不到该文件而导致网页显示不正确。

3.3 定义 CSS 属性

创建 CSS 样式后还可在 CSS 规则定义对话框中重新定义规则的属性，如文本字体、背景图像和颜色、间距和布局属性以及列表元素外观等。在 CSS 规则定义对话框中可定义的 CSS 规则主要有 8 种类型，下面分别介绍各类型的定义方法。

3.3.1 类型属性

在“CSS 样式”面板中选择一个已创建的样式，在面板下方单击“编辑样式”按钮，出现 CSS 规则定义对话框，默认选择的是“类型”选项，该选项用于对文本进行各种设置，如字体、字号、颜色、修饰效果与英文字母大小写规则等。

下图为定义了一些类型属性后的对话框及应用了该规则后的效果。通过 CSS 样式表来定义类型，可以更加快捷方便，而且在调整时也可以进行批量修正，从而使用户的工作效率进一步提高。

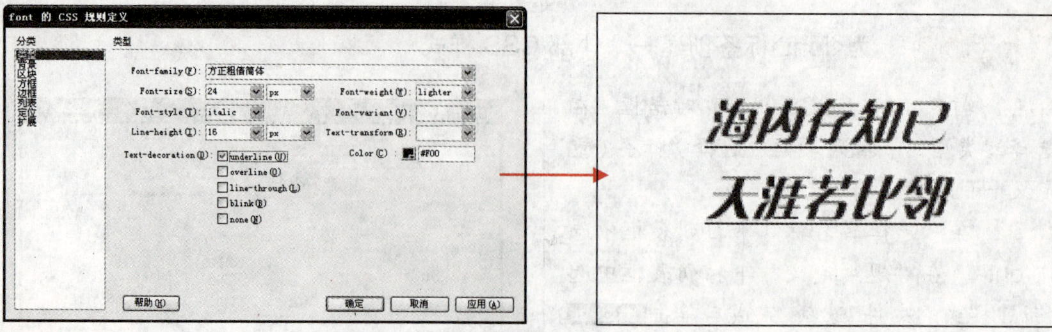

知识点拨 Knowledge **“类型”选项中各参数的含义**

Font-family：用于设置文字的字体。

Font-size：用于设置文字的大小，其后的下拉列表框用于设置度量单位，常用的单位是 px，有时也用 pt。

Font-weight：用于设置文字的粗细程度，可直接选择给出的值，也可直接输入粗细值。其中的 normal 选项指默认设置；bold 选项指粗体；bolder 选项指特粗；lighter 选项指特细。

Font-style：用于设置文字的样式。其中的 italic 选项指斜体；oblique 选项指偏斜体。

Font-variant：用于设置文本的变形方式。其中的 small-caps 选项指小型大写字母。

Line-height：用于设置文本行与行之间的距离，可直接输入行高值。

Text-transform：用于设置英文文本的大小写形式。其中的 capitalize 选项指首字母大写；uppercase 选项指全部大写；lowercase 选项指全部小写。

Text-decoration：用于设置文本的修饰效果，如上划线、下划线等，可多选。

color：用于设置文本的颜色。

温馨提示牌 Warm and prompt licensing

在 CSS 规则定义对话框“修饰”栏中的某些修饰效果只能在某些特定浏览器中才能查看到效果。

3.3.2 背景属性

在“CSS 规则定义”对话框左侧窗格中选择“背景”选项，在其右侧对背景属性进行设置，下图为定义了一些背景属性后的对话框及应用了该规则后的效果。

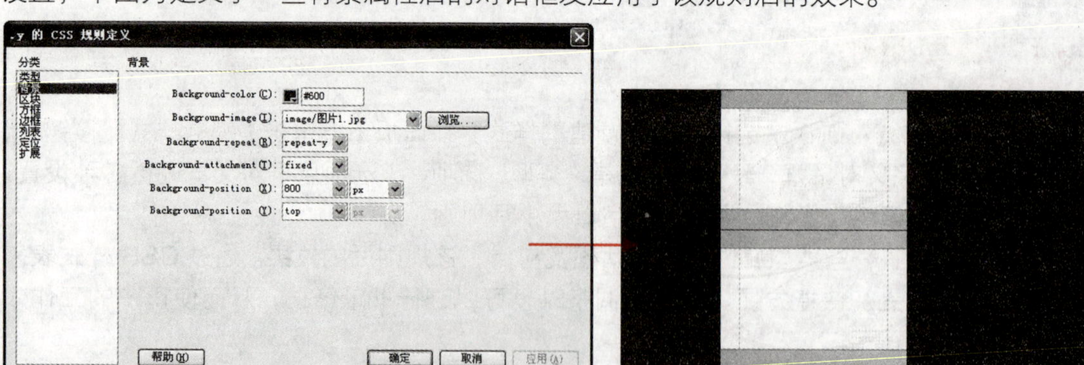

知识点拨 Knowledge “背景”选项中各参数的含义

Background-color：用于设置背景颜色，其设置方法与前面讲解的设置页面背景颜色的方法相同。

Background-image：用于设置背景图像。用户可以单击其后的[浏览...]按钮，在出现的对话框中选择背景图像，也可在其中直接输入图像文件的路径及名称。

Background-repeat：用于设置背景图像的重复方式，各重复方式的效果如下图所示，依次为 no-repeat，repeat，repeat-y，repeat-x。

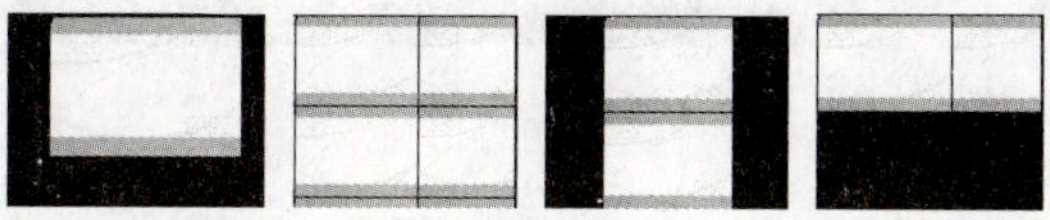

Background-attachment：用于设置背景图像是否可以滚动的。其中的 fixed 选项表示固定；scroll 选项表示滚动。

Background-position（X）：用于设置背景图像在水平方向上的位置，如下图所示分别为选择 left、center、right 和输入 50px 时的效果（Background-posltion 下拉列表框中选择的都是 top 选项）。

Background-position：用于设置背景图像在垂直方向上的位置。

3.3.3 区块属性

在“CSS 规则定义”对话框左侧窗格中选择“区块”选项，在其右侧就可对区块属性进行设置，如下图所示为定义了一些区块属性后的对话框及应用了该规则后的效果。

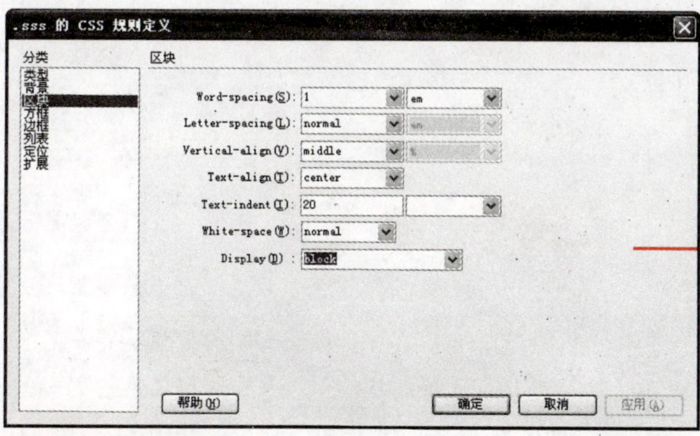

和信阳光集团生产的“丽人”牌服装面料、毛绒大衣面料双双喜获国家统检质量评比第一名

知识点拨 Knowledge “区块”选项中各参数的含义

Word-spacing：用于设置英文单词之间的间距，可设置为正常或手动输入间距值。

Letter-spacing：用于设置英文字母之间的间距。

Vertical-align：用于设置文本在垂直方向上的对齐方式。其中 baseline 选项指基线对齐、middle 选项指居中、bottom 选项指底部对齐。

Text-align：用于设置文本在水平方向上的对齐方式。

Text-indent：用于设置文本首行缩进的距离。

White-space：用于设置处理空格的方式。在下拉列表框中选择 normal 选项后，会将多个空格显示为 1 个空格；选择 pre 选项后，将以文本本身的格式显示空格和回车；选择 nowrap 选项后，将以文本本身的格式显示空格但不换行。

Display：在该下拉列表框中可选择区块中要显示的格式。其中，block 选项是指以“块”的方式显示。

温馨提示牌 Warm and prompt licensing

在 Text-indent 文本框中输入 2，在后面的下拉列表框中选择 ems（字体高）选项，即可实现段落首行缩进两个汉字位置的效果。

3.3.4 方框属性

在“CSS 规则定义”对话框左侧窗格中选择“方框”选项，在其右侧就可对方框属性进行设置，如下图所示为定义了一些规则后的对话框及应用了该规则后的效果。

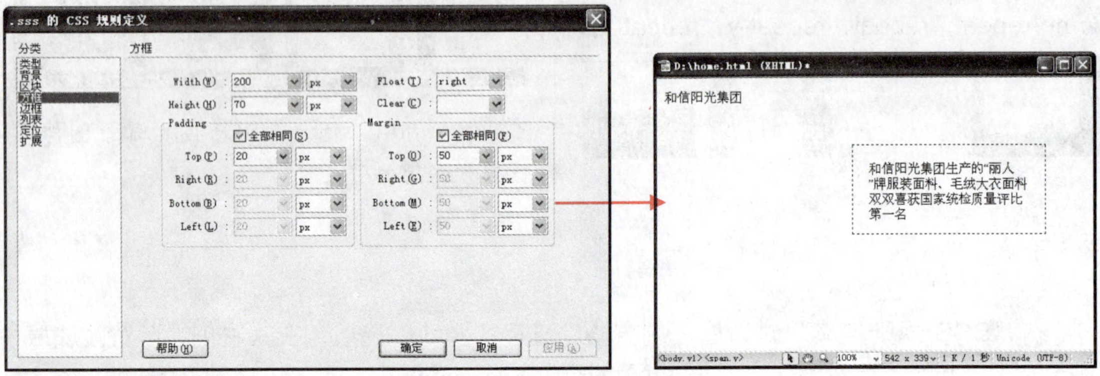

知识点拨 Knowledge “方框”选项中各参数的含义

Width：用于设置方框的宽度。

Float：用于设置方框中文本的位置。

Height：用于设置方框的高度。

Clear：用于设置层能出现在应用样式的元素的某个侧边。

Padding：用于指定方框中的内容与边框之间的间距。

Margin：用于指定方框与另一个元素之间的间距。

温馨提示牌 Warm and prompt licensing

“方框”是在 Div + CSS 布局方式中使用得最多的样式，它可以确定 Div 的位置、宽度与对齐方式等。另外，如果在区块属性中的 Display 下拉列表框中未设置区块的显示格式，那么设置了方框属性的元素周围将不会出现边框。

3.3.5 边框属性

在“CSS 规则定义”对话框左侧窗格中选择“边框”选项，在其右侧就可对边框属性进行设置，如下图所示为定义了一些边框属性后的对话框及应用了规则后的效果。

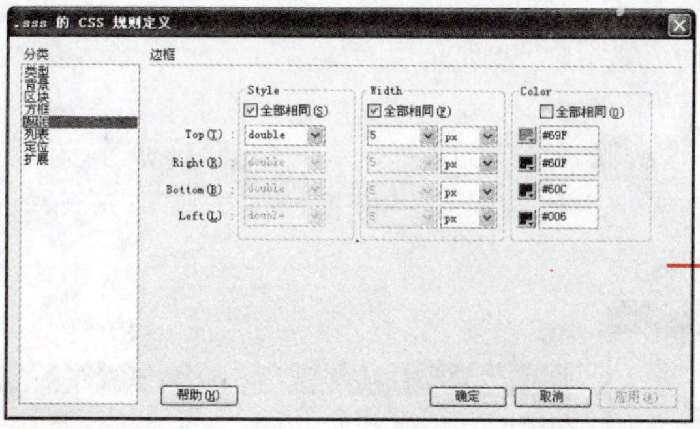

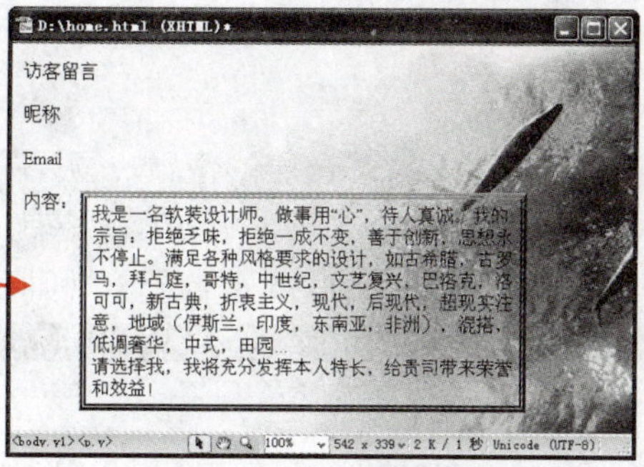

知识点拨 Knowledge "边框"选项中各参数的含义

Style: 用于设置元素上、下、左、右边框的样式。

Width: 用于设置元素上、下、左、右边框的宽度。

Color: 用于设置元素上、下、左、右边框的颜色。

3.3.6 列表属性

在 CSS 规则定义对话框左侧窗格中选择"列表"选项，在其右侧就可对列表属性进行设置，如下图所示为定义了一些列表属性后的对话框及应用了该规则后的效果。

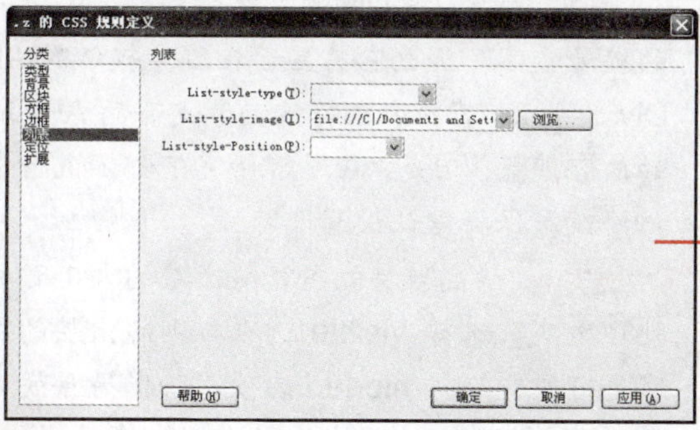

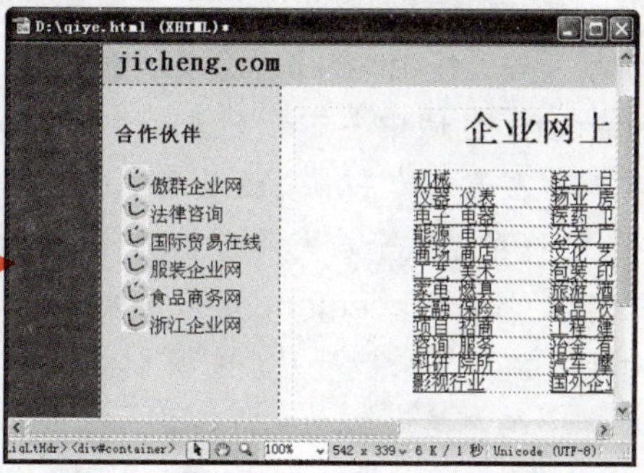

知识点拨 Knowledge "列表"选项中各参数的含义

List-style-type: 用于设置列表的项目符号类型或编号类型。

List-style-image: 用于设置以图像表示无序列表的项目符号。可单击[浏览...]按钮，在出现的对话框中选择图像文件。

List-style-Position: 用于设置列表文本是否换行和缩进。其中 inside 选项表示当列表过长而自动换行时不缩进；outside 选项表示当列表过长而自动换行时以缩进方式显示。如下图所示分别为选择这两个选项后的显示效果。

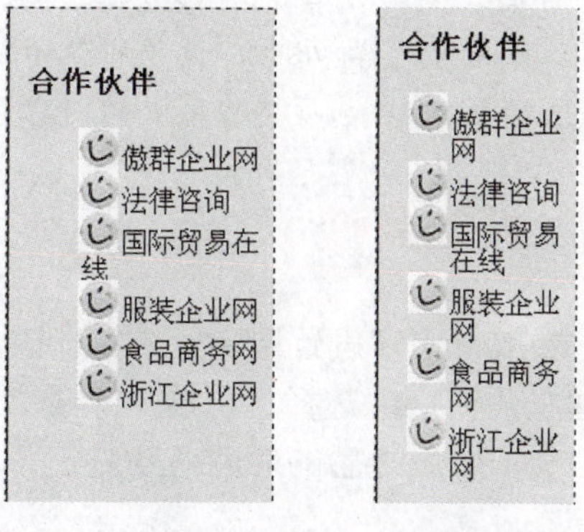

3.3.7 定位属性

定位属性用来设置层的位置、显示方式、堆叠顺序与可见性等。在 CSS 规则定义对话框左侧窗格中选择“定位”选项，在其右侧就可对定位属性进行设置，如下图所示为定义了一些规则后的对话框及应用了该规则后的效果。

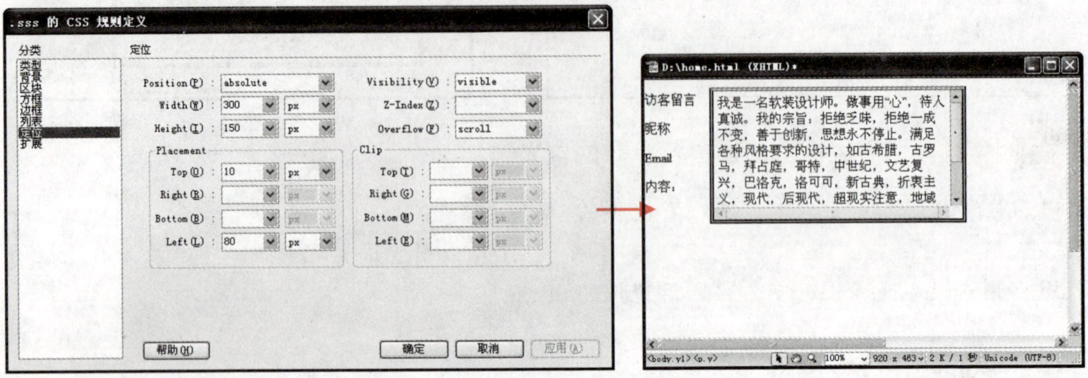

知识点拨 Knowledge “定位”选项中各参数的含义

Position：该下拉列表框主要用于设置层定位的方式。若选择 absolute 选项，则可以根据 Placement 区域中各下拉列表框中输入的数值以页面左上角为基准来放置层；选择 fixed 选项，层将固定显示在当前位置；选择 relative 选项可以使用 Placement 区域中输入的数值相对于当前位置来放置层；选择 static 选项可以将层放在它在文本流中的位置。

Width 与 Height：用于设置层的宽度与高度。

Visibility：确定层的显示方式，选择 inherit 选项将继承父层的可见性属性，如果没有父层，则其内容可见；选择 visible 选项将显示层的内容；选择 hidden 选项将隐藏层的内容。

Z-Index：确定 AP Div 的堆叠顺序。若 AP Div 的编号较高，那么它将显示在编号较低的 AP Div 的上面，其内容也将被编号更高的 AP Div 的内容遮盖。但是，在通常情况下都不进行任何修改，保持默认设置即可。

Overflow：确定当层的内容超出层的大小时的处理方式，选择 visible 选项，则超出层的内容也可见；选择 hidden 选项，将保持层的大小并隐藏任何超出层大小的内容；选择 scroll 选项将在层中添加滚动条；选择“自动”选项，则当层的内容超出层的边界时显示滚动条。

Placement：设置层的位置。

Clip：主要用于设置层的可见部分。

3.3.8 扩展属性

扩展属性用来设置层中元素打印时的分页方式并为其添加特殊效果。在 CSS 规则定义对话框左侧窗格中选择“扩展”选项，在其右侧就可对扩展属性进行设置，下图所示为定义了一些扩展属性后的对话框及应用了该规则后的效果。

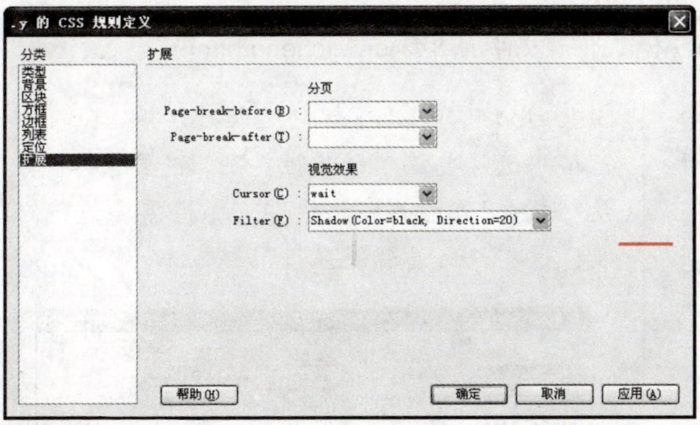

知识点拨 Knowledge　“扩展”选项中各参数的含义

Page-break-before：打印时在 CSS 样式的网页元素之前进行分页。

Page-break-after：打印时在 CSS 样式的网页元素之后进行分页。

Cursor：用于设置鼠标光标移动到应用 CSS 样式的网页元素上时，光标所呈现的形状。如选择 crosshair 选项后，预览网页时，当鼠标光标移至该网页元素上时，光标将以十字形状显示。

Filter：设置应用 CSS 样式的网页元素的特殊效果，不同的选项有不同的参数。

温馨提示牌 Warm and prompt licensing

在上图中，Shadow（Color=black, Di-rectio n=20shadow）用于设置阴影效果，其中 Color=black 表示阴影颜色为黑色，Direction=20 表示阴影距离为 20。另外，若要看到效果，还需在“定位”选项中的“类型”下拉列表框中选择 absolute 选项。

3.4 管理 CSS

定义好的 CSS 样式，并不是一成不变的，同样可以进行修改。不需要的 CSS 样式，可以将其删除，以免引起混乱。下面就来讲解如何管理 CSS 样式。

3.4.1 修改 CSS

对网页中的元素应用 CSS 样式后，发现并未达到预期的效果，这时就需要对该样式进行再次编辑。编辑 CSS 时，既可以在 CSS 规则定义对话框中进行操作，也可以直接在“CSS 样式”面板中操作。

1. 在 CSS 规则定义对话框中修改

修改 CSS 样式的操作很简单，与上面讲解的定义 CSS 属性的方法大致相同。在修改 CSS 样式前，需选择该样式。

新手演练 Novice exercises 修改名为“.sd”的 CSS 样式（源文件\第 3 章\qiyejicheng.html）

Step 01 在“CSS 样式”面板中单击 全部 按钮，将当前文档中的所有 CSS 样式规则显示出来。

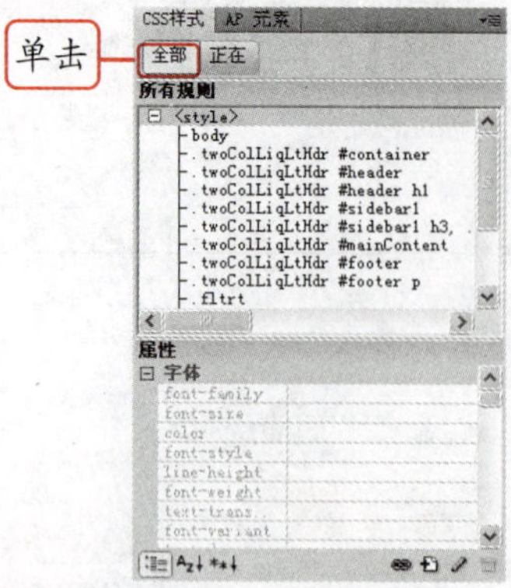

Step 02 选择要修改的 CSS 样式规则，这里选择名为“.sd”的 CSS 样式，单击“编辑样式”按钮 。

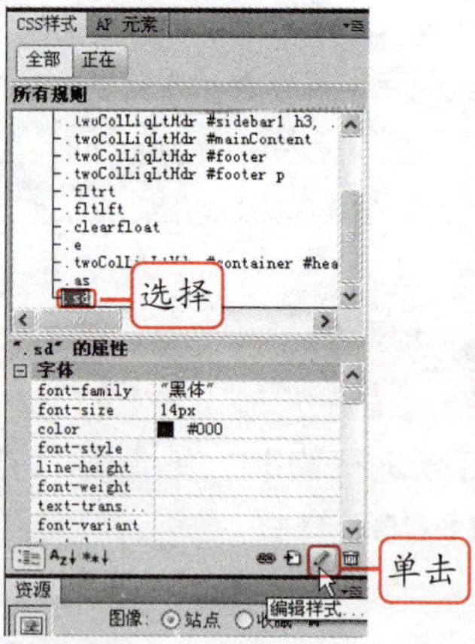

Step 03 出现 CSS 规则定义对话框，在左侧窗格中选择要编辑的属性类别，这里选择“背景”选项，在右侧窗格中即可根据需要进行修改，这里修改其背景属性。

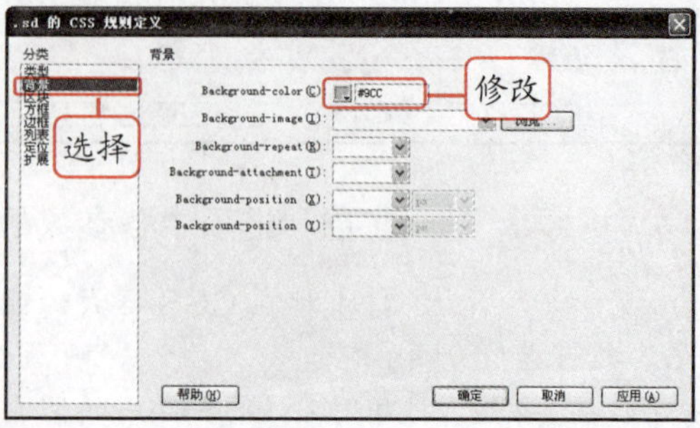

Step 04 完成后单击 确定 按钮，应用了该样式的网页元素将自动更新为修改后的效果，如下图所示。

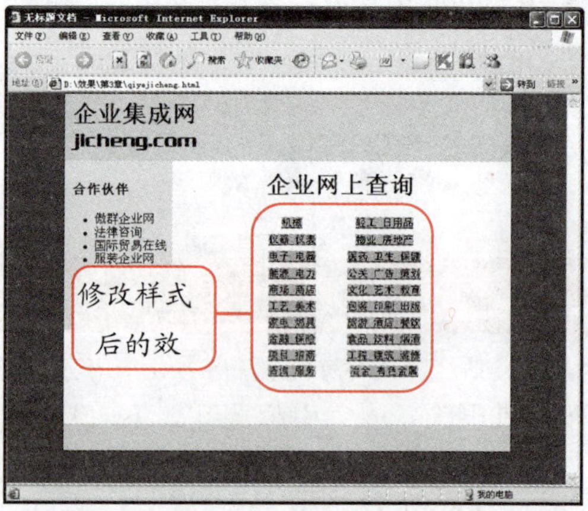

2. 在“CSS 样式”面板中修改

在“CSS 样式”面板中修改，也是修改 CSS 样式的一种主要方法，该方法相对于在 CSS 规则定义对话框中修改来说，要稍微简便些。

新手演练 Novice exercises 修改名为“.y”的 CSS 样式

Step 01 在“CSS 样式”面板中选择要修改的 CSS 样式。

Step 02 在“属性”栏中需修改的属性值中单击，此时系统会根据属性的类别显示一个文本框、下拉列表框或颜色按钮等。在其中输入或选择新的属性值即可。

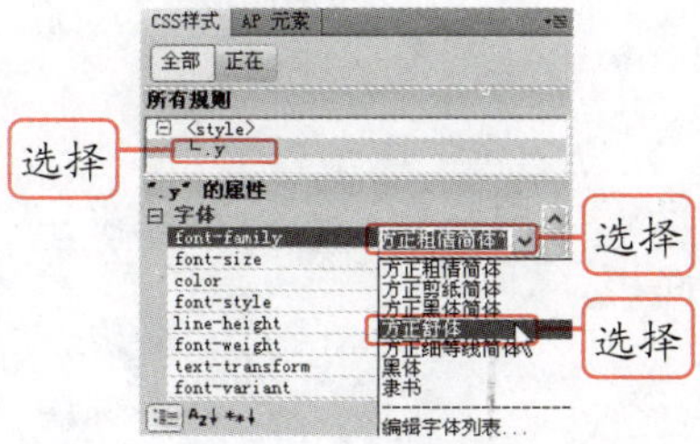

Step 03 如需增加新的属性，则单击相应属性类别前的⊞按钮，展开其列表，在列表中要添加属性的选项后的文本框中单击，使其变为相应的样式，然后选择需要的属性。

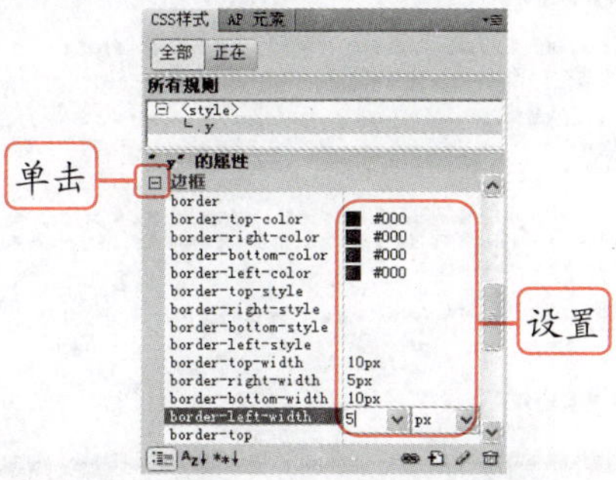

Step 04 保存网页并预览其效果。

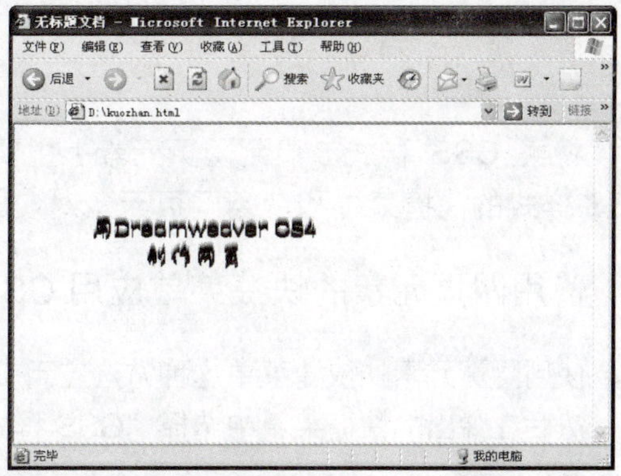

温馨提示牌 Warm and prompt licensing

在“CSS 样式”面板中增加样式时，当单击某个选项后的文本框出现下拉列表框时，可以输入样式属性名称的首字母，此时在该下拉列表框中将显示以该字母开头的样式属性名称。

3.4.2 删除 CSS

在删除未使用或不需要的 CSS 样式时，只需在“CSS 样式”面板中选择要删除的 CSS 样式，再单击“删除 CSS 规则”按钮🗑即可将其删除。

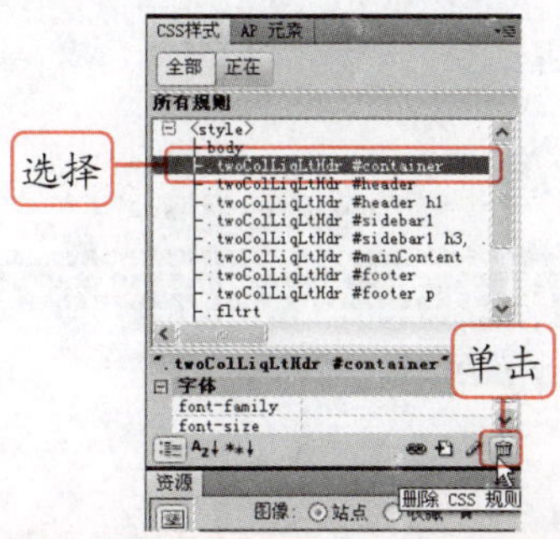

温馨提示牌 Warm and prompt licensing

在“CSS 样式”面板中选择要删除 CSS 样式后，在其上右击，在弹出的快捷菜单中选择“删除”命令，或者直接按 Del 键，都可以删除 CSS 样式。

3.5 应用 CSS

对于内部样式表来说，设置好 CSS 样式后，标签 CSS 样式、IDCSS 样式与复合内容 CSS 样式会自动应用到相应的 HTML 标签、ID 与复合内容上，而类 CSS 则需要手动应用到需要的网页元素上。应用外部样式表时，需将其链接至该网页文档中。

3.5.1 应用内部 CSS 样式

将类 CSS 样式应用到网页元素上主要有 3 种方法：使用网页元素的快捷菜单、使用 CSS 样式的快捷菜单和使用网页元素对应的“属性”面板。

1. 使用网页元素的快捷菜单应用 CSS 样式

使用网页元素的快捷菜单这种方法应用 CSS 样式时，只需选择要应用样式的网页元素，右击，然后在弹出的快捷菜单中选择“CSS 样式”命令子菜单中的相应命令即可，如下图所示。

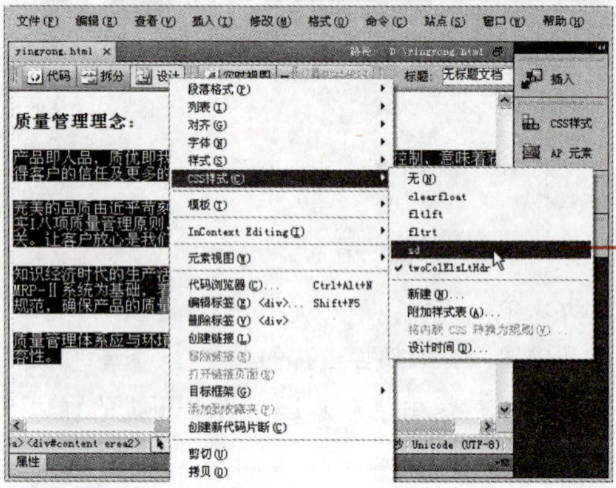

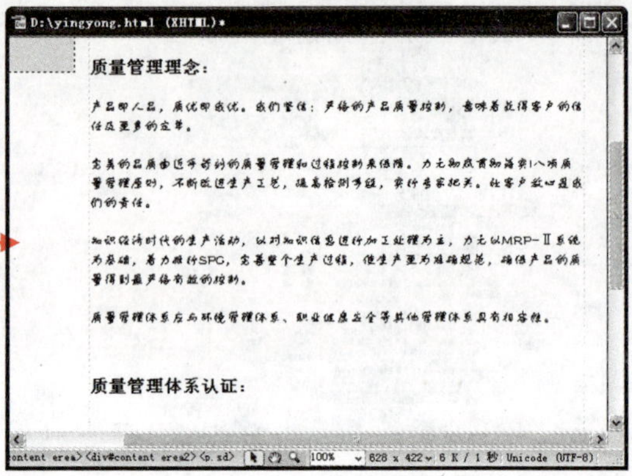

2. 使用 CSS 样式的快捷菜单应用 CSS 样式

选择要应用样式的网页元素后，在“CSS 样式”面板中要应用的 CSS 样式名称上右击，在弹出的快捷菜单中选择“套用”命令就可以将该样式套用到元素上，如下图所示。

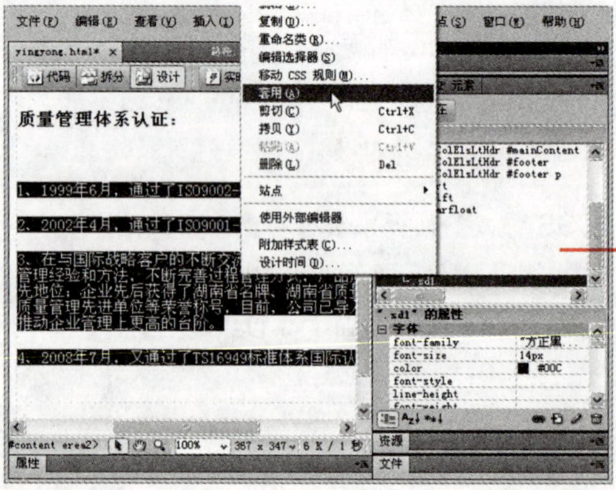

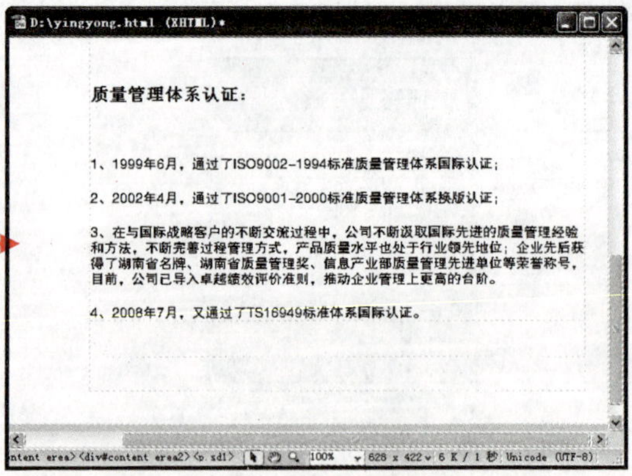

3. 使用网页元素的“属性”面板应用 CSS 样式

使用“属性”面板应用 CSS 样式时，需先切换到其中的 CSS 类别中，这是因为在 Dreamweaver CS4 中，“属性”面板做了一些改动。该面板由原来的一个整体变为两个类别，一个是 HTML，另一个是 CSS，而应用样式的操作就是在 CSS 类别中完成的。

新手演练 Novice exercises　为网页元素应用“sd2”CSS 样式（源文件\第 3 章\yingyong.html）

Step 01 选择需应用 CSS 样式的网页元素，这里选择“尊重顾客……保双赢”文本，在“属性”面板中单击 CSS 按钮。

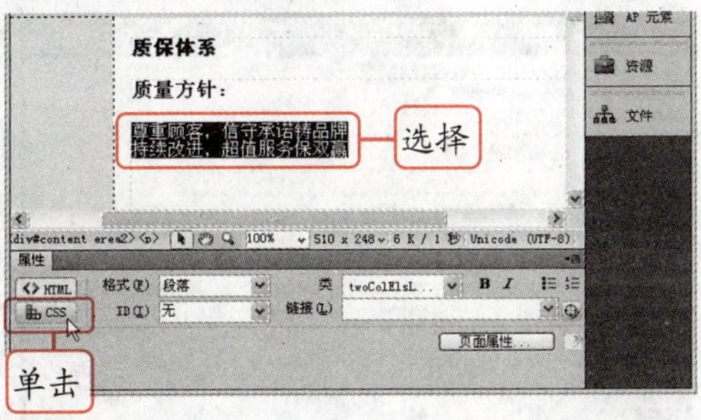

Step 02 切换到“属性”面板的 CSS 类别，在“目标规则”下拉列表框的“应用类”区域中选择“sd2”选项。

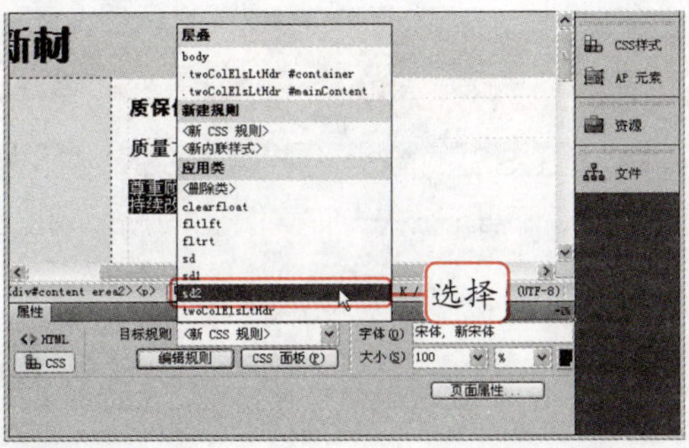

Step 03 此时程序即可为选择的文本应用该样式，其效果如下图所示。

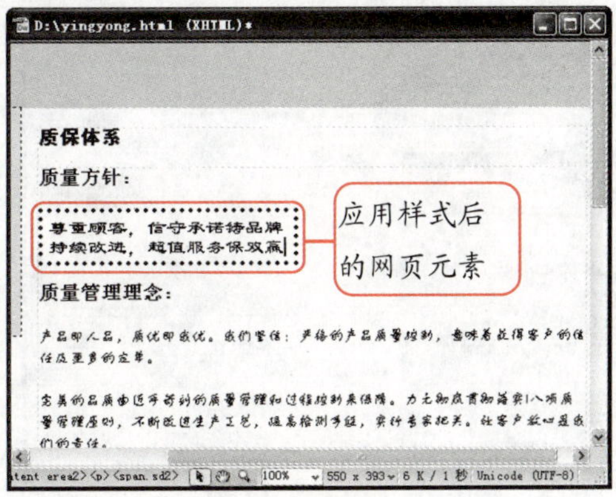

温馨提示牌 Warm and prompt licensing

在 Dreamweaver 中，可以为同一个网页元素同时应用两种以上的样式效果。只需选择已应用样式的网页元素，然后使用网页元素的“属性”面板再次套用其他样式即可。如果样式中有相同的属性，则以最后应用的样式的属性值为准。

3.5.2 应用外部 CSS 样式

若想在当前页面中应用外部 CSS 样式，就需在“CSS 样式”面板中将其链接至该页面，然后再应用到当前页面中的网页元素上。

新手演练 Novice exercises　链接外部 CSS 样式“yangshi.css”

Step 01 打开要应用外部 CSS 样式的网页，单击“CSS 样式”面板中的“附加样式表”按钮。

Step 02 出现“链接外部样式表”对话框，在“文件/URL”下拉列表框后单击 浏览... 按钮。

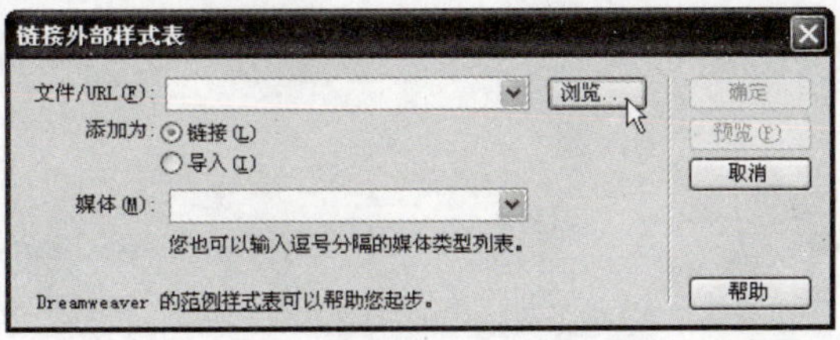

Step 03 在出现的“选择样式表文件”对话框中选择需要的外部样式表文件，这里选择 D 盘中的 yangshi. css 文件，单击 确定 按钮。

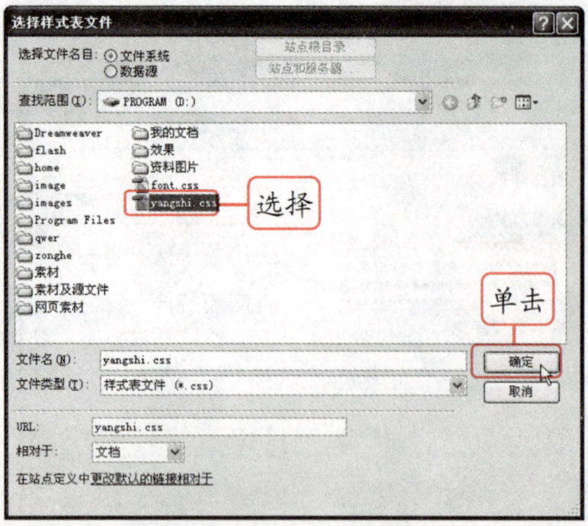

Step 04 返回到“链接外部样式表”对话框中，在“添加为”栏中选中“链接”单选项，单击 确定 按钮关闭对话框。

Step 05 返回到 Dreamweaver CS4 的工作界面，按前面的方法为网页元素应用该样式，其效果如下图所示。

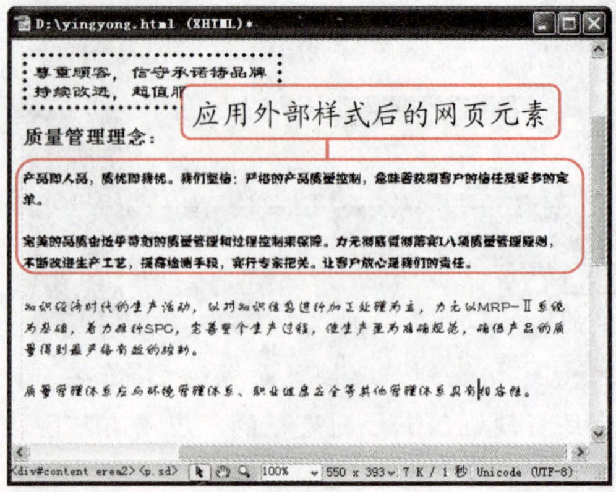

3.6 职场特训

本章主要讲解了层叠样式表 CSS 的相关知识，包括 CSS 的简介、创建 CSS、定义属性，以及管理与应用 CSS 的方法。学习完本章节内容后，下面通过一个实例巩固所学知识。

特训：创建一个内部 CSS 样式，并定义其属性

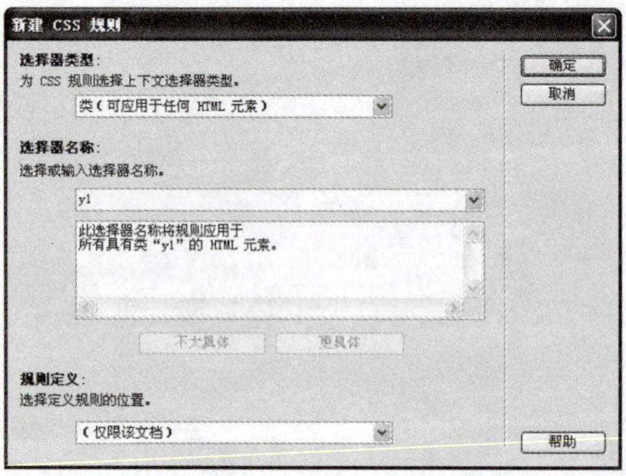

1. 打开“新建 CSS 规则”对话框，在其中选择样式类型，并输入 CSS 样式的名称。
2. 在“规则定义”下拉列表框中选择“仅限该文档”选项，单击 确定 按钮
3. 出现 CSS 规则定义对话框，在其中定义各种属性，单击 确定 按钮完成创建。

第4章

创建文本

精彩案例

在“index.html”网页中导入 Word 文档

在网页中添加水平线，并进行编辑

在“myhome.html”网页中添加日期

在字体列表中添加字体

设置网页文档中文本的字体样式

本章导读

文本是网页的主体，是浏览者获取信息的最主要的途径。关于在网页中添加文本，有朋友可能会问，这个应该和在 Word 中添加文本是一样的吧？基本上来说是一样的，但也有许多地方不同，如 Dreamweaver 中不能自动换行，不能像在 Word 中那样通过格式刷来为文本应用样式等。本章就来讲解在网页中添加文本以及对其进行格式设置的方法。

4.1 在网页中添加文本

文本是网页中不可或缺的元素，它以一种直观简洁的形式向浏览者传递信息，是其他任何一种网页元素都无法代替的。网页中的文本包括：普通文本、空格、特殊字符、水平线、日期等。下面就来分别讲解它们的添加方法。

4.1.1 添加普通文本

在 Dreamweaver CS4 中为网页插入文本的方法有 3 种：直接输入或从其他文档中复制或导入文本。

1. 直接输入文本

在网页文档中直接输入文本的方法很简单，只需在编辑窗口中将光标定位在需插入文本的位置，然后选择所需的输入法即可输入文本。

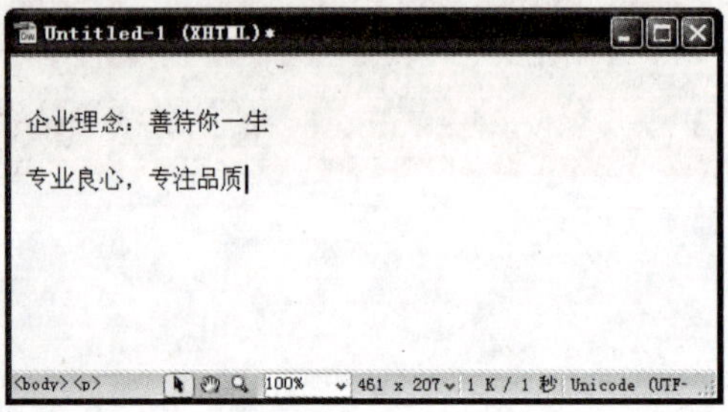

温馨提示牌 Warm and prompt licensing

在网页中直接输入文本与在 Word 或记事本中输入文本的方法一样。

2. 从其他文档中复制文本

在 Dreamweaver 中可以将剪贴板中的文本内容粘贴到网页文档中。其方法为：在源文档中选中所需复制的文本，右击，在弹出的快捷菜单中选择“复制”命令，然后将光标定位到网页中需插入文本的位置，选择“编辑”|“粘贴”命令或在右键快捷菜单中选择“粘贴”命令，即可完成文本的复制。

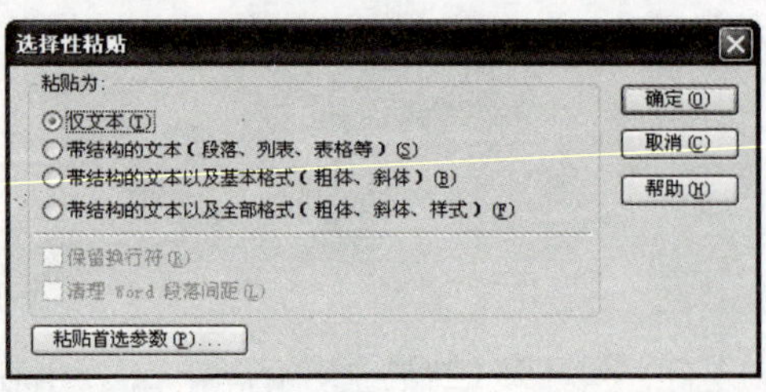

温馨提示牌 Warm and prompt licensing

选择“编辑”|“选择性粘贴”命令，在打开的对话框中选择不同的单选按钮，可以粘贴文本、带结构的文本与带格式的文本。

3. 从其他文档中导入文本

使用 Dreamweaver CS4 导入 XML 文档、Word 及 Excel 等文档中的数据，这是添加文本的又一个方法。

新手演练 Novice exercises 在“index.html”网页中导入 Word 文档

Step 01 打开 index.html 网页文件，将鼠标光标定位在需插入文本的位置，选择“文件”|“导入”|“Word 文档”命令。

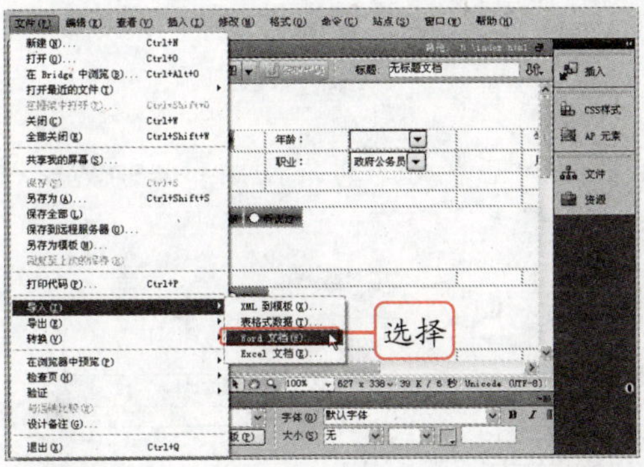

Step 02 出现“导入 Word 文档”对话框，在“查找范围”下拉列表框中选择导入文档的路径，在其下的文件名列表框中选择要导入的“数码相机消费调查.doc”文档，在“格式化”下拉列表框中选择需要保留的格式。

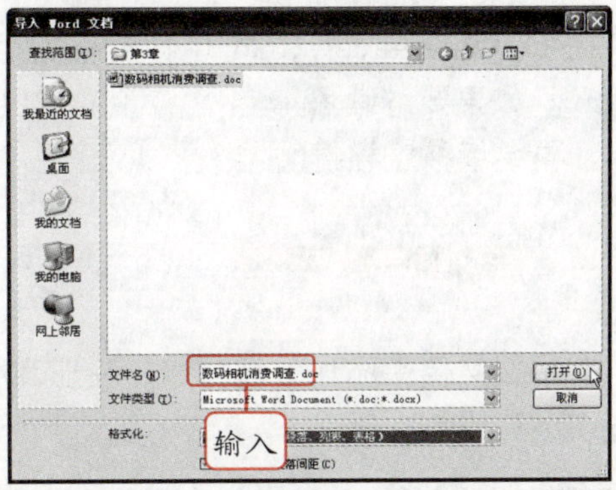

Step 03 单击 打开(O) 按钮，系统自动导入所选文档的内容，文档内容导入以后可以进行编辑，如下图所示。

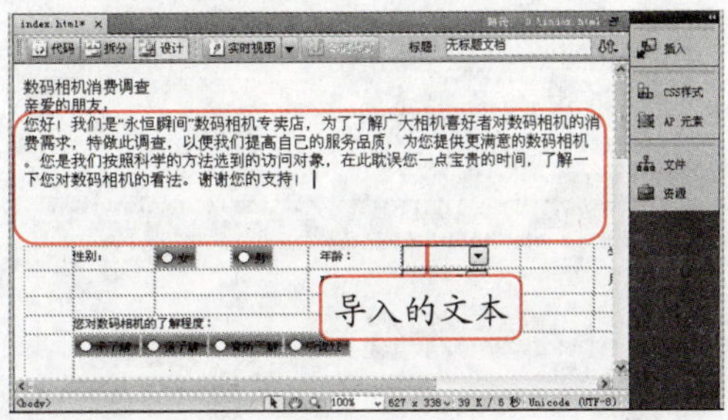

4.1.2 文本的换行与分段

在 Dreamweaver CS4 的编辑窗口中输入文本时，并不像 Word 等文字处理软件一样能够自动换行，换行需借助 Shift+Enter 键，需分段时可按 Enter 键。

新手演练 Novice exercises 在“yule.html”网页中为文本换行与分段

Step 01 在网页文档中输入文本“娱乐任我行”，按 Enter 键分段，鼠标光标自动移至与该行很远的距离处，这即是下一段的开始处。

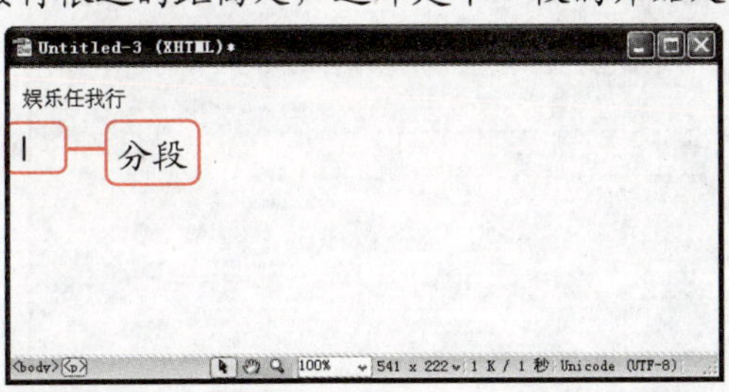

Step 02 输入文本“最全面丰富……”，按 Shift+Enter 组合键换行，光标自动移至与该行距离较近的位置，即下一行开始处，在光标处输入文本“网罗最新电影……”，按相同的方法换行并输入其他文本。

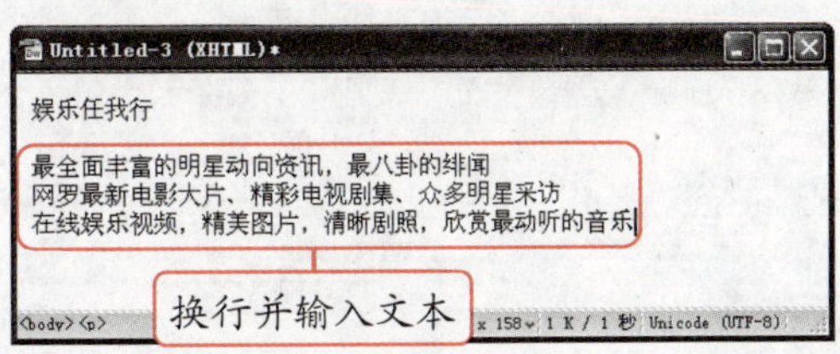

4.1.3 添加空格

在 Dreamweaver CS4 中按空格键后，只能输入一个空格，若再次按空格键，将无法再输入。如果要继续添加空格，可按 Ctrl+Shift+空格组合键，或者将输入法切换到全角状态下，再继续按空格键。

4.1.4 添加特殊字符

在网页文档中添加版权符号、注册商标符号或其他一些字符时可以使用 Dreamweaver 的特殊字符添加功能。

新手演练 Novice exercises 在“index.html”网页中添加版权符号“©”

Step 01 将鼠标光标定位在需要插入版权符号的位置，这里定位在“Copyright”文本后。在“插入”面板中单击 常用 ▼ 下三角按钮，在下拉列表框中选择“文本”选项。

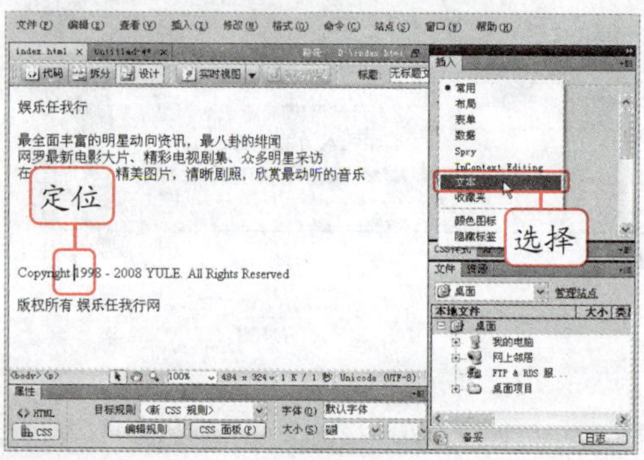

Step 02 在“文本”列表的最末端单击 字符 旁的▼按钮，在下拉列表框中选择“版权”选项，完成版权符号的添加，其效果如图所示。

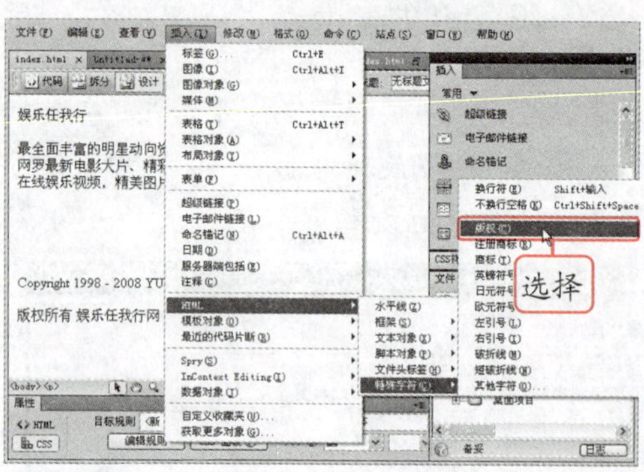

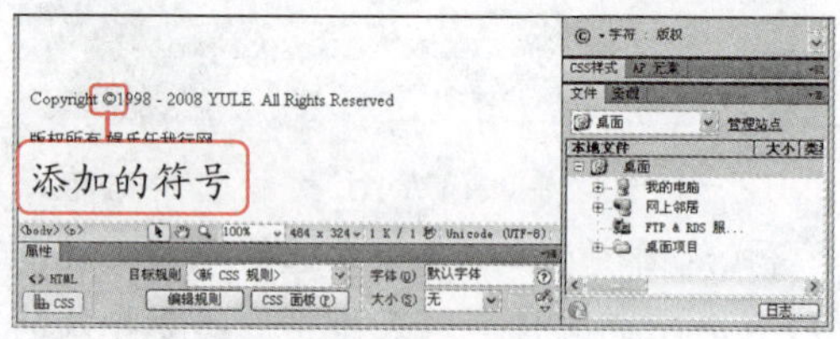

温馨提示牌 Warm and prompt licensing

选择“插入”|“HTML”|“特殊字符”|“版权”命令，也可插入版权符号。如果在“特殊字符”子菜单中未找到需要的字符，可选择“其他字符”命令，在“插入其他字符”对话框中可选择所需的特殊字符。单击相应的字符图标，再单击 确定 按钮即可将所选符号添加到编辑窗口中。

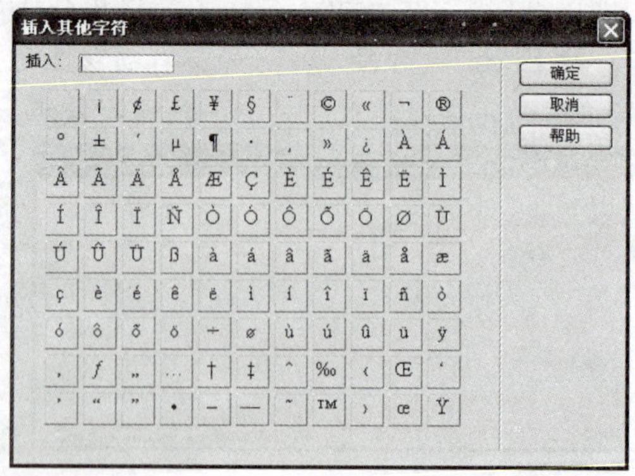

4.1.5 添加并编辑水平线

当网页由于添加的对象较多而显得有些杂乱时，可以使用水平线分隔各对象，使其错落有致，同时也使网页看起来较整齐。对添加后的水平线可以进行样式编辑，如：调整其颜色、长度、高度、对齐方式与阴影效果等。

新手演练 Novice exercises **在网页中添加水平线，并进行编辑**（源文件\第 4 章\index1.html）

Step 01 将鼠标光标定位在“娱乐任我行”文本后，选择“插入”|“HTML”|“水平线”命令。

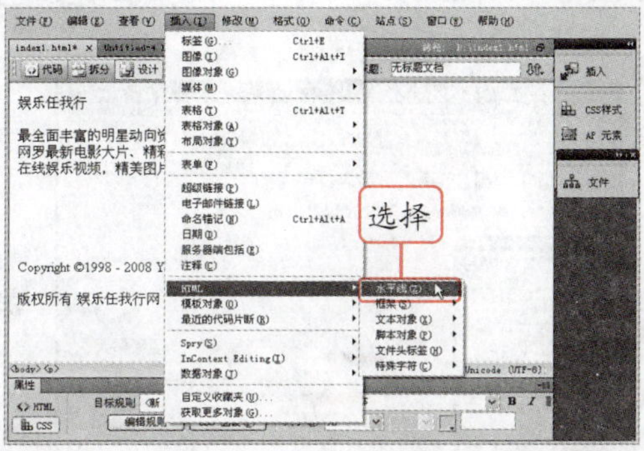

Step 02 在文本下方自动插入一条水平线，选择该水平线，在“属性”面板的“宽”和“高”文本框中分别输入 500 和 1，在“对齐”下拉列表框中选择“左对齐”选项。

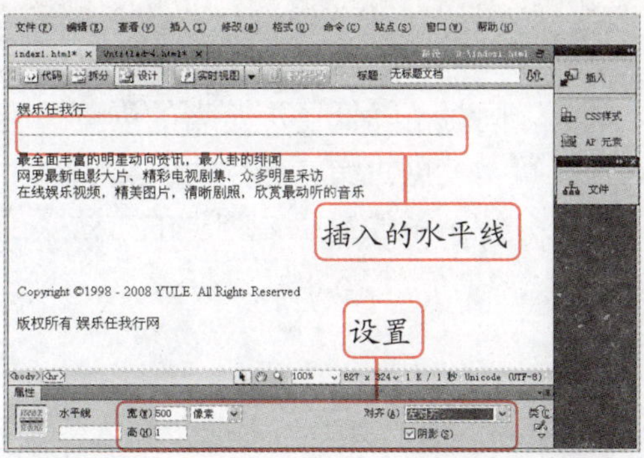

Step 03 单击编辑窗口左上角的代码按钮，切换到代码视图中，将鼠标光标定位在“size="1"”代码后。

Step 04 输入代码“color="blue"”，即设置水平线的颜色为蓝色，在“属性”面板中单击刷新按钮确认设置。

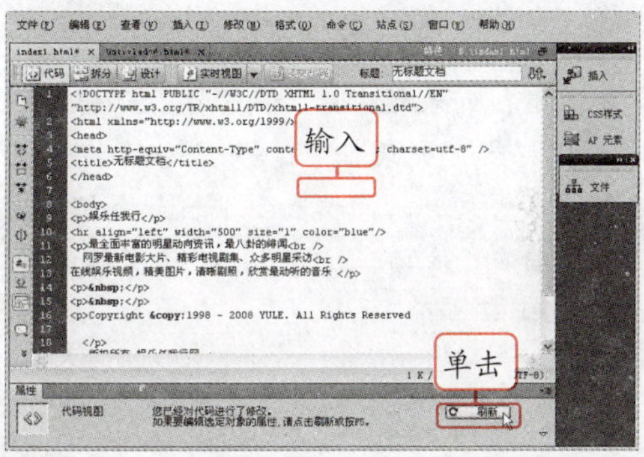

Step 05 按 F12 键在 IE 浏览器中进行预览，如下图所示。

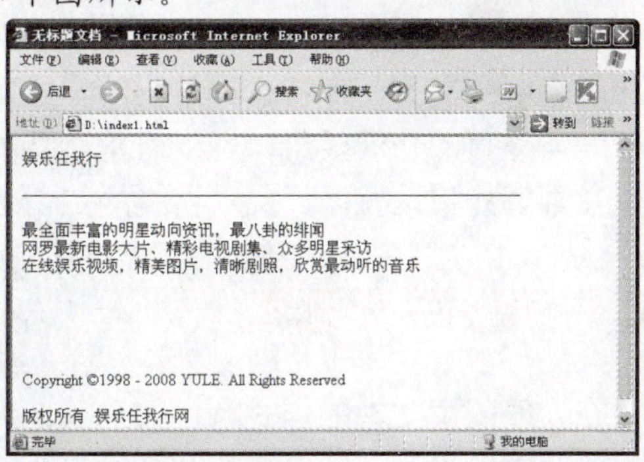

4.1.6 添加日期

在网页中添加可以随时更新的日期，即方便了浏览者查看当前日期，也使网页更具功能性。

新手演练 Novice exercises 在“myhome.html”网页中添加日期（源文件\第4章\myhome.html）

Step 01 将鼠标光标定位在图片后，输入相应的空格，然后输入文本“今天是”，选择“插入”|“日期”命令。

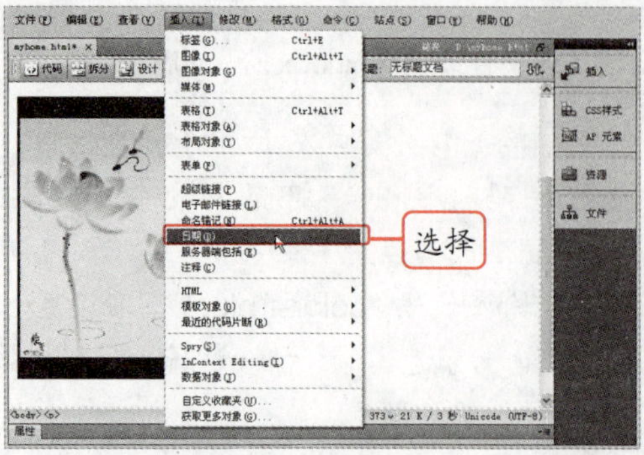

Step 02 出现“插入日期”对话框，在“星期格式”下拉列表框中选择“不要星期”选项；在“日期格式”列表框中选择“1974年3月7日”选项；在“时间格式”下拉列表框中选择“不要时间”选项，勾选“储存时自动更新”选项，单击 确定 按钮。

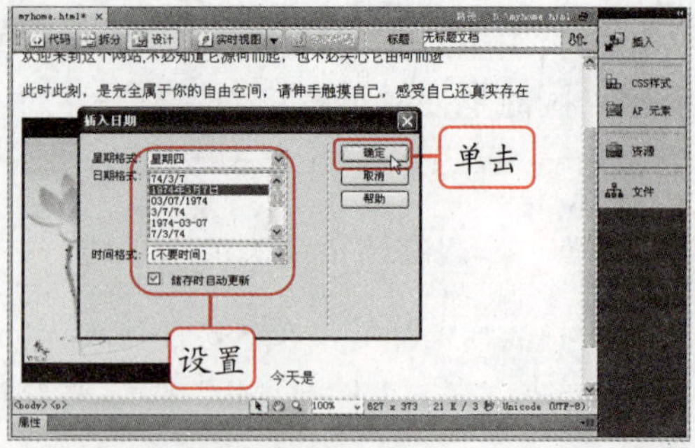

Step 03 日期插入到网页中，按F12键预览设置效果，如下图所示。

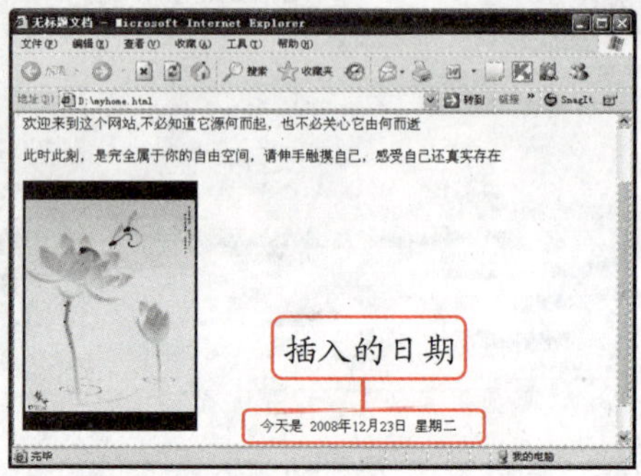

4.2 网页文本样式的设置

网页中的文本默认情况下都为宋体、16px，且没有任何特殊效果，如粗体、斜体等。如果网页中的文本都保持这种单一的样式，未免太单调，同时也降低了浏览者的浏览兴趣。为了增强网页的外观效果，可以对网页文本格式进行设置，使网页更具吸引力。

在讲解如何设置网页文本格式的知识之前，首先来介绍一下设置字体列表的方法。

4.2.1 设置字体列表

在设置网页文本的样式时，如果只使用 Dreamweaver CS4 自带的字体，并不能达到理想的效果，这时就需要在字体列表中添加字体。

新手演练 Novice exercises 在字体列表中添加字体

Step 01 打开任意一个网页，将光标定位到网页空白处，将“属性”面板切换到“CSS”类别，在“字体”下拉列表框中选择“编辑字体列表”选项。

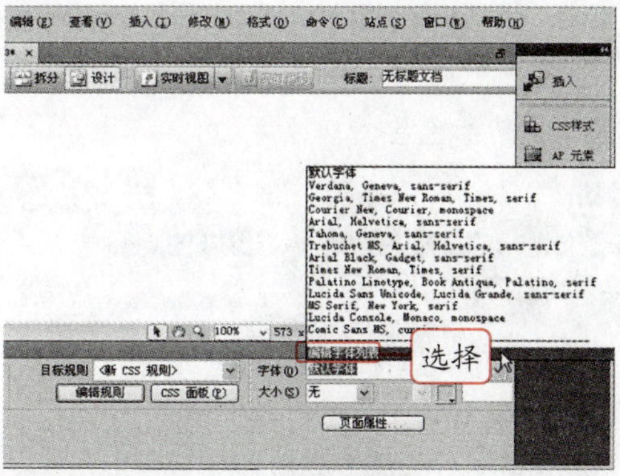

Step 02 出现“编辑字体列表”对话框，在“可用字体”列表框中选择需要添加的字体，这里选择“隶书”选项，单击《按钮。

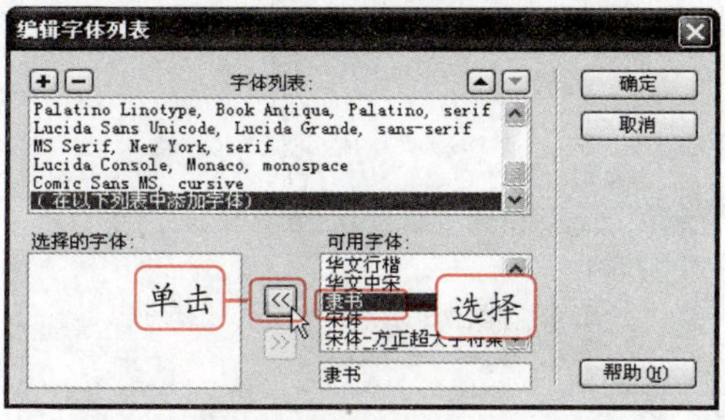

Step 03 该字体被添加到左侧的“选择的字体”列表框中，单击 确定 按钮关闭对话框。

Step 04 再次打开“编辑字体列表”对话框，并使用相同的方法添加“黑体”字体。

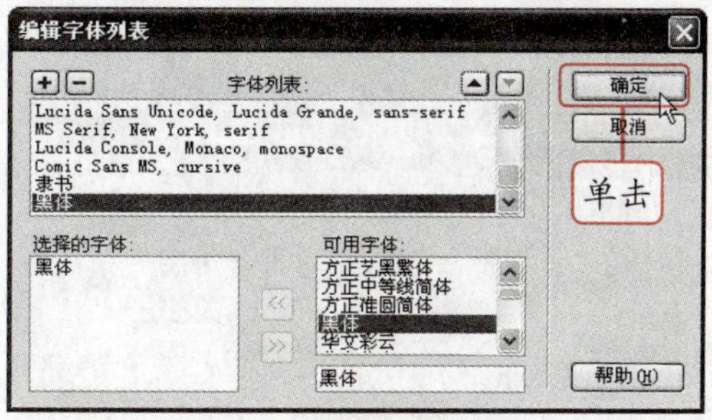

温馨提示牌 Warm and prompt licensing

用户可以一次性添加多种字体，此时它们将位于同一个列表中。如果浏览者的电脑中没有该列表中的第一种字体，将显示其中的第二种字体，第二种字体也没有就显示第三种字体，以此类推。

4.2.2 设置字体样式

在“字体列表”中添加了字体后，Dreamweaver CS4 就有了丰富的字体，设置字体样式时将更加方便。字体样式包括设置字体及字体大小、颜色与粗细等。

新手演练 Novice exercises　设置网页文档中文本的字体样式（源文件\第 4 章\about.html）

Step 01 打开“about.html”网页文档，在编辑窗口中选择标题文本“荷雅西餐厅”，将“属性”面板切换为“CSS”类别。

Step 02 在“字体”下拉列表框中选择“方正粗倩简体”选项。

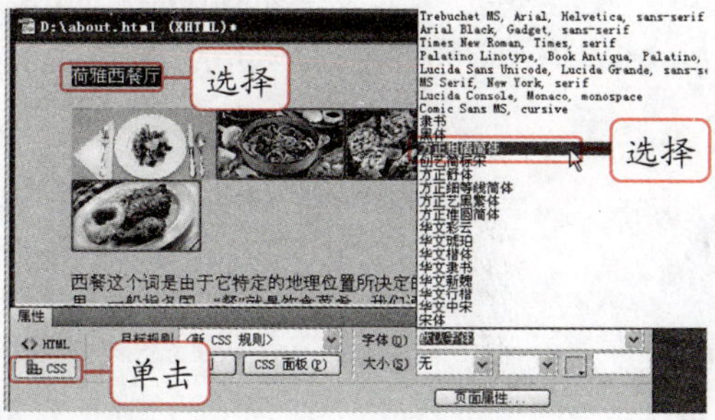

Step 03 出现“新建 CSS 规则”对话框，在“选择器类型”对话框中选择“类（可应用于任何 HTML 元素）”选项，在“选择器名称”下拉列表框中输入“ys1”，在“规则定义”下拉列表框中保持默认选择，单击 确定 按钮。

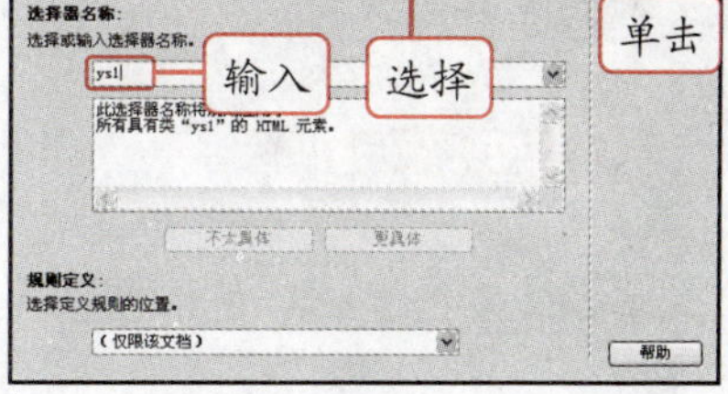

Step 04 返回到工作界面，Dreamweaver CS4 为该文本字体创建一个 CSS 样式，并应用所选的字体。

Step 05 保持文本的选择状态，在“大小”下拉列表框中选择“24”，设置文本的字体大小。

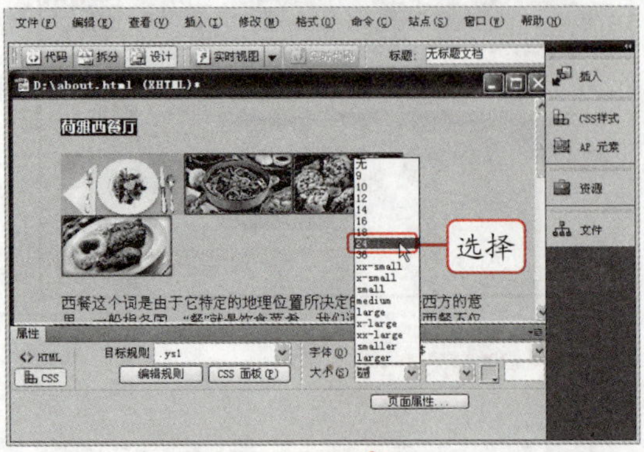

温馨提示牌
Warm and prompt licensing

在“大小”下拉列表框中，xx-small 指最小的字号；x-small 指比“xx-small”大一点的字号；small 指介于 10 ~ 12 之间的字号；medium 指介于 12 ~ 14 之间的字号；large 指介于 14 ~ 16 之间的字号；x-large 指介于 16 ~ 18 之间的字号；xx-large 指介于 24 ~ 36 之间的字号；smaller 表示在原字号的基础上更小一点；larger 表示在原字号的基础上更大一点。

Step 06 单击“大小”下拉列表框旁的按钮，打开“颜色”面板，单击需要的颜色色块，这里单击紫红色色块。

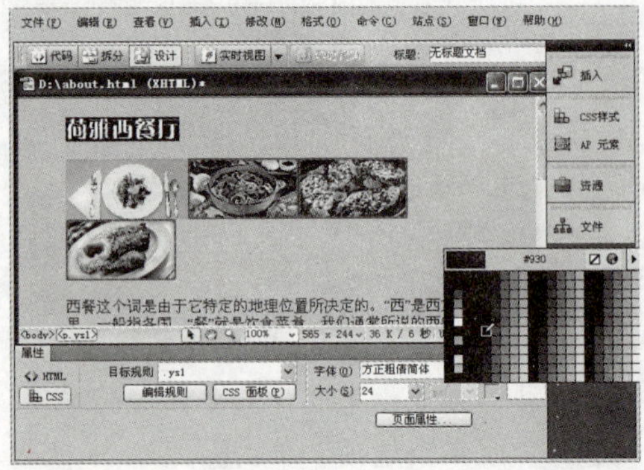

Step 07 单击“字体”下拉列表旁的 **B** 按钮将所选文本加粗。

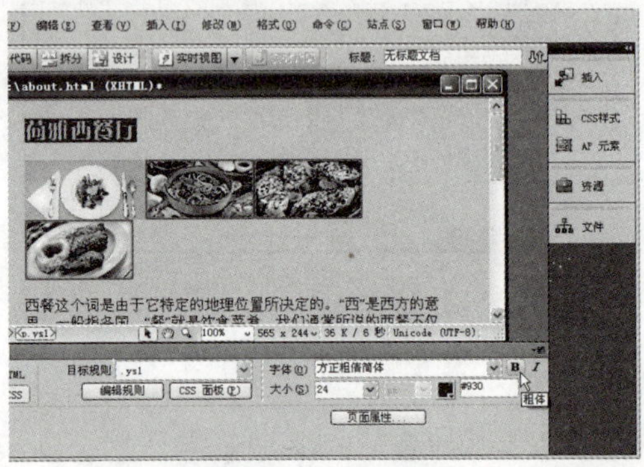

Step 08 单击 *I* 按钮将所选文本进行倾斜设置。完成后的效果如下图所示。

4.3 段落格式的设置

通过前面讲解的方法就可以设置文本的外观，那么，若想让文本像在 Word 中一样具有对齐与缩进等段落效果时，又该怎么办呢？下面就来详细讲解如何在 Dreamweaver CS4 中设置文本的段落样式。

4.3.1 设置段落对齐

为文本设置对齐方式，可以使整个网页文档看起来更协调。Dreamweaver CS4 中提供了 4 种段落的对齐方式，即左对齐、居中对齐、两端对齐与右对齐，它们的设置方法基本相同。

新手演练 Novice exercises　**设置网页文档中段落的对齐方式**（源文件\第 4 章\about-1.html）

Step 01　打开“about-1.html”网页文档，选择文本“Welcome HECIA!!”，将“属性”面板切换为“CSS”类别。

Step 02　单击“字体”下拉列表框右侧“右对齐”按钮，将选择的文本的段落格式设置为右对齐。

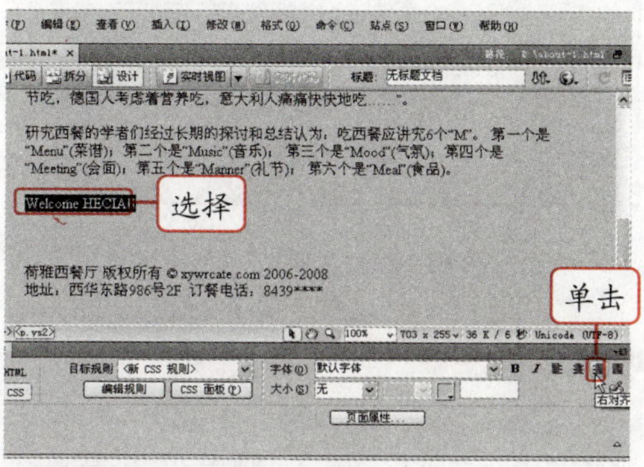

Step 03　出现“新建 CSS 规则”对话框，在“选择器类型”下拉列表框中选择“类（可应用于任何 HTML 元素）”选项，在“选择器名称”下拉列表框中输入“ys2”，在“规则定义”下拉列表框中保持默认选择，单击 确定 按钮。

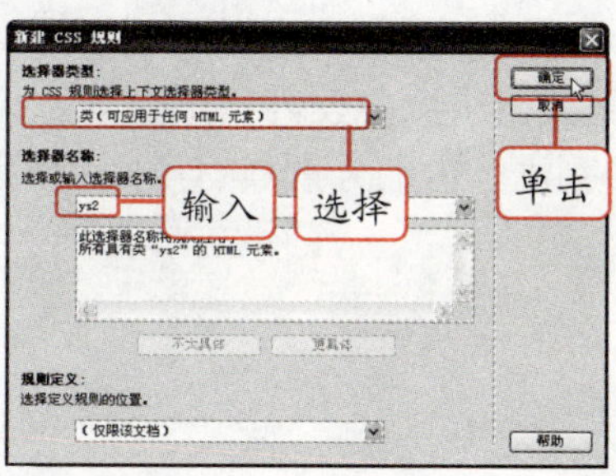

Step 04　返回到工作界面，Dreamweaver CS4 为该段落对齐方式创建一个 CSS 样式，文本将靠窗口右侧对齐。

Step 05　选择其下的版权信息，单击“居中对齐”按钮。

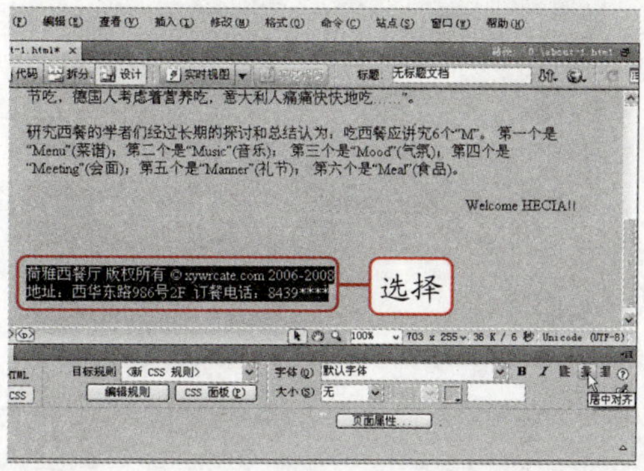

Step 06　程序将再次打开“新建 CSS 规则”对话框，在其中选择样式的类型，并将其名称命名为“ys3”。完成后返回工作界面，设置后的段落效果如图所示。

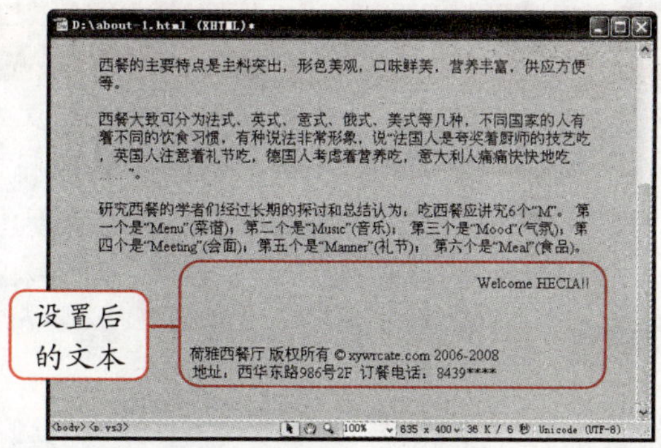

4.3.2　设置段落缩进

设置文本的段落缩进可使文本看起来更具层次感，与设置段落对齐不同的是，设置段落缩进需在“属性”面板中的“HTML”类别中进行。而且，在设置时将不再需要创建样式。在这里我们不仅可为段落设置缩进，还可以为其设置凸出。

新手演练 Novice exercises 设置网页文档中段落的缩进（源文件\第 4 章\about-2.html）

Step 01 打开“about-2.html”网页文档，选择 1~5 段文本，在“属性”面板中单击 <> HTML 按钮切换到“HTML”类别。

Step 02 在“属性”面板的右侧单击“文本缩进”按钮。

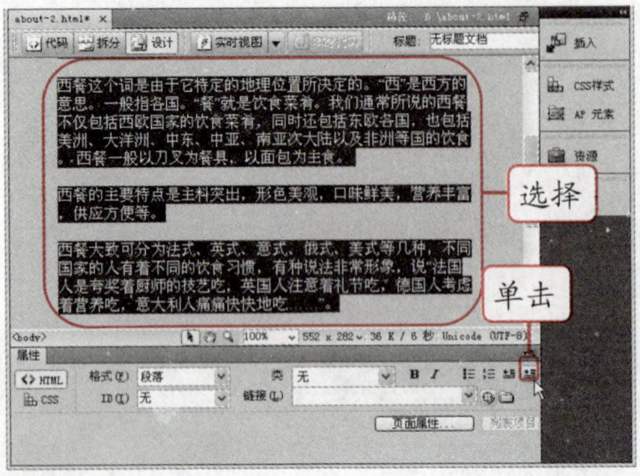

Step 03 该段落两端的文本都自动缩进了一定的位置。选择第二段文本，在面板右侧单击“文本凸出”按钮。

Step 04 缩进的文本将恢复至原来的位置。

预览网页文档，其效果如下图所示。

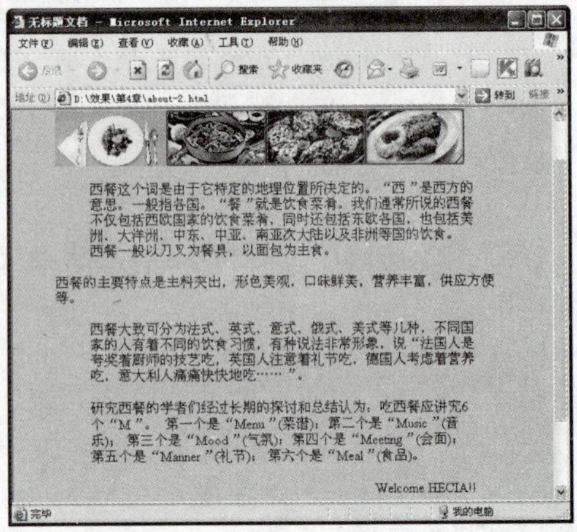

温馨提示牌 Warm and prompt licensing

在设置段落缩进时，如果只设置一个段落，可选中段落中的部分或全部文本，也可将鼠标光标定位在该段落中的任意位置处。

4.4 设置列表

在浏览网页时，常会看到页面中一些文本有规则地排列在一起，如歌名、新闻标题、排行榜等等，将这些具有相似特性或某种顺序的文本进行有规则地排列即称为列表。通过列表，可以将信息的层次关系很明确地表现出来，从而突出重点并使内容更直观。

Dreamweaver CS4 提供了编号、项目和定义 3 种列表，它们分别具有不同的意义，本节将讲解各种列表的意义与设置方法。

4.4.1 编号列表

编号列表也称为有序列表，顾名思义，就是指文本具有一定的前后顺序。编号列表前面通常有数字前导字符，如英文字母、阿拉伯数字或罗马数字等。

新手演练 Novice exercises 在文档中设置编号列表（源文件\第 4 章\index-1.html）

Step 01 打开“index-1.html”网页文档，将鼠标光标定位在文档左侧，输入文本“本周点击排行榜”，按 Enter 键换段，使光标移至下一段行首。

Step 02 在“属性”面板中单击 <> HTML 按钮，切换至“HTML”类别，单击“编号列表”按钮。

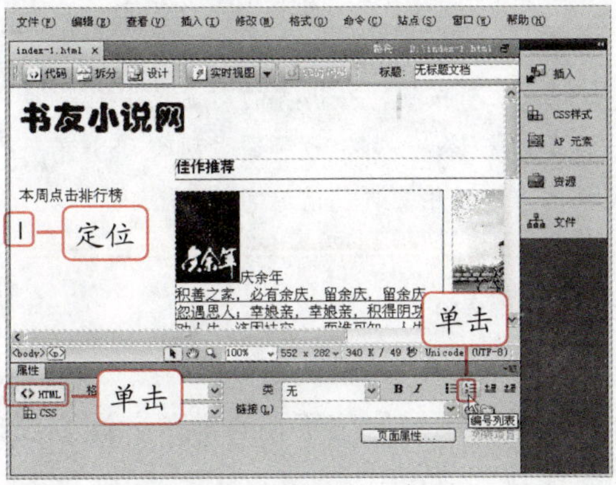

Step 03 数字前导符将出现在鼠标光标前，输入文本“百岁老人的心愿”。按 Enter 键换行，下一个数字前导字符将自动出现。

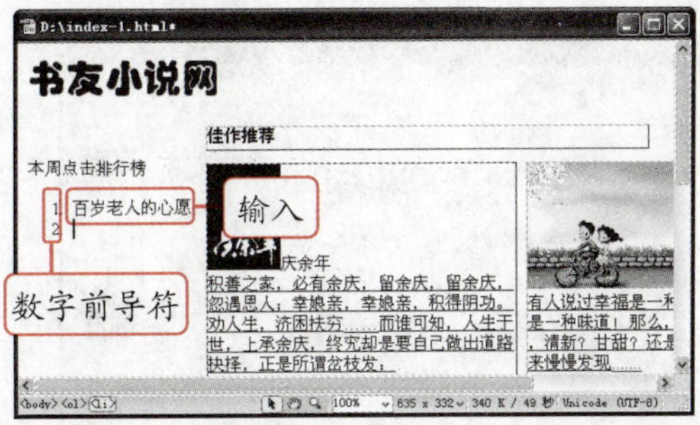

Step 04 用同样的方法输入完所有列表内容，按两次 Enter 键完成列表的创建。

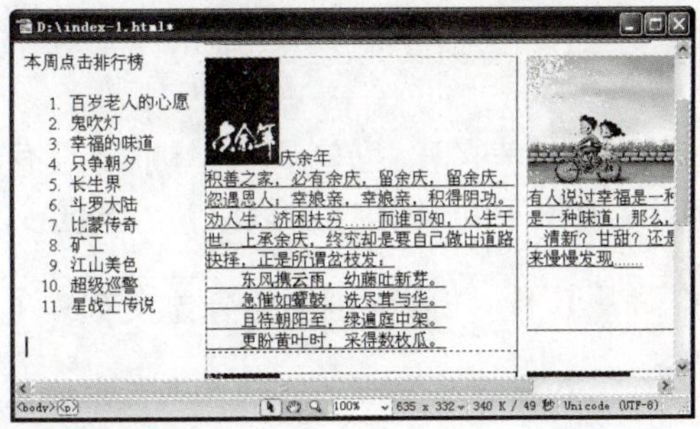

4.4.2 项目列表

项目列表也称为无序列表，这是因为列表中的各项目之间没有先后顺序。在项目列表中，一般都以项目符号作为前导字符。

新手演练 Novice exercises　在文档中设置项目列表（源文件\第 4 章\index-2.html）

Step 01 打开“index-2.html”网页文档，将光标定位在文档左侧，输入文本“华语音乐”，按 Enter 键，使鼠标光标移至下一段行首。

Step 02 在属性面板中切换为“HTML”类别，单击“项目列表”按钮。

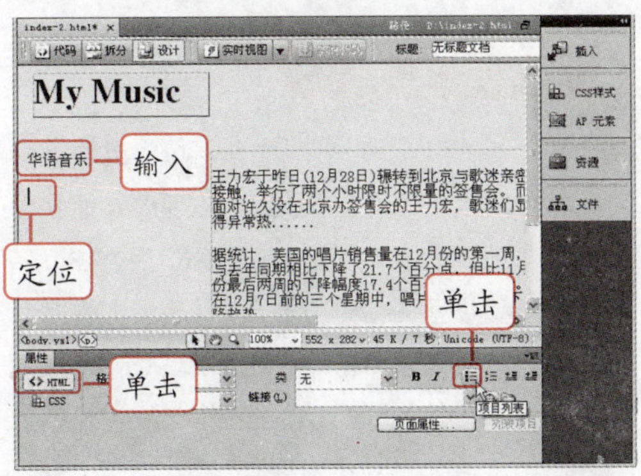

Step 03 项目前导符将出现在鼠标光标前，输入文本“一个人的冬天”。按 Enter 键换行，下一个项目前导字符将自动出现。

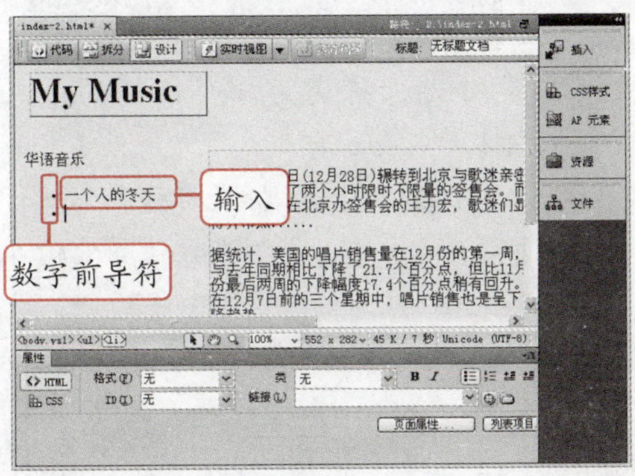

Step 04 用同样的方法输入完所有项目列表内容，按两次 Enter 键完成列表的创建。

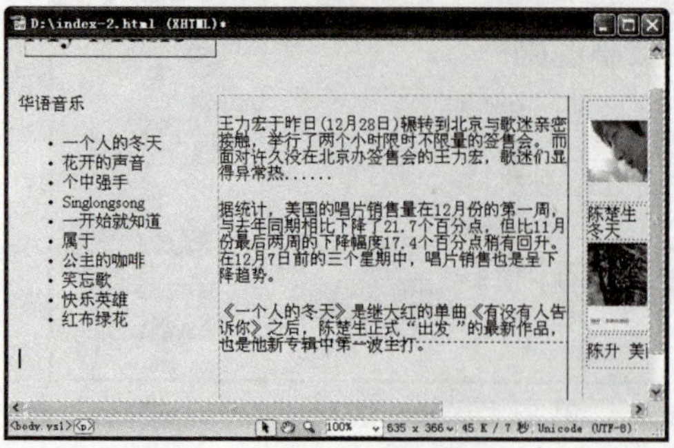

温馨提示牌 Warm and prompt licensing

默认情况下，项目列表的前导字符是一个小圆点，用户可单击“属性”面板中的 列表项目... 按钮，在出现的对话框中将其设置为方形。另外，也可通过创建 CSS 样式的方法使用更多的前导字符。

4.4.3 定义列表

定义列表的形式较特别，其前面没有项目符号或数字等前导字符，通常用在词汇表或说明书中，相较于无序列表来说，用定义列表的时候较少。

新手演练 Novice exercises　**在文档中设置定义列表**（源文件\第 4 章\index-2.html）

Step 01 新建一个空白文档，在网页中输入文本“教育”，按 Enter 键分段，鼠标光标将移至下一段落开始处。

Step 02 选择“格式”|“列表”|“定义列表”命令。

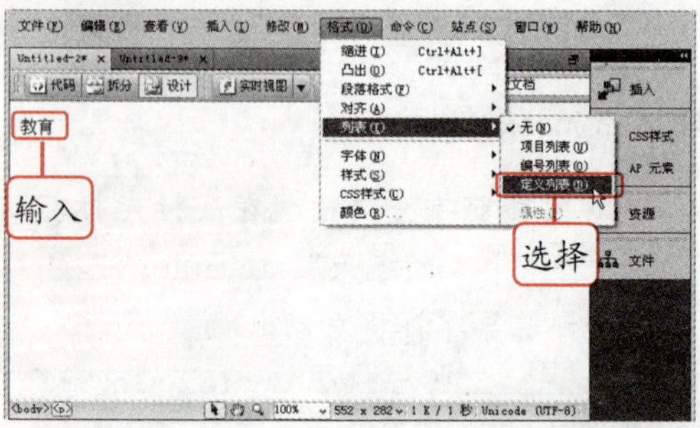

Step 03 鼠标光标将变为一个闪烁的小黑点，输入文本“清华大学”。

Step 04 按 Enter 键，鼠标光标移至下一行行首，并自动后移一定位置，在该位置处输入文本“清华大学的前身……1911 年”。

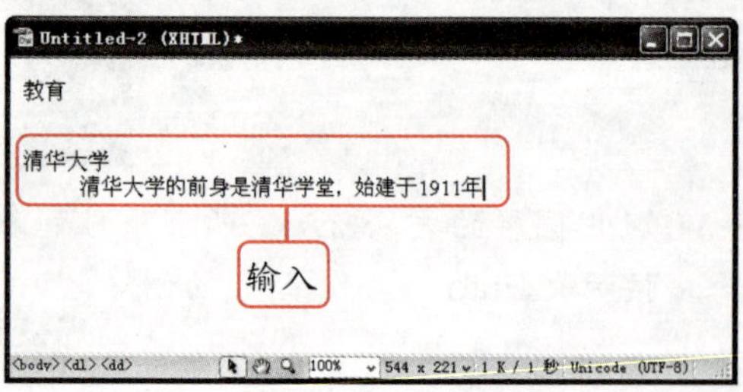

Step 05 按 Enter 键，鼠标光标移至下一行的最开始处。

Step 06 用同样的方法输入完所有列表内容后按两次 Enter 完成列表的创建。

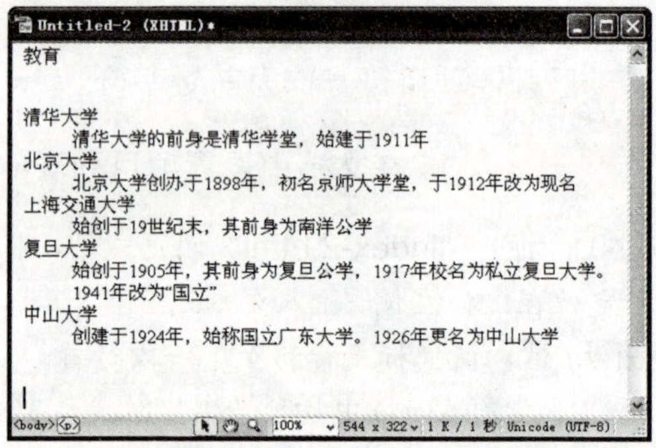

温馨提示牌 Warm and prompt licensing

选择“格式”/“列表”命令，在弹出的子菜单中不仅可设置定义列表，还可设置编号列表与项目列表。另外，在“格式”菜单中，还可设置段落的缩进与凸出，以及文本的对齐方式、字体与颜色等，而且在其中的“样式”子菜单中，还可设置除斜体与粗体外的其他样式，如下划线、删除线等。

4.5 职场特训

本章主要讲解了创建文本型网页的相关知识，包括在网页中添加文本，设置文本样式、段落格式与设置列表等内容。学习完本章节内容后，下面通过几个实例巩固本章所学知识并拓展其应用。

特训 1：在网页中添加普通文本

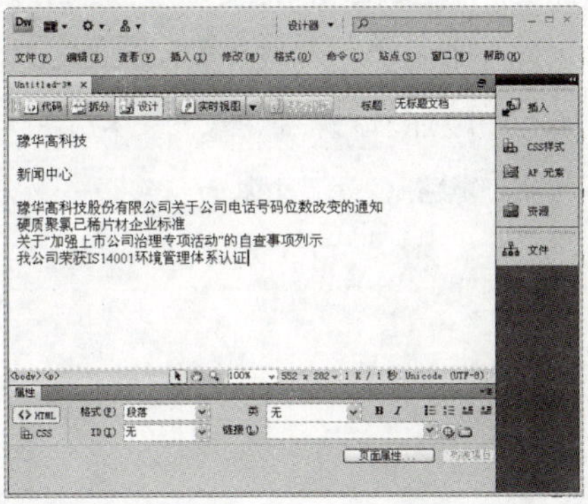

1. 将鼠标光标定位在需插入文本的位置，选择所需的输入法，然后输入文本。
2. 按 Enter 键分段，输入下一段的文本。
3. 按 Shift+Enter 组合键换行，输入其他文本。

特训 2：在文档中添加特殊字符

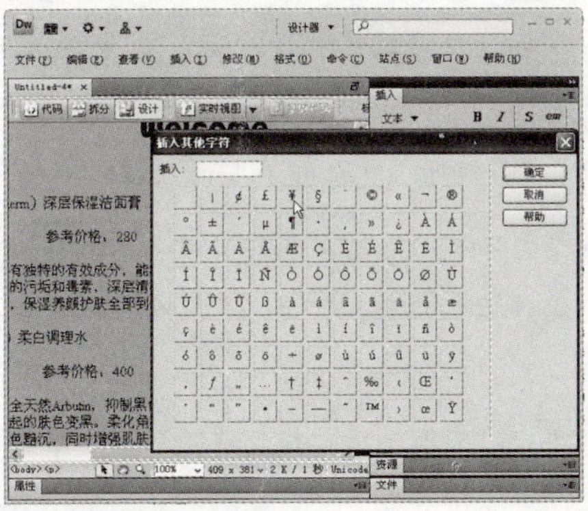

1. 将鼠标光标定位在需插入特殊字符的位置，在“插入”面板中单击 常用▼ 下三角按钮，在下拉列表框中选择“文本”选项。
2. 单击 ©▼ 按钮旁的▼按钮，在下拉列表框中选择“其他字符”命令。
3. 出现“插入其他字符”对话框，在其中选择需插入的字符。

特训 3：在文档中添加水平线

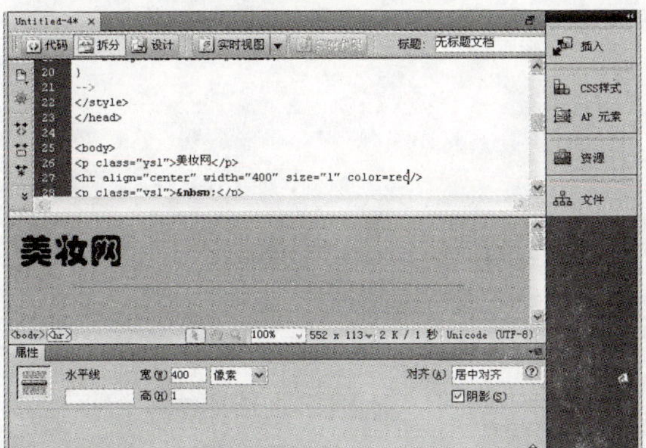

1. 定位鼠标光标，选择“插入”|“HTML”|“水平线”命令。
2. 设置水平线的“宽”和“高”分别为 500 和 1，对齐方式为“居中对齐”。
3. 切换到“代码”视图，在“size="1"”代码后输入代码“color="blue"”。
4. 单击 刷新 按钮确认设置。

特训 4：在文档中设置文本字体样式

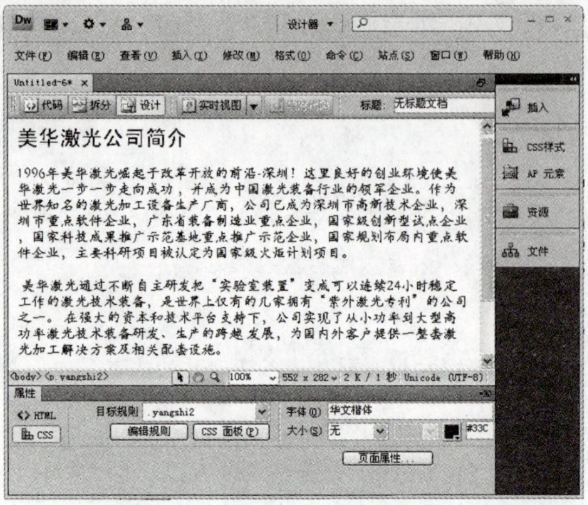

1. 选择文本，将“属性”面板切换为“CSS”类别。
2. 在“字体”下拉列表框中选择字体。
3. 出现“新建 CSS 规则”对话框，设置样式类型、名称与规则定义，完成后单击确定按钮。
4. 在“大小”下拉列表框中设置文本的字体大小。
5. 单击按钮，设置文本的颜色。

特训 5：为段落设置对齐与缩进

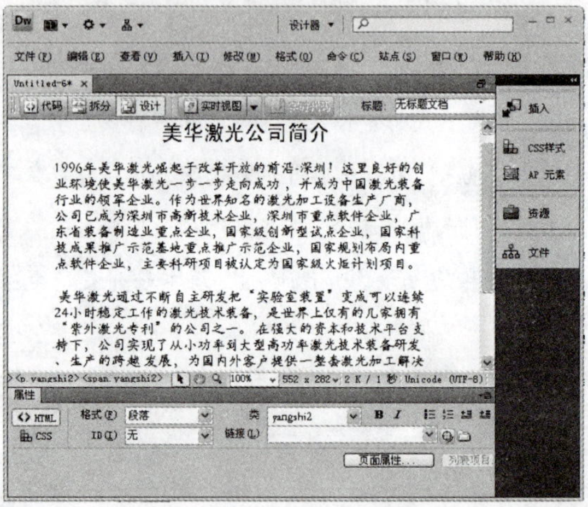

1. 选择标题文本，将“属性”面板切换为“CSS”类别。
2. 单击“居中对齐”按钮，设置段落为居中对齐。
3. 出现“新建 CSS 规则”对话框，设置样式类型、名称与规则定义，单击确定按钮。
4. 选择正文文本，将“属性”面板切换为“HTML”类别。
5. 单击“文本缩进”按钮，设置段落缩进。

第5章

插入图像元素

精彩案例

在网页中添加图像“1.jpg”

在“index.html”网页中插入图像占位符

将网页中的图像更换为新图像

裁剪图像中不需要的部分

为网页文档创建鼠标经过图像

修改设置错误的导航条

本章导读

图片是网页中另一个主要元素。图片为网页中增添了许多色彩，可以营造出赏心悦目的页面。此外，图片也常常起到链接的作用，把许多页面链接到一起。本章内容包括如何向网页中添加图片文件，如何编辑图片文件和制作导航栏等。

5.1 在网页中添加图像

除文本外，图像也是网页重要的组成部分，如：购物网站中会有货品展示图片；旅游网站中会放置风景照片等。合理使用图像，可以使网页更加生动、美观。在学习如何在网页中添加图像之前，先来看一下网页中可以使用的图像文件格式。

5.1.1 网页中的图像文件格式

图像文件的格式有很多，如 BMP、GIF、JPG（也称为 JPEG）、TIFF、PSD、PNG、SWF、SVG、WMF、PCX 与 EMF 等等，但目前网页中支持的图像文件格式只有 GIF、JPG 与 PNG 这 3 种。

知识点拨 Knowledge　认识网页中可使用的图像文件格式

GIF 格式：GIF 图像的特点是压缩比高，占用磁盘空间较少、下载速度快。该格式只能有 256 种颜色，适用于对图像质量要求不高或色彩比较单一的图像。GIF 图像可支持透明区域，这使图像具有非同一般的显示效果，并可制作出动画效果，网页中大量的动画图像都是 GIF 格式的。GIF 格式常用于制作 Logo、Banner 及网页背景图像等，如下图所示。

JPEG 格式：JPEG 也是常见的一种图像文件格式，通常用来显示照片级的图像，是网络上最受欢迎的图像格式。其压缩技术十分先进，在保持极高的压缩率的同时也能高质量地展现图像，因此对图像显示效果要求较高时通常使用该格式，如下图所示。

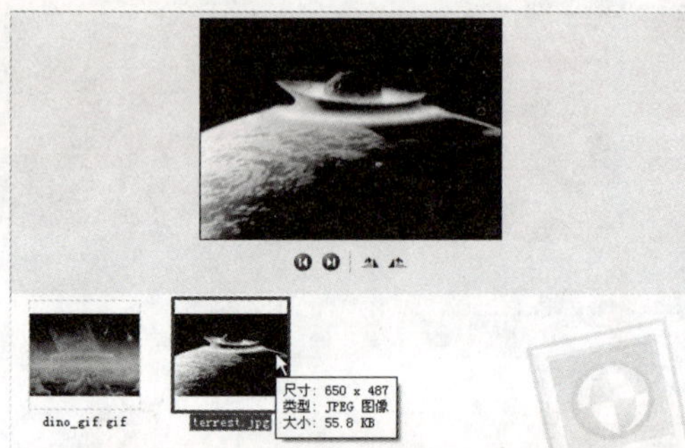

PNG 格式：它是一种新兴的网络图像文件格式，也是目前保证最不失真的格式，集 GIF 和 JPEG 二者的优点于一身，可以把图像文件压缩到极限，以利于网络传输，又能保留所有与图像品质有关的信息，它可以实现背景透明的效果，并具有 JPEG 格式处理精美图像的优势。但是它不支持动画应用效果，这使得它在网页中的应用还不太广泛，如下图所示。

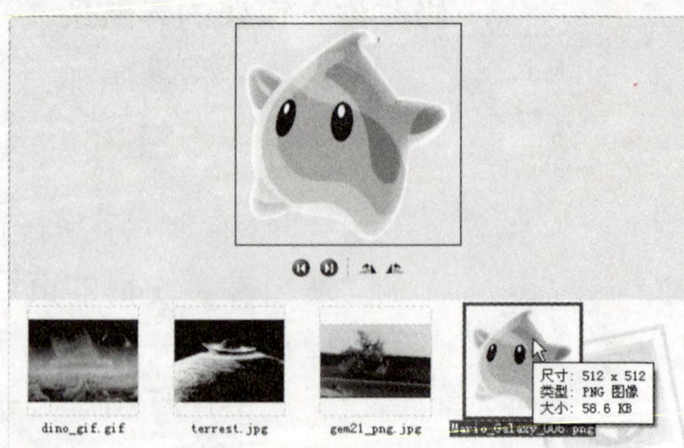

5.1.2 直接添加已有的图像

已有的图像，是指电脑中已有该图像文件，且知道该图像将位于网页中的哪个位置，这时就可以使用直接添加的方法将其插入到网页。

新手演练 Novice exercises 在网页中添加图像“1.jpg”（源文件\第 5 章\myhome.html）

Step 01 打开“myhome.html”网页文档，将光标定位到要添加图像的位置，这里定位到第 4 行的行首，选择“插入”|“图像”命令。

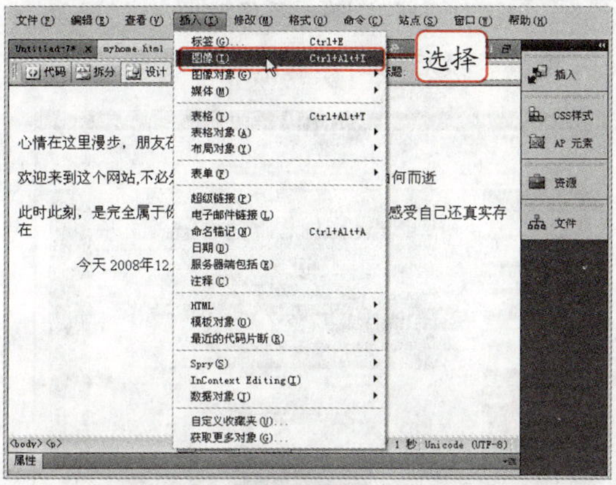

Step 02 出现“选择图像源文件”对话框，在“查找范围”下拉列表框中选择图像所在的位置，在文件列表框中选择需要添加的图像文件，这里选择“image”文件夹中的“1.jpg”图像文件，单击 确定 按钮。

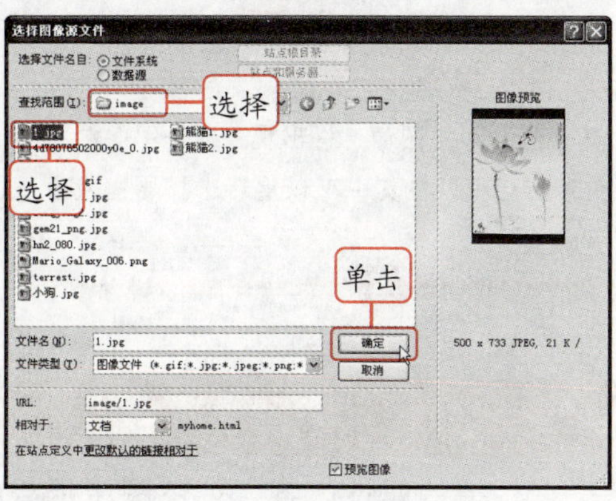

Step 03 出现“图像标签辅助功能属性”对话框，在“替换文本”下拉列表框中可以输入图像说明文本，这里不输入，直接单击 确定 按钮。

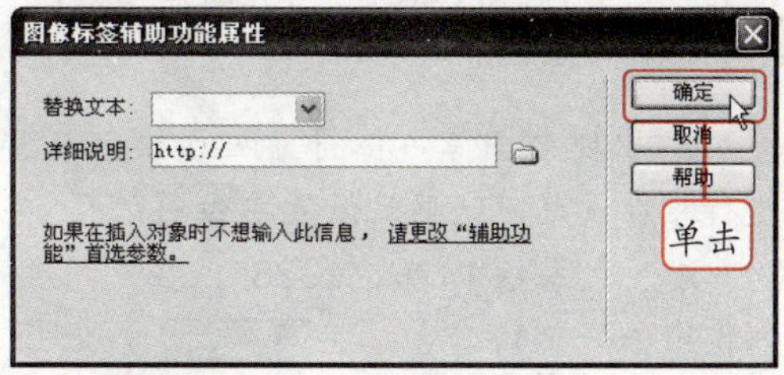

Step 04 返回到工作界面，选择的图像已插入到网页中，保存并预览，其效果如下图所示。

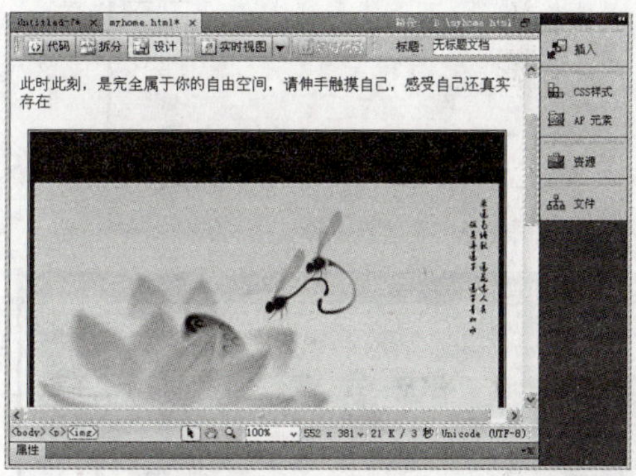

温馨提示牌 Warm and prompt licensing

在“选择图像源文件”对话框中选择某个图像文件后，右侧的“图像预览”窗格中将显示该图像，并在下方显示图像文件的长、宽、格式与文件大小信息。另外，若不知道要添加图像文件的名称，可单击“查找范围”下拉列表框右侧的“查看”下三角按钮，在下拉列表中选择“缩略图”选项，列表框中的图像将以缩略图方式显示，这样就能查看到要添加的图像。

5.1.3 添加未确定的图像

在创建图像网页时，如果还没有想好要插入哪个图像或还未找到与网页内容相关的图像，但却知道其长度与宽度，就可以使用添加占位符的方法为其预先保留一个位置，待找到相关的图像时，再通过该图像占位符添加。

新手演练 Novice exercises 在“index.html”网页中插入图像占位符（源文件\第 5 章\index-1.html）

Step 01 将光标定位在要添加图像的位置，选择“插入”|“图像对象”|“图像占位符”命令。

Step 02 出现“图像占位符”对话框，在其中进行相应设置，这里只设置占位符的尺寸，在“宽度”文本框中输入“928”，在“高度”文本框中输入“174”，单击 确定 按钮。

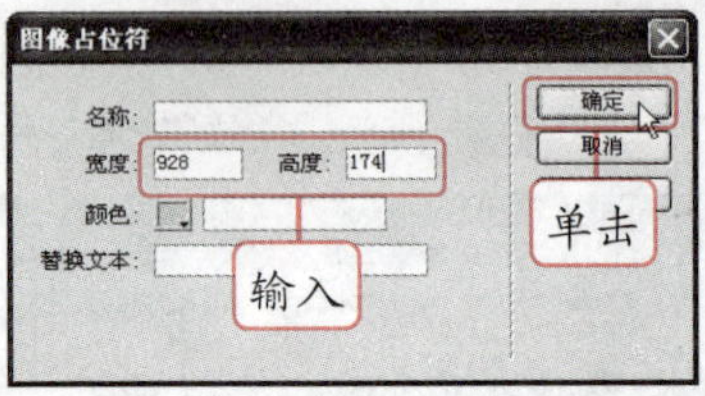

Step 03 返回到工作界面，图像占位符即添加到网页中。

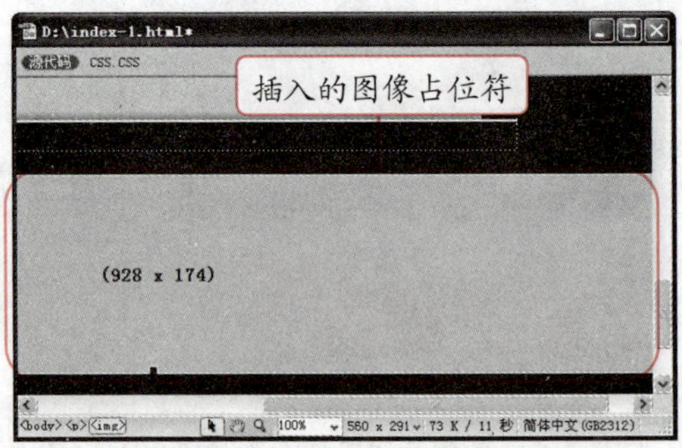

Step 04 当找到要添加的图像时，可在该网页中双击图像占位符，出现“选择图像源文件”对话框，在其中选择要替换的图像文件后单击 确定 按钮，所选择的图像将插入到图像占位符中。替换后的图像效果如图所示。

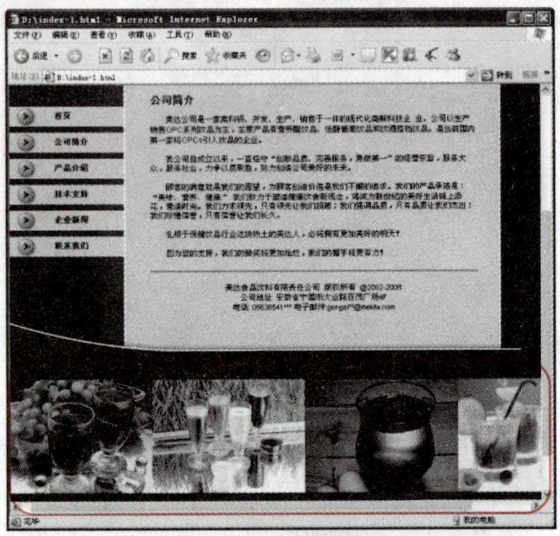

温馨提示牌 Warm and prompt licensing

双击已添加的图像，将出现“选择图像源文件”对话框，在其中可以重新选择要插入的图像文件。

5.2 编辑图像

选中要插入的图像后，“属性”面板将显示与之相关的属性内容，如下图所示。与 Dreamweaver CS3 相比，图像的“属性”面板并未发生太大的变化，只是将“编辑”栏中的相应按钮分为两部分，一部分仍在该栏中，另一部分则移至“边框”文本框旁。

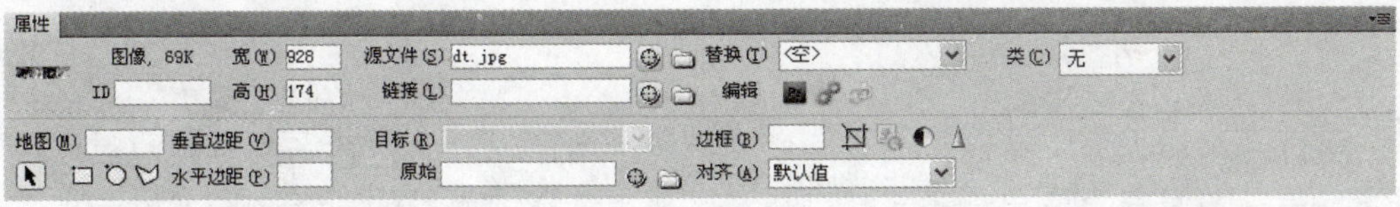

在“属性”面板中可以编辑图像的属性，如设置图像的 ID、尺寸、边框、替换文本和对齐方式等。

5.2.1 设置图像的名称

设置图像的名称是在“ID”文本框中完成的，直接在该文本框中输入需要的名称即可。为图像设置名称后，当需要对图像添加样式、行为或脚本时，就可以通过该名称对图像进行引用。

5.2.2 改变图像的大小

图像添加到网页后，默认保持为图像原始的大小，为了和网页统一，可以重新设置其大小。方法为在“宽”和“高”文本框中直接输入所需数值，数值的单位为像素。

当改变了图像原始的大小后，这两个文本框中的数值将会加粗显示，表示当前数值非原始数值，并且在文本框的右侧出现一个“重设大小”按钮，如图所示，单击该图标可以使图像恢复为原始大小。

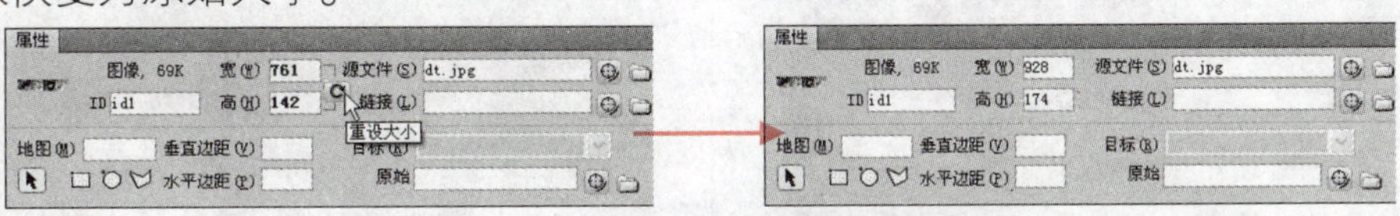

新手演练 Novice exercises　在“index.html”网页中插入图像占位符（源文件\第 5 章\index-1.html）

Step 01　选择网页文档右侧的图片，在“属性”面板选择“宽”文本框中的数值，输入数值“221”。

Step 02　选择“高”文本框中的数值，此时图像的宽度将变为所设的数值。

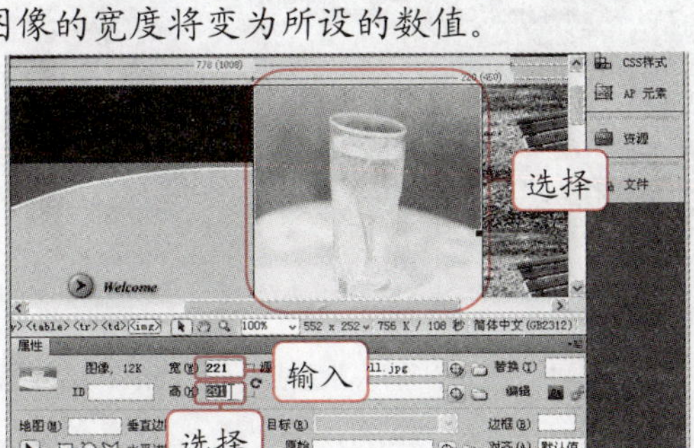

Step 03　输入图像的高度数值“141”后，按Enter 键确认输入。

Step 04　选择文档下方的图像，单击“重设大小”按钮。

Step 05　图像将恢复至原始大小，保存设置，完成对图像大小的操作。

5.2.3 更换图像

在网页中添加的图像并不是一成不变的，设计者可以随时将其更换为其他更符合需求的图像。更换图像有两种方法：一种是在对话框中选择要更换的图像文件，另一种是利用“指向文件”按钮直接替换为所需的图像，下面就分别讲解它们的操作方法。

1. 利用对话框更换图像

利用“选择图像源文件”对话框是更换图像时最常使用的方法，其操作很简单，只需在其中选择所需的图像文件即可。

新手演练 Novice exercises 将网页中的图像更换为新图像（源文件\第 5 章\index-3.html）

Step 01 选择网页文档右上角的图像，单击“属性”面板中“源文件”文本框后的“浏览文件”按钮。

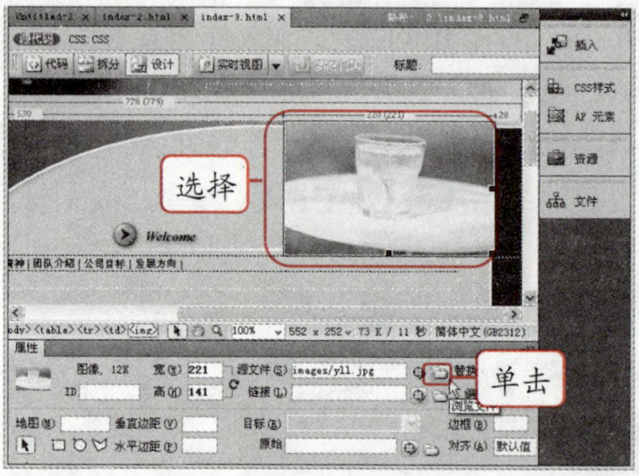

Step 02 出现“选择图像源文件”对话框。在其中选择新的图像文件，单击确定按钮确认。

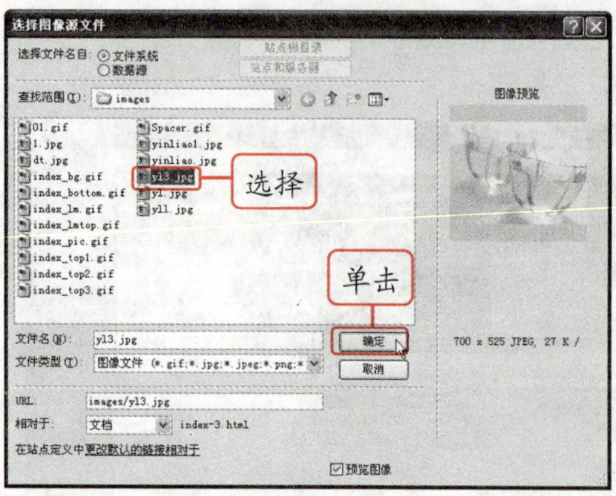

Step 03 返回到工作界面，可看到图像已被替换为新图像，此时图像呈选择状态，将鼠标移至图像右下角，当鼠标变为双向箭头时，按住 Shift 键不放，向左上方拖动鼠标。

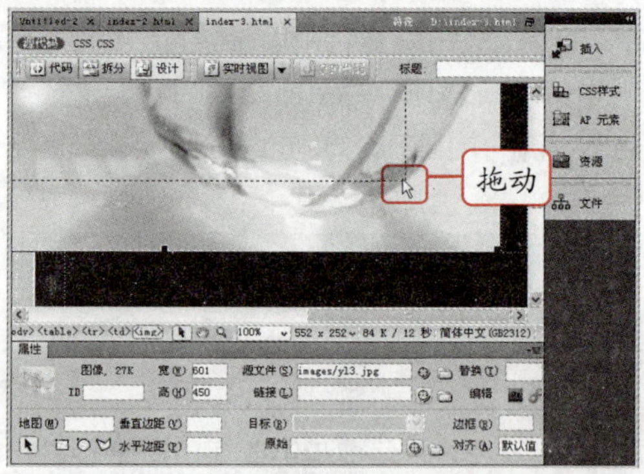

Step 04 至合适大小时释放鼠标，图像大小被等比例改变，预览网页，其效果如下图所示。

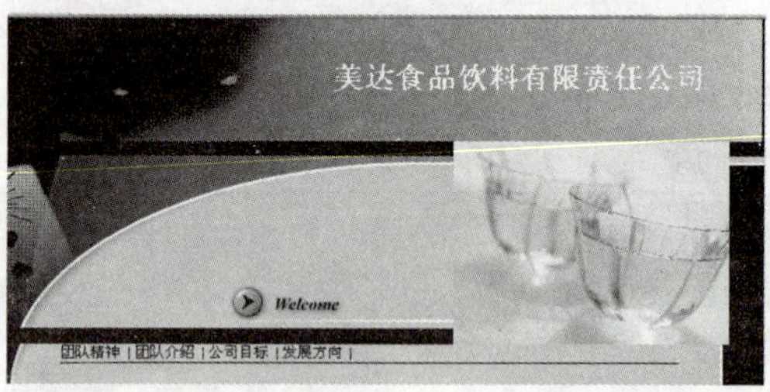

2. 利用“指向文件”按钮直接更换图像

在“源文件”文本框后有一个⊕按钮，它叫作“指向文件”按钮，使用它可以直接更换图像，而无需打开对话框进行选择。

其方法为用鼠标按住该按钮不放并拖动，此时将出现一条虚线，将按钮拖动至页面中或“文件”面板中的其他图像上，从而选择该图像，释放鼠标后，所指的图像将替换原来的图像，如下图所示。

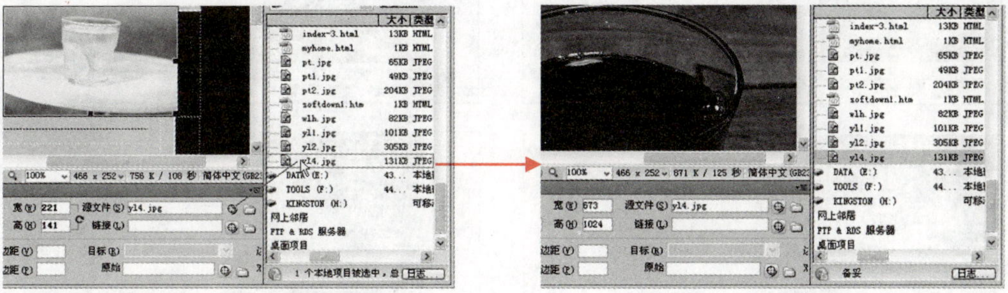

5.2.4 为图像添加说明

为图像添加说明文本后，在浏览网页时，当鼠标移动到该图像上就会在鼠标光标右下方显示说明文本。由于某些原因使图像无法显示时，图像的位置处也将显示该说明文本，这样就可以根据该说明查找相关的图像，如下图所示。

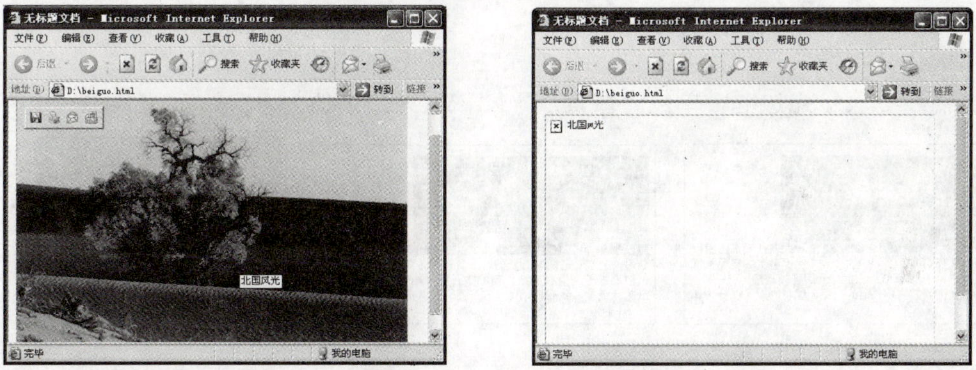

在“属性”面板的“替换”下拉列表框中就可以输入图像的说明；另外，添加图像时，在出现的“图像标签辅助功能属性”对话框与“图像占位符”对话框的“替换文本”文本框中也可输入图像说明文本。

5.2.5 设置边距

选择图像，在“属性”面板的“垂直边距”和“水平边距”文本框中可设置图像与网页文档中其他内容（如文本等）的距离。其中“垂直边距”文本框用于设置图像顶部和底部与其他内容的边距。“水平边距”文本框用于设置图像左侧和右侧与其他内容的边距。

下面 4 张图所示依次为水平边距与垂直边距都为 0 的效果；水平边距为 50，垂直边距为 0 的效果；水平边距为 0，垂直边距为 50 的效果；水平与垂直边距各为 50 时的效果。

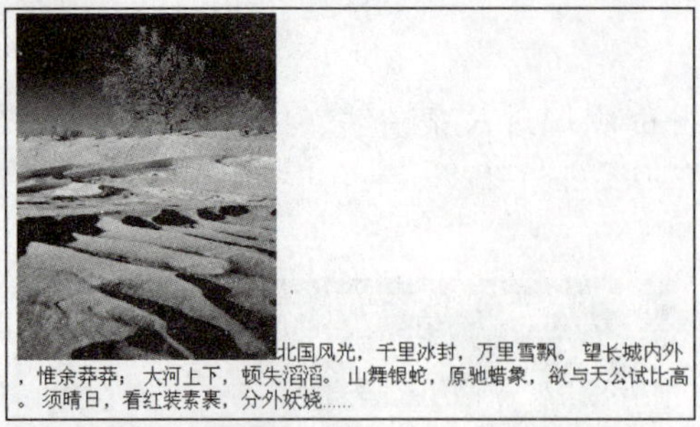

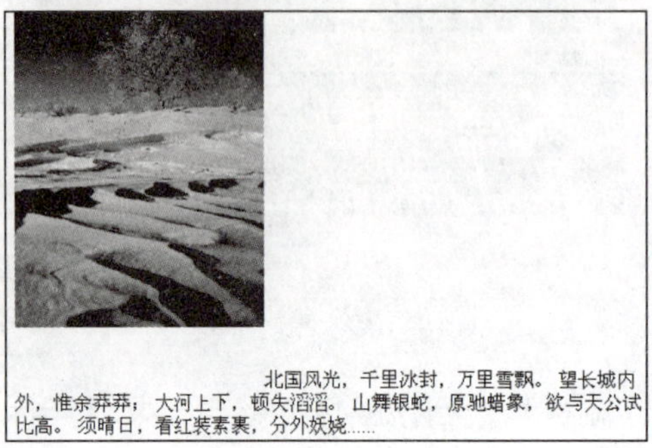

5.2.6 设置边框

边框也是图像的一个重要属性，在“属性”面板的“边框”文本框中即可设置图像的边框，输入 0 表示无边框，单位为像素。下图依次为边框值为 0、1 与 10 的效果。

5.2.7 设置对齐方式

在“属性”面板的“对齐”下拉列表框中可设置图像与文本的对齐方式，如“居中”、“左对齐”与“绝对底部”等等，如下图所示。

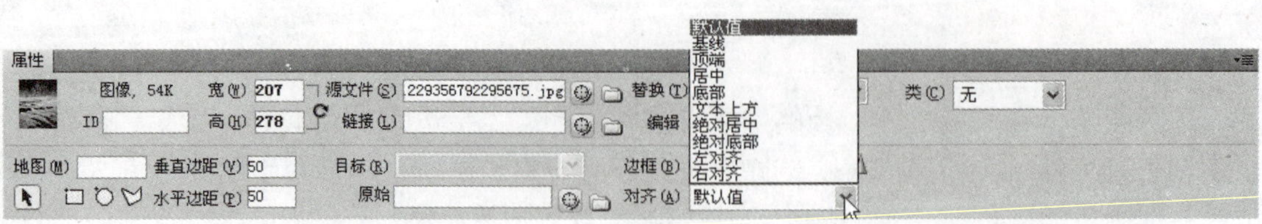

知识点拨 Knowledge 认识“对齐”下拉列表框中各选项的含义

默认值：图像默认的对齐方式，一般为基线对齐，其显示方式取决于浏览器。

基线：指将图像底端与文本的基准线对齐，这是图像默认的对齐方式。

顶端：指将图像的顶端与文本行中最高字符的顶端对齐。一般情况下，这种对齐方式与“文本上方”对齐方式无多大区别。

居中：指图像与文本的基准线居中对齐。

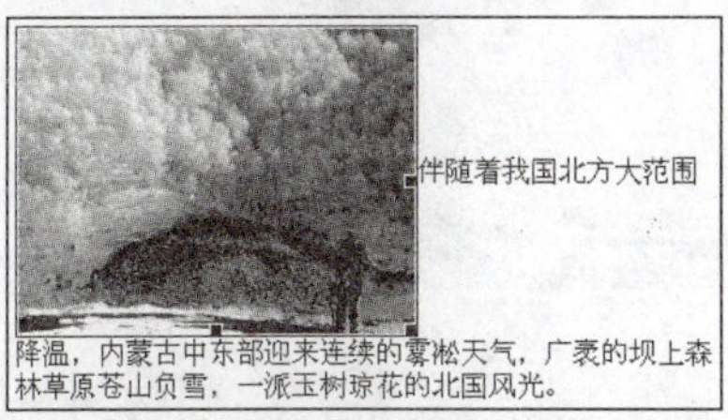

底部：将图像和文本进行底端对齐。

文本上方：指将图像的上端与文本行中最高字符对齐，它的显示效果与“顶端”的对齐方式类似。

绝对居中：将图像的中部和文本中部对齐。

绝对底部：将图像与文本的绝对底部对齐。

左对齐：将图像放置在左侧，右侧绕排文本。

右对齐：将图像放置在右侧，左侧绕排文本。

温馨提示牌 Warm and prompt licensing

在图像快捷菜单中的“对齐”菜单中选择相应的命令，也可为图像设置对齐方式。

5.2.8 裁剪图像

在网页文档中插入图像后，却发现图像中有些部分并不需要，这时可以在专门的图像处理软件中打开该图像，然后将不需要的部分处理掉，但这样未免有些繁琐。其实，在 Dreamweaver CS4 中就可以直接裁剪掉图像中不需要的部分。

新手演练 Novice exercises 裁剪图像中不需要的部分

Step 01 选中需裁剪的图像，单击“边框”文本框后的“裁剪”按钮。

Step 02 出现一个提示用户将永久裁剪图像的对话框，单击“确定(O)”按钮确认。

温馨提示牌 Warm and prompt licensing

在进行裁剪时，电脑中的原始图像也会被裁剪。用户可先备份原始图像，然后再在 Dreamweaver 中进行裁剪。

Step 03 图像上将显示一个阴影框，将鼠标光标分别移至图像的上、下、左与右边缘，当光标变为双向箭头形状时拖动鼠标，以调整裁剪范围，至合适大小时释放鼠标。

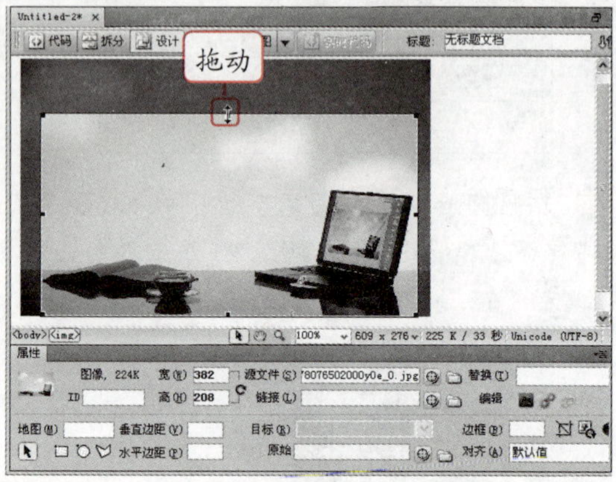

Step 04 再次单击“裁剪”按钮确认裁剪，完成后的效果如下图所示。

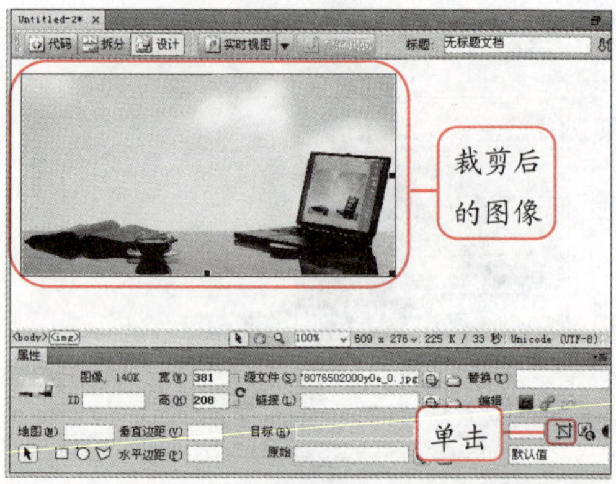

5.2.9 调整图像亮度与对比度

在“属性”面板中利用“亮度和对比度”按钮可调整图片的明暗度与对比度。单击按钮后，将出现“亮度/对比度”对话框，分别拖动“亮度”与“对比度”滑块即可进行调整。

新手演练 Novice exercises 在网页文档中调整图像的亮度与对比度

Step 01 选中需调整的图像，单击“边框”文本框后的“亮度和对比度”按钮◐。

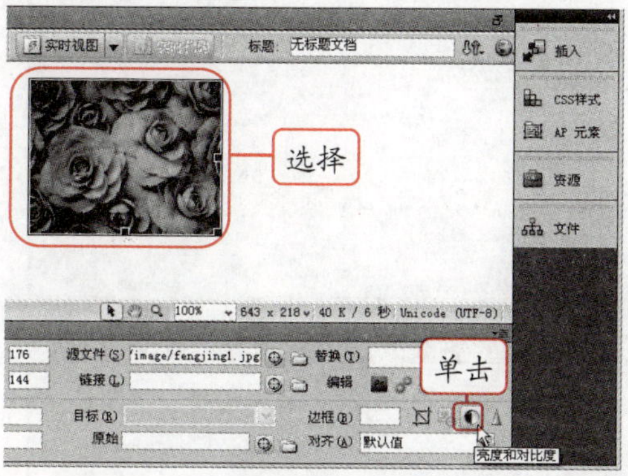

Step 02 出现一个提示用户将永久改变所选图像的对话框，单击 确定(O) 按钮确认。

Step 03 出现“亮度/对比度”对话框，拖动“亮度”滑块到 37，“对比度”滑块到 20。

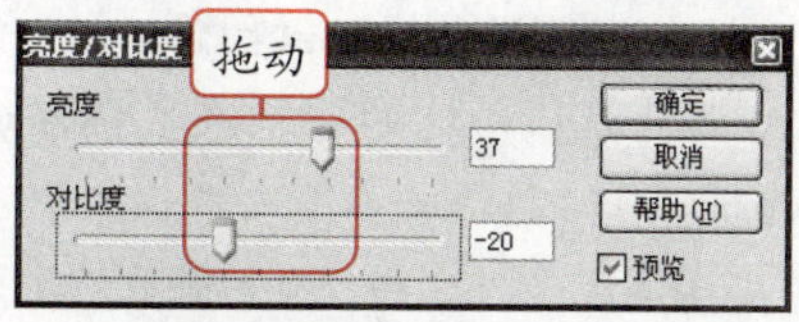

Step 04 单击 确定 按钮应用设置，完成后的效果如下图所示。

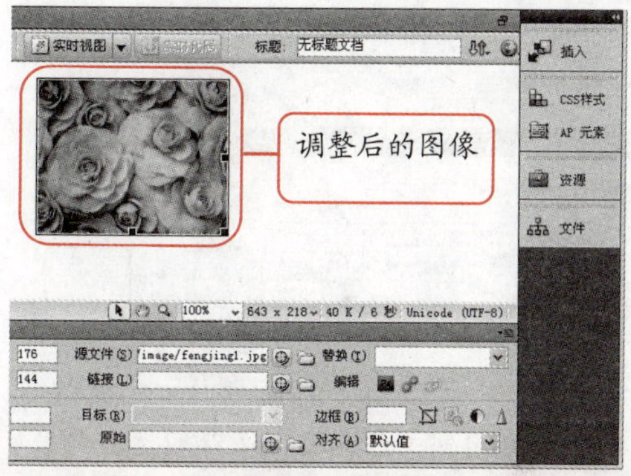

5.3 创建鼠标经过图像

鼠标经过图像是指当将鼠标移至网页文档中插入的图像上时，将显示另一幅图像，而当鼠标光标移出图像时又会重新显示原始图像。

新手演练 Novice exercises 为网页文档创建鼠标经过图像（源文件\第 5 章\cpijsh.html）

Step 01 打开网页文档，将鼠标光标定位到要添加鼠标经过图像的位置，选择“插入”|“图像对象”|“鼠标经过图像”命令，出现“插入鼠标经过图像”对话框。

Step 02 在“图像名称”文本框中输入名称，这里使用默认名称，单击“原始图像”文本框后的 浏览... 按钮。

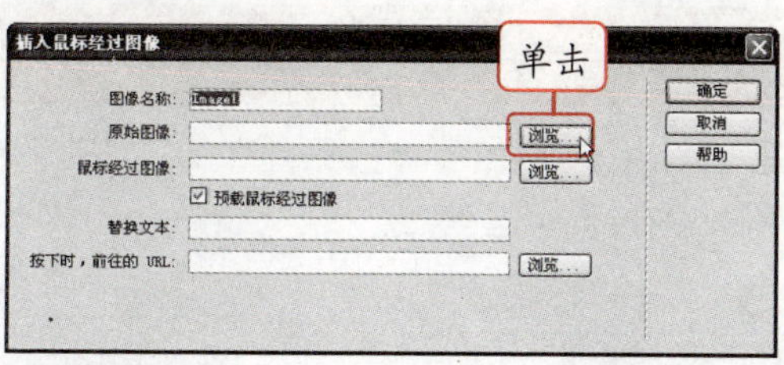

Step 03 出现“原始图像:”对话框，在“查找范围”下拉列表框中选择要插入图像所在的位置，在其下的列表框中选择图像文件，这里选择“qianbi.jpg”图像文件，单击 确定 按钮。

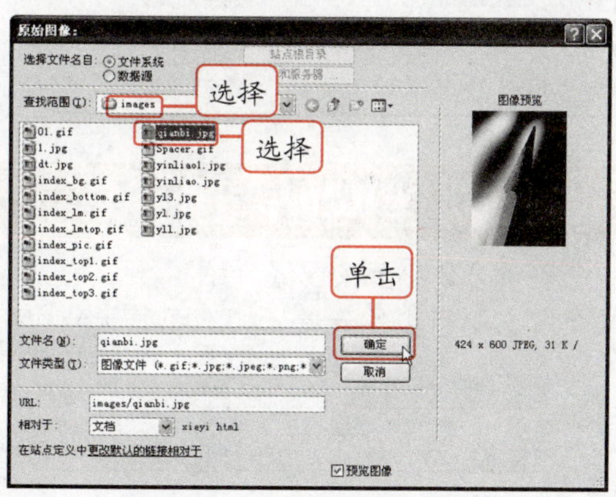

Step 04 返回“插入鼠标经过图像”对话框，单击“鼠标经过图像”文本框后的[浏览...]按钮，使用相同的方法设置鼠标经过图像。

Step 05 保持默认勾选的“预载鼠标经过图像”复选框，在“替换文本”文本框中输入说明文本“写意笔类”，在“按下时，前往的 URL”文本框中输入单击图像时跳转到的网页的路径与文件名，这里输入“cpijsh.html”。

Step 06 单击[确定]按钮完成鼠标经过图像的创建。

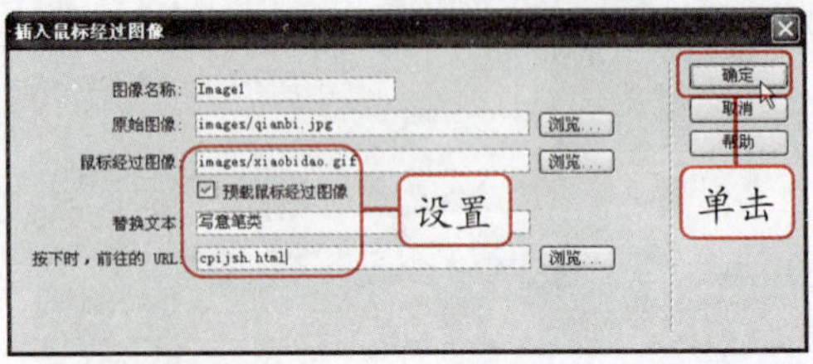

Step 07 返回到工作界面，保存网页并预览，当将鼠标移至图像上时，将显示鼠标经过图像，单击该图像，浏览器将跳转至“cpijsh.html”网页文档，过程如下图所示。

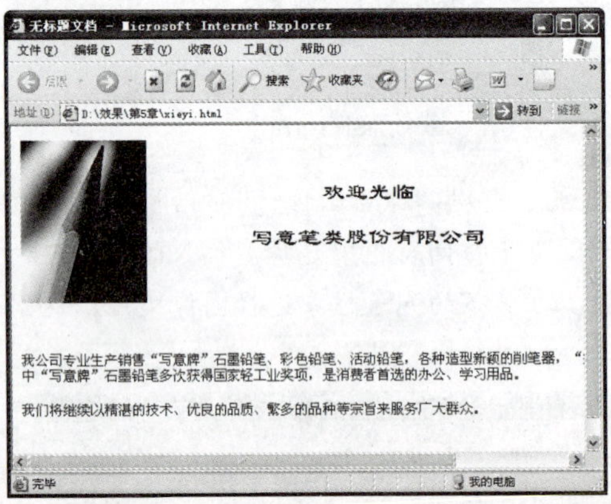

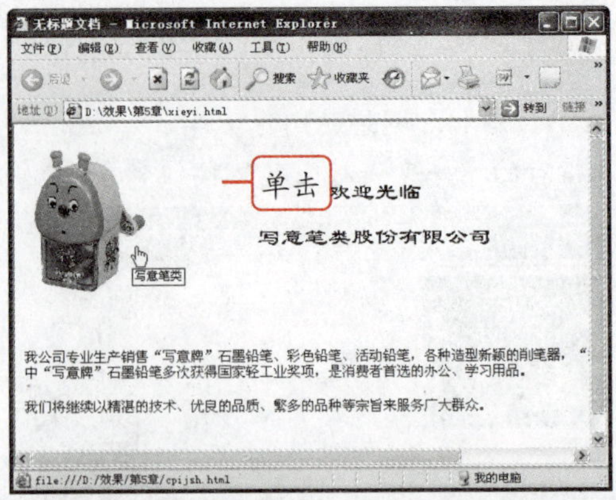

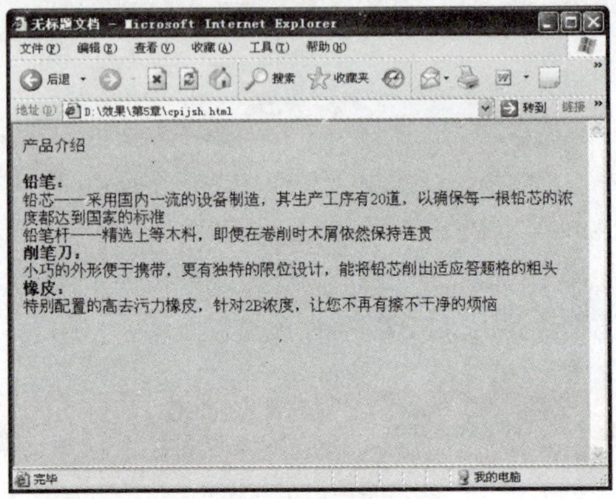

温馨提示牌 Warm and prompt licensing

在预览网页时，有时会显示浏览器已限制显示文档中的内容的提示信息，这是因为浏览器设置的安全级别引起的。这时可单击该提示信息，在弹出的下拉菜单中选择“允许阻止的内容”命令，出现“安全警告”对话框，单击[是(Y)]按钮，浏览器即可显示鼠标经过图像。

5.4 创建网站导航条

在 1.2.2 小节中已经介绍了什么是导航条及它的作用，并且在一个完整的网页中，导航条是必不可少的元素。如下图所示为搜狐门户网站的导航条。

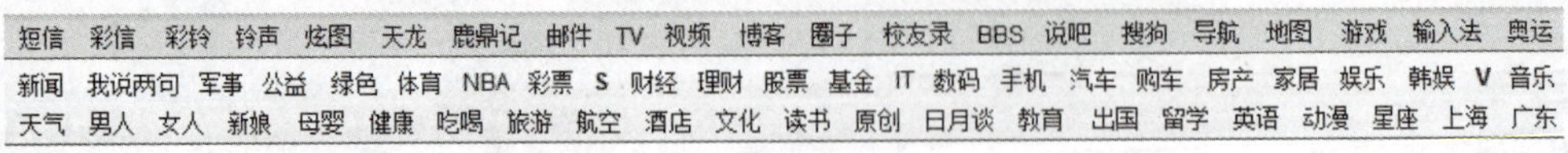

5.4.1 创建导航条

在创建导航条时，应选择能体现网站主要内容、主题明确的导航条。因为它是整个网站的向导，一般情况下，浏览者都会通过导航条来了解全站的内容。

前面的章节中介绍过，导航条有水平与垂直两种，它们的创建方法基本相同，这里以创建水平导航条为例，读者可根据同样的方法自行练习垂直导航条的创建。

新手演练 Novice exercises　在网页中创建导航条（源文件\第 5 章\index-3.html）

Step 01 打开网页文档，将鼠标光标定位在需插入导航条的位置，这里定位在图像下方，选择“插入”|“图像对象”|“导航条”命令。

Step 02 出现“插入导航条”对话框，单击“状态图像”文本框后的 浏览... 按钮。

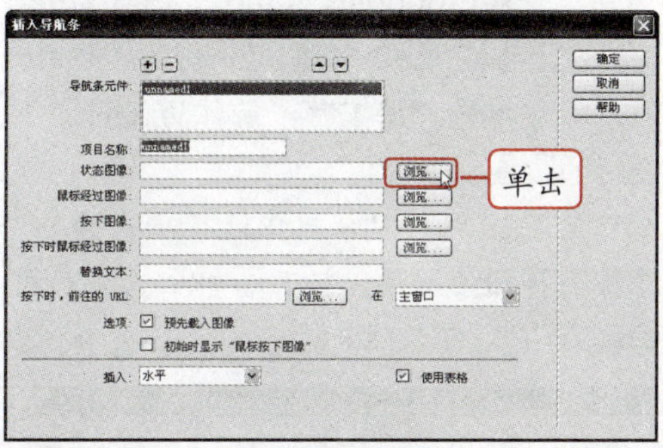

Step 03 在“查找范围”下拉列表框中选择图像保存的位置，在下方的列表框中选择原始图像文件，这里选择“shouye_1.jpg”文件，单击 确定 按钮。

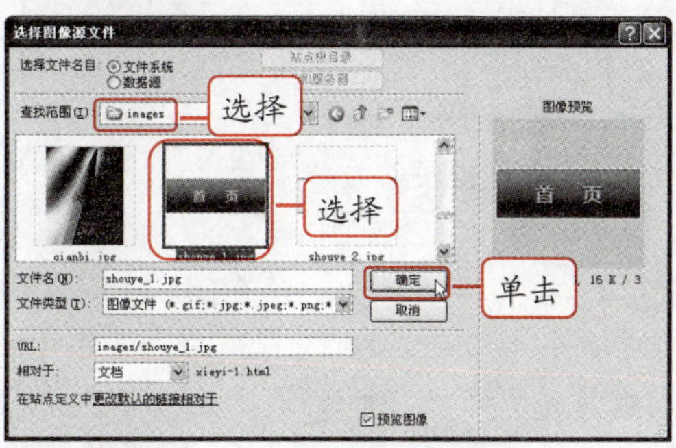

Step 04 返回“插入导航条”对话框，单击“鼠标经过图像”文本框后的 浏览... 按钮，按照相同的方法将“shouye_2.jpg”文件添加至该文本框中。

Step 05 使用相同的方法设置按下图像，在“替换文本”文本框中输入“首页”，在“按下时，前往的 URL”文本框中输入单击该导航元件时要跳转到的网页的路径及名称，这里输入“xieyi-1.html”，保持“插入”下拉列表框中的默认设置，即“水平”选项。

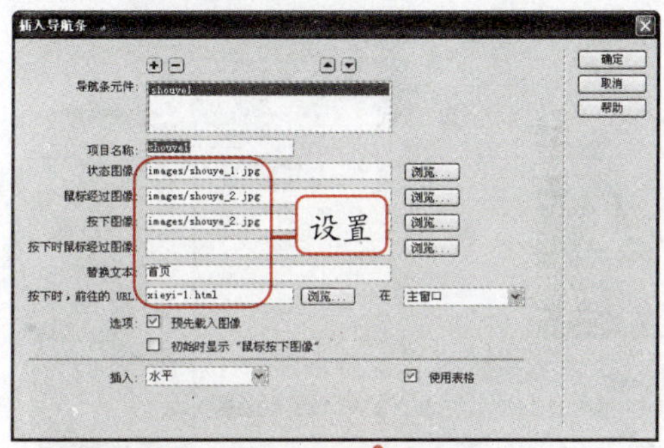

温馨提示牌 Warm and prompt licensing

> 在“插入”下拉列表框中选择“垂直”选项，即可创建垂直导航条。

Step 06 单击对话框上方的“添加项”按钮 + 添加该导航条元件，按照上述方法添加其他导航条元件，完成后单击 确定 按钮。

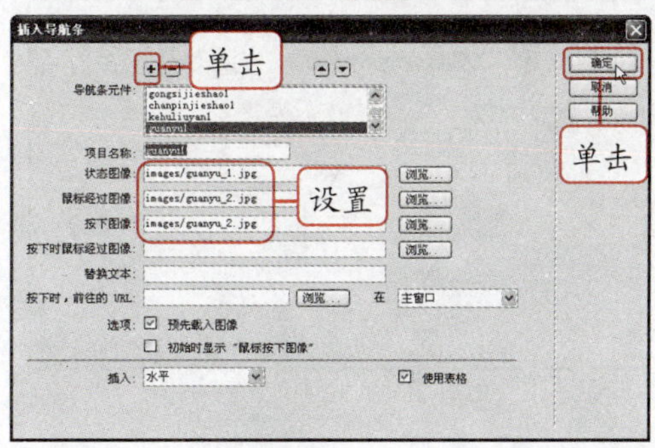

Step 07 返回工作界面，保存网页，并预览添加导航条的效果，如图所示。

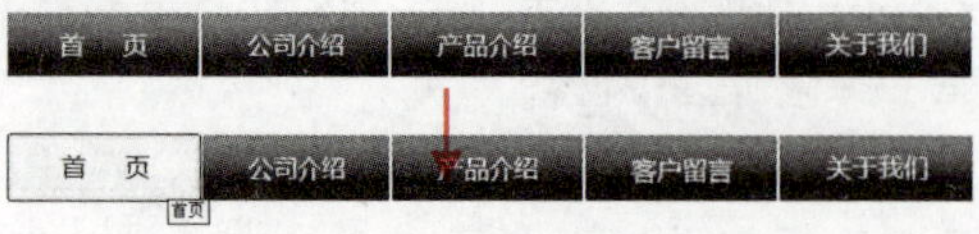

温馨提示牌

若勾选“预先载入图像”复选框，表示在浏览该页面时浏览器将预先把这些图像全部下载到浏览器的本地目录中，可提高网页刷新速度。

5.4.2 修改导航条

添加导航条后，如果发现设置的某些属性不正确，如：说明文本错误，单击后跳转的页面不正确等，可以对其进行修改。

新手演练 修改设置错误的导航条

Step 01 打开网页文档，选择“修改”|“导航条”命令。

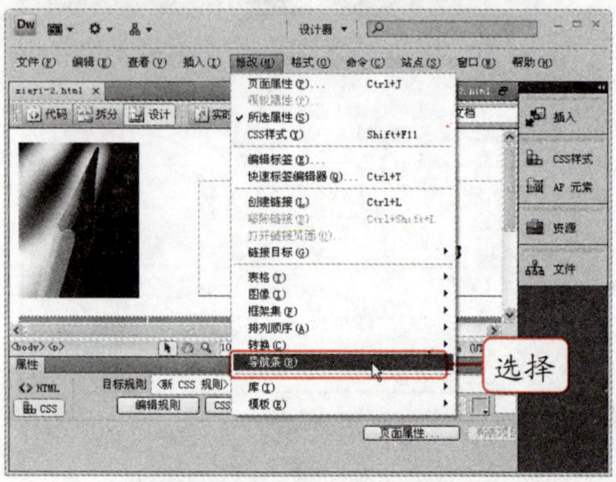

Step 02 出现“修改导航条”对话框，在“导航条元件”列表框中选择要修改的导航条元件的名称，这里选择“gongsijieshao1”选项。

Step 03 单击对话框上方的▼按钮，使其下移，即移至“Chanpinjiesh001”选项后面。

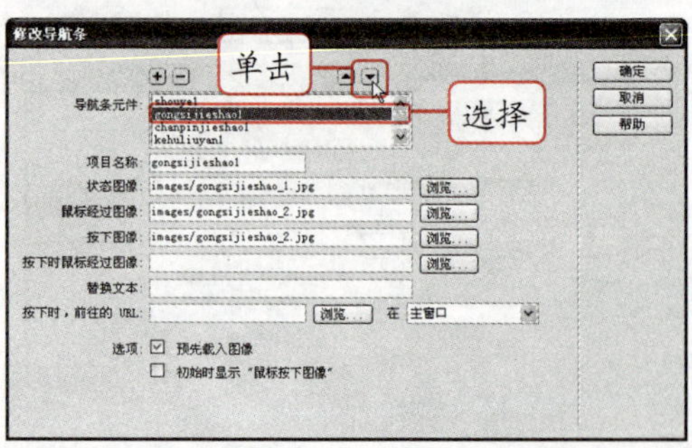

Step 04 保持“gongsijieshao1”选项的选择状态，在“替换文本”文本框中输入“公司介绍”文本，单击“按下时，前往的 URL”文本框后的 浏览... 按钮。

Step 05 在出现的对话框中选择单击导航条元件时跳转到的网页，将其添加至“按下时，前往的 URL”文本框中。

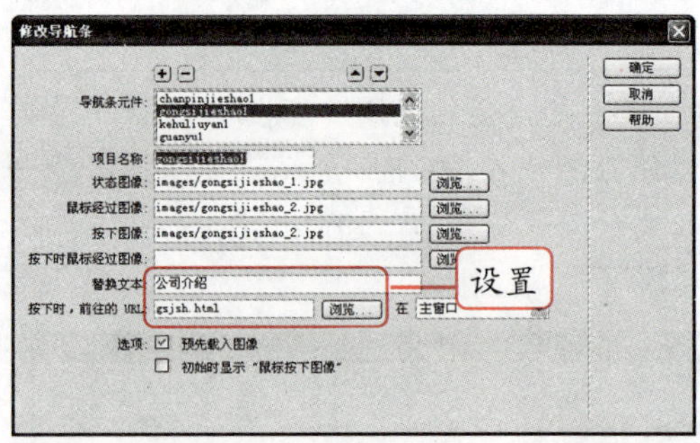

Step 06 按照相同的方法修改其他导航条元件，完成后单击 确定 按钮。

Step 07 返回工作界面，预览修改导航条后的效果，单击“关于我们”导航条，将自动跳转到设置的页面中，如下图所示。

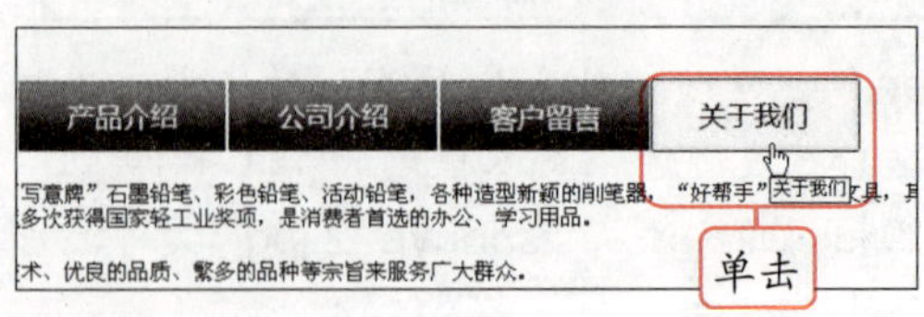

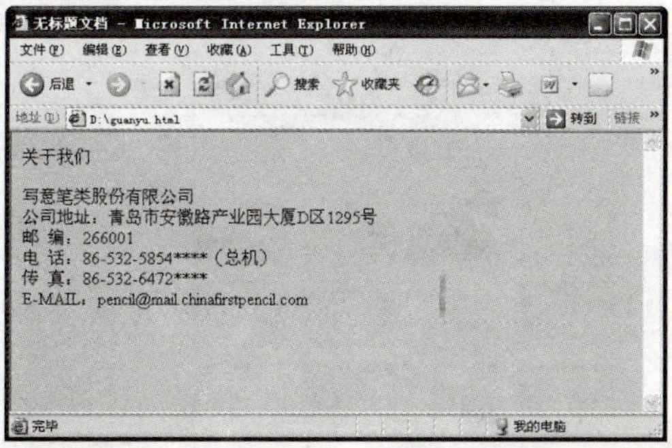

温馨提示牌 Warm and prompt licensing

在“插入导航条”与“修改导航条”对话框中，在下拉列表框中的“主窗口”选项表示在同一个窗口中打开其链接。另外，单击对话框上方的⊟按钮可以将选中的导航条元件删除。

5.5 创建网站相册

在制作一些产品介绍类网页时，常需要在一个页面中显示大量图片的缩略图，单击该缩略图时，将打开一个网页并显示该图片，这类型网页可以运用 Dreamweaver 中的网站相册功能来制作。

在 Dreamweaver 中创建网站相册前，需要先安装 Fireworks 软件，因为相册中的缩略图是 Dreamweaver 调用 Fireworks 自动进行制作的，另外，相册中的图片最好是相同大小的，这样创建的网站相册才美观。

新手演练 Novice exercises　创建一个网站相册

Step 01　新建一个空白网页文档，选择“命令”|“创建网站相册”，出现“创建网站相册”对话框。

温馨提示牌 Warm and prompt licensing

如果电脑中还未安装 Fireworks 软件，则在选择命令后将出现提示安装 Fireworks 软件的对话框。

Step 02　在“相册标题”文本框中输入相册的标题，这里输入“餐点介绍”，单击“源图像文件夹”文本框后的［浏览...］按钮。

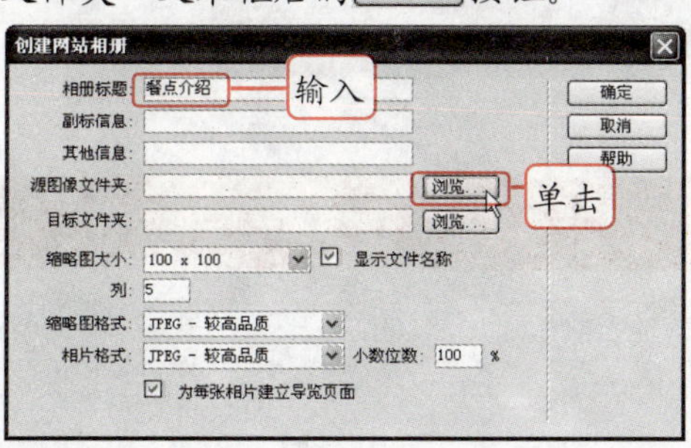

Step 03　在出现的对话框中指定源图像所在的文件夹，单击［选择(S)］按钮。

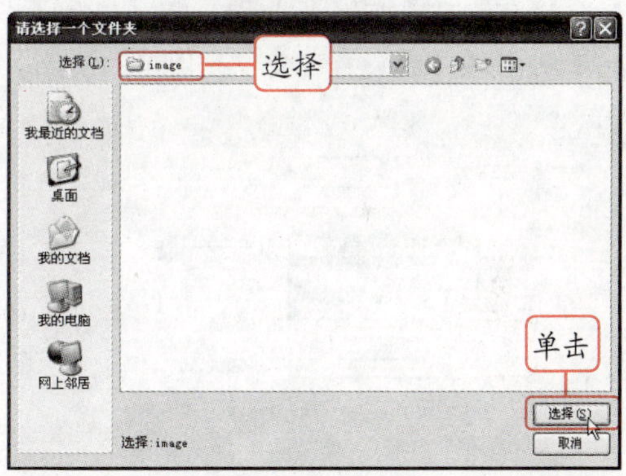

Step 04　返回“创建网站相册”对话框，再单击“目标文件夹”文本框后的［浏览...］按钮，在出现的对话框中选择放置目标图像的目录。

Step 05　返回“创建网站相册”对话框，在“缩略图大小”下拉列表框中选择缩略图的大小，这里保持默认设置，在“列”文本框中输入相册的列数，这里输入“4”，取消勾选“显示文件名称”复选框，单击［确定］按钮。

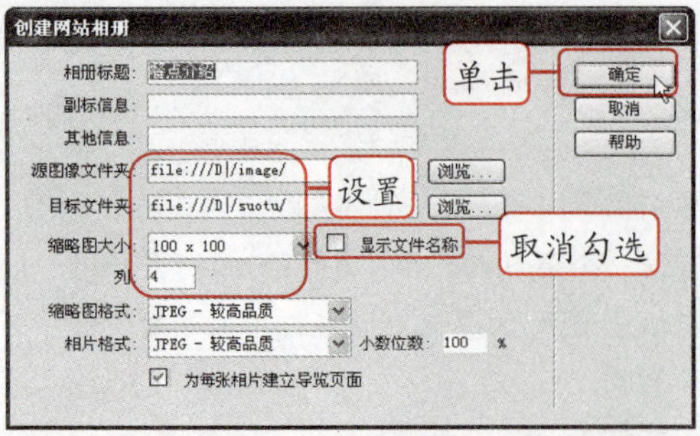

Step 06 Dreamweaver CS4 将启动 Fireworks 为图像创建缩略图和大尺寸图像，如下图所示。

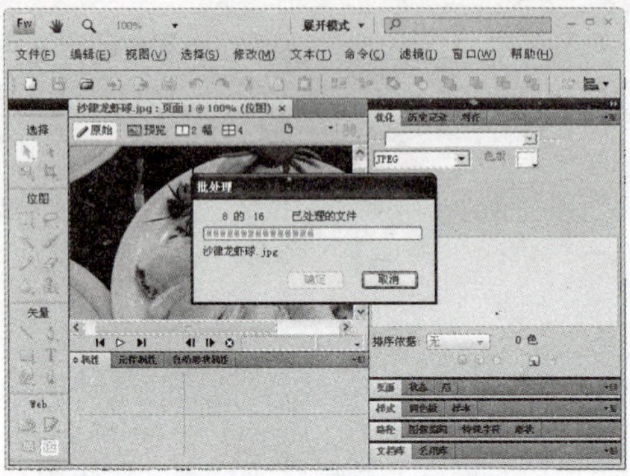

Step 07 稍候将在 Dreamweaver 中出现“相册已经建立”的提示框，单击 确定 按钮完成相册的创建。

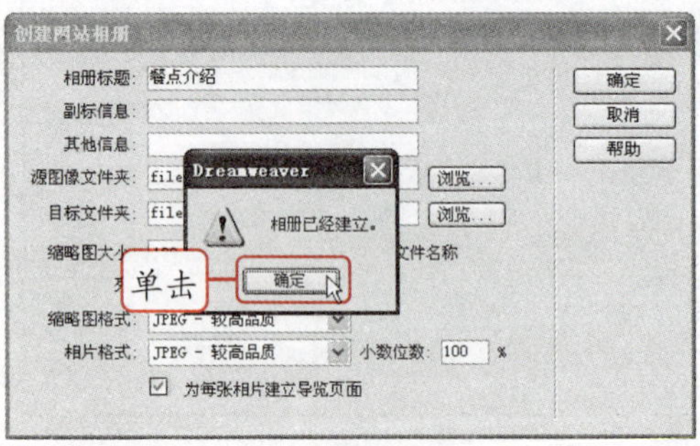

Step 08 返回工作界面，文档中已插入创建的网站相册，如下图所示。

Step 09 保存设置并预览，单击其中的缩略图，在打开的网页中将显示其原始图像。

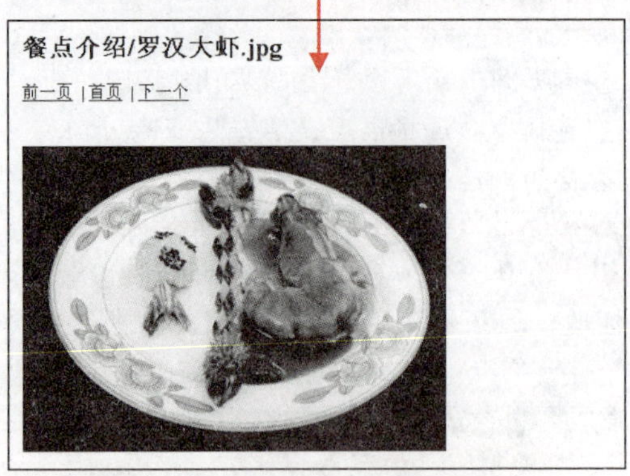

5.6 职场特训

本章主要讲解了创建图像网页的相关知识，包括在网页中添加图像、编辑图像，以及创建鼠标经过图像、网站导航条与建立网站相册等内容。学习完本章内容后，下面通过 4 个实例巩固本章所学知识并拓展其应用。

特训 1：在网页中添加图像

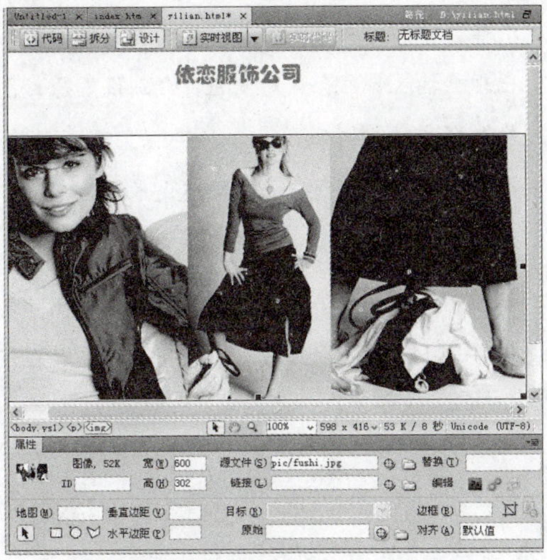

1. 将光标定位在需插入图像的位置，选择“插入”|“图像”命令。
2. 出现“选择图像源文件”对话框，在其中选择要插入的图像文件。
3. 出现“图像标签辅助功能属性”对话框，直接单击 确定 按钮即可。

特训 2：在网页文档中编辑图像

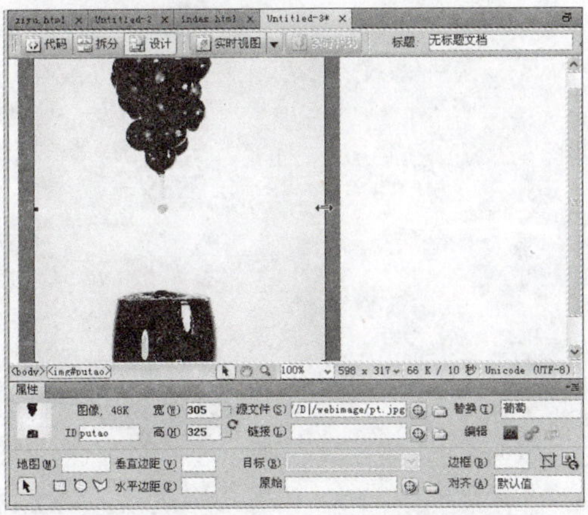

1. 选择图像，在“属性”面板的“ID”文本框中输入图像名称。
2. 在“宽”与“高”文本框中分别输入图像的宽度与高度。
3. 在“替换”下拉列表框中输入图像的说明文字。
4. 单击“裁剪”按钮，将鼠标移至图像的边缘，拖动鼠标调整裁剪范围，再次单击“裁剪”按钮，完成裁剪。

特训 3：为网页文档创建鼠标经过图像

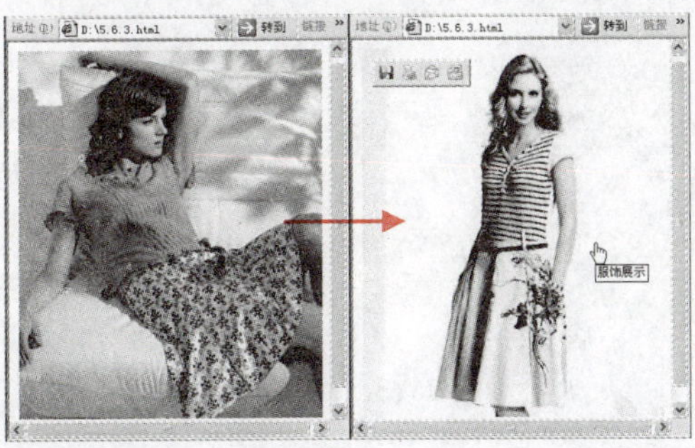

1. 选择“插入”|“图像对象”|“鼠标经过图像”命令，出现“插入鼠标经过图像”对话框。
2. 输入名称，分别选择“原始图像”与“鼠标经过图像”。
3. 输入说明文本，单击 确定 按钮完成创建。

特训 4：为网页文档创建导航条

1. 选择“插入”|“图像对象”|“导航条”命令
2. 出现“插入导航条”对话框，分别设置原始图像与鼠标经过图像。
3. 设置鼠标按下图像，输入替换文本，在“插入”下拉列表框中选择“垂直”选项。
4. 单击“添加项”按钮 + 添加导航条元件，按照上述方法添加其他导航条元件，单击 确定 按钮完成创建。

第6章

创建多媒体网页

精彩案例

将 SWF 文件“clock.swf”添加到网页中

在浏览器中预览添加的 SWF 文件的效果

在网页文档中添加 FLV 文件“yonggirl.flv”

为网页添加背景音乐

在网页中创建音乐链接

本章导读

在网页中添加多媒体元素，也是网页设计者常用的、使网站更具表现力的方法之一。在网页中添加了动感十足的 Flash、悦耳的背景音乐与丰富的视频后，可以吸引更多浏览者的注意。运用多媒体元素，可以创建动画 Banner 条和浮动广告等。本章就来讲解创建多媒体网页的相关知识。

6.1 在网页中添加 Flash 元素

打开一个网页后，我们常会看到一幅幅精美的动画在屏幕上飘动，或固定在网页的某个位置处，但却不时地在变换画面，这些就是 Flash 动画。

Flash 动画是一种矢量动画，具有文件小、效果好，以及能实现交互等特点，另外，Flash 动画还可以边下载边演示，这诸多优点使其在网络中得到广泛应用。一般情况下，Flash 动画都是由 Adobe Flash 软件制作的。

6.1.1 了解网页中 Flash 的格式

在网页中可以添加的 Flash 元素主要有 SWF、FlashPaper 与 FLV，其中 SWF 与 FLV 在 Dreamweaver CS4 中分别称为 Flash 动画与 Flash 视频。在添加这些 Flash 元素前，应先其了解相应的文件格式，以便能正确添加。

知识点拨 Knowledge　认识网页中可使用的 Flash 文件格式

FLA 文件（.fla）：该类文件是所有 Flash 的源文件，它是使用 Flash 软件创建的。此类文件无法在 Dreamweaver 或浏览器中打开，它只能在 Flash 软件中打开。用户可在 Flash 软件中打开 FLA 文件，然后将它发布为 SWF 文件，这样就可以在浏览器中使用了。

SWF 文件（.swf）：该类文件是 Flash 电影文件。它是一种压缩的 Flash 文件，具有文件小的特点，是运用于网络中的最佳动画格式文件。SWF 文件相较于 FLA 文件已进行了一些优化，所以该类文件可以在浏览器中播放，并且也可以在 Dreamweaver 中进行预览，但它不能在 Flash 软件中编辑。

FLV 文件（.flv）：该类文件是一种视频文件，它包含经过编码的音频和视频数据，用于通过 Flash Player 播放器进行传送。对于 QuickTime 或 Windows Media 视频文件，可以使用编码器（如 Sorensen Squeeze）将它们转换为 FLV 文件。

温馨提示牌 Warm and prompt licensing

Dreamweaver CS4 取消了在网页中添加图像查看器、Flash 文本与 Flash 按钮这 3 种 Flash 元素，以及时间轴的功能。

6.1.2 添加 SWF 文件

使用 Dreamweaver 可向页面添加 SWF 文件，再在文档中或浏览器中进行预览。还可以在属性检查器中设置 SWF 文件的属性。

1. 在网页中添加 SWF

添加 Flash 元素的方法有两种，一种是选择“插入”|“媒体”命令，然后在弹出的子菜单中选择要插入的元素对应的命令；另一种是在“插入”面板的“常用”类别中单击相应的按钮。这里主要利用“插入”面板来进行添加。

新手演练 Novice exercises 将 SWF 文件“clock.swf”添加到网页中（源文件\第 6 章\Untitled-1.html）

Step 01 将鼠标光标定位到要插入 SWF 的位置，在“插入”面板的“常用”类别中单击“媒体：SWF”选项旁的▾按钮，在下拉列表中选择“SWF”选项。

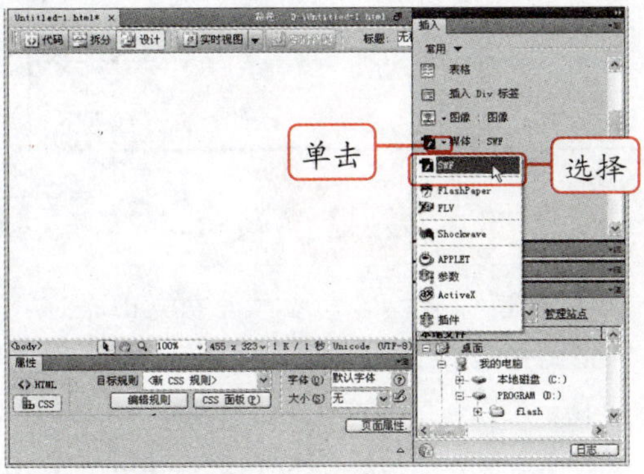

温馨提示牌 Warm and prompt licensing

若要添加 SWF 文件的网页文档没有保存，则会在选择“SWF”选项后出现一个提示需保存文档的对话框，用户需单击 确定 按钮进行保存，否则将无法进行下面的操作。

Step 02 出现“选择文件”对话框，选择要插入的 SWF 文件，这里选择“clock.swf”文件，单击 确定 按钮。

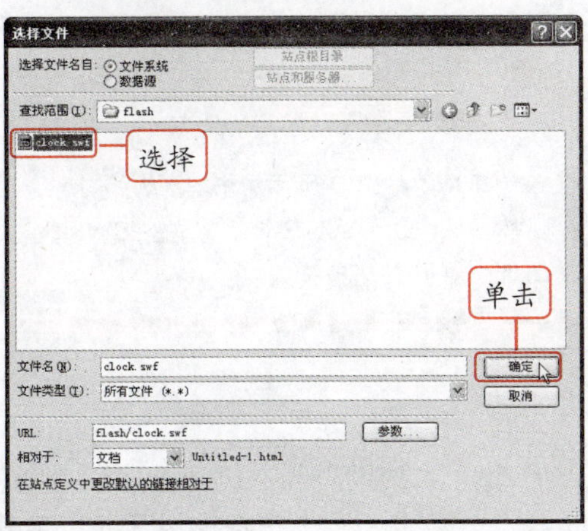

Step 03 出现“对象标签辅助功能属性”对话框，在“标题”文本框中输入“clock”，单击 确定 按钮。

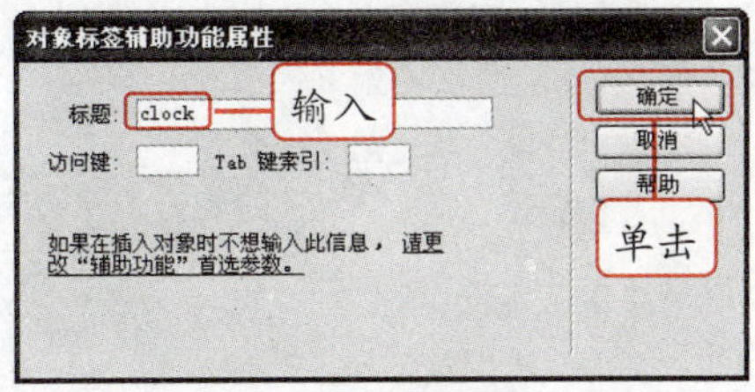

温馨提示牌 Warm and prompt licensing

在“对象标签辅助功能属性”对话框中，也可不作任何设置，直接单击 确定 或 取消 按钮。若想不显示该对话框，可在其中单击“请更改‘辅助功能’首选参数”超级链接，在出现的对话框的右侧窗格（或选择“编辑”|“首选参数”命令，在打开对话框的“分类”列表框中选择“辅助功能”选项）中取消勾选“媒体”复选框，单击 确定 按钮应用设置。使用这种方法还可取消在添加表单、框架与图像等对象时出现的相应对话框。

Step 04 返回工作界面，在文档中将显示一个 SWF 文件占位符，其中包括一个选项卡。选项卡左侧显示了所添加元素的类型与默认的 ID，右侧为一个眼睛图标，如下图所示。

Step 05 单击图标，它将变为图标，同时 SWF 文件自动隐藏，在占位符下添加其他网页元素，这里输入一些文本。

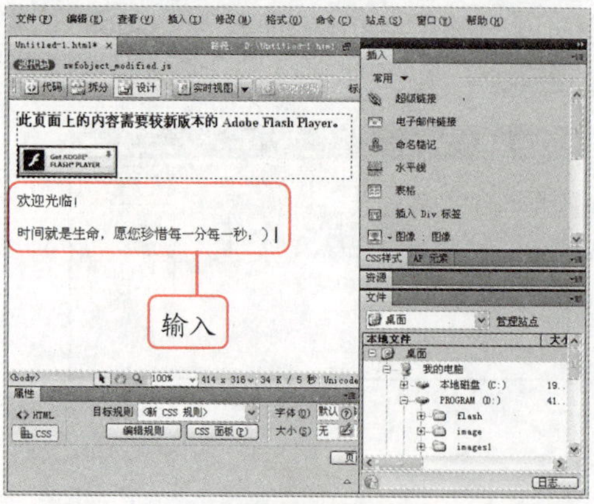

Step 06 保存文件，出现“复制相关文件”对话框，提示用户 Dreamweaver 正在将两个两个相关文件（expressInstall.swf 和 swfobject_modified.js）保存到站点中的“Scripts”文件夹，单击 确定 按钮完成 SWF 文件的添加操作。

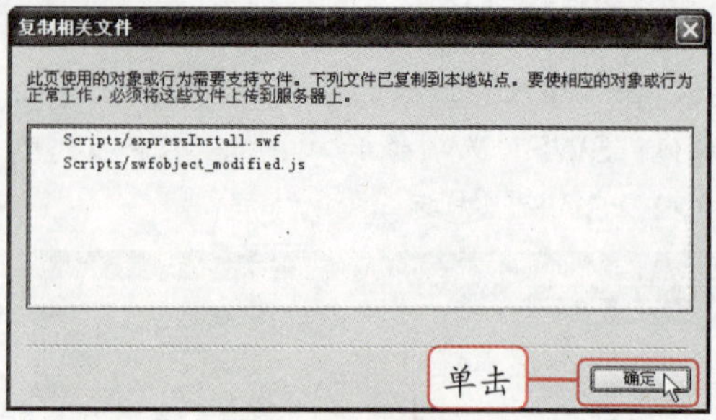

温馨提示牌

单击图标后，若电脑中未安装正确的 Adobe Flash Player 版本，将在占位符中给出提示。另外，在保存文件时所创建的 SWF 文件需与网页文档放置在同一个站点中，否则将无法正确显示 SWF 文件。

2. 预览 SWF

若想查看添加的 SWF 文件的播放效果，在 Dreamweaver 的工作界面中就可以实现。将占位符中的 SWF 文件恢复至默认状态，即未单击图标前的状态。选择 SWF 文件，在“属性”面板中单击 播放 按钮，SWF 文件将开始播放，此时，播放 按钮变为 停止 按钮，单击该按钮即可停止播放。

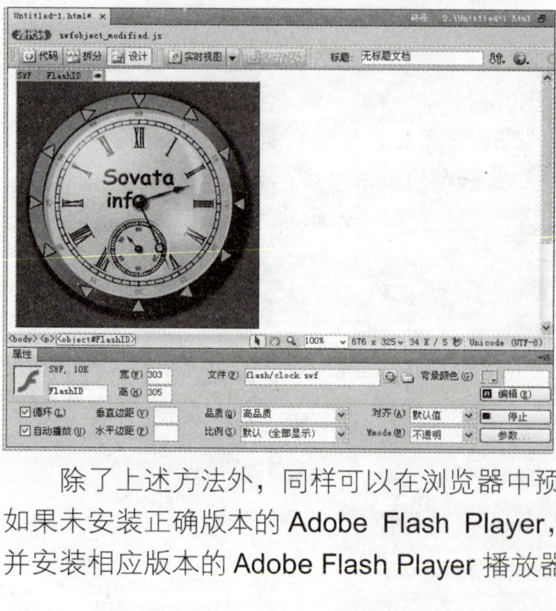

职场经验谈

若要预览某一页面中的所有 SWF 文件，则按 Shift+Ctrl+Alt+P 键后，这些 SWF 文件将同时开始播放。

除了上述方法外，同样可以在浏览器中预览 SWF 文件的效果。当在浏览器中预览时，如果未安装正确版本的 Adobe Flash Player，同样会给出相应提示，根据该提示即可下载并安装相应版本的 Adobe Flash Player 播放器。

新手演练 Novice exercises 在浏览器中预览添加 SWF 文件后的效果

Step 01 按 F12 键，系统将自动打开默认的浏览器，这里打开 IE 浏览器。浏览器窗口上方将显示需要新版本 Adobe Flash Player 的信息，单击其下的 Get ADOBE FLASH PLAYER 按钮。

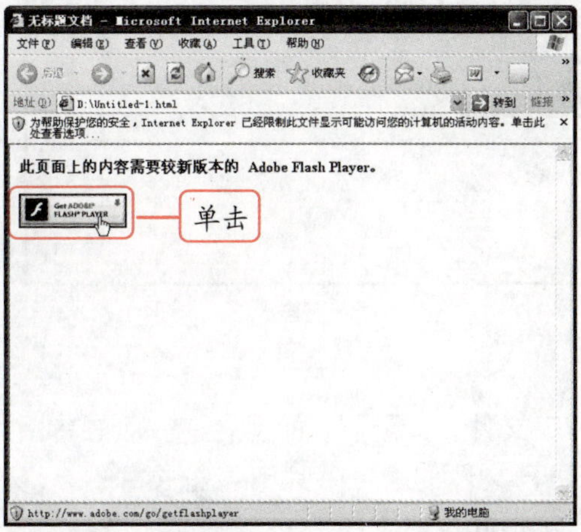

Step 02 浏览器将自动跳转到 Adobe 官方网站的 Adobe Flash Player 播放器下载页面，单击其中的 Agree and install now 按钮。

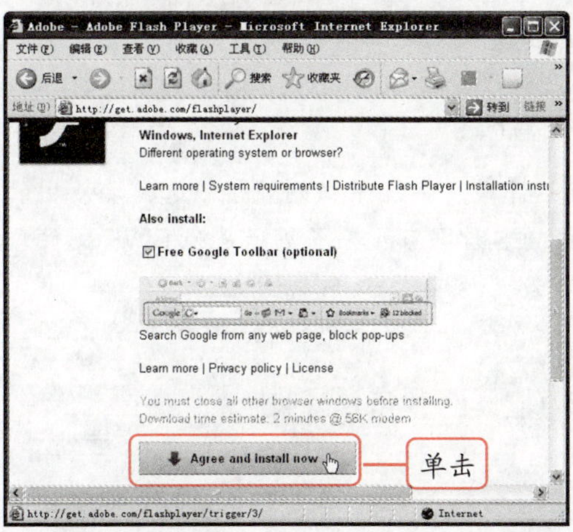

Step 03 在打开的页面中将会提示是否需要安装 ActiveX 控件，单击其上的提示信息，在弹出的菜单中选择“安装 ActiveX 控件”命令进行安装。

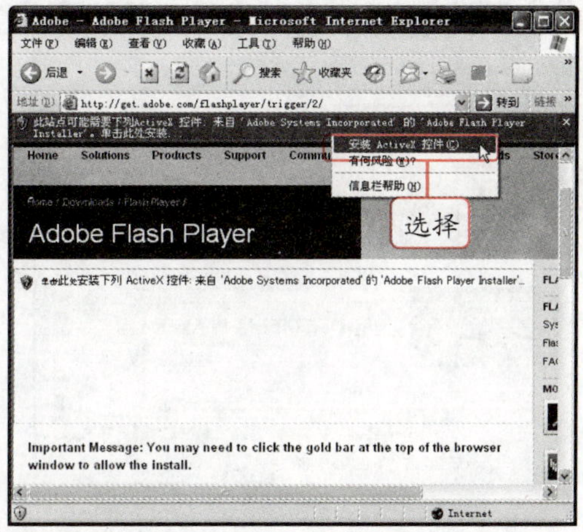

Step 04 出现“Internet Explorer 安全警告”对话框，询问是否安装该播放器，单击 安装(I) 按钮。

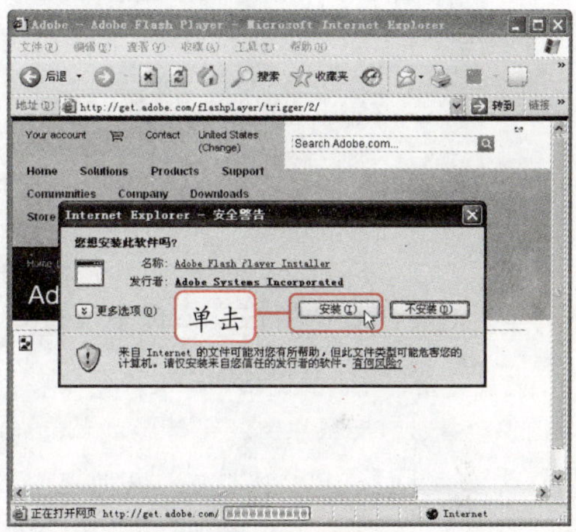

温馨提示牌 Warm and prompt licensing

在安全警告对话框中单击“更多选项”按钮，将显示 3 个单选按钮，选择相应的单选按钮可以设置：每次需安装 Adobe 公司的相应软件时，都会不给出提示自动安装；从不安装 Adobe 公司的相应软件；每次都进行询问。

Step 05 当在浏览器上方的空白位置处开始播放动画时，表示播放器已成功安装。

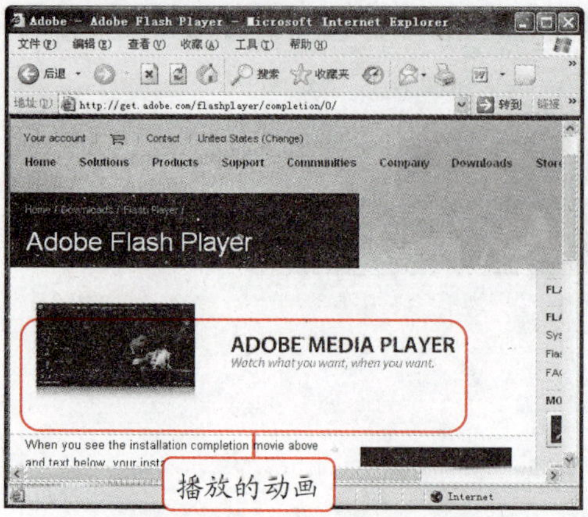

Step 06 返回工作界面，再次预览网页，将自动播放 SWF 文件，播放效果如下图所示。

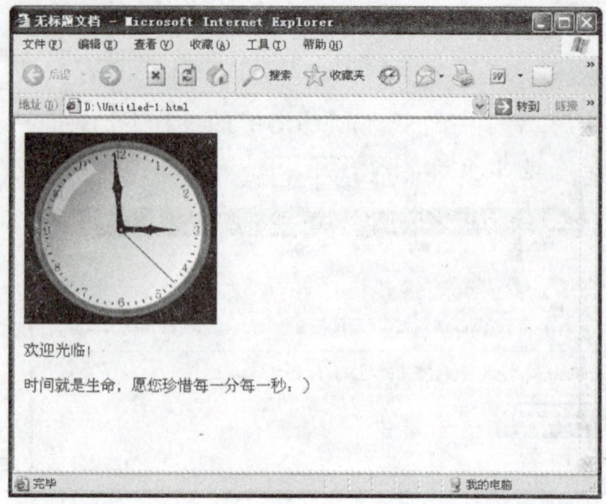

3. 设置 SWF

在 Dreamweaver 工作界面中选中添加的 SWF 文件，“属性”面板中显示了与其相关的内容，如下图所示。可以在“属性”面板设置 SWF 文件的属性，其中某些项目的作用与设置方法与 5.2 节中涉及到的项目的作用与设置方法相同，这里主要讲解其他项目。

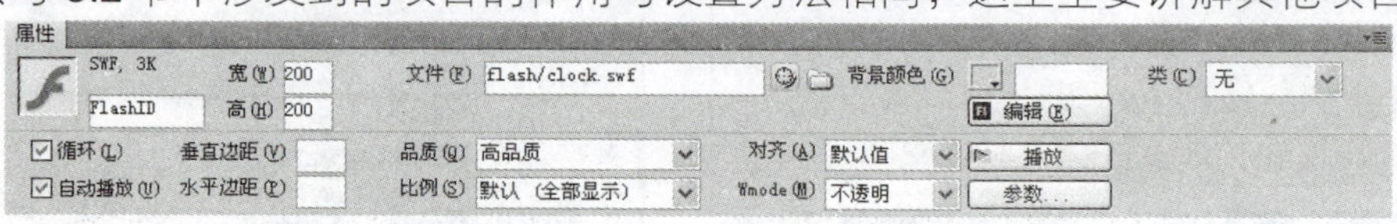

知识点拨 在“属性”面板中设置 SWF 文件属性

“文件”文本框： 用于指定 SWF 文件的路径。它与图像“属性”面板中“源文件”文本框的作用以及文本框后按钮的使用方法相同。

“背景颜色”文本框： 用于设置 SWF 文件区域的背景颜色。如下图所示为将背景颜色设置为“#00CCFF”色的效果。

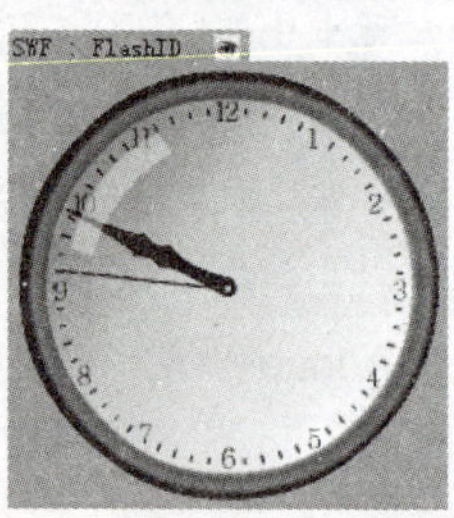

“类”下拉列表框： 用于对 SWF 文件应用 CSS 样式。在该下拉列表框中选择要应用的样式的名称即可。如图所示是为 SWF 文件应用名为“ys”的 CSS 样式。

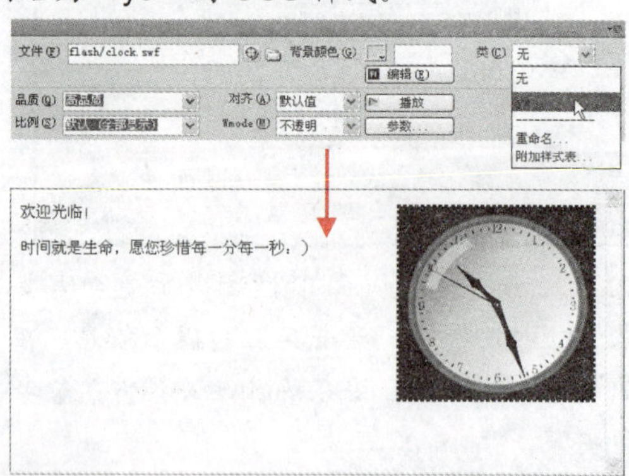

编辑(E) 按钮： 单击该按钮将启动 Flash 程

序，在其中可编辑该 SWF 文件。

“循环”复选框：勾选该复选框后，SWF 文件将连续播放；若未勾选该复选框，则 SWF 文件将播放一次后停止。

“自动播放”复选框：勾选该复选框后，在打开网页时将自动播放 SWF 文件。

“品质”下拉列表框：控制 SWF 文件播放时的失真度。在该下拉列表框中有“低品质”、“自动低品质”、“自动高品质”与“高品质”4 个选项，其中高品质设置可改善 SWF 文件的外观，但对 CPU 的运行速度有较高的要求；低品质设置会首先照顾到显示速度，然后才考虑外观；自动低品质会首先照顾到显示速度，但会在可能的情况下改善外观；自动高品质开始时会同时照顾显示速度和外观，但以后可能会根据需要牺牲外观以确保速度。下图所示为分别将 SWF 文件设置为低品质与高品质后的效果。

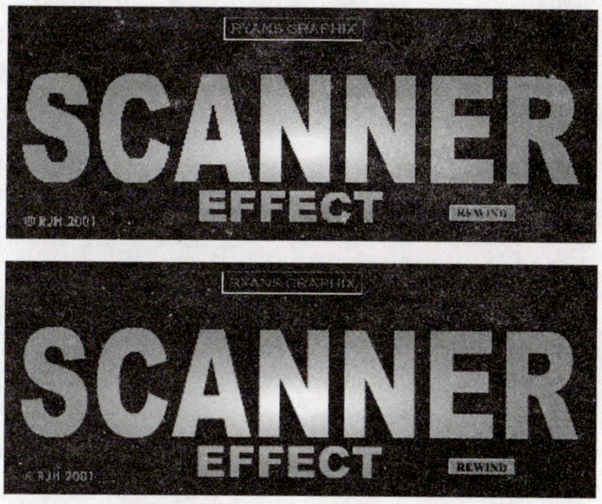

“比例”下拉列表框：在“宽度”或“高度”文本框中设置 SWF 文件的尺寸后，可在该下拉列表框中设置以何种方式适应该尺寸。一般使用默认设置，即显示整个 SWF 文件。

“Wmode”下拉列表框：用于设置 SWF 文件是否透明，默认设置是不透明。若 SWF 文件中含有透明元素，则在该下拉列表框中选择“透明”选项后，SWF 文件去掉透明元素。而选择“窗口”选项则可以从代码中删除 Wmode 参数并允许 SWF 文件显示在其他动态网页元素的上面。下图所示为分别设置 SWF 文件透明与不透明的效果。

温馨提示牌 Warm and prompt licensing

在 Dreamweaver CS4 中，并没有“W-mode”下拉列表框，设置 SWF 文件透明度时，需添加相应的代码。

播放 按钮：用于在编辑窗口中播放与停止播放 SWF 文件。

参数... 按钮：单击该按钮将出现“参数”对话框，可在其中输入附加给 SWF 文件的参数，其设置方法将在 6.3.2 节中详细讲解。

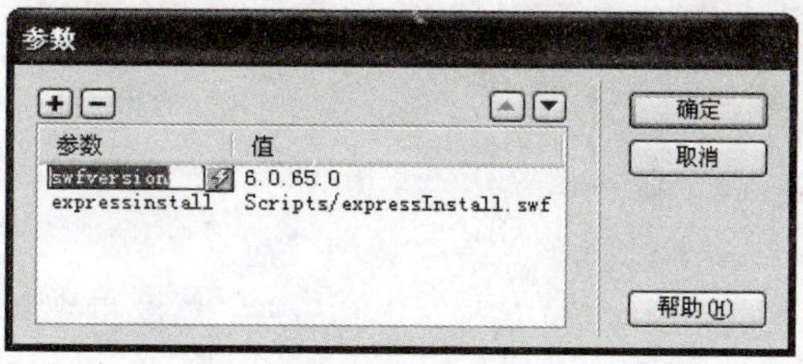

温馨提示牌 Warm and prompt licensing

对于其他 Flash 元素，“属性”面板中各项目作用与使用方法与上面讲解的相同。

6.1.3 添加 FlashPaper

FlashPaper 是一种特殊的 Flash 动画文件，可以使用 Macromedia FlashPaper 软件来制作。制作出的 FlashPaper 文档不仅可以包含多页内容，而且还可以对文档进行搜索、缩放等操作。

在 Dreamweaver 中，可以插入 FlashPaper 到网页中。利用这一功能，可以将 Word、Excel、CorelDraw、AutoCAD 及网页等格式的文档或图像制作为 FlashPaper，然后将其插入到网页中。这样在浏览器中打开包含 FlashPaper 文档的网页时，用户就可以直接浏览其中的所有页面，而无需加载新的网页。

新手演练 Novice exercises 在网页文档中添加 FlashPaper（源文件\第 6 章\Untilled-2.html）

Step 01 将鼠标光标定位到要插入 FlashPaper 的位置，在“插入”面板的“常用”类别中单击“媒体：SWF”选项旁的▾按钮，在下拉列表框中选择 FlashPaper 选项。

温馨提示牌 Warm and prompt licensing

“插入”面板中的选项都具有自动记忆功能，当在下拉列表框中选择不同的选项后，该位置将显示相应的按钮。如这里在下拉列表中选择“FlashPaper”选项，则该下三角按钮将变为“媒体：FlashPaper”。

Step 02 出现“插入 FlashPaper”对话框，在“源”文本框中输入 FlashPaper 文档的路径及名称。

Step 03 在“宽度”和“高度”文本框中输入 FlashPaper 文档在网页中显示范围的宽度和高度，这里分别输入“701”与“545”。

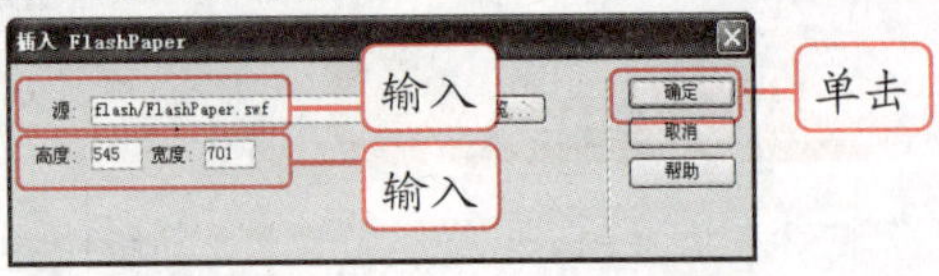

Step 04 单击 确定 按钮，在页面中插入 FlashPaper 文档。保存网页并预览效果，如下图所示。

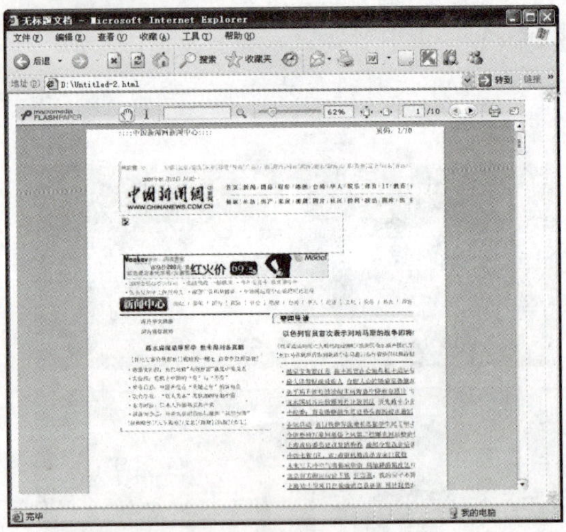

温馨提示牌 Warm and prompt licensing

添加并选择 FlashPaper 后，同样在“属性”面板中显示相应的项目，在其中可对其属性进行设置，其设置方法与设置 SWF 文件属性的方法相同，读者可根据需要自行设置。

6.1.4 添加 FLV

FLV 即 Flash 视频，它也是目前网页制作中常使用的重要元素之一。用 Dreamweaver

CS4 可以轻松地在网页中添加 FLV，同样地也可以对其属性进行设置，以使其更丰富。

1. 在网页中添加 FLV

在工作界面中选择“插入”|“媒体”|“FLV”命令，或在“插入”面板中的“常用”类别中单击相应按钮，都可添加 FLV。

新手演练 Novice exercises 在网页文档中添加 FLV 文件“yonggirl.flv”（源文件\第 6 章\Untitled-3.html）

Step 01 将鼠标光标定位到要插入 FLV 的位置，在“插入”面板的“常用”类别中单击“媒体：FlashPaper”下拉按钮旁的▾按钮，在下拉列表中选择 FLV 选项。

Step 02 出现“插入 FLV”对话框，在“视频类型”下拉列表框中选择视频的类型，这里保持默认设置。在 URL 文本框中输入 FLV 文件的路径及名称。

Step 03 在“外观”下拉列表框中选择视频播放器的外观，这里选择“Halo Skin 3（最小宽度 280）”选项，单击[检测大小]按钮。

Step 04 Dreamwerver 将检测该 FLV 文件的宽度与高度，并显示在对应的文本框中。勾选“自动播放”复选框，单击[确定]按钮完成 FLV 文件的添加。

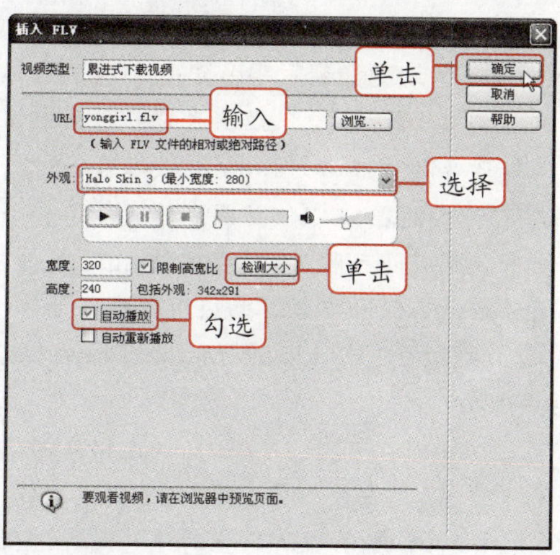

Step 05 保存网页，在浏览器中预览其效果，如图下所示。

温馨提示牌 Warm and prompt licensing

在“视频类型”下拉列表框中有“累进式下载视频”与“流视频”两个选项。其中“累进式下载视频”选项是指先将 FLV 文件下载到访问者的硬盘上然后进行播放，而且该方式允许在下载完成之前就开始播放；“流视频”选项是指对视频内容先进行流式处理，并进行一段很短时间的缓冲，以确保视频能流畅播放，然后在网页上播放该内容。

2. 设置 FLV

选择 FLV 文件后，同样在“属性”面板中会显示出相应的项目，如下图所示，通过这些参数可以设置 FLV 的属性。

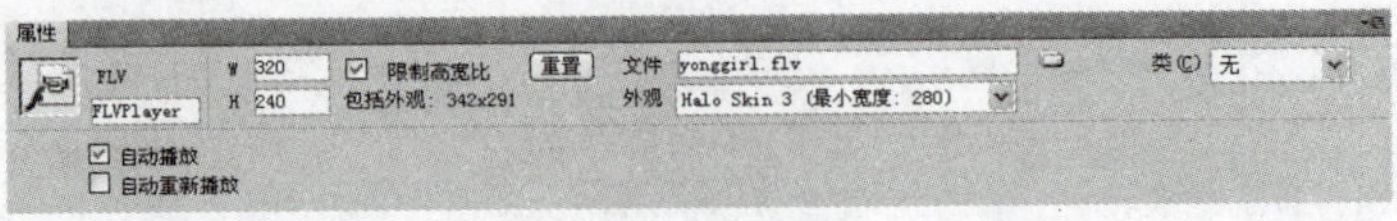

在 FLV 文件的“属性”面板中，绝大多数参数的作用都与“插入 FLV”对话框中相应参数的作用相同，如可设置 FLV 文件的高度与宽度，还可单击[重置]按钮恢复至原始大小，设置 FLV 的外观；设置是否自动播放，以及更改 FLV 文件等。

需注意的是，不能在“属性”面板中更改 FLV 文件的视频类型（如从“累进式下载”类型更改为“流式”类型）。若要更改视频类型，应先删除该 FLV 文件，然后再重新插入。

6.2 添加音乐元素

在浏览一些音乐网站时，单击其中的一些超级链接，我们就可以欣赏到喜欢的音乐，而在一些个人或企业类网站中，也会加入一些背景音乐。在网页中添加音乐元素，可以使网页更具欣赏性和实用性。

6.2.1 认识音乐文件的格式

目前，常见的音乐文件的格式主要有 mp3、wav、midi、aif、ra 和 ram 等，下面就先来认识一下这些音乐格式在网页设计中的优缺点。

知识点拨 Knowledge　认识音乐格式的优缺点

.wav（波形扩展）：该格式的音乐文件具有良好的声音品质，可以被许多浏览器支持，并且不需要插件，用户可使用 CD、磁带、麦克风等录制.wav 文件。但其文件对存储空间的需求过大，因而严重地限制了可以在网页上使用的声音剪辑的长度。

.midi 或.mid（Musical Instrument Digital Interface，乐器数字接口）：它是通过特殊的硬件和软件在电脑中合成的，同样，许多浏览器都支持该音乐格式，并且也不需要插件。.midi 文件较小，不能被录制，尽管其声音品质非常好，但也可能因访问者使用的声卡不同而有差异。

.aif（Audio Interchange File Format，音频交换文件格式，或 AIFF）：它的格式与.wav 格式类似，也具有较好的声音品质，大多数浏览器都可以播放它且不需要插件，也可以进行录制。同样的，对存储空间需求太大也严重地限制了其在网页上的使用频率。

.mp3（Motion Picture Experts Group Audio Layer-3，运动图像专家组音频第 3 层，或称为 MPEG 音频第 3 层）：该格式是一种压缩格式，其声音品质非常好。mp3 技术可以对文件进行“流式处理”，以便访问者不必等待整个文件下载完成即可收听。若要播放 mp3 文件，访问者必须下载并安装辅助应用程序或插件，如 QuickTime、Windows Media Player 或 RealPlayer。

.ra、.ram、.rpm 或 Real Audio：该格式的压缩度非常高，文件大小要小于.mp3 格式文件。可以在普通的 Web 服务器上对这些文件进行“流式处理”，这样可以在文件完全下载完之前听到声音。访问者必须安装 RealPlayer 程序或插件才可以播放该格式文件。

6.2.2 插入背景音乐

顾名思义，背景音乐就是指在网页后台播放的音乐。在 Dreamweaver 中，可以为网页添加背景音乐，其方法主要有 3 种：在源代码中添加代码、使用行为来添加，以及通过标签来添加。这里主要讲解使用标签添加背景音乐的具体操作方法。

新手演练 Novice exercises 为网页添加背景音乐（源文件\第 6 章\index-1.html）

Step 01 打开网页文档，选择“插入” | “标签”命令。

Step 02 出现“标签选择器”对话框，依次展开“HTML 标签” | “浏览器特定”选项，在右侧窗格中选择“bgsound”选项，单击 插入(I) 按钮。

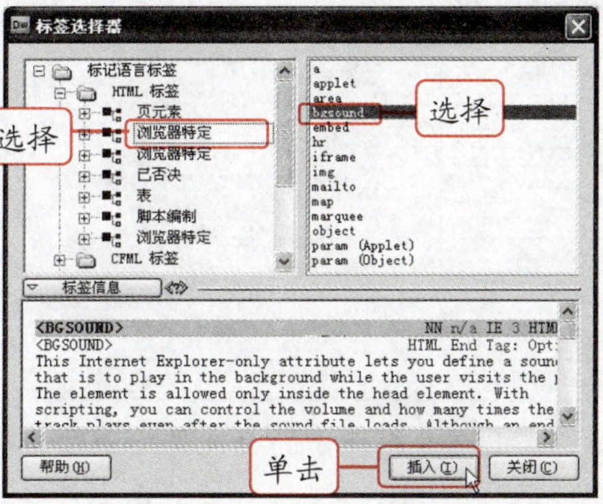

Step 03 出现“标签编辑器–bgsound”对话框，在“源”文本框后单击 浏览... 按钮，在出现的对话框中选择背景音乐的路径及名称，完成后单击“确定”按钮，背景音乐的路径与名称将自动添加至“源”文本框中。

Step 04 在“循环”下拉列表框中选择“(-1)”选项，即使其循环播放。单击 确定 按钮关闭“标签编辑器 –bgsound”对话框。

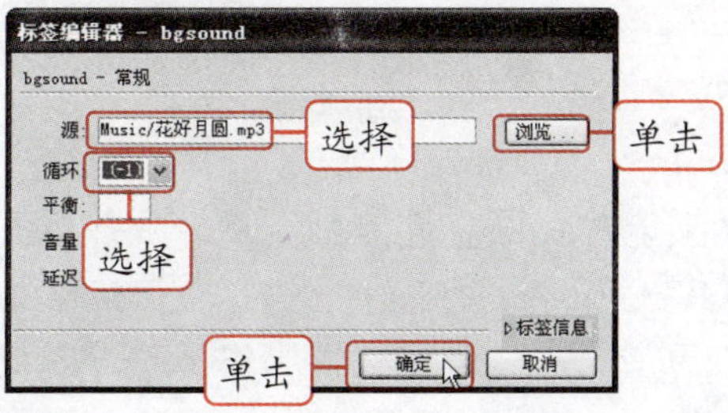

Step 05 返回“标签选择器”对话框，单击 关闭(C) 按钮，完成背景音乐的添加。

Step 06 返回工作界面，Dreamweaver 自动切换到“拆分”视图，在上方的“代码”窗格中将显示自动添加的代码，单击“属性”面板中的 刷新 按钮。

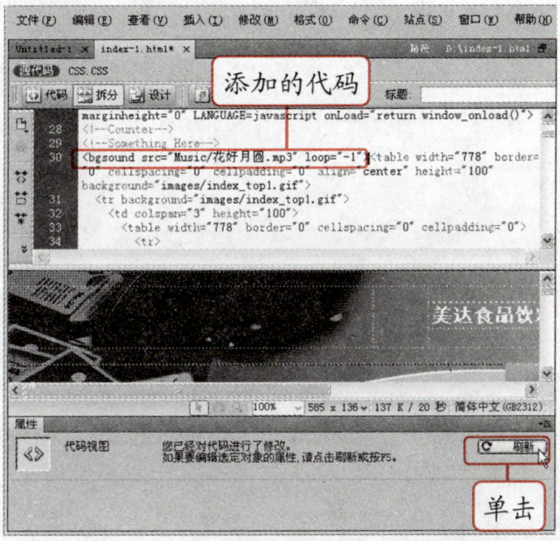

温馨提示牌 Warm and prompt licensing

> 代码中的“bgsound”即背景音乐的 HTML 标签，其中“src”用于设置链接的音乐文件的路径及名称，“loop”用于设置是否循环播放等。另外，用户也可切换到“代码”视图，在<head>和</head>标签之间的任何位置加入上述代码，这样也可以添加背景音乐。

Step 07 保存设置，并预览网页即可听到添加的背景音乐。

6.2.3 创建可下载的音乐链接

在制作网页时，还可以创建音乐链接，只要单击该链接，就可以在当前网页中直接播放音乐或保存音乐文件等。运用这一功能，个人可以将自己喜欢的音乐放置在网页供浏览者欣赏，而企业可以放置宣传歌曲供浏览者欣赏、下载，从而起到一定的宣传作用。

新手演练 Novice exercises 在网页中创建音乐链接（源文件\第 6 章\音乐链接）

Step 01 在网页的下方输入文本“听一曲喜洋洋……”，新建一个 CSS 样式，在“类型”分类中设置字体为“方正粗倩简体”、文本大小为“14px”、文字颜色为“#F00”。

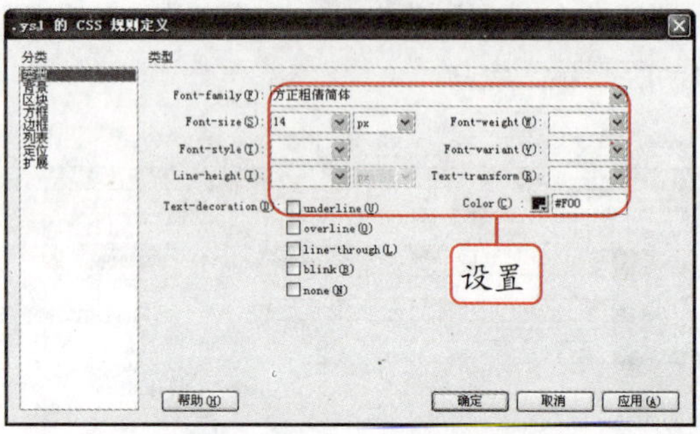

Step 02 选择这段文本，应用新建的 CSS 样式。再选择第一个“喜洋洋”文本，右击，在弹出的快捷菜单中选择“创建链接”命令。

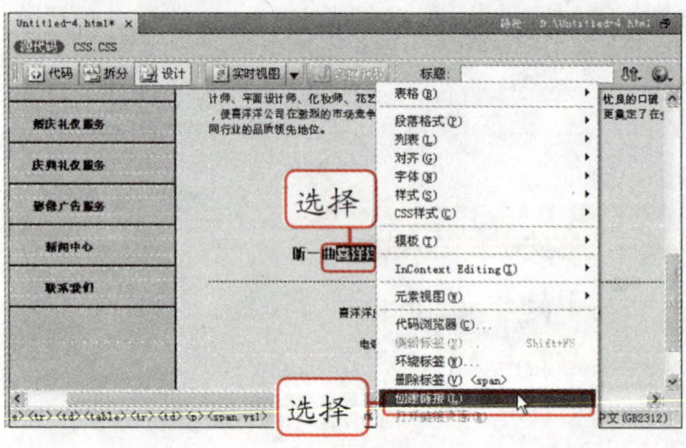

Step 03 在打开的对话框中选择音乐文件“xyy.mp3”，单击 确定 按钮。

Step 04 返回工作界面，保存设置并预览网页，单击“喜洋洋”超级链接。

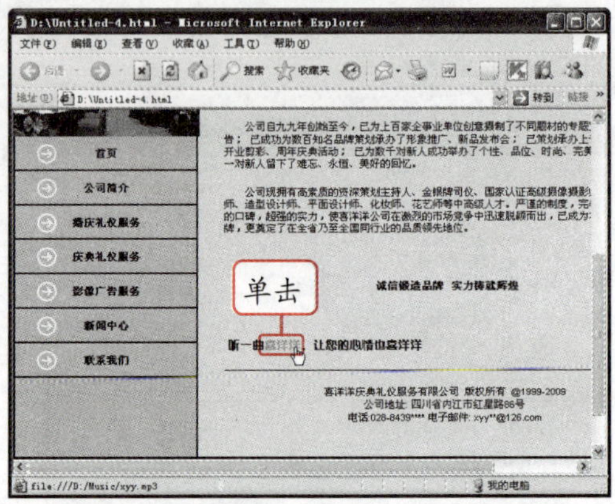

Step 05 出现如图所示的“文件下载”对话框，单击 打开(O) 按钮可播放该音乐文件，单击 保存(S) 按钮可下载该音乐文件。

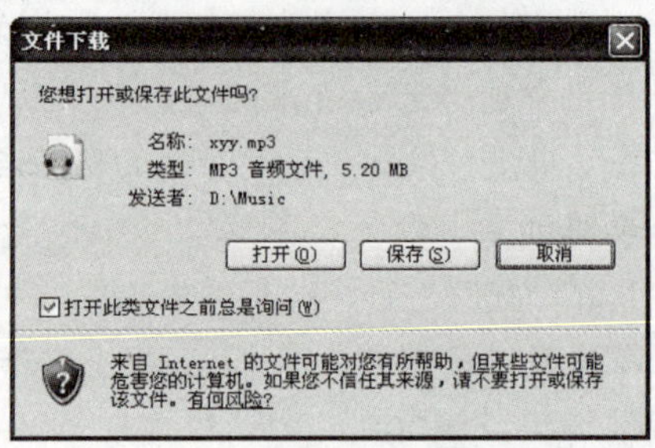

6.2.4 嵌入音乐文件

如果用户想将音乐文件用作背景音乐，同时又能在页面中控制其音量、播放器在页面上的外观或音乐文件的播放与停止等，就可以将其嵌入到网页中。

嵌入音乐文件是利用插入插件来实现的，即用户只需将音乐文件当作插件添加到网页中即可。另外，浏览该网页的浏览者的电脑中应有支持该音乐文件的相应插件。

新手演练 Novice exercises 在网页文档中嵌入音乐文件“11-01.mp3”（源文件\第 6 章\嵌入音乐）

Step 01 打开网页文档，将光标定位在网页文档的下方，在“插入”面板的“常用”类别中单击“媒体：FLV”选项旁的▾按钮，在下拉列表中选择“插件”选项。

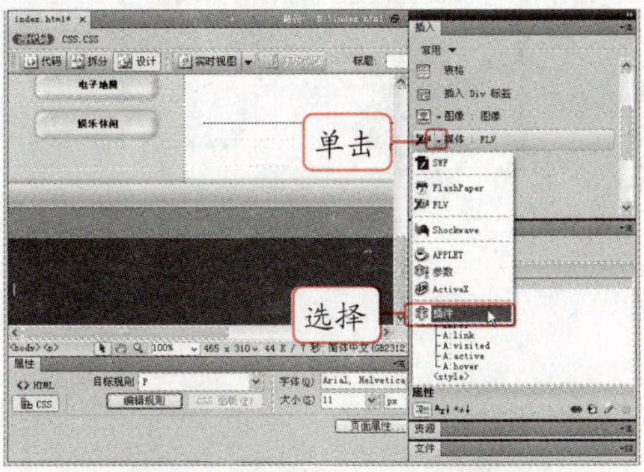

Step 02 出现“选择文件”对话框。在其中选择要嵌入的音乐文件，单击 确定 按钮。

Step 03 返回到工作界面，在光标位置出现图标，并呈现选中状态，在“属性”面板的“宽”与“高”文本框中输入音乐文件的宽度与高度，这里分别输入“500”与“45”。

Step 04 单击 参数... 按钮，出现“参数”对话框，在“参数”列下单击，在出现的文本框中输入 LOOP，在“值”列下单击，在出现的文本框中输入 true，单击 确定 按钮，关闭对话框。

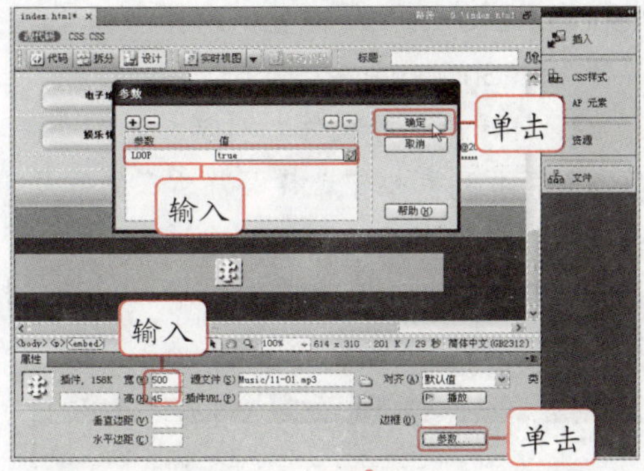

温馨提示牌 Warm and prompt licensing

在“参数”对话框中，参数“LOOP”用于设置是否循环，“true”代表循环播放。

Step 05 保存设置并预览网页，页面下方将显示默认的播放器外观，嵌入的音乐也开始自动循环播放，如下图所示。

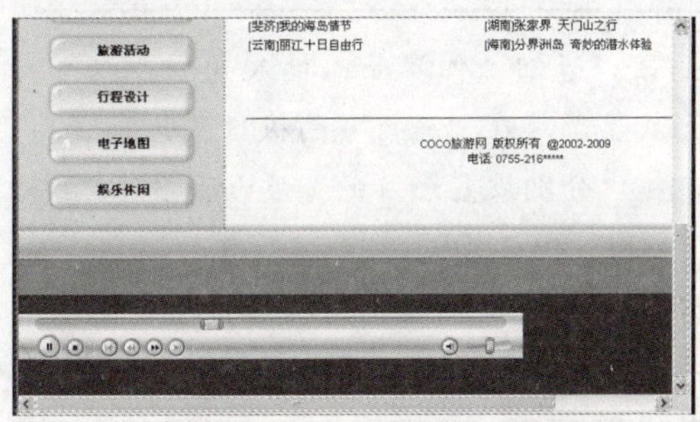

6.3 添加其他媒体元素

在 Dreamweaver CS4 中除了可以插入 Flash 媒体元素、音乐文件外，还可添加其他媒体元素，如 Shockwave 影片、Java Applet 与视频等。

6.3.1 插入 Shockwave 影片

Shockwave 影片是使用 Adobe Director 制作的多媒体影片，目前主流的浏览器（如 IE 和 Netscape）都支持播放该类型影片。

Shockwave 影片具有文件较小、可以被快速下载等优点，它被广泛应用于制作多媒体光盘以及游戏等领域。要播放 Shockwave 影片，需下载并安装 Shockwave Player 播放软件。

新手演练 Novice exercises　在网页中插入 Shockwave 影片

Step 01　打开网页文档，将光标定位到要插入 Shockwave 影片的位置，选择“插入”|“媒体”|“Shockwave”命令。

Step 02　打开“选择文件”对话框，在“查找范围”下拉列表框中选择影片所在的位置，在其下的列表框中选择要插入的影片，这里选择bear_shock_puzzle.dcr文件，单击 确定 按钮。

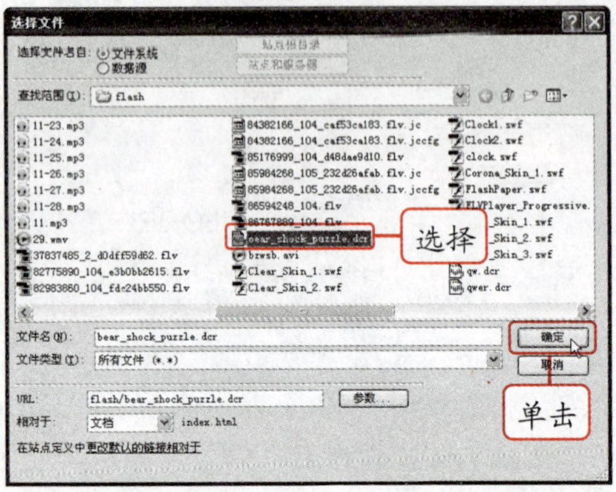

Step 03　返回工作界面，插入的影片以图标的形式显示，在“属性”面板“宽”和“高”文本框中分别设置影片的宽度和高度，这里输入“500”和“300”。

Step 04　在“水平边距”文本框中输入影片距文档左边距的水平距离，这里输入“260”保存设置，并预览网页，单击鼠标激活影片。

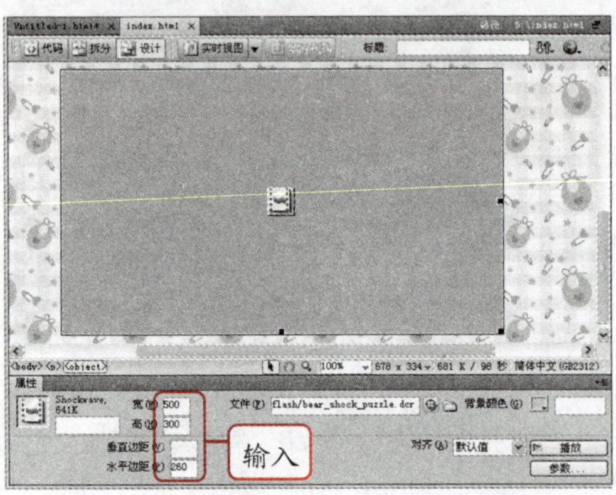

Step 05　激活影片后，单击其中标有 play 的图片，将开始播放影片，在其中可进行一些操作。

温馨提示牌 Warm and prompt licensing

Shockwave 影片可以使用的扩展名为.dcr、.dxr 或.dir。用户可以在网络中下载 Shockwave，如 http://www.Shockmave.com 网站上就提供了许多 Shockwave 影片的下载。

6.3.2 插入 Java Applet

Applet 指小应用程序,而 Java Applet 就是指用 Java 语言编写的一些小应用程序，其扩展名通常为.class。它们可以直接嵌入到网页中，并能够产生特殊的效果，如水纹、下雪效果与飘动的文本等。

新手演练 Novice exercises 在网页中插入 Java Applet（源文件\第 6 章\插入 Java Applet）

Step 01 打开网页文档，将光标定位到文档的空白位置，在“插入”面板的“常用”类别中单击“媒体：插件”选项旁的▾按钮，在下拉列表框中选择 Applet 选项。

Step 02 出现“选择文件”对话框，在其中选择要插入的 Java Applet 程序，这里选择“class”文件，单击 确定 按钮。

Step 03 返回工作界面，光标位置处出现图标，在“属性”面板中分别设置 Applet 的宽度和高度，这里设置为“128”和“63”，在“水平边距”文本框中输入“113”，单击 参数... 按钮。

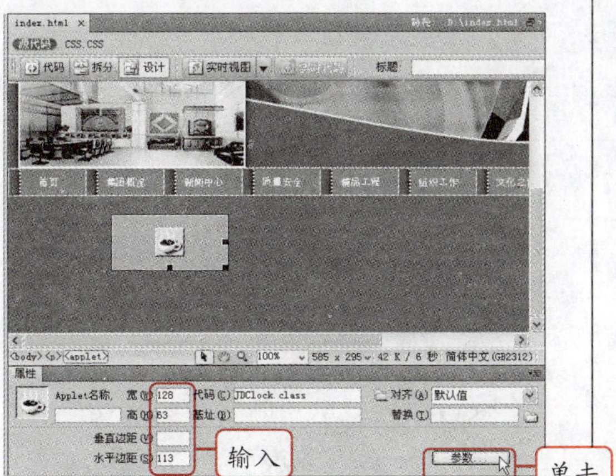

Step 04 出现“参数”对话框，在其中输入如下图所示的参数，完成后单击 确定 按钮应用设置。

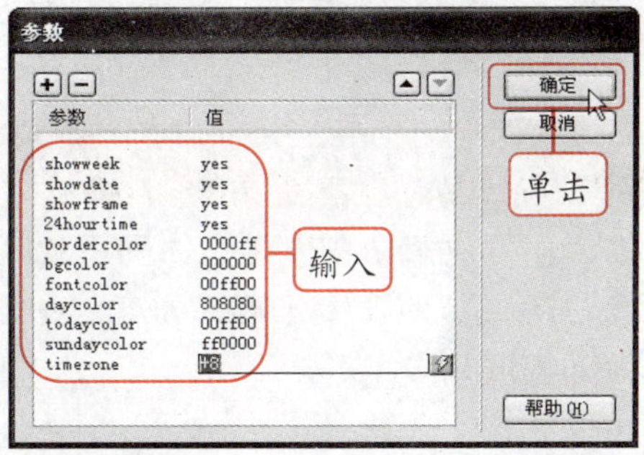

Step 05 保存设置并预览网页，其效果如下图所示。

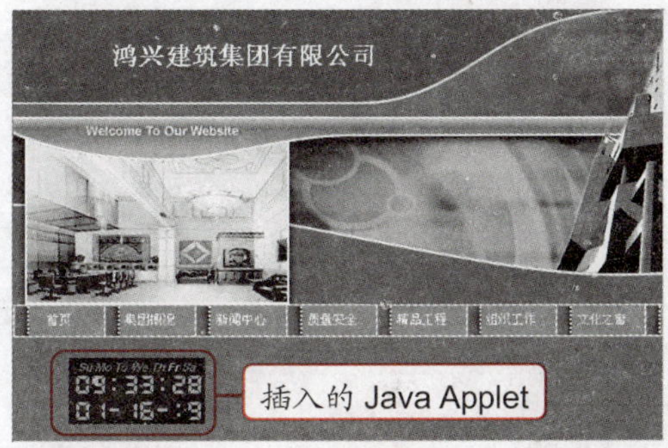

温馨提示牌 Warm and prompt licensing

不同的 Java Applet 有不同的参数设置，它们用于控制 Applet 的视觉效果。这些参数值有些是固定的，而有些是可以修改的，用户可通过其名称来进行判断，如上述参数中的“bordercolor”其后的值就可以修改。

6.3.3 添加视频

若想在网页中添加更多的媒体元素，如视频文件、音乐文件与动画文件等，都可以利用“插件”功能来实现，如下图所示就是运用该功能添加视频的效果。

> **温馨提示牌** Warm and prompt licensing
>
> 前面介绍的 Shockwave 影片就是插件中的一员，而嵌入音乐文件也是通过插件来完成的，在网页中添加其他视频的操作方法与嵌入音乐文件的方法相同，只是选择的文件有所不同。

6.4 职场特训

本章主要讲解了创建多媒体网页的相关知识，包括在网页中添加 Flash 元素、添加音乐元素与添加其他媒体元素等内容。学习完本章节内容后，下面通过两个实例巩固本章所学知识并拓展其应用。

特训 1：在网页中添加 SWF 文件并预览效果

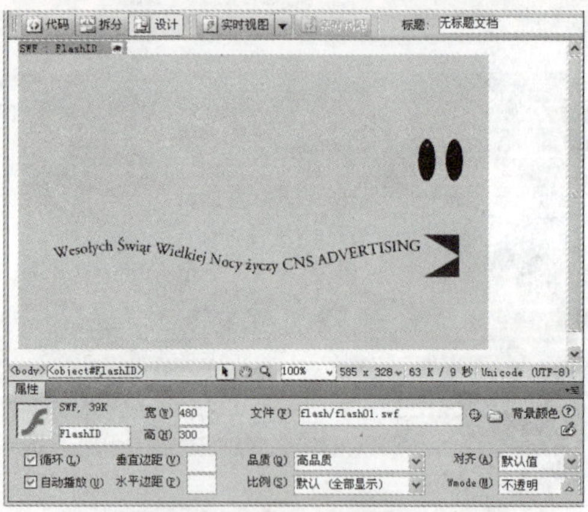

1. 定位光标到要插入 SWF 的位置，在“插入”面板的“常用”类别中单击“媒体：SWF”选项。
2. 出现“选择文件”对话框，选择 SWF 文件，单击 确定 按钮。
3. 保存设置，在“属性”面板中单击 播放 按钮预览效果。

特训 2：在网页文档中添加 FLV

1. 定位鼠标光标，在“插入”面板的“常用”类别中单击“媒体：SWF”选项旁的▾按钮，在下拉列表中选择 FLV 选项。
2. 出现“插入 FLV”对话框，在其中设置视频的类型、文件的路径及名称、视频播放器的外观、宽度与高度、勾选“自动播放”复选框，单击 确定 按钮。
3. 保存设置，按 F12 键预览网页效果。

第 7 章

用表格规范网页

精彩案例

将单元格拆分为 2 列

在表格中添加单行与单列单元格

在表格中添加 3 行单元格

在表格中删除第 2 列与第 5 行单元格

设置单元格的属性，并添加内容

本章导读

在制作办公文档时，其中的数据常以表格的形式来显示，这样可使数据更清晰明了，在网页中，表格除了具有这个功能外，还可用来规范网页文档，通过表格可以将页面分割为很多小块并组合在一起，另外，还可定位页面上的文本和图像等元素，既能使页面更整齐美观，又提高了工作效率。本章就来讲解使用表格规范网页文档的相关知识。

7.1 表格的创建

在 Dreamweaver 中，表格是规范页面的重要手段，它分为普通表格和嵌套表格两种，普通表格即传统意义上的表格。嵌套表格是指在表格的某个单元格内再插入一个表格，即表格之中再嵌套表格。

7.1.1 创建一般表格

创建一般表格的方法很简单，只需选择相应的命令或单击按钮，出现“表格”对话框，在其中设置表格的行数、列数、表格宽度、边框与边距等项目即可。“表格”对话框中各项目的作用如下图所示。

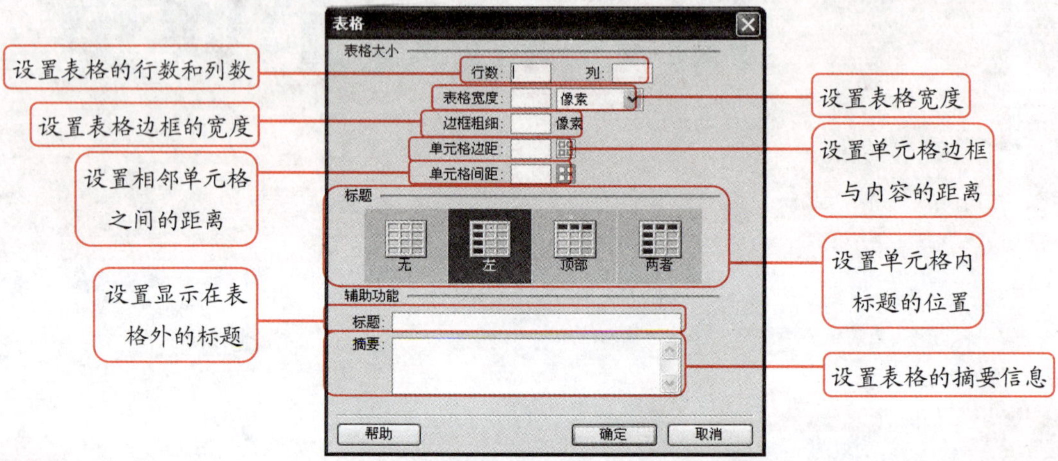

新手演练 Novice exercises　在网页文档中创建一个表格

将鼠标光标定位到要插入表格的位置，选择“插入”|“表格”命令，出现“表格”对话框，在“行数”文本框中输入“5”，在“列数”文本框中输入“4”，在“表格宽度”文本框中输入“320”,在其后的下拉列表框中设置单位，这里保持默认设置，单击 确定 按钮。

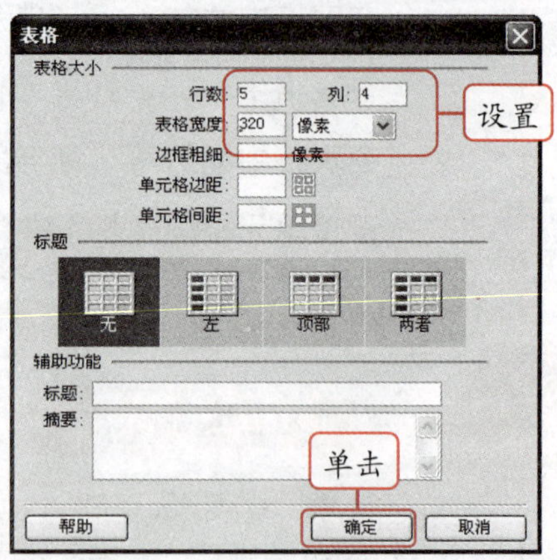

温馨提示牌 Warm and prompt licensing

> 在“插入”面板的“布局”类别中单击 表格 按钮，也可出现“表格”对话框进行表格的创建。

Step 01 返回工作界面，编辑窗口中将出现一个宽度为 320 像素，5 行 4 列的表格，系统将平均分配各单元格的宽度，其效果如下图所示。

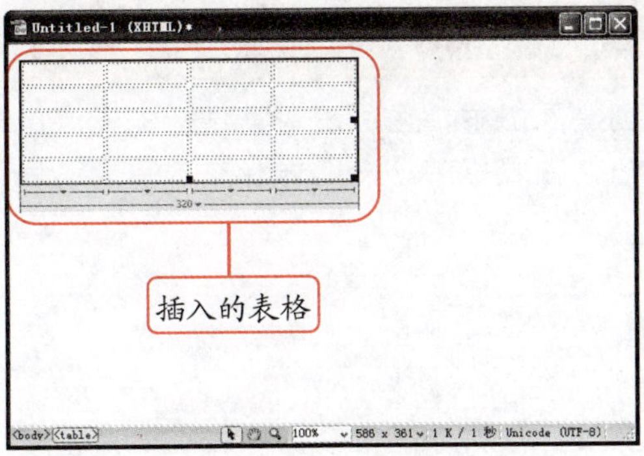

温馨提示牌 Warm and prompt licensing

在“表格”对话框的“标题”列表框中选择相应的选项会使表格内的标题位于不同的位置，并自动进行格式的调整。如选择“左”选项后，当在表格中输入标题内容时，标题文本将自动加粗并居中显示。

7.1.2 创建嵌套表格

为了使页面布局更多元化，表现的内容更丰富，可以在单元格中再创建一个表格，即嵌套表格，其宽度要受所在单元格的宽度限制。

新手演练 Novice exercises　**在网页中创建嵌套表格**

Step 01 将光标定位在第 2 行第 2 列单元格中，在“插入”面板的“常用”类别中单击 表格 按钮。

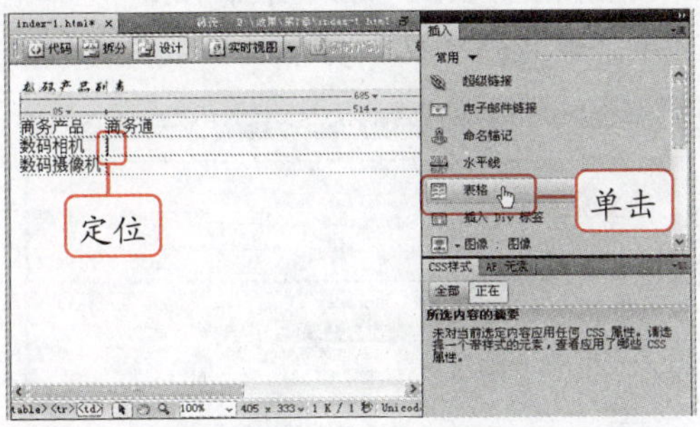

Step 02 出现“表格”对话框，在“行数”文本框中输入“4”，在“列数”文本框中输入“3”，在“表格宽度”文本框中输入“480”，单击 确定 按钮。

Step 03 返回工作界面，光标所在的单元格中将插入一个 4 行 3 列的嵌套表格，效果如下图所示。

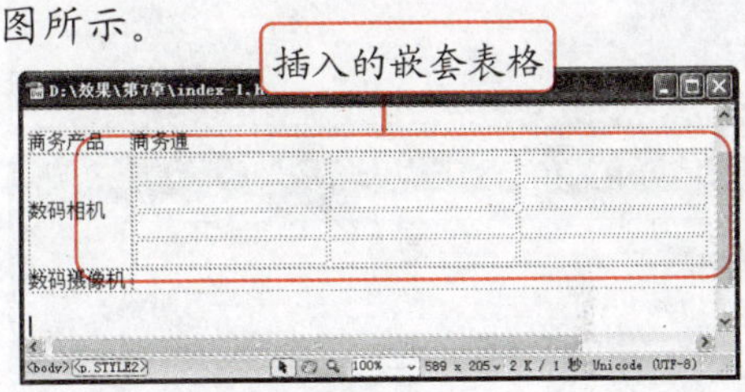

7.1.3 在表格中添加内容

在表格中也可添加各种网页元素。添加表格内容的方法很简单，只需将光标定位到要添加内容的单元格中，然后按照添加网页元素的方法操作即可。如下图所示为添加了文本元素的表格。

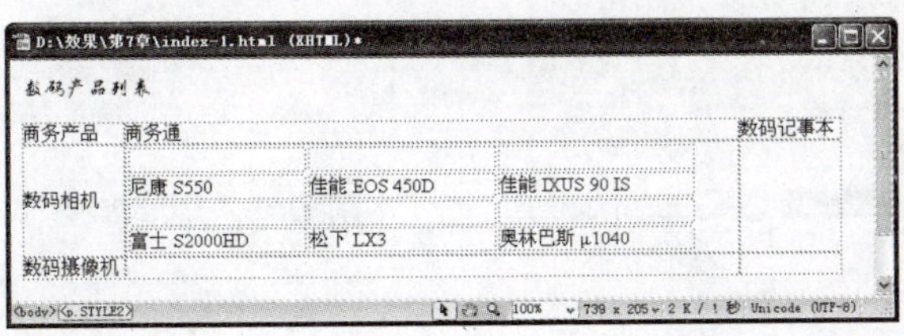

7.2 表格的编辑

与图像、多媒体等网页元素一样，在网页中创建表格后，也可以对其进行编辑操作，如合并或拆分单元格、删除和添加行或列等。另外，在表格中添加图像和文本等内容后，也可根据实际需要对表格的大小进行调整。

7.2.1 选择表格或单元格

在对表格进行编辑之前，需先选择要编辑的表格。对表格的选择操作包括选择整个表格、选择列或行、选择单个单元格，以及选择不相邻的多个单元格等。

1. 选择整个表格

选择整个表格的方法有多种，用户可根据具体需要来选择合适的方法。

知识点拨 Knowledge　选择整个表格的方法

方法一：将鼠标移到要选择的表格的边框线上，当其变为÷或⫲的形状时，单击选择整个表格。

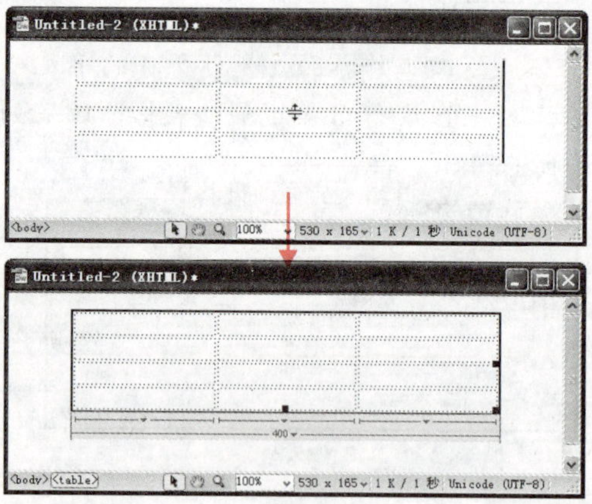

方法二：将鼠标移到要选择的表格的边框线上，当边框线变为红色且光标变为↖▦形时，单击选择整个表格。

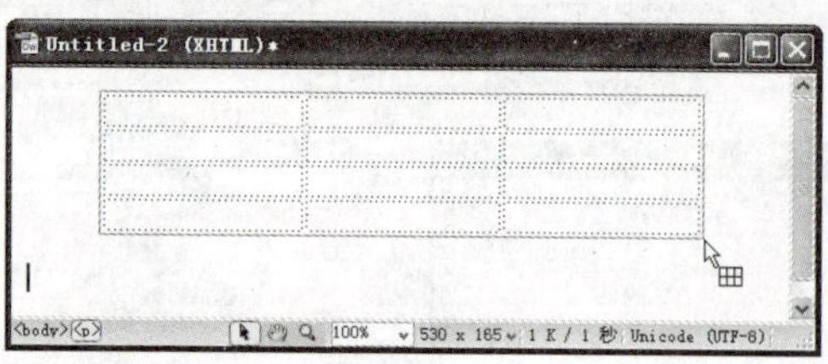

方法三：将光标定位到表格的任意单元格中，表格上端或下端将出现两排绿色的线段，单击标有表格宽度的绿线中的▾按钮，如这里单击480▾按钮，在弹出的下拉菜单中选择“选择表格”命令即可选择整个表格。

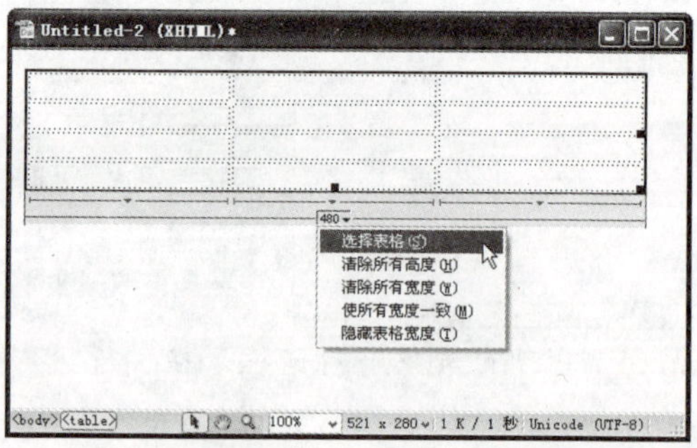

方法四：将鼠标光标定位到表格的任一单元格中，单击编辑窗口左下角标签选择器中的<table>标签即可选择整个表格。

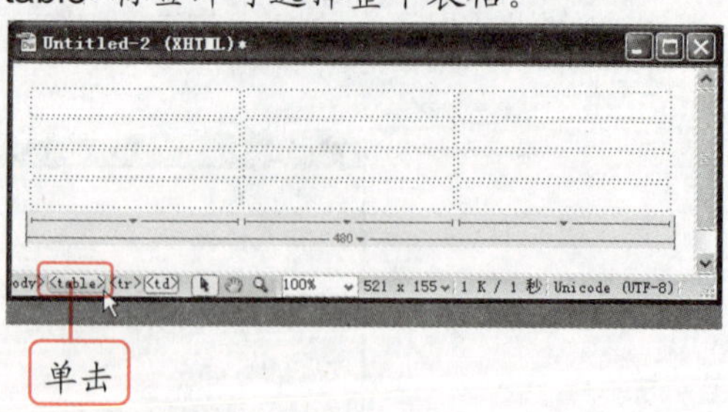

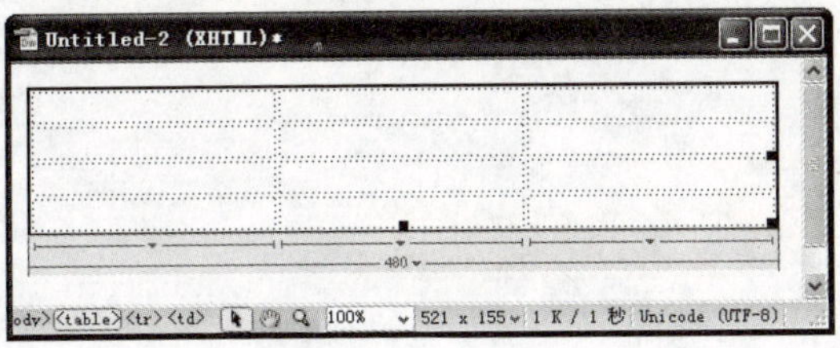

职场经验谈 Workplace Experience

在表格上右击，在弹出的快捷菜单中选择“表格”|“选择表格”菜单命令也可选择表格。

2. 选择行、列

表格中的行与列的选择方法基本相同，可以选择整行、整列，或同时选取多行、多列。

知识点拨 Knowledge　**表格中的行或列的选择方法**

选择整行：将鼠标光标移到欲选择行的左侧，当鼠标光标变为➡形状，且该行的边框线变为红色的时候，单击鼠标即可选中该行。

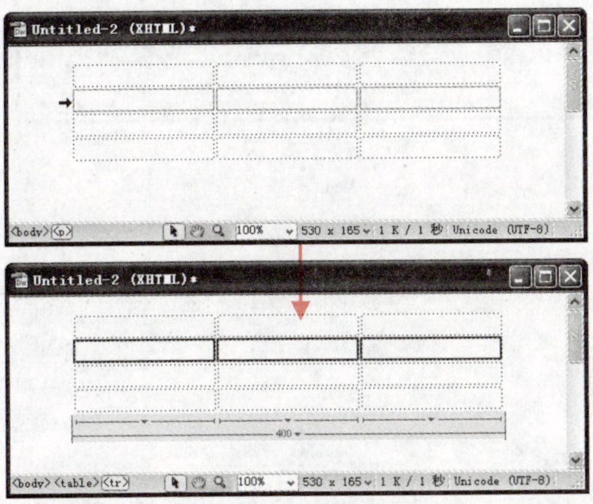

选择多行：在按住 Ctrl 键的同时，将鼠标移到需选择行的左侧，当鼠标光标变为➡形状，且该行的边框线变为红色时，单击鼠标即可选中该行，按住 Ctrl 键不放，再按相同的方法选择其他行即可。

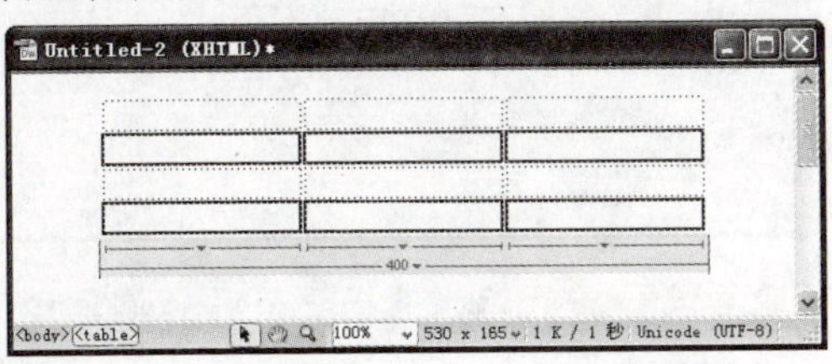

选择整列：将鼠标移到要选择列的上端，当鼠标光标变为⬇形状且该列的边框线变为红色时单击鼠标即可选中该列。

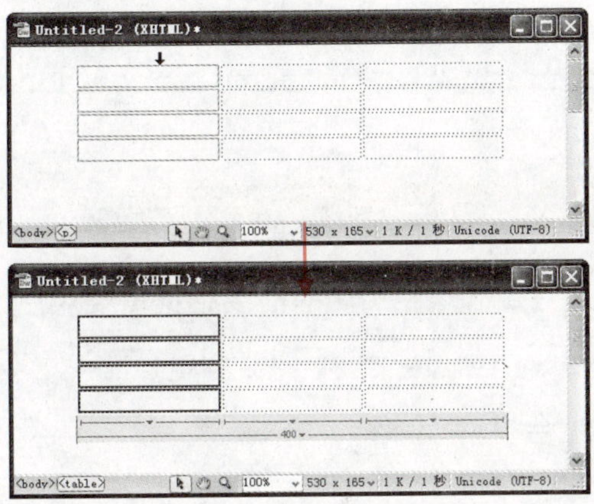

职场经验谈 Workplace Experience

将鼠标光标定位到表格的任意一个单元格中，单击需选择的列上端的表示单元格宽度的绿线中的▾按钮，在弹出的菜单中选择“选择列”命令也可选择整列。

3. 选择单元格

选择单元格有选择单个单元格与选择多个单元格两种情况，而选择多个单元格时又分为选择连续与不连续的多个单元格两种情况，下面分别讲解它们的选择方法。

知识点拨 Knowledge　选择单元格的方法

选择单个单元格：将鼠标定位到要选择的单元格中，单击鼠标即可选择该单元格。

选择连续的多个单元格：将鼠标定位到要选中的连续单元格区域中 4 个角上的某一角单元格中，然后按住鼠标左键不放，向对角方向拖动鼠标到对角最后一个单元格中，释放鼠标即可选择该连续的单元格区域。

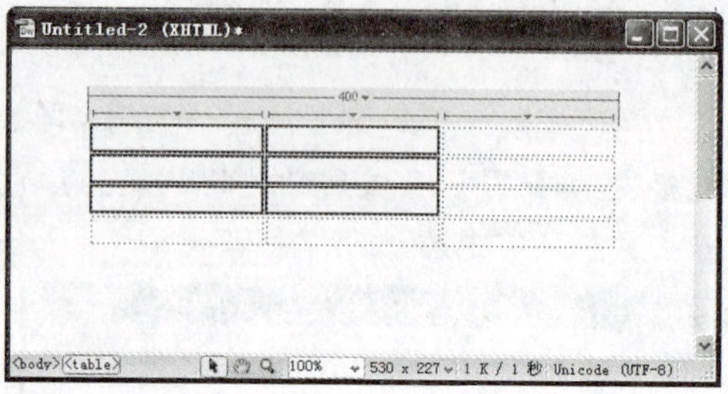

职场经验谈 Workplace Experience

按住 Shift 键不放，单击所需选中的连续单元格中的第一个单元格，然后再单击最后一个单元格可选中连续的单元格。

选择不连续的多个单元格：要选择不连续的多个单元格，只需按住 Ctrl 键不放，然后单击要选择的单元格即可。

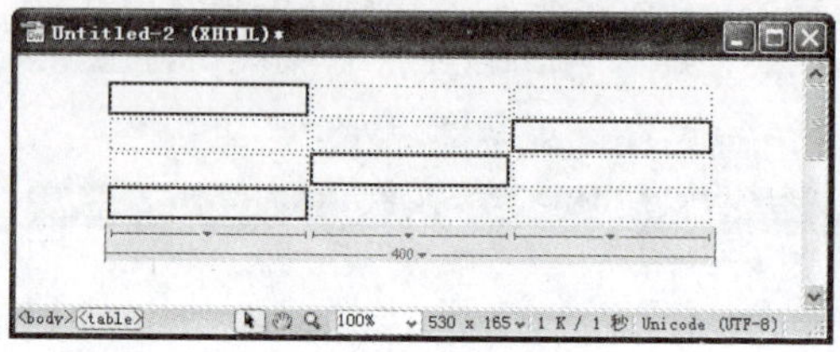

7.2.2　合并与拆分单元格

在编辑表格时，有时要根据需要对单元格进行合并或拆分操作，如将多个单元格合并为一个单元格，或将一个单元格拆分为多行多列的多个单元格，以使网页布局更为合理。

1. 合并单元格

合并单元格时，要合并的单元格必须是连续的，其操作很简单，主要有两种方法。

知识点拨 Knowledge　合并单元格的方法

使用按钮合并单元格：选择要合并的单元格区域后，单击“属性”面板左下角的□按钮。

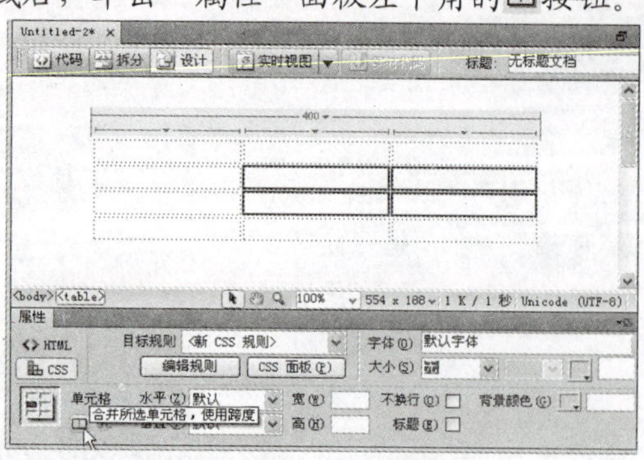

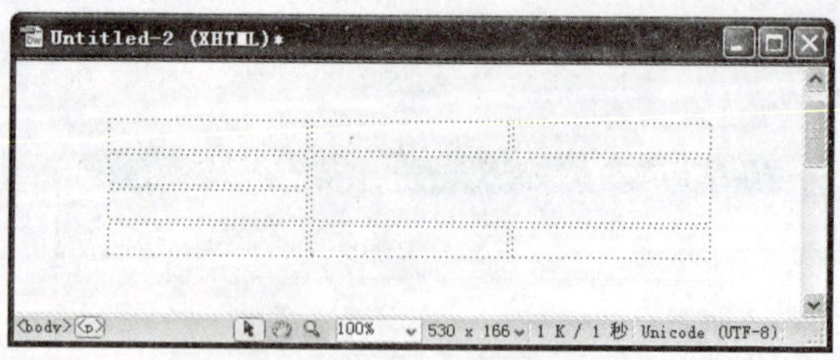

使用命令合并单元格：选择要合并的单元格区域，右击在弹出的快捷菜单选择“表格”|“合并单元格”命令，即可合并该单元格区域。

2. 拆分单元格

在复杂的表格中，有时在某一个单元格会有不同的行数或列数，这时就可以运用表格的拆分功能将单元格拆分成任意行或列。

新手演练 Novice exercises　**将单元格拆分为 2 列**

Step 01　将鼠标光标定位到需拆分的单元格中，单击“属性”面板左下角“单元格”栏的 按钮。

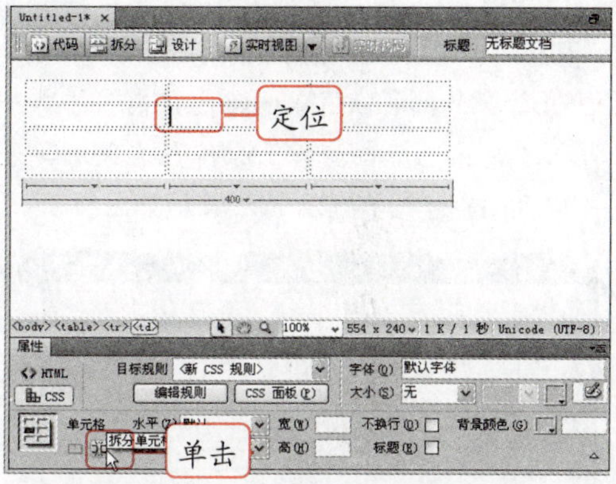

Step 02　出现“拆分单元格”对话框，选中“列”单选项，在“列数”数值框微调按钮中输入“2”。

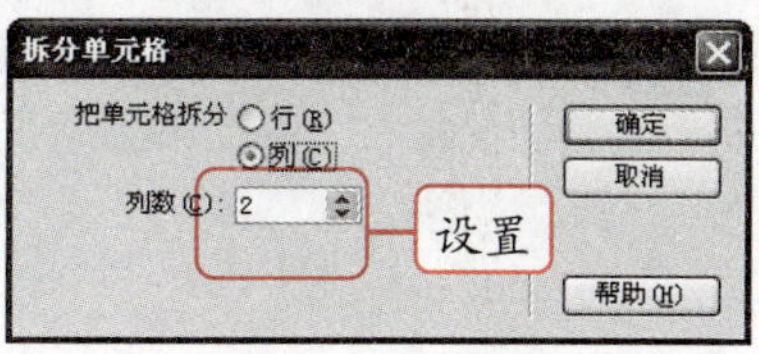

温馨提示牌 Warm and prompt licensing

> 选择“修改”|“表格”|“拆分单元格”命令，或者在要进行拆分操作的单元格中右击，在弹出的快捷菜单中选择“表格”|“拆分单元格”命令，也可以出现“拆分单元格”对话框。

Step 03　单击 确定 按钮，拆分单元格后的表格如下图所示。

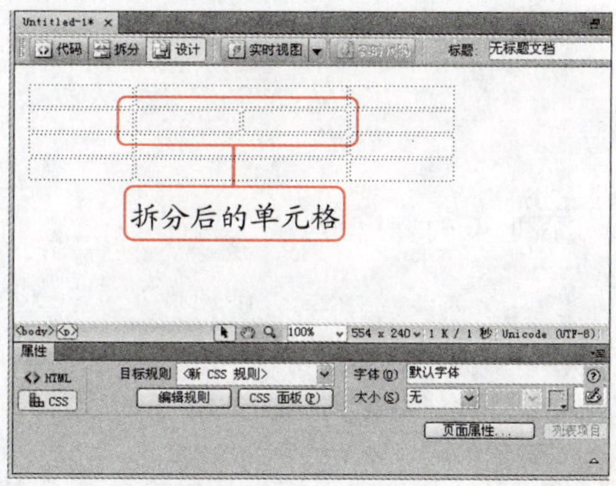

7.2.3 调整表格的行数或列数

在制作表格的过程中，有时并不能使其行列数完全符合要求，如多余或缺少行与列，这时就需要对其进行调整，即删除与添加行或列。添加操作又分为添加单行、单列和添加多行、多列两种情况。下面就来讲解调整表格的行或列数的方法。

1. 添加单行、单列

单行或单列的插入较简单，只需将鼠标定位到需添加的位置，然后右击，在打开的快捷菜单中的“表格”子菜单中选择相应的命令即可。

新手演练 Novice exercises　在表格中添加单行与单列

Step 01　将鼠标定位到“4”所在的单元格，右击，在打开的快捷菜单中选择“表格”|“插入行”命令。

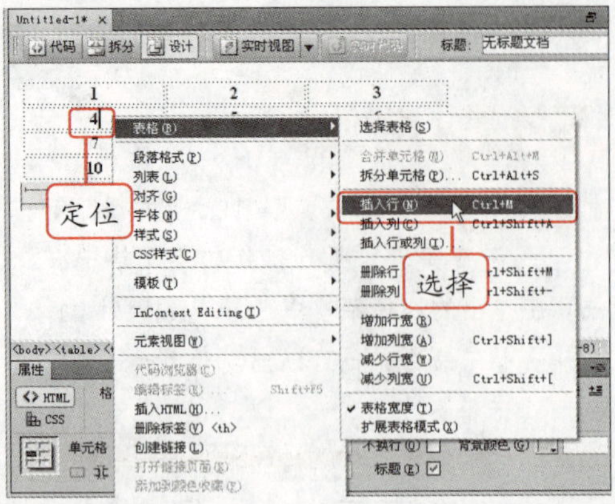

Step 02　在光标所在位置的单元格上将添加一行空白单元格，且鼠标光标自动移至该行的第一个单元格中，如下图所示。

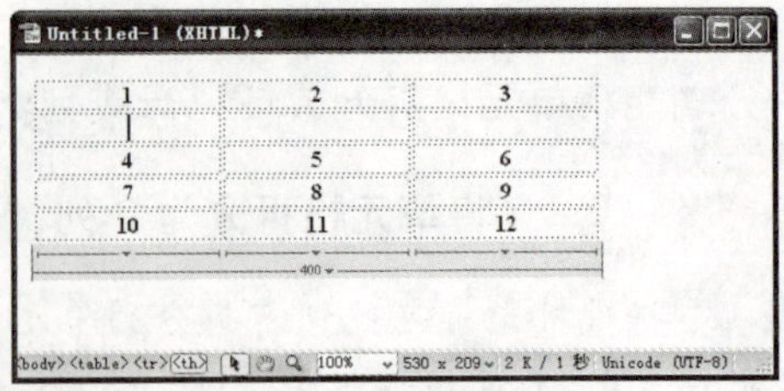

Step 03　保持鼠标光标的位置不变。

Step 04　再次右击，在打开的快捷菜单中选择“表格”|“插入列”命令。

Step 05　在鼠标所在位置的单元格前将添加一列单元格，且光标自动移至原位置左侧的单元格中。插入单行及单列后的效果如下图所示。

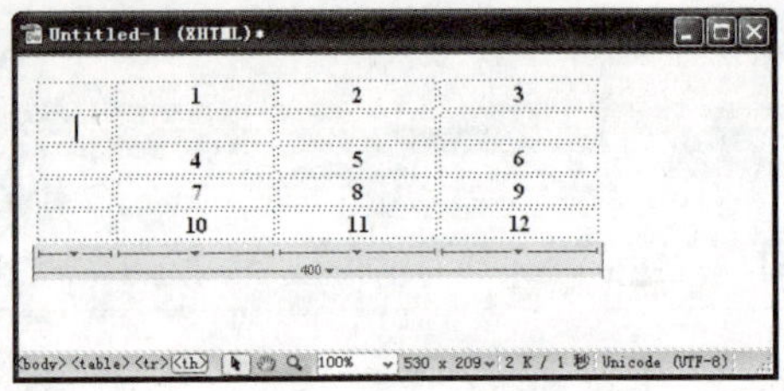

2. 添加多行、多列

插入多行或多列是运用“插入行或列”对话框来进行操作的，在其中还可设置插入的数量，以及相对于鼠标所在行的位置。这里主要讲解插入多行的方法，多列的插入方法与之类似，读者可自行练习。

新手演练 Novice exercises　在表格中添加3行单元格

Step 01　将鼠标光标定位到“7”所在的单元格中，右击，在打开的快捷菜单中选择“表格”|“插入行或列”命令。

温馨提示牌 Warm and prompt licensing

> 将光标定位到表格中的任意一个单元格中，选择“插入”|“表格对象”菜单命令中的子菜单也可以插入单行或单列，这种方法可以控制插入行或列相对于原单元格的位置。

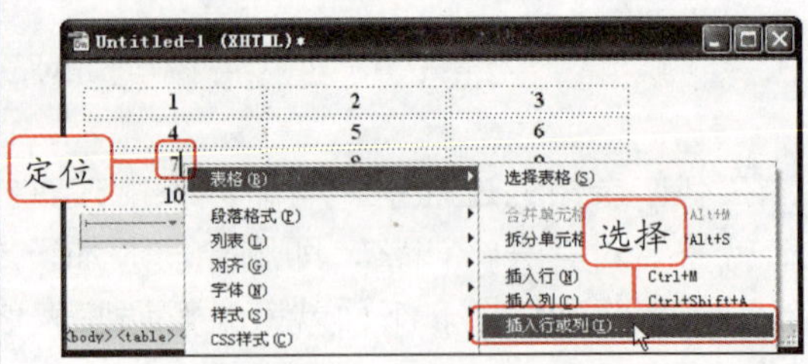

Step 02　出现“插入行或列”对话框，在“插入”栏中选中“行”单选项；在“行数”微调按钮中输入“3”，在“位置”栏中选中“所选之上”单选按钮。

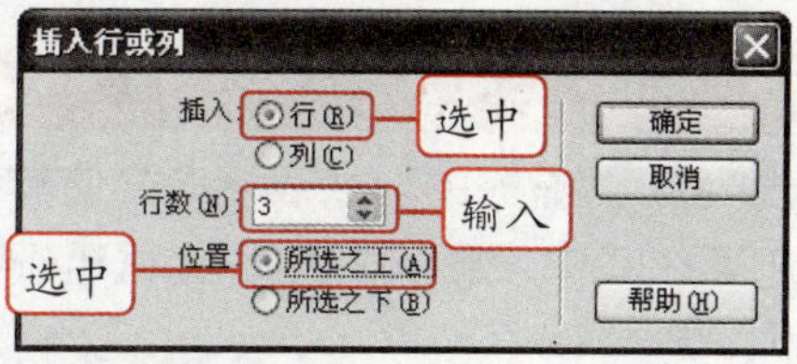

Step 03 单击 确定 按钮，在光标所在的单元格上方将插入 3 行单元格，效果如右图所示。

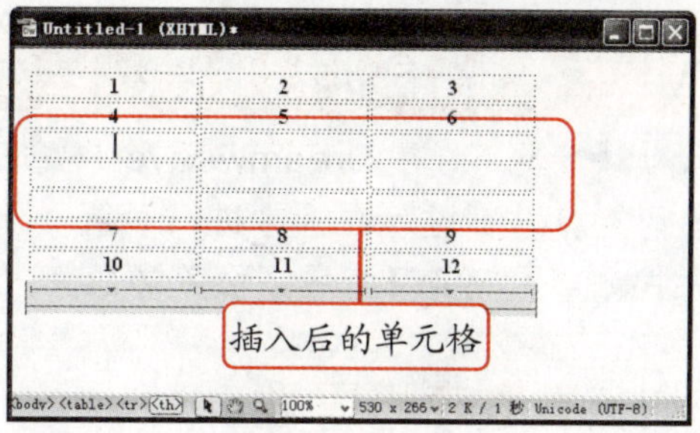

3. 删除行、列

在表格中可以添加行或列，当然也能删除多余的行或列。在删除时，即可以删除单行或单列，也可以删除多行或多列。

新手演练 Novice exercises 在表格中删除第 2 列与第 5 行单元格

Step 01 选择要删除的列，这里选择第 2 列单元格。

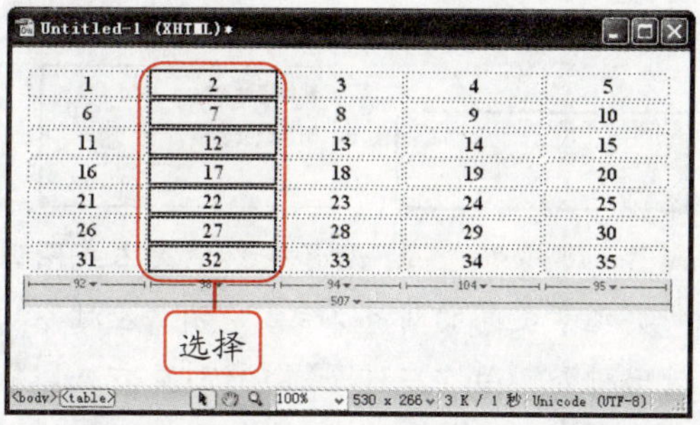

Step 02 在第 2 列单元格上方右击，在打开的快捷菜单中选择“表格”|“删除列”命令。

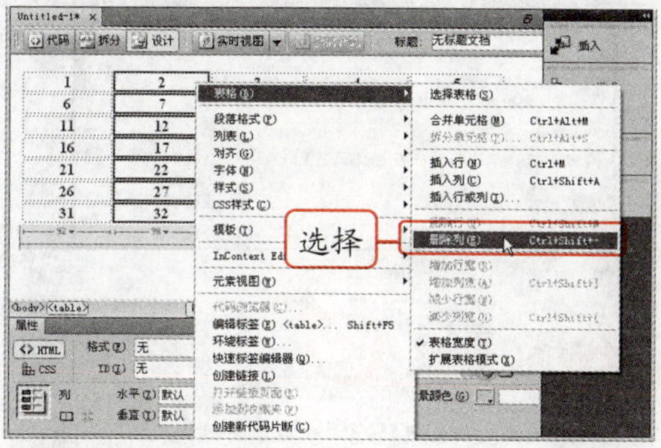

Step 03 选择的第 2 列单元格将被删除，其后的单元格自动前移。

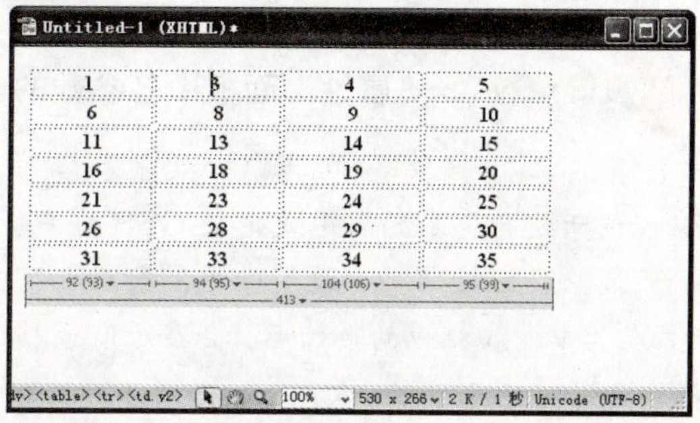

Step 04 选择要删除的行，这里选择第 5 行单元格。

Step 05 在其上右击，在打开的快捷菜单中选择“表格”|“删除行”命令。

Step 06 第 5 行单元格被删除，其下的单元格自动上移，完成后的效果如下图所示。

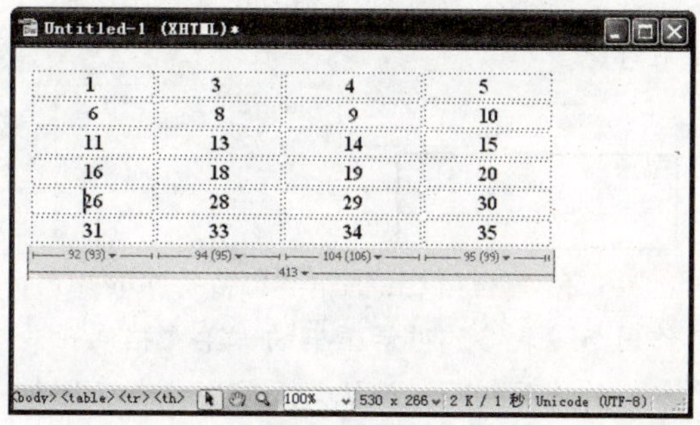

7.3 表格属性设置

默认情况下，在 Dreamweaver 中创建的表格无边框，以虚线的形式表示。要使其有边框，可在其“属性”面板中进行设置。除此之外，还可在其中设置其宽度、边框粗细、对齐方式、背景颜色及背景图像等参数，以使其更美观、更具个性化。

7.3.1 设置表格属性

选择表格后，在“属性”面板中会显示与其相关的参数，通过设置这些项目即可达到设置表格相关属性的目的。

知识点拨 Knowledge “属性”面板中各参数的含义

“表格”下拉列表框：在其中可设置表格的ID，以便于进行脚本的引用或定义 CSS 样式。

“行”和“列”文本框：设置表格的行数和列数。在其中输入相应的数值后，会在原有表格中增加或减少相应的行或列。

“宽”文本框：设置表格的宽度，在其后的下拉列表框中可选择度量单位，如像素或百分比。默认度量单位为像素。

“填充”文本框：设置单元格边界和单元格内容之间的距离。其作用与“表格”对话框中的“单元格边距”文本框的作用相同。默认为不填充，下图依次为默认情况与填充为 10 时的效果对比。

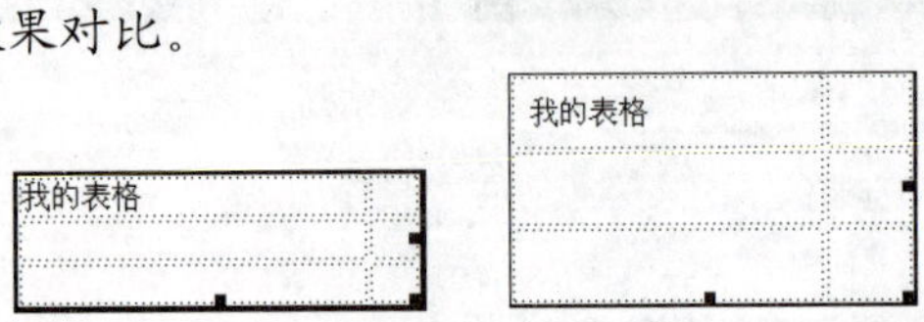

“间距”文本框：设置相邻单元格之间的距离。其作用与“表格”对话框中的“单元格间距”文本框的作用相同。默认为无间距，如下图依次所示为默认情况与间距为 10 时的效果对比。

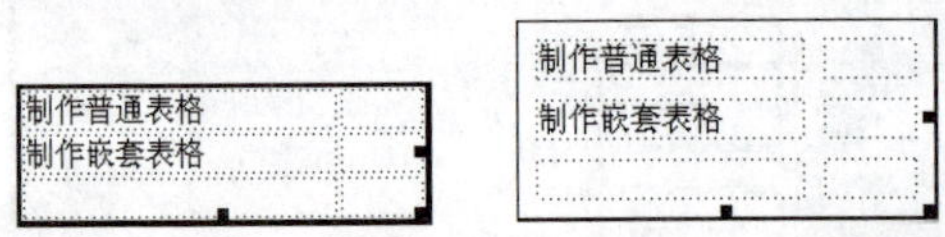

“对齐”下拉列表框：设置表格中文本或图像等网页元素之间的对齐方式。它有“左对齐”、“居中对齐”与“右对齐”3种对齐方式，默认值为“左对齐”。

“边框”文本框：设置边框的粗细，通常设置为“0”，如图所示为设置为“1”的效果。

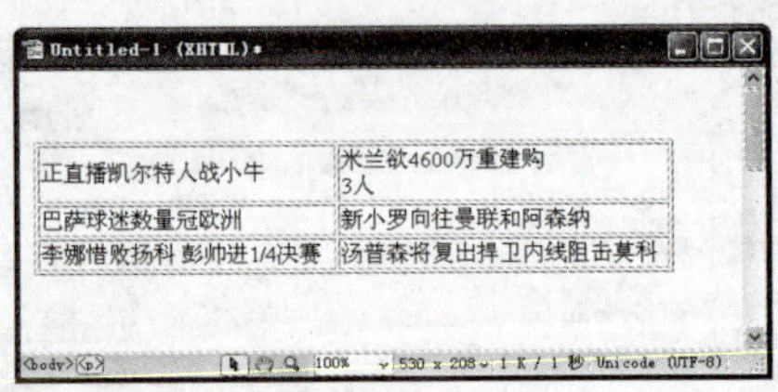

温馨提示牌 Warm and prompt licensing

在 Dreamweaver CS3 及早期的版本中，在“属性”面板中可以设置边框的颜色，但在 Dreamweaver CS4 中，需通过 CSS 样式设置边框颜色。

"类"下拉列表框：为表格应用 CSS 样式。

按钮：单击它可删除表格多余的列宽值，如下图所示为删除多余列宽值前后的效果对比。

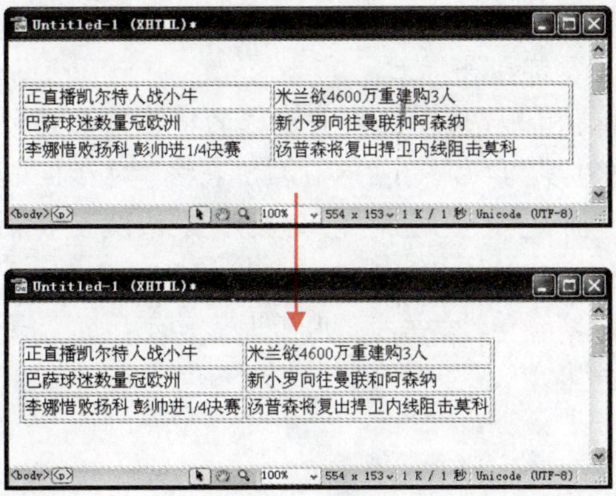

按钮：单击它可将表格宽度度量单位从百分比转换为像素。如图所示为转换度量单位的前后的效果。

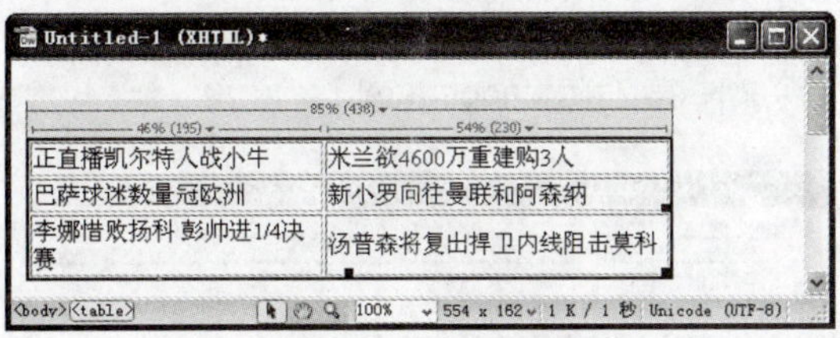

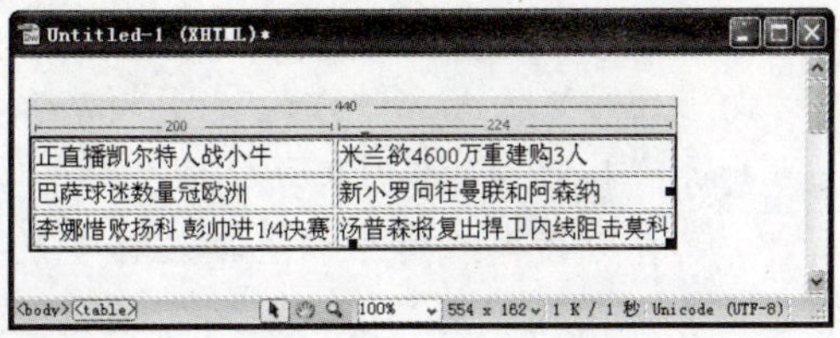

按钮：单击它可将表格宽度度量单位从像素转换为百分比。

按钮：单击它可删除表格多余的行高值。

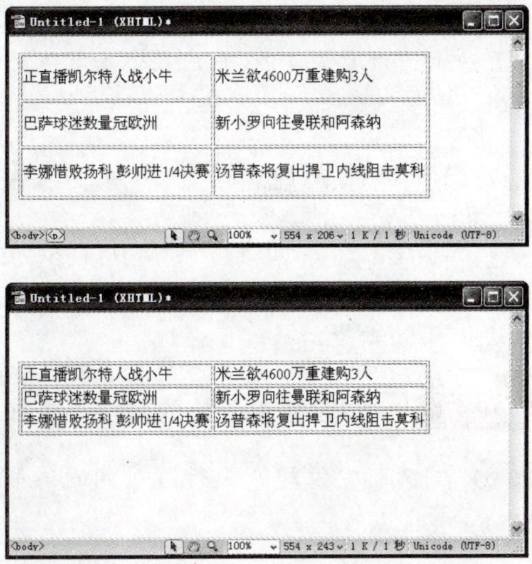

7.3.2 设置单元格属性

选择某个或多个单元格后，同样可以通过"属性"面板设置其属性。在单元格的"属性"面板中，上半部分与选中文本时的"属性"面板相同，主要用于设置单元格中文本的属性；下半部分主要用于设置单元格的属性。

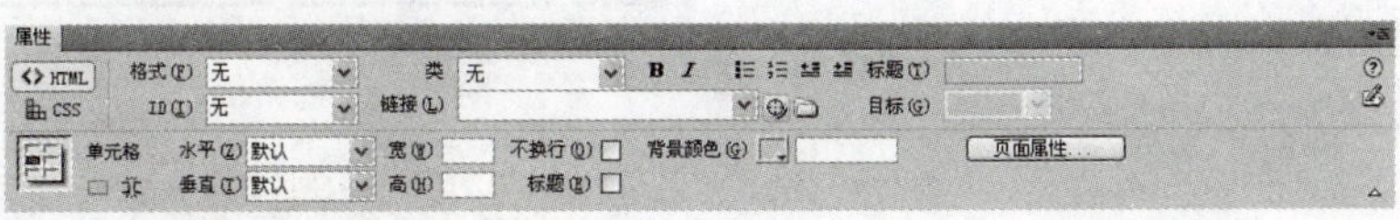

1. "属性"面板中各参数的含义

对于单元格"属性"面板上半部分中的参数，其含义与文本"属性"面板中各参数的含义相同，所以这里只讲解下半部分中各参数的含义。

知识点拨 Knowledge 认识下半部分中各参数的含义

与按钮：用于合并与拆分选择的单元格。其使用方法在前面章节中已讲解过。

"水平"下拉列表框：设置单元格中的内容在水平方向上的对齐方式，有"默认"、"左对齐"、"居中对齐"和"右对齐"4种对齐方式。

"垂直"下拉列表框：用于设置单元格中的内容在垂直方向上的对齐方式，有"顶端"、"居中"、"底部"、"基线"和"默认"5种对齐方式。

"宽"文本框：设置单元格的宽度，如果直接输入数字，则默认度量单位为"像素"，如果要以百分比作为度量单位，则应在输入数字的同时输入"%"符号。

"高"文本框：设置单元格的高度。通常不设置该参数。

"不换行"复选框：选中该复选框可以防止单元格内的文本换行，从而使给定单元格中的所有文本都在一行上。

"标题"复选框：可以将所选的单元格设置为表格标题单元格（也可通过"表格"对话框中的"标题"选项区进行设置）。默认设置下，表格标题单元格的文本内容为粗体并居中。

"背景颜色"文本框：用于设置单元格的背景颜色。

2. 为单元格设置属性

了解了单元格"属性"面板中各参数的具体含义后，即可对其属性进行设置。掌握了设置单元格属性的操作方法，可以在实际工作中快速绘制出自己需要的单元格。下面通过具体操作步骤来详细介绍。

新手演练 Novice exercises 设置单元格的属性并添加内容（源文件\第7章\biaoge.html）

Step 01 将光标定位到第1行第1列的单元格中。

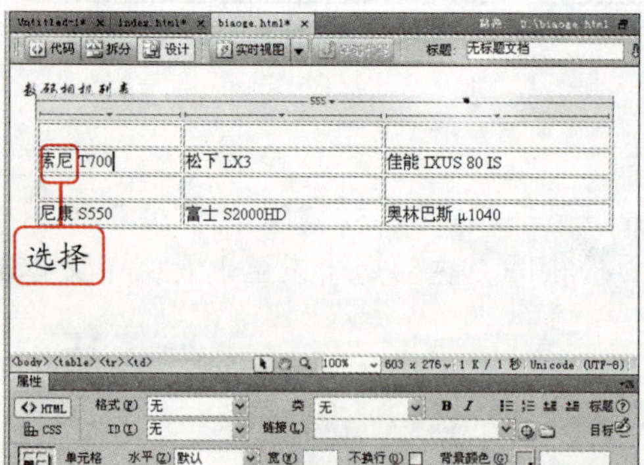

Step 02 在"宽"文本框中输入数值"150"，按Enter键，单元格将自动调整为所设置的宽度。

Step 03 选择第1行与第3行单元格，在"高"文本框中输入数值"150"，按Enter键，设置单元格的高度，如右上图所示。

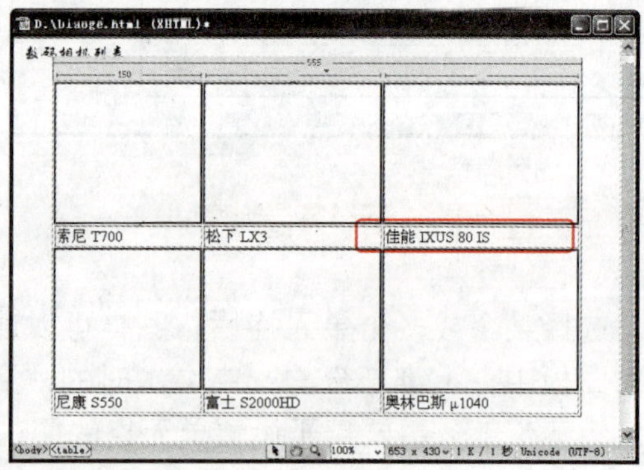

温馨提示牌 Warm and prompt licensing

调整单元格宽度与高度还可使用拖动鼠标的方法，将鼠标光标移至单元格边框上，当光标变为÷或+||+形状时，拖动鼠标即可。使用这种方法也可改变整个表格的宽度与高度。

Step 04 选择所有单元格，在“水平”下拉列表框中选择“居中对齐”选项。

Step 05 选择第 2 行与第 4 行单元格，单击“背景颜色”按钮，在打开的面板中设置这两行单元格的背景颜色为“#99CCFF”。

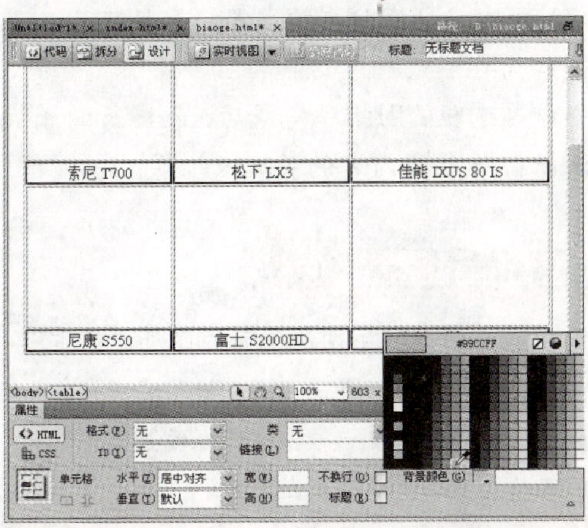

Step 06 保持单元格的选择状态不变，选中“标题”复选框，单元格中的文本将自动应用标题样式，即加粗居中。

Step 07 在第 1 行与第 3 行单元格中添加图像，完成后预览其效果，如下图所示。

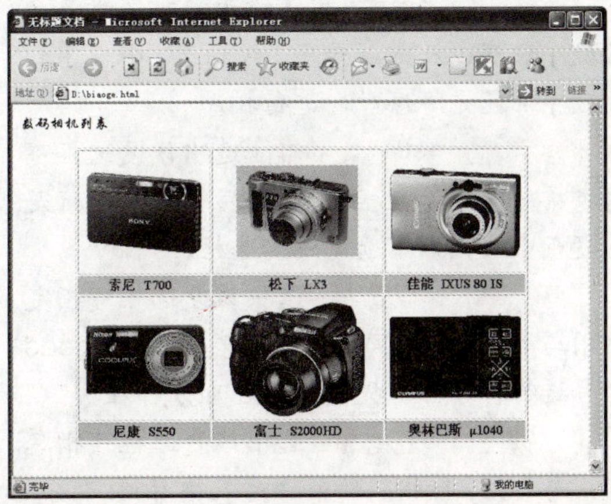

7.4 表格的高级操作

前面所讲解的合并与拆分单元格、调整表格的行或列，都属于对表格的基本操作，此外还可以对其进行一些高级操作，如排序表格内容，以及导入和导出表格数据等。

7.4.1 对表格内容进行排序

表格中的数据有时是无序的，这时可以运用 Dreamweaver 提供的表格排序功能对其中的数据进行排序，以使其更直观地展现信息。

1. 认识“排序表格”对话框

对表格数据进行排序时，在“排序表格”对话框中进行相应设置后，如下图所示，即可达到排序的目的。

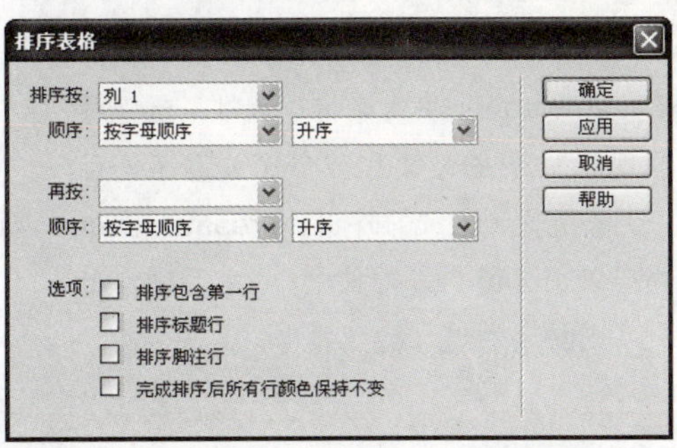

温馨提示牌 Warm and prompt licensing

如果表格中有合并或拆分的单元格时，会使整个表格的排列不规则，这种情况下，将无法使用表格排序功能对数据进行排序。

知识点拨 Knowledge **了解“排序表格”对话框中各参数的含义**

“排序按”下拉列表框：用于确定哪个列的值将用于对表格的行进行排序。

“再按”下拉列表框：用于设置第二排序列。

“顺序”下拉列表框：用于设置是按字母还是按数字顺序以及是以升序（A 到 Z，小数字到大数字）还是降序对列进行排序。

“排序包含第一行”复选框：选中该复选框可将表格的第一行包括在排序中。如果第一行是标题或表头，则不选中该复选框。

“排序标题行”复选框：选中该复选框可指定使用与 body 行相同的条件对表格中的 thead 部分进行排序，前提是 thead 部分存在。

“排序脚注行”复选框：选中该复选框可指定使用与 body 行相同的条件对表格 tfoot 部分中的所有行进行排序，前提是 tfoot 部分存在。thead 和 tfoot 标签分别表示表格的头部和表脚，头部和表脚都可以使用单独的样式定义,并且在打印时可以分别在分页的上部和下部打印。

“完成排序后所有行颜色保持不变”复选框：选中该复选框，则排序完成后，表格行的属性应该保持与表格内容的关联。

温馨提示牌 Warm and prompt licensing

如果表格的行使用两种不同的颜色交替作为背景色，则不应选中“完成排序后所有行颜色保持不变”复选框，这样可确保排序后的表格仍具有颜色交替的行。

2. 排序表格

运用“排序表格”对话框对表格数据进行排序的操作很简单，只需注意确定主关键字与次关键字列即可。

新手演练 Novice exercises **对表格中的内容进行排序**

Step 01 选择要排序的表格，选择“命令”|“排序表格”命令。

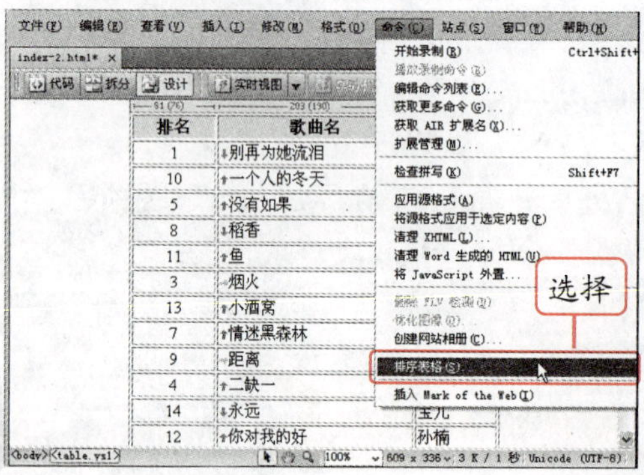

Step 02 出现“排序表格”对话框，在“顺序”下拉列表框中选择“按数字顺序”选项，其他设置保持不变，单击 确定 按钮。

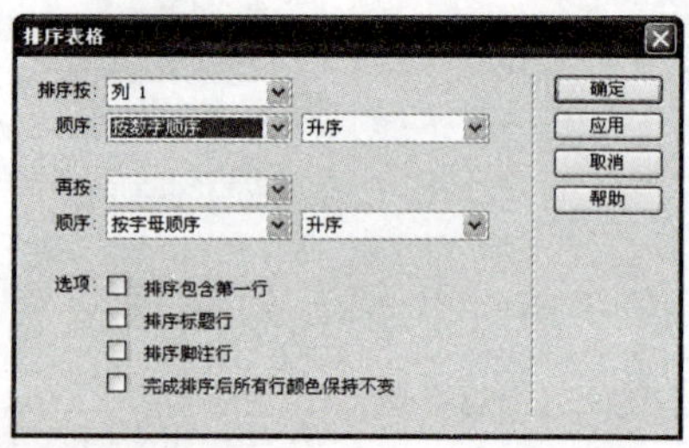

温馨提示牌 Warm and prompt licensing

在 Dreamweaver 中对表格进行排序时，可以同时以一个主关键和一个次关键字进行排序。采用这种方式排序时，Dreamweaver 首先会以主关键字进行排序，当主关键字相同时，则按次关键字进行排序。

Step 03 返回工作界面，表格中的数据将按第 1 列中的数据，按从低到高的顺序进行排列，效果如下图所示。

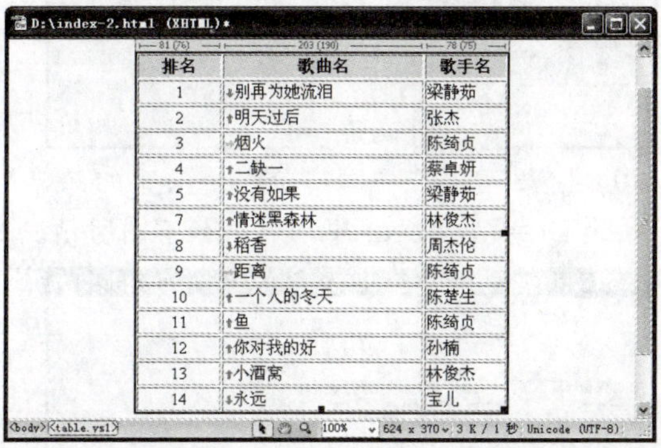

Step 04 将数值“12”所在的单元格中的数值修改为“11”。

Step 05 再次打开“排序表格”对话框，在“顺序”下拉列表框中选择“按数字顺序”选项，在“再按”下拉列表框中选择“列 3”选项，在其后“顺序”下拉列表框右侧的下拉列表框中选择“降序”选项，其他设置保持不变，单击 确定 按钮。

Step 06 返回工作界面，第 1 列中的数据依然按从数字低到高的顺序排列，而第 11 行与第 12 行中的数据将按第 3 列中文字首字母的顺序降序排列。

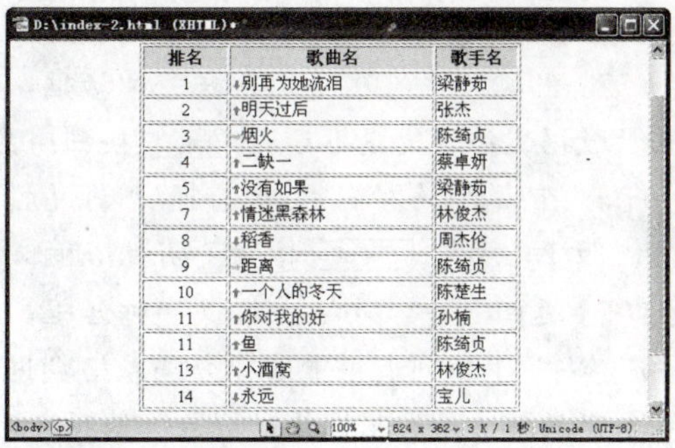

7.4.2 导入和导出表格内容

用户可以将在 Dreamweaver 中创建的表格导出，在其他应用程序中进行编辑或查看；相对地，在其他应用程序中创建的电子表格也可以导入到 Dreamweaver 中。Dreamweaver 提供的这一功能，为信息处理带来了极大的方便。

1. 导入表格内容

对于在记事本或 Word 等应用程序中创建的一些较简单的表格，可以将其直接导入到 Dreamweaver。

新手演练 Novice exercises 将记事本中的表格导入到 Dreamweaver 中（源文件\第 7 章\index-3.html）

Step 01 用记事本打开“小说排行.txt”文件，其中的每个项目之间以“;”符号隔开。

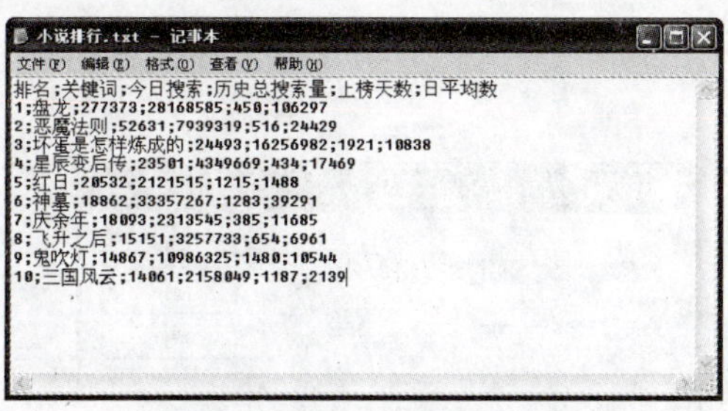

Step 02 在 Dreamweaver 中将光标定位到需导入表格的位置。选择“文件”|“导入”|“表格式数据”命令。

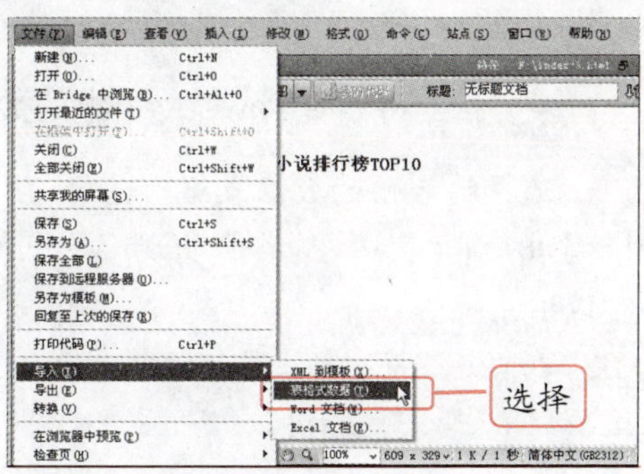

温馨提示牌 Warm and prompt licensing

在“导入”菜单项的级联子菜单中，选择“XML 到模板”命令，可以将 XML 数据导入到网页中；选择“Word 文档”命令，可以将 Word 中的文本导入到网页中，选择“Excel 文档”命令，可以将 Excel 数据导入到网页中。

Step 03 出现“导入表格式数据”对话框，单击“数据文件”文本框后的[浏览...]按钮。

Step 04 在出现的对话框中选择“小说排行.txt”文件，单击[打开(O)]按钮关闭对话框。

Step 05 返回“导入表格式数据”对话框，在“定界符”下拉列表框中选择分隔表格数据各项内容的符号，这里选择“分号”选项。

温馨提示牌 Warm and prompt licensing

在选择定界符时，应选择要导入的文件中分隔数据的符号，如在“小说排行.txt”文件中的定界符为“;”，所以这里就应该选择“分号”选项。

Step 06 设置表格宽度、单元格边距、单元格间距及边框等属性，完成后单击[确定]按钮应用设置。

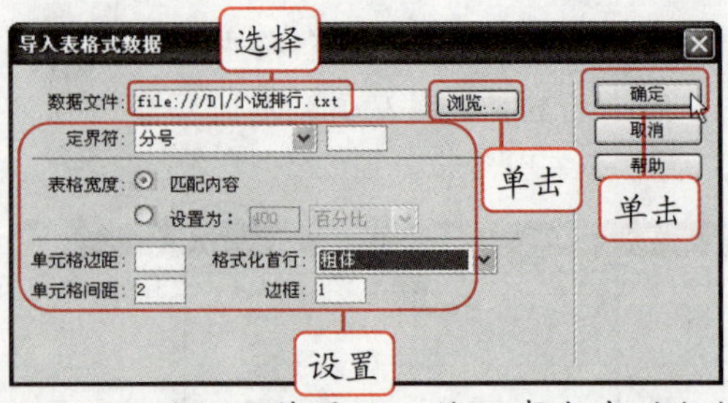

Step 07 返回工作界面，将记事本中的数据导入到 Dreamweaver 中，效果如下图所示。

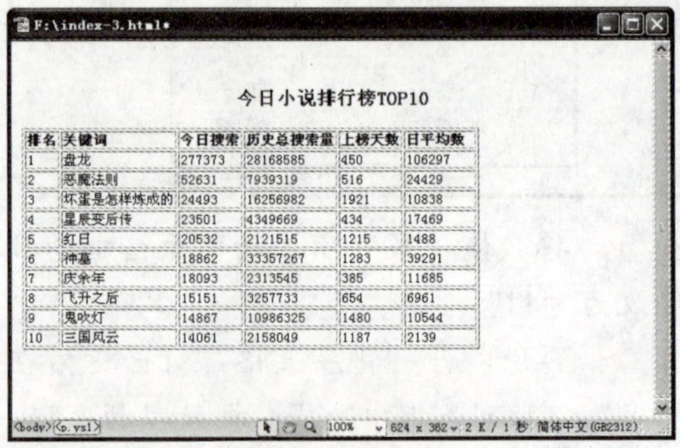

今日小说排行榜TOP10

排名	关键词	今日搜索	历史总搜索量	上榜天数	日平均数
1	盘龙	277373	28168585	450	106297
2	恶魔法则	52631	7939319	516	24429
3	坏蛋是怎样炼成的	24493	16256982	1921	10838
4	星辰变后传	23501	4349669	434	17469
5	红日	20532	2121515	1215	1488
6	神墓	18862	33357267	1283	39291
7	庆余年	18093	2313545	385	11685
8	飞升之后	15151	3257733	654	6961
9	鬼吹灯	14867	10986325	1480	10544
10	三国风云	14061	2158049	1187	2139

温馨提示牌 Warm and prompt licensing

文本文件中数据间的定界符应为半角，否则将会使导入不成功。另外，若导入的数据为乱码，则可打开“页面属性”对话框，在左侧窗格中选择“标题/编码”选项，在右侧窗格的“编码”下拉列表框中选择“简体中文（GB2312）”选项。

2. 导出表格内容

若想在其他应用程序中使用 Dreamweaver 中创建的表格，可将其导出到相应的应用程序中。

新手演练 Novice exercises 将 Dreamweaver 中的数据导出

Step 01 选择要导出的数据表格，选择“文件”|“导出”|“表格”命令，出现“导出表格”对话框。

Step 02 在“定界符”下拉列表框中选择“逗点”选项，单击[导出]按钮。

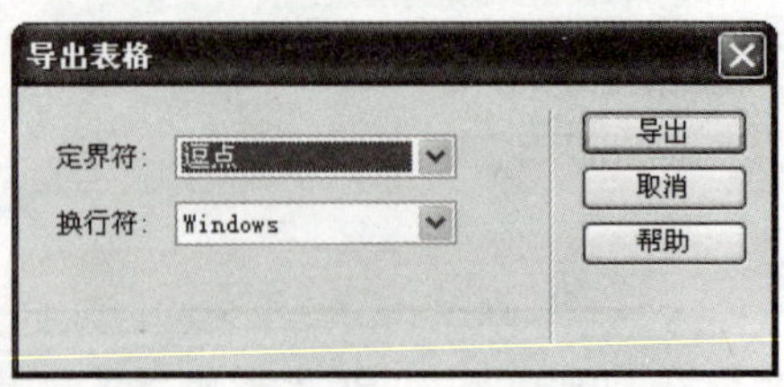

温馨提示牌 Warm and prompt licensing

对话框中的“换行符”下拉列表框用于指定将在哪个操作系统中打开导出的文件，如这里为 Windows 操作系统。

Step 03 在出现的“表格导出为”对话框“保存在”下拉列表框中选择保存位置，在“文件名”下拉列表框中输入导出文件的名称，这里输入“小说排行.doc”，单击 保存(S) 按钮。

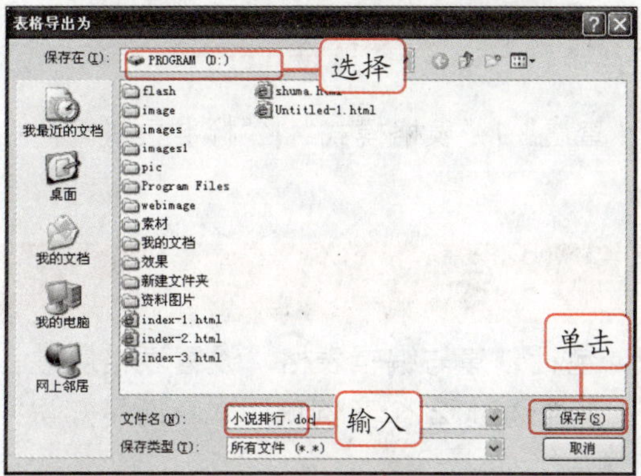

温馨提示牌 Warm and prompt licensing

在“表格导出为”对话框的“文件名”下拉列表框中输入文件名时，一定要加上相应应用程序的扩展名。

Step 04 打开“小说排行.doc”所在的文件夹，双击该文件图标，系统将出现“文件转换”对话框，在其中选择文档的编码，这里选择“其他编码”单选按钮。

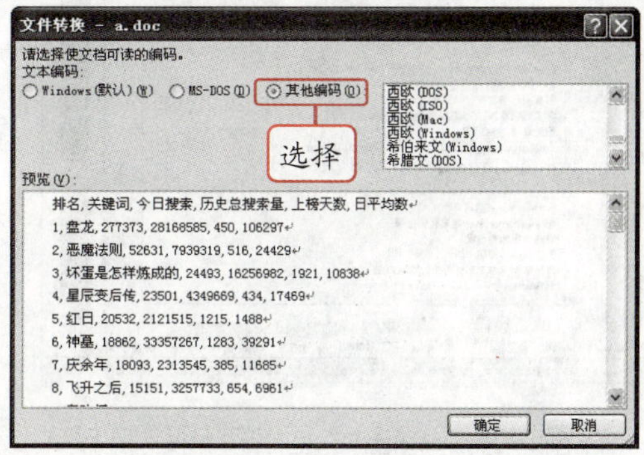

Step 05 单击“确定”按钮，系统将启动 Word，打开导出的文件，其效果如图所示。

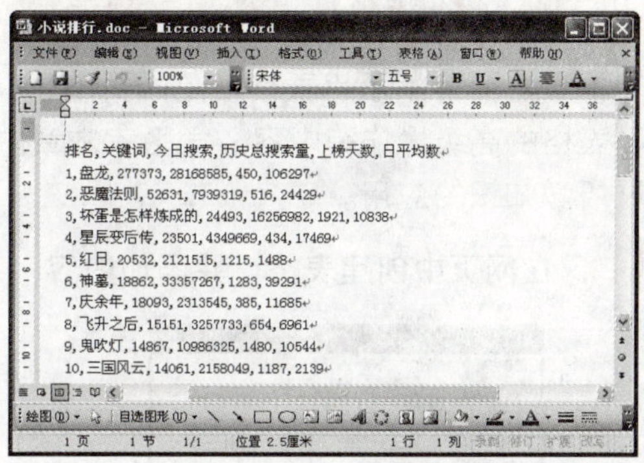

7.4.3 使用扩展表格模式编辑表格

若想在表格中精确地定位鼠标光标，如：将光标放置在图像的左边或右边，或选择表格中的元素时，可以切换至扩展表格模式。在该模式中，可以临时向文档中的所有表格添加单元格边距和间距，并且显示表格的边框以使编辑操作更加容易。下图所示分别为在普通模式与扩展表格模式中的表格。

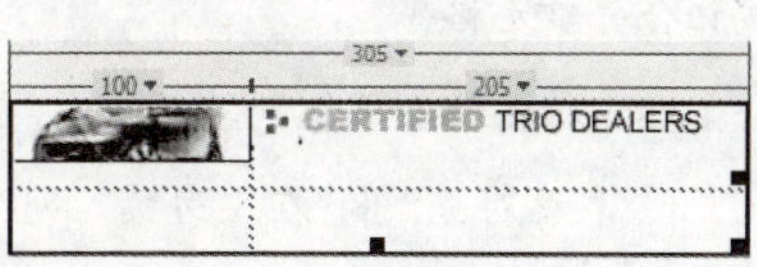

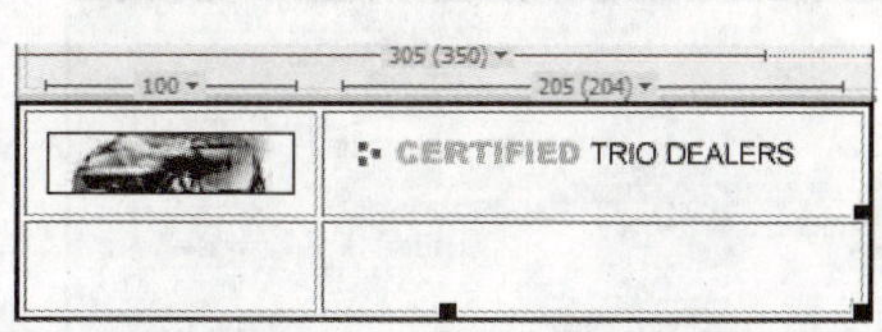

选择“查看”|“表格模式”|“扩展表格模式”命令，即可进入扩展表格模式，此时编辑窗口的顶部会出现“扩展表格模式”的文字，而 Dreamweaver 会自动向页面中的所有表

格添加单元格边距与间距，并增加表格边框，如下图所示。

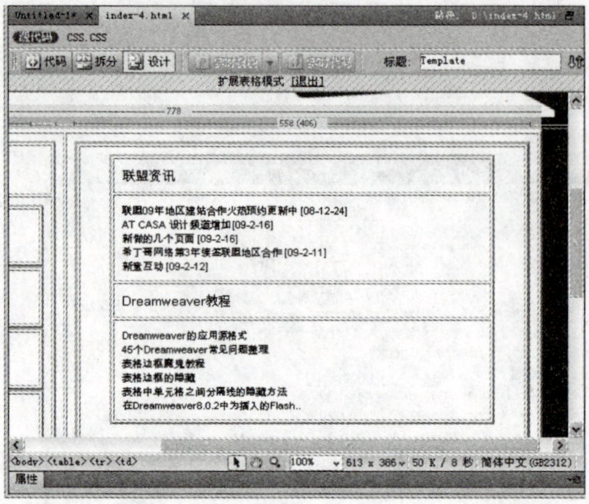

温馨提示牌 Warm and prompt licensing

在代码视图中将无法切换至扩展表格模式，因为需先切换至设计视图。另外，在该模式中选择表格中的元素或定位鼠标光标后，应返回到设计视图的标准模式中进行编辑。

在窗口顶部单击“退出”超级链接，或选择“查看”|“表格模式”|“标准模式”命令可退出扩展表格模式。

7.5 职场特训

本章主要讲解了用表格规范网页的相关知识，包括创建与编辑表格、设置表格属性，以及表格的高级操作等内容。学习完本章内容后，下面通过 2 个实例巩固本章所示知识并拓展所学知识的应用。

特训 1：在网页中创建表格，并添加内容

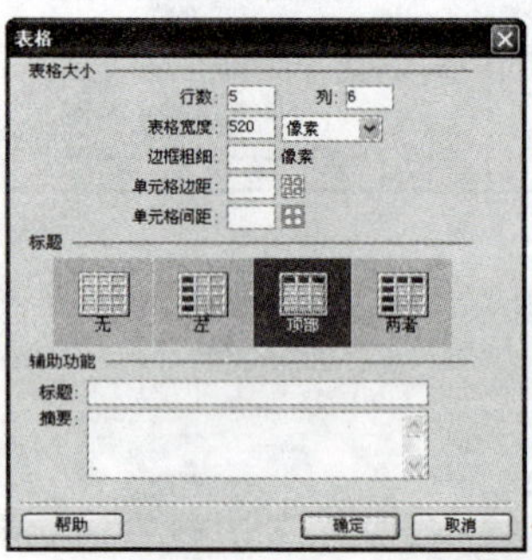

1. 选择“插入”|“表格”命令，出现“表格”对话框，设置行数、列数与表格宽度。
2. 在“标题”选项区域中选择标题放置的位置，完成后单击 确定 按钮。
3. 在创建的表格中添加相应内容。

特训 2：合并单元格，并插入一行单元格

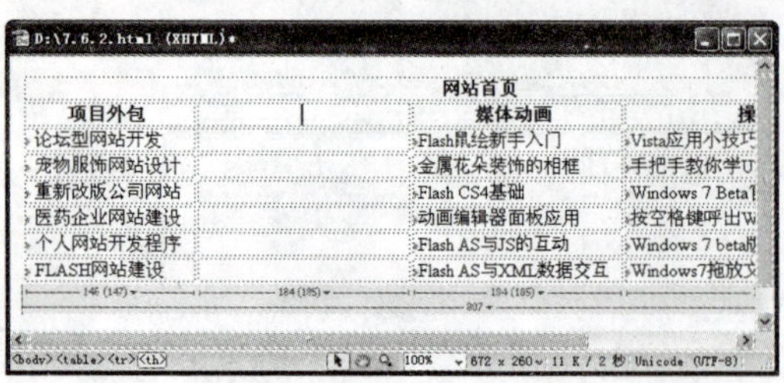

1. 选择第一行单元格，单击“属性”面板中的按钮合并单元格。
2. 将鼠标光标定位在第 2 列单元格中，选择“插入”|“表格对象”|“在左边插入列”命令插入 1 列单元格。

第8章

在网页中应用超级链接

精彩案例

目标端点链接

认识超级链接的分类

创建文本超级链接

创建命名锚记

本章导读

用户在浏览网页时，能够很轻松地从这一页面跳转到另一页面，这是为什么呢？其答案就是“超级链接”的设置。本章将对超级链接的创建、管理以及应用进行详细介绍。通过学习读者可以了解超级链接的基本形式，掌握各种超级链接的创建方法，并懂得如何在网页中管理和测试超级链接。

8.1 什么是超级链接

所谓超级链接，通俗的讲，就是从一个网页指向其他目标的连接关系，这个目标可以是另外一个网页，也可以是相同网页上的不同位置，还可以是一个图片、一个电子邮件地址、各种媒体（如声音、图像和动画）以及一个应用程序等。通过使用超级链接，用户可享受丰富多彩的多媒体世界。

8.1.1 超级链接的类型

超级链接由两部分组成：源端点链接和目标端点链接。源端点链接包括文本链接、图像链接、热区链接和表单链接等；而目标端点链接包括外部链接、内部链接、局部链接和电子邮件链接等。本节将对网页中经常使用的链接类型进行介绍。

1. 源端点链接

在网页制作中，一般称附加链接的一方叫做链接的源端点。根据源端点的不同，可以将超级链接划分为两种：超文本(Hypertext)和超链接(Hyperlink)。超文本就是文本链接，而超链接是利用文本以外的对象作为源端点所创建的链接，例如图片、表单等。

知识点拨 Knowledge　了解源端点链接

文本链接：文本链接以文字作为超级链接源端点，在文本链接下面通常会有下划线。

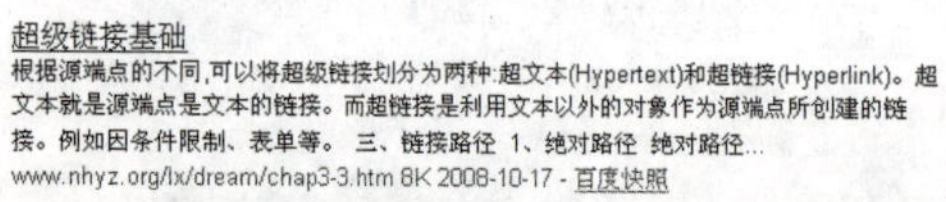
超级链接基础
根据源端点的不同,可以将超级链接划分为两种:超文本(Hypertext)和超链接(Hyperlink)。超文本就是源端点是文本的链接。而超链接是利用文本以外的对象作为源端点所创建的链接。例如因条件限制、表单等。 三、链接路径 1、绝对路径 绝对路径...
www.nhyz.org/lx/dream/chap3-3.htm 8K 2008-10-17 - 百度快照

图像链接：以图像作为源端点的链接，具有美观实用的优点。

表单链接：表单链接比较特殊，当填写完某表单后，单击“提交”或“确定”等按钮时会自动跳转到目标页面。

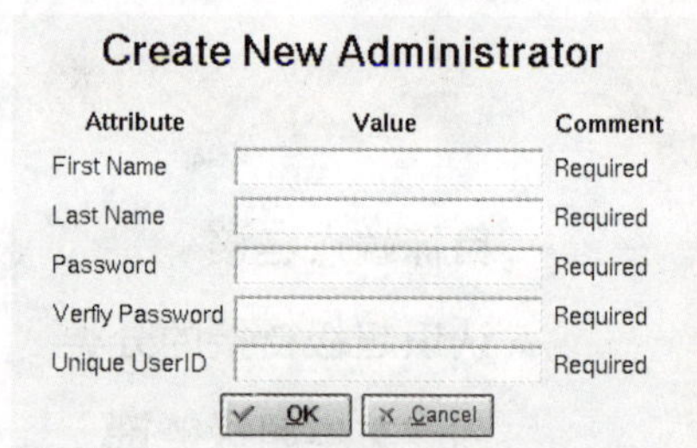

职场经验谈 Workplace Experience

对于源端点链接的设置，用户可以单击“页面属性”按钮，在弹出的“页面属性”对话框中，根据需要进行设置。

2. 目标端点链接

一般将链接跳转到的地方叫做目标端点。目标端点可以是一个页面、一幅图像、一段声音，甚至可以是页面中的某一位置。

知识点拨 Knowledge 目标端点链接

内部链接：指目标端点与源端点是同一站点中的网页文档。

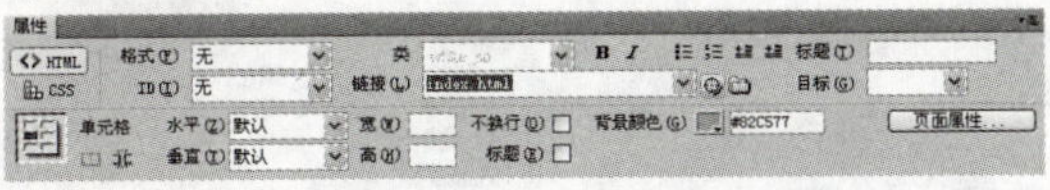

外部链接：指目标端点与源端点不在同一个站点。外部链接可实现网站与网站之间的跳转，从而将浏览范围扩大至整个网络。

局部链接：利用局部链接，在浏览时可跳转到当前文档或其他文档的某一指定位置。这种链接是通过文档中的命名锚记实现的。

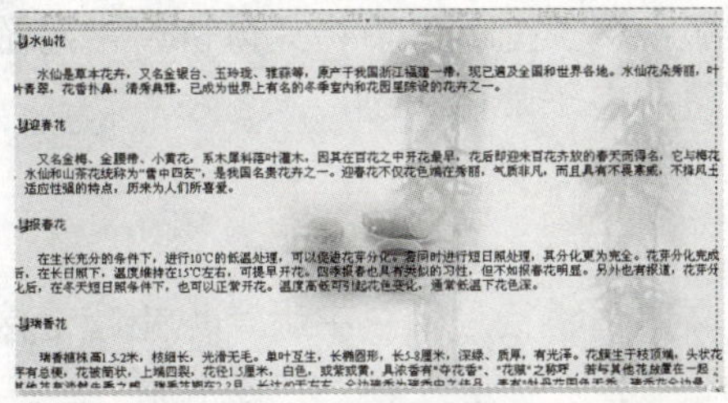

电子邮件链接：单击该链接将启动电子邮件程序，可以写邮件并将其发送到所链接的邮箱中。

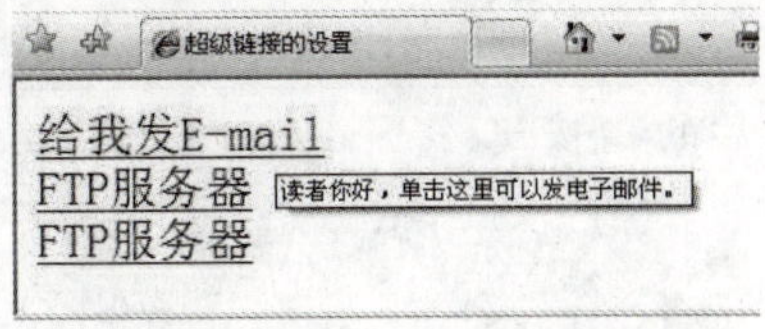

8.1.2 超级链接路径的分类

在网站中超级链接的链接路径可以分为两种：一种是绝对路径，另一种是相对路径。在网站中每一个网页文件都有一个独立的地址，通常所说的 URL（统一资源定位器）指的是每一个网站的独立地址，即绝对路径，该网站下的所有网页都属于该地址之下。不过，在创建网页的过程中完全没有必要为每一个链接输入完整的地址，而只要确定当前文件与站点根目录之间的相对路径即可。

知识点拨 Knowledge 认识超级链接路径的分类

绝对路径：绝对路径是指网站主页上的文件或目录存储在硬盘上的真正路径。如某一图片存放在 F:\Image\zhaopian\下，那么 F:\Image\zhaopian\就是 zhaopian 目录的绝对路径。若存放的是网站的首页，还可以使用完整的 URL 地址进行查看，如 http://www ./book .net / index.htm。再以 DOS 操作系统为例来进行说明，假如在 c:\windows\system 目录下，现在要转换到 c:\windows 下，那么可以用绝对路径命令：cd c:\windows

相对路径：相对路径则是指由这个文件所在的路径引起的跟其他文件（或文件夹）的路径关系，该路径适合于网站的内部链接，如一个文件的路径是 http://www.myweb.com/file/ game/yule.html，则表示 yule.html 文件在 game 目录下。使用相对路径时，如果网站中某个文件的位置发生变化，Dreamweaver 也会提示自动更新链接。

温馨提示牌 Warm and prompt licensing

一般情况下建议使用绝对路径方式。

8.2 创建超级链接

了解了超级链接后，下面将学习创建超级链接的方法。根据在网页制作当中经常用到的超级链接类型，本节将具体讲解常用超链接的创建方法：包括文本超链接、图像超链接、锚链接和电子邮件超链接。

8.2.1 创建文本链接

文本超链接是网页中最常见的超链接形式，本节将具体讲解如何创建文本超级链接。

新手演练 Novice exercises　**创建文本链接**（源文件\第 8 章\文本链接和图像链接\tundui.htm）

Step 01 打开素材网页，选择需要添加超级链接的文本，单击属性面板中的“链接”下拉列表框后的按钮。

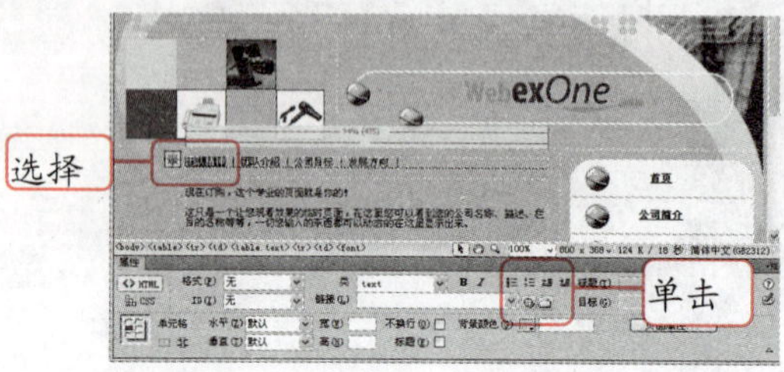

Step 02 在打开的文件中选择要链接的文件，单击 确定 按钮。

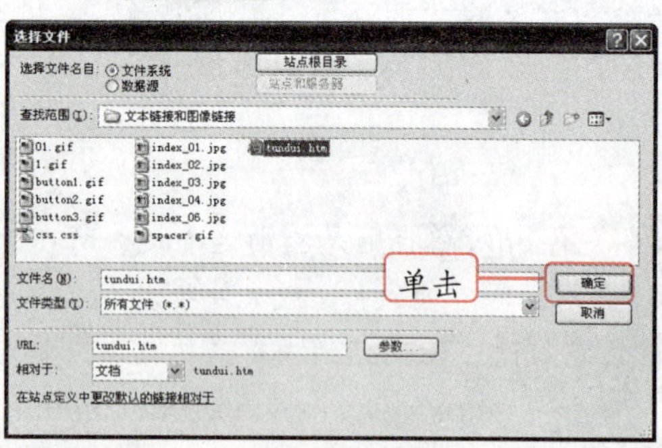

温馨提示牌 Warm and prompt licensing

> 在插入栏中选择“常用”分类按钮，并单击“超级链接”按钮，也可为文本加入链接。

Step 03 被链接的文本颜色将发生变化。以同样的方法设置其他文本的链接。

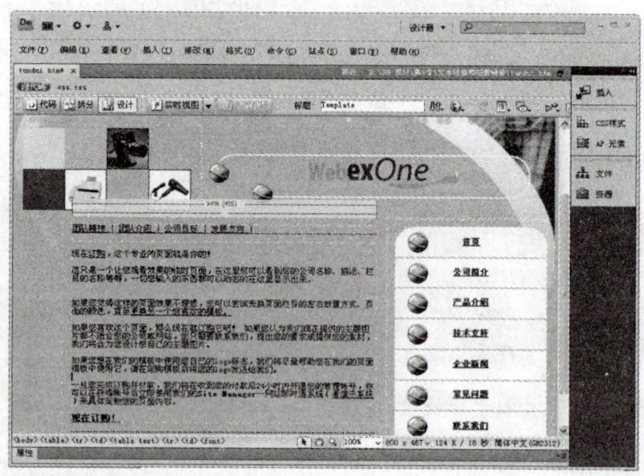

8.2.2 创建图像超链接

图像也可以像文本一样添加超链接。对于一幅图像来说，若要建立单个链接关系，可以通过以下方式进行。

新手演练 Novice exercises　**创建图像链接**（源文件\第 8 章\文本链接和图像链接\tundui.htm）

Step 01 在网页中选择一幅已有的图像，在“属性”面板中的“链接”文本框中输入要链接的地址。这里输入“index.html”。

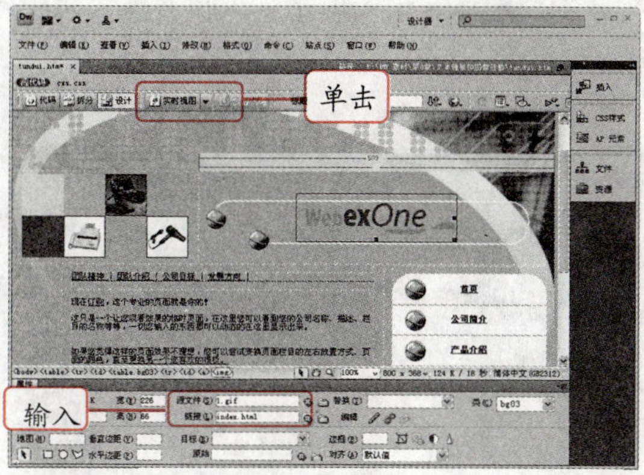

Step 02 当超链接建立完成后，单击 实时视图 按钮，将鼠标指针指向此图像时，鼠标指针就会变成小手状。

8.2.3 创建锚链接

创建锚链接是指在文档中设置位置标记，并给该位置命名，以便引用。创建锚链接，可以使链接指向当前文档或不同文档中的指定位置，常被用来跳转到特定的主题或文档的顶部，以使访问者能够快速浏览到特定的内容，从而加快信息检索速度。创建锚链接，首先要插入一个命名锚记，然后建立到命名锚记的超链接。

1. 创建命名锚记

命名锚记就是链接目标，是指文档中某个特定的位置，浏览者单击指定链接后将会跳转到该位置。

一般情况下，创建命名锚记的方法有两种，一种是通过单击“常用”工具栏中的 命名锚记 按钮创建，另一种是通过选择“插入”|“命名锚记”命令创建。下面将通过第一种方式来创建命名锚记。

新手演练 Novice exercises 创建命名锚记（源文件\第 8 章\锚链接\maodian.html）

Step 01 打开需要加入锚记的网页文档。

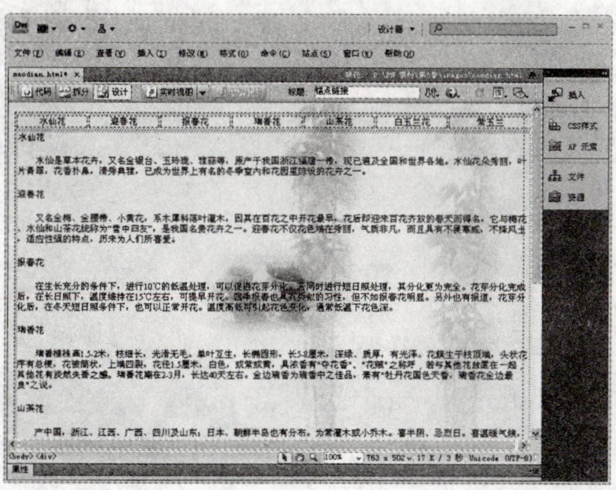

Step 02 将光标置于“报春花”之前，并单击“常用”选项卡中的 命名锚记 按钮。

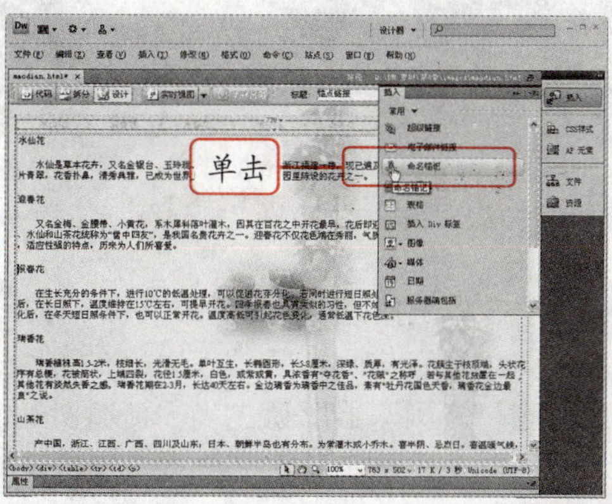

Step 03 在弹出的“命名锚记”对话框中的“锚记名称”文本框中输入“baochun”文本。

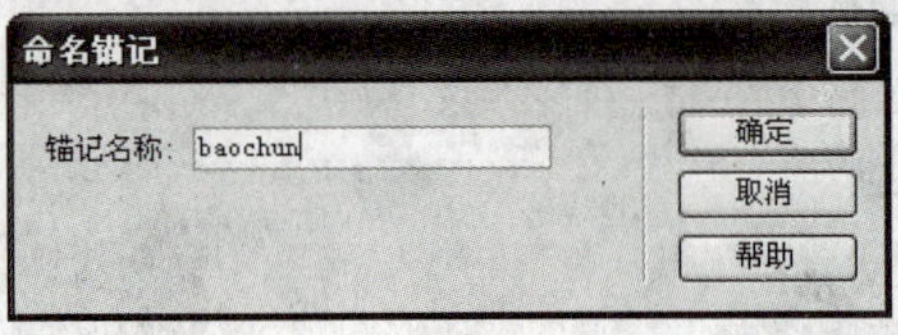

温馨提示牌 Warm and prompt licensing

添加锚记之后，在蓝色标题“报春花”之前将会出现一个命名锚记符号。

Step 04 依照上述方法在其他花名前也创建命名锚记。

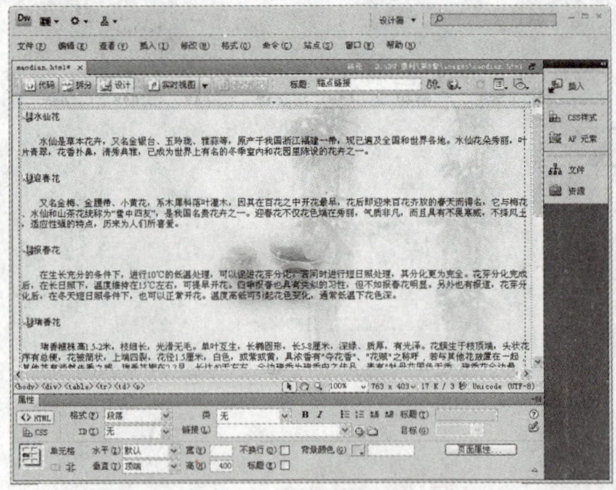

2. 链接命名锚记

命名锚记创建好之后，接下来就要为其指定起始跳转位置，即指向命名锚记的链接。

新手演练 Novice exercises　　**链接命名锚记**

Step 01 选中页面最上面的“报春花”文本，在“属性”面板中的“链接”文本框中输入文本“#baochun”。

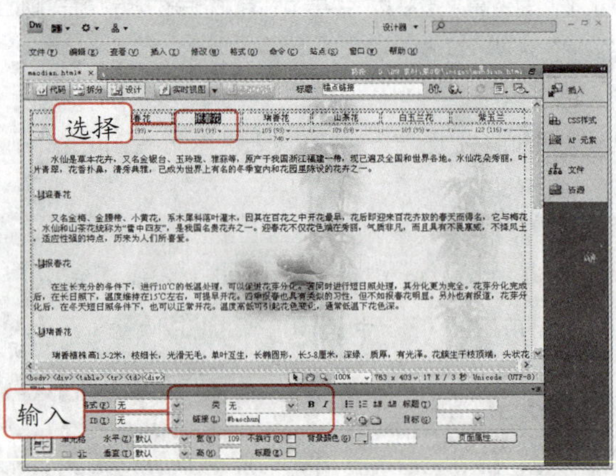

Step 02 依照同样的方法也为其他文本创建命名锚记的链接。

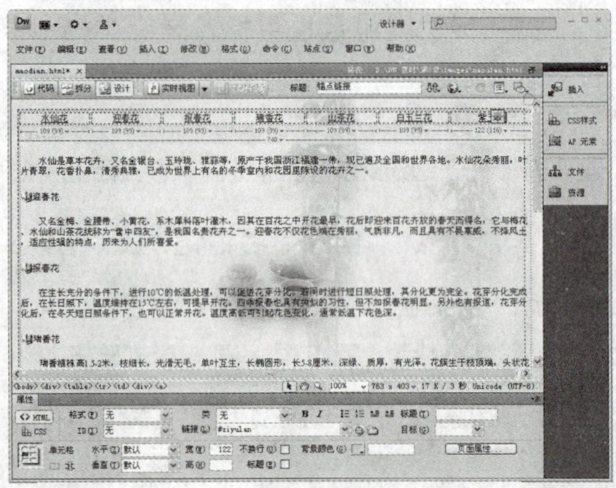

8.2.4 创建电子邮件链接

电子邮件链接是 Dreamweaver 中的一类特殊的超链接，在网页上加入电子邮件链接，可以方便浏览者与网站管理者之间的联系。当浏览者单击电子邮件链接的载体（如文本）时，即可打开浏览器默认的电子邮件处理程序，收件人的邮件会在地址电子邮件链接中指定地址处自动显示，而不需要浏览者手动输入。

新手演练 Novice exercises 创建电子邮件链接（源文件\第 8 章\电子邮件\index.html）

Step 01 打开一个有邮箱地址的页面，选择要创建电子邮件链接的对象，单击 电子邮件链接 按钮。

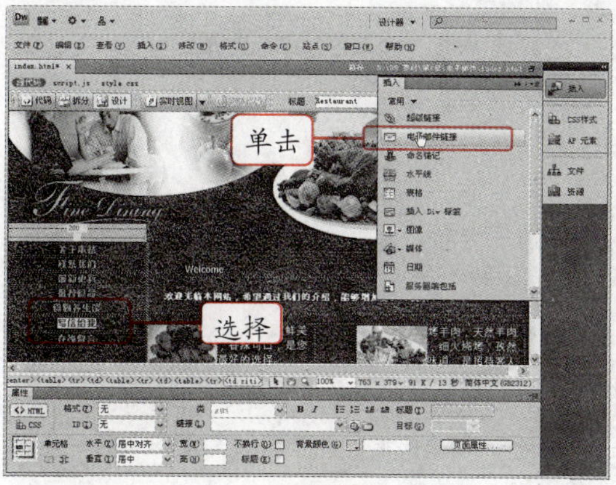

温馨提示牌 Warm and prompt licensing

电子邮件链接不仅可以建立在文字上，也可以建立在图像等元素上。

Step 02 打开“电子邮件链接”对话框，（如果第一步没有选择文本，而只将光标定位，则可以在文本框处输入文本），单击 确定 按钮。

Step 03 被链接的电子邮件文本颜色发生变化，可能看到在其“属性”面板中的“链接”下拉列表框中自动添加了电子邮件地址。

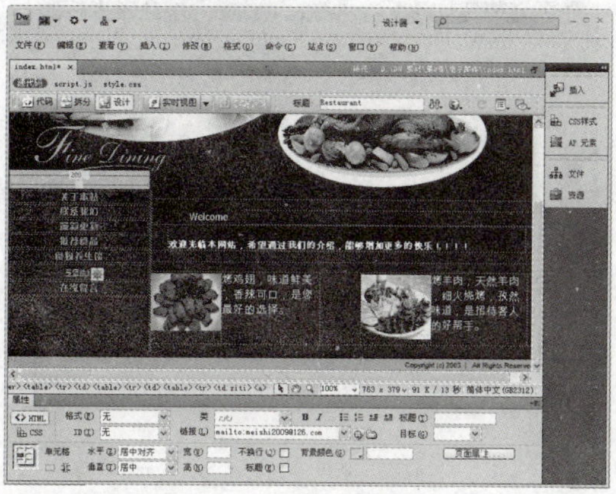

温馨提示牌 Warm and prompt licensing

读者也可以直接在属性面板中输入邮箱链接，如 mailto:meishi2009@126.com。

Step 04 预览文件，单击该电子邮件链接，就会打开收件人为 meishi2009@126.com 的“新邮件”窗口。

8.3 职场特训

本章主要讲解超级链接的有关知识，并且通过创建文本链接、图像链接、锚链接和电子邮件链接的实例，讲解了创建这些链接的过程。下面通过 3 个实例巩固本章所学知识，并拓展知识的应用。

特训 1：图像热点链接的制作（源文件\第 8 章\文本链接和图像链接\tundui.htm）

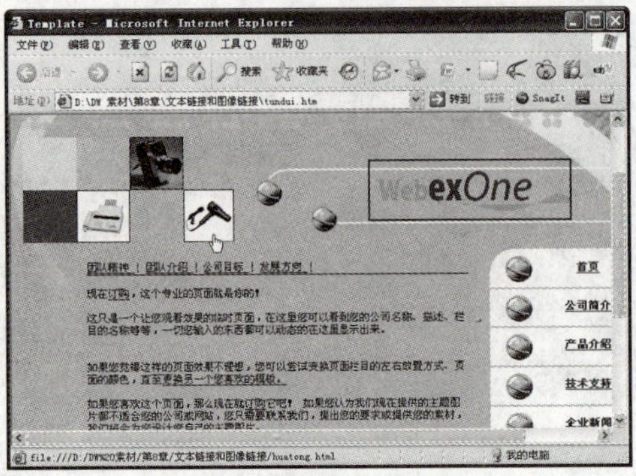

1. 选择网页中的图像，在属性面板中单击“矩形热点工具”按钮，并在某一位置拖动一个矩形热区。
2. 选择该热区，在属性面板中的“链接”文本框中输入要链接的文件，在“目标”文本框中选择“_blank”选项，并在“替换”文本框中输入“话筒”文本。

按“F12”键预览网页。

特训 2：脚本链接的制作（源文件\第 8 章\电子邮件\index.htm）

1. 打开一个网页文件，选择网页左下角的“关闭该窗口”文本，在属性面板的“链接”文本框中输入代码“JavaScript:window.close()”。
2. 保存文件，按“F12”键预览，单击“关闭该窗口”文本时，就会弹出提示框，单击“是”按钮即可关闭该窗口。

特训 3：下载链接的制作（源文件\第 8 章\电子邮件\index.htm）

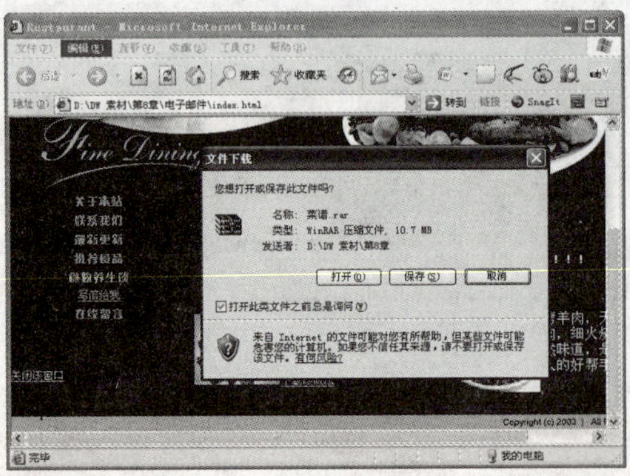

1. 选择网页文件中的“下载该做法”文本，单击“属性”面板中的链接列表框后的按钮，打开“选择文件”对话框，选择下载文件。
2. 保存文件，按“F12”键预览，单击“下载该做法”链接时，就会打开“文件下载”对话框。

第9章

网页布局

精彩案例

在网页中创建 AP Div

改变 AP Div 的大小

通过“AP 元素”面板调整 AP Div 的堆叠顺序

使用 CSS 构建页面样式

插入 Div 标签进行布局

保存框架集文档

本章导读

一个优秀的网页设计者，在网页制作之前都会确定该页面的基本框架、页面布局方式以及采用什么样的方法进行页面的布局。一个网页在视觉上给浏览者的感觉，关键取决于页面布局的设计。在 Dreamweaver CS4 中提供了多种布局页面的工具，如表格、层和框架等。

本章将通过具体的实例，讲解层、框架这两种工具在网页布局中的作用。

9.1 用 AP Div 布局网页

AP Div（层）是网页布局中非常重要的一种工具。相对于表格来说，层更具有灵活性，使用它可以弥补表格布局中繁琐的定位操作。在层中可以放置文本、图像和动画等任何页面元素，利用它还可以精确地定位页面中元素的位置，本节将通过一系列的实例来详细讲解有关层的使用。

9.1.1 在网页中创建 AP Div

一般来说，在网页中创建 AP Div 的方式有两种：一种是通过选择“插入”|“布局对象”|“AP Div”命令来创建 AP Div 元素；另一种是通过“布局”工具栏中的“绘制 AP DIV”按钮来创建 AP Div 元素。

1. 创建 AP Div

AP Div 最基本的作用就是用来定位网页元素的位置，下面以一个实例来讲解如何创建及利用 AP Div 来定位网页元素。

新手演练 Novice exercises 在网页中创建 AP Div（源文件\第 9 章\层\index.html）

Step 01 打开一个网页文档，将“插入”工具栏切换到“布局”工具栏，单击工具栏上的 绘制 AP Div 按钮。

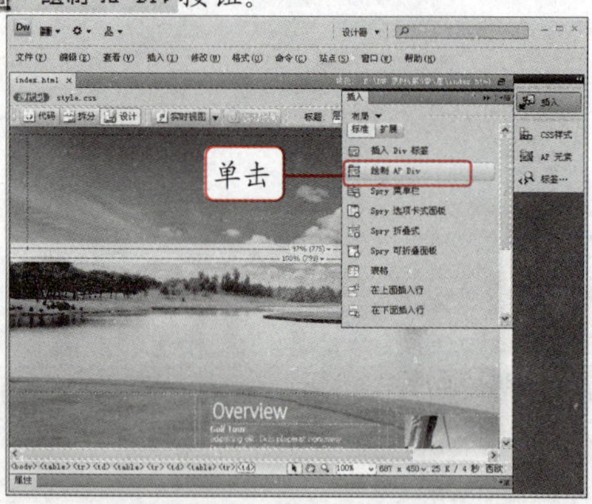

Step 02 将鼠标定位在需要插入层的位置，拖动至合适大小，插入一个层。

Step 03 将鼠标定位在该层中，选择菜单“插入”|“媒体”|“SWF”命令，在出现的“选择文件”对话框中，选择一个 flash 文件。单击 确定 按钮，将该文件插入到层中。

温馨提示牌 Warm and prompt licensing

按住 Ctrl 键不放，可以连续创建多个层。

2. 创建嵌套 AP Div

曾经制作过网页的读者都知道，在表格中可以插入嵌套表格，同样地，在层中也可以插入子层，从而形成嵌套关系，通过嵌套层可以把多个层组合成一个整体。

新手演练 Novice exercises　创建嵌套 AP Div（源文件\第 9 章\层\index.html）

Step 01　打开一个网页文档，将光标定位在需要创建层的位置，选择“插入”|“布局对象”|“AP Div”命令。

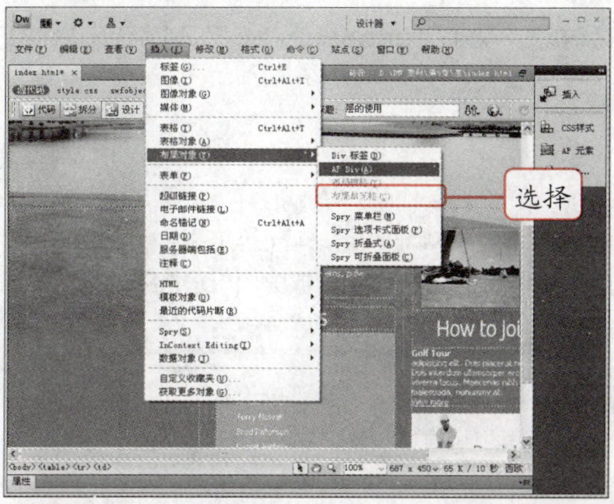

Step 02　在文档中生成一个层，将光标定位在该层中，选择“插入”|“布局对象”|“AP Div”命令，就会在该层中再次创建 1 个层。

职场经验谈 Workplace Experience

单击 apDiv3 层的边框，并移动到适当的距离，选择 apDiv2 并移动一段距离，可以发现 apDiv3 也会跟着移动。

Step 03　选择“窗口”|“AP 元素”命令，打开“AP 元素”面板，可以看到两个层的嵌套关系。

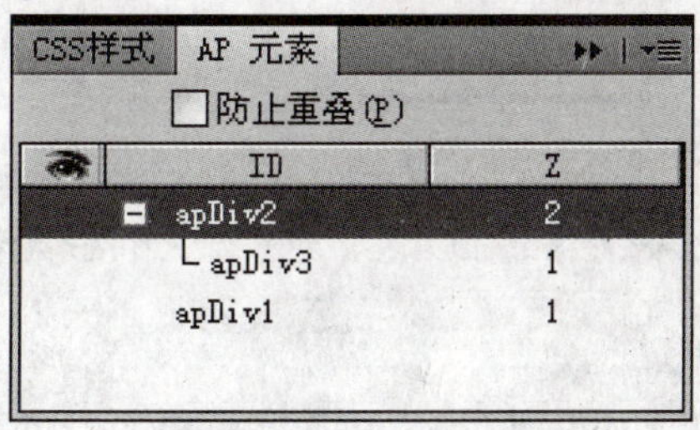

9.1.2 AP Div 的基本编辑操作

层创建好之后，就可以对层进行各项编辑，以达到网页预想的效果。Dreamweaver CS4 中对层的基本编辑操作包括：移动 AP Div、改变 AP Div 的大小、对齐 AP Div、调整 AP Div 的堆叠顺序和改变 AP Div 的可见性等。本小节将对 AP Div 的基本操作进行详细讲解。

1. 认识“AP 元素”面板

选择“窗口”|“AP 元素”命令，或按 F12 键即可打开“AP 元素”面板。在该面板中包含“防止重叠”复选框、AP 元素的 ID、“Z 轴”以及控制 AP 元素显示或隐藏的眼睛图标。

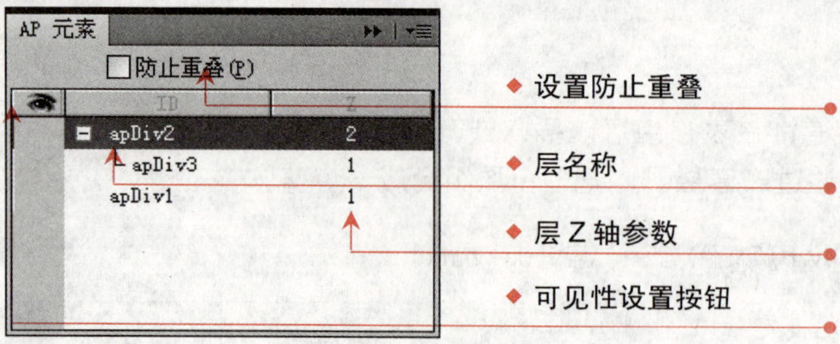

2. 选择 AP 元素

在进行设置对象时，必须首先选择要设置的对象。在 Dreamweaver CS4 中选择 AP 元素的方法有以下几种。

知识点拨 Knowledge 选择 AP 元素

选择单个 AP 元素：单击 AP 元素左上角的"□"图标，即可选中该 AP 元素。

选择单个 AP 元素：将光标定位在 AP 元素的边框，单击该边框，即可选中该 AP 元素。

选择单个 AP 元素：打开"AP 元素"面板，选择面板中 AP 元素的 ID 名称，即可选中该 AP 元素。

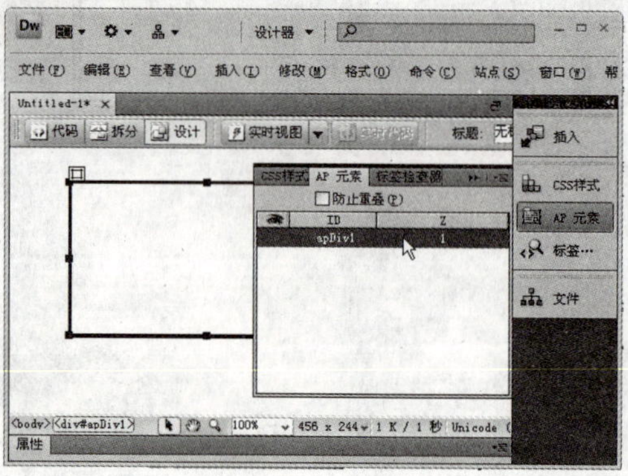

选择多个 AP 元素：如果要选择多个层，可以在按住 Shift 键的同时，按照上述方式选择 AP 元素。

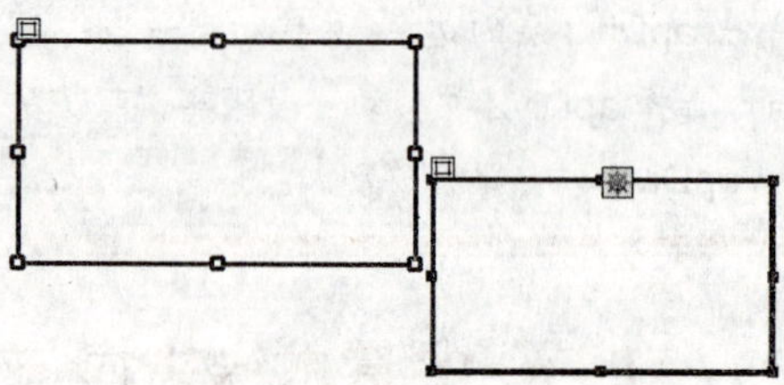

3. 移动 AP Div

在"设计"视图下，如果要改变 AP Div 的位置可以通过移动 AP Div 来实现。移动 AP Div 的方式有以下两种。

知识点拨 Knowledge **移动 AP Div**

使用鼠标移动 AP Div：选中 AP Div 元素，拖动到适当的位置松开鼠标即可。

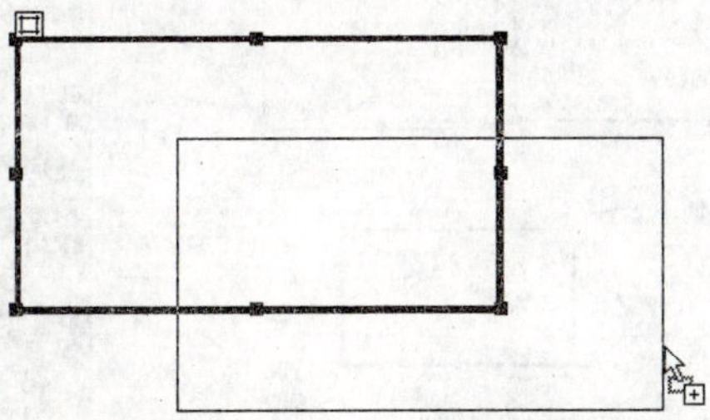

使用方向键移动 AP Div：选中 AP Div 元素，按键盘上的上、下、左、右方向键，移动 AP Div。

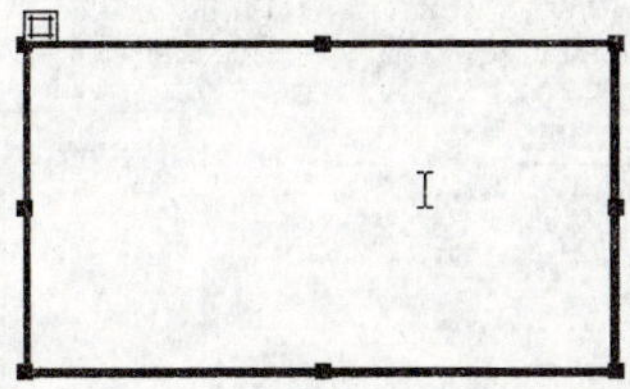

移动多个 AP Div：按 Shift 键的同时按键盘上的方向键。

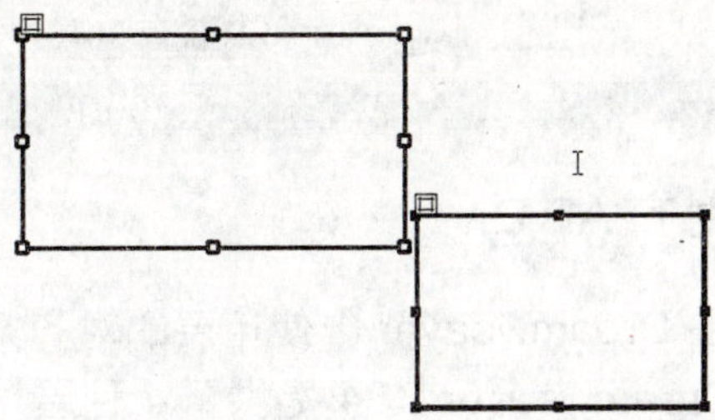

4. 改变 AP Div 的大小

在 Dreamweaver 中不仅能够改变一个 AP Div 的大小，也可以改变多个 AP Div 的大小。改变一个 AP 元素的大小时，首先要选中该 AP 元素，任意拖动 8 个端点中的一个点，就可以改变 AP Div 的大小。当选中多个层的大小时，可以使选中的这些层具有相同的高度或者宽度。

新手演练 Novice exercises **改变 AP Div 的大小**

Step 01 在网页中绘制 3 个 AP Div 元素，按住 Shift 键选中它们，选择“修改”|“排列顺序”|“设成宽度相同”命令。

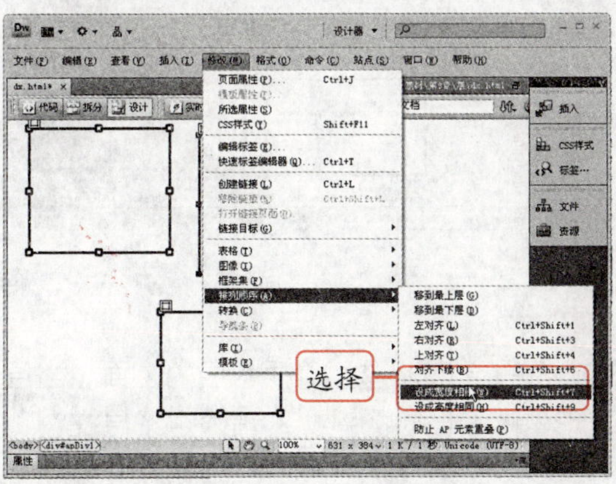

Step 02 可以看到设置的 3 个 AP Div 元素的宽度一致。

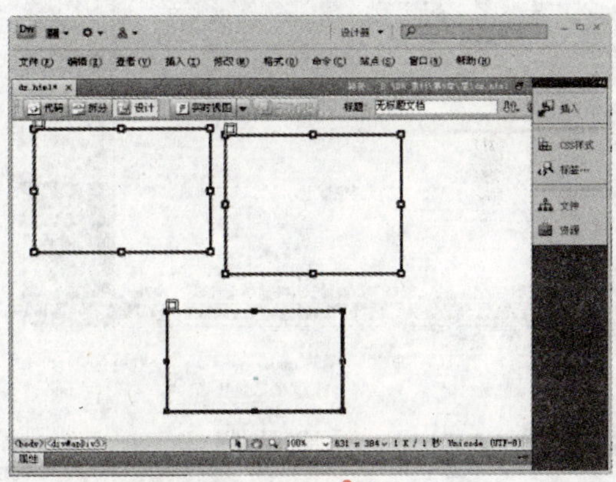

温馨提示牌 Warm and prompt licensing

一般情况下，如果网页中含有多个层，而且层的高度和宽度要求一致，使用这种方法比较方便。

Step 03　再次按 Shift 快捷键选中这三个层，选择“修改”｜“排列顺序”｜“设成高度相同”命令。

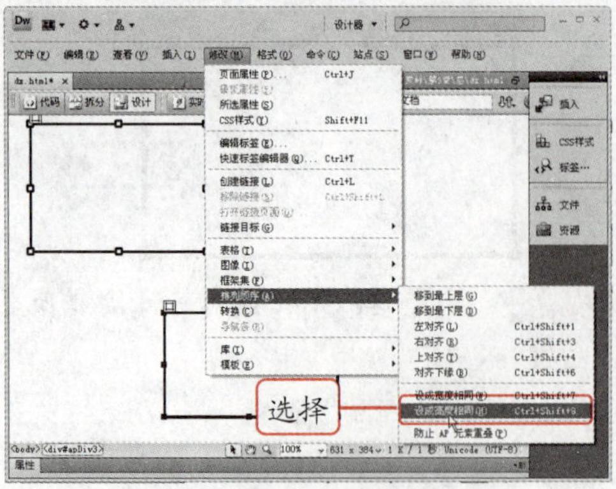

Step 04　经过两次宽度和高度的设置，可以看到页面中的所有 AP Div 元素具有相同的大小。

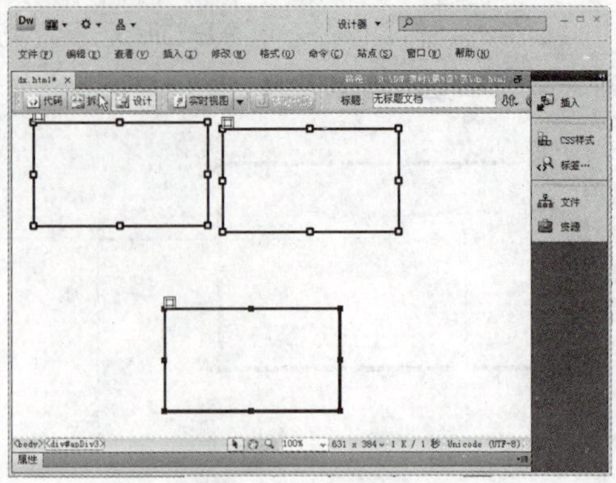

5. 对齐 AP Div

在 Dreamweaver 中使用层的对齐方式命令，可以将多个层与最后选定的层的边界对齐。Dreamweaver CS4 提供了 4 种层对齐方式：“左对齐”、“右对齐”、“上对齐”和“对齐下缘”。

新手演练 Novice exercises　对齐 AP Div

Step 01　打开一个网页文档，单击“绘制 AP Div”按钮，在文档中任意位置绘制两个层。

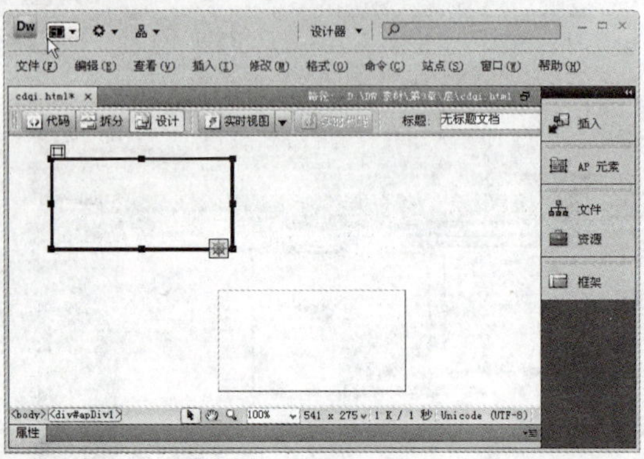

Step 02　按 Shift 键的同时选择文档中的两个层，然后选择“修改”｜“排列顺序”｜“左对齐”命令，将这两个层左对齐。

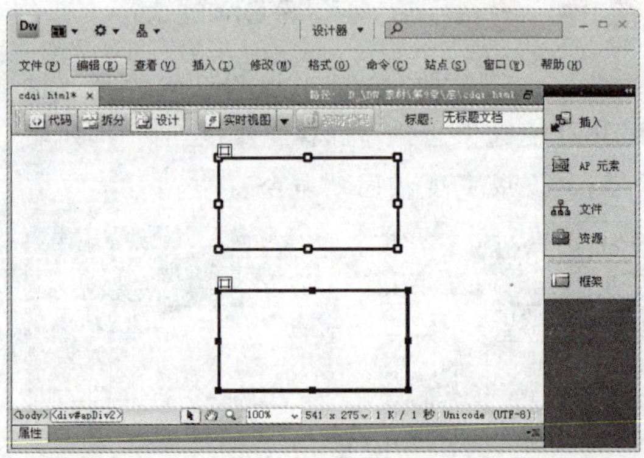

6. 调整 AP Div 的堆叠顺序

在使用 AP Div 元素布局网页时，插入时间相对晚的层将位于之前插入层的上面，当层重叠时，最后插入的层将位于最顶端。在 HTML 代码中，堆叠顺序或 Z 轴确定了层在浏览器中的创建顺序。

在 Dreamweaver CS4 中提供了两种调整 AP Div 堆叠顺序的方法。一种是通过“AP 元素”面板来调整 AP Div 堆叠顺序；另一种是通过属性检查器中的 Z 轴来调整 AP Div 的堆叠顺序。

下面的实例是通过“AP 元素”面板调整 AP Div 的堆叠顺序。

新手演练 Novice exercises

通过“AP 元素”面板调整 AP Div 的堆叠顺序

Step 01 打开一个使用多个层布局的网页文档，选择“窗口”|“AP 元素”命令，打开“AP 元素”面板。

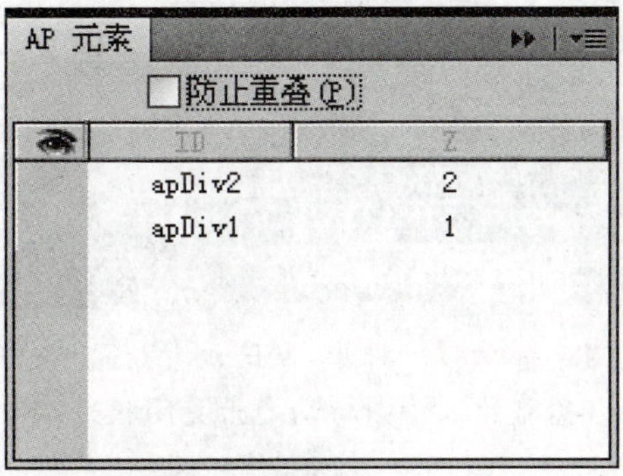

Step 02 在该面板中，选择并拖动一个层上下移动到所需的堆叠顺序，如下图将 apDiv1 层设置在层的最顶端。

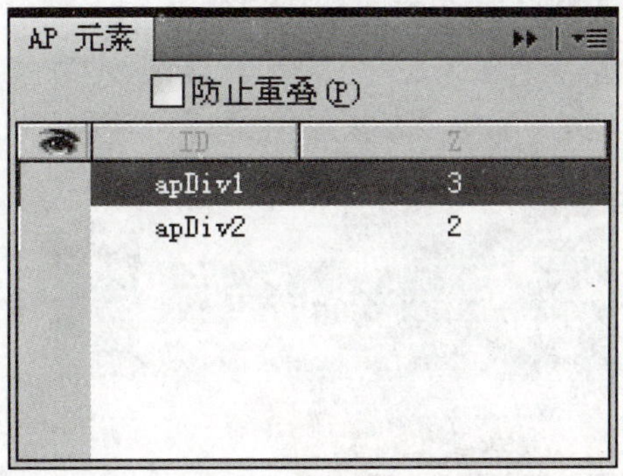

下面的实例是通过改变 Z 轴值来调整 AP Div 的堆叠顺序。Z 轴值越大的层就会上移，否则将下移。

新手演练 Novice exercises

通过 Z 轴值调整 AP Div 的堆叠顺序

Step 01 打开“AP 元素”面板查看当前层的堆叠顺序，在“AP 元素”面板中，选中要调整的层。

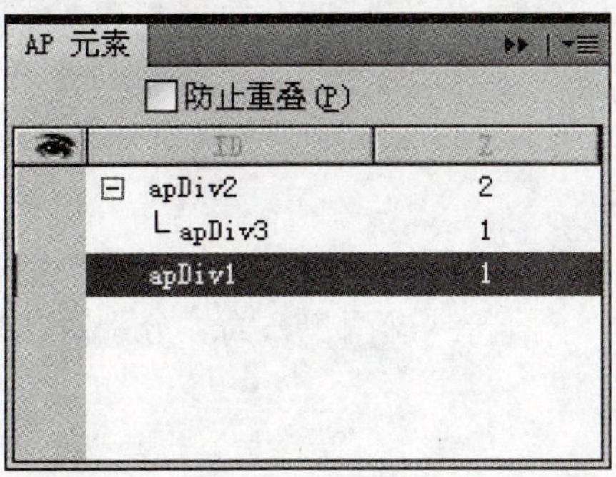

Step 02 在属性检查器的“Z 轴”域中键入一个数值。若上移该层则输入一个比当前值大的数值，若下移则输入一个比当前值小的数值。

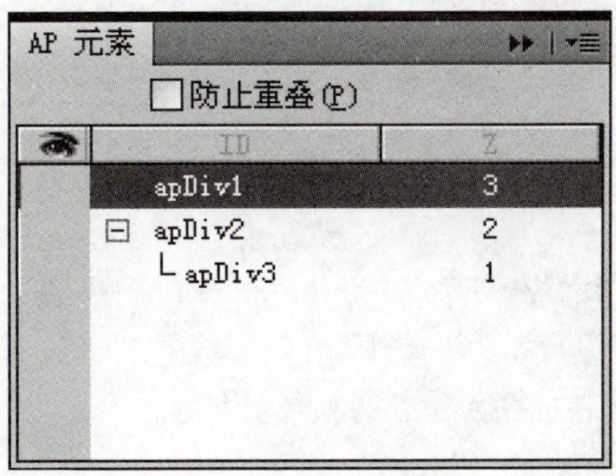

7. 改变 AP Div 的可见性

用户在浏览网页的时候，经常会看到很多浮动的图片，当用鼠标单击时，该图片就会消失，这种效果是使用了层的显示与隐藏技术完成的。改变 AP Div 的可见性是网站开发者为了达到某种页面效果而特意设置的。

改变 AP Div 的可见性操作为：单击“AP 元素”面板中的眼睛图标。如果设置其为闭上眼睛的图标，则该层隐藏；设置其为睁开眼睛的图标时，则该层显示。

知识点拨 Knowledge　不同情况下改变 AP Div 的可见性（源文件\第 9 章\层\index.html）

设置两层都显示：打开使用层布局的网页文档，打开“AP 元素”面板，使得层名称前的眼睛图标处于状态。

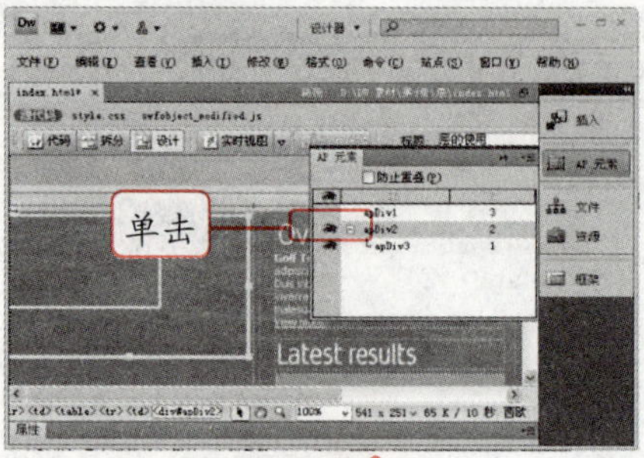

温馨提示牌 Warm and prompt licensing

还可以通过选中某个 AP Div 元素，单击鼠标右键，从弹出的快捷菜单中选择层的显示、隐藏或其他设置。

设置一层显示一层隐藏：打开“AP 元素”面板，单击 apDiv3 前的眼睛图标，使其处于关闭状态，单击 apDiv2 前的眼睛图标使其处于睁开状态。

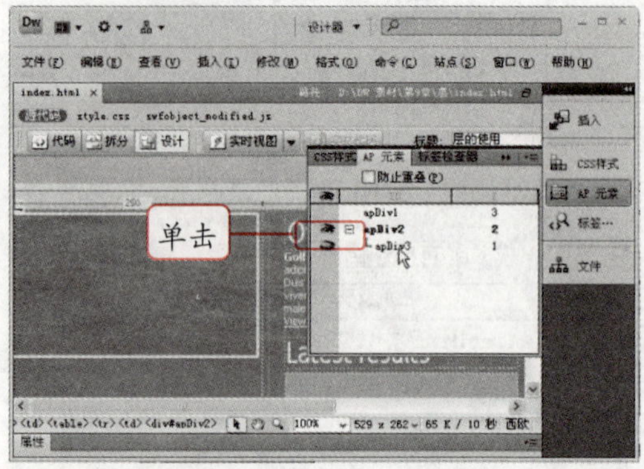

设置两层都隐藏：打开“AP 元素”面板，使得层名称前的眼睛图标均处于关闭状态。

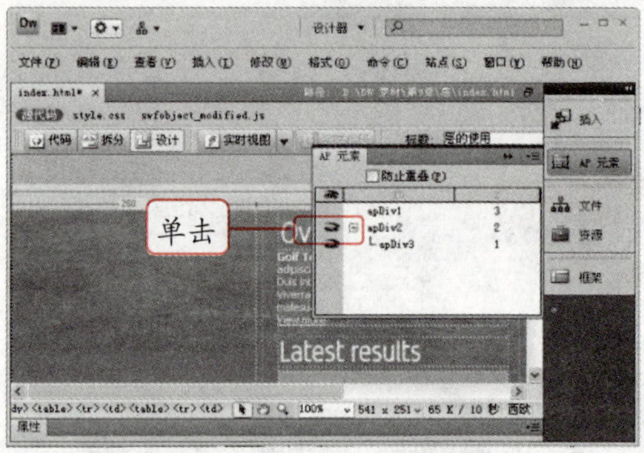

9.1.3　AP Div 的属性设置

与其他页面布局对象一样，层也有自己的属性，在属性面板中可以对单个层或多个层进行设置，对一个层和多个层的属性设置是不同的。下面将从这两个方面，分别对层属性面板中的各选项进行具体介绍。

1. 单个 AP Div 的属性设置

打开一个使用 AP Div 布局的页面，选择该页面中任意一个 AP Div 对象，可以在“属性”面板中看到该层的各项设置，下面将对“属性”面板中设置的各项进行详细介绍。

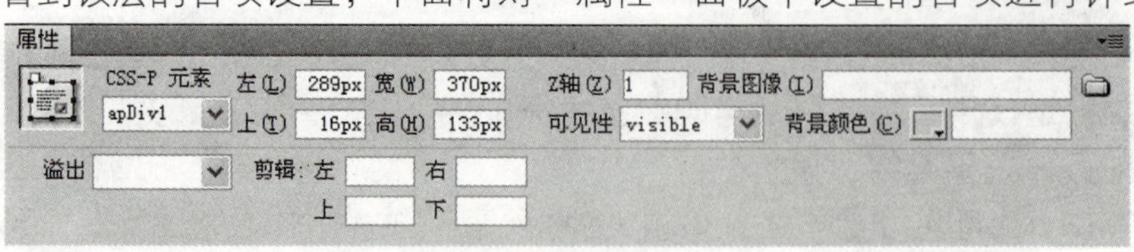

知识点拨 Knowledge **认识单个 AP Div 的属性面板**

CSS-P 元素：用来设置层的名称，当一个页面使用的层比较多时，设置层的名称是很有必要的。

左（L）和上（T）：分别用来设置层的左边界和上边界到浏览器左边框和上边框的距离，可以直接输入数值，单位为像素。

宽（W）和高（H）：分别用来设置层的宽度和高度，可直接输入数值，单位为像素。

Z 轴（Z）：用来设置层的 Z 轴，可以输入数值，这个数值可以是负值。当层重叠时，Z 值大的层将在最上面显示，覆盖或部分覆盖 Z 值小的层。

温馨提示牌 Warm and prompt licensing

> 默认情况下，层的叠放顺序是按照层的插入顺序进行放置的。即先插入的层在最底层，后插入的在最上层。

背景图像（I）：用来设置这个层的背景图像文件，可填入背景图像文件的路径，也可以单击其后的浏览按钮，然后在出现的“选择图像源文件”对话框中选择需要的图像。

可见性：用来设置层的可视属性。

背景颜色：用来设置层的背景颜色。

溢出：当层的内容超过层的指定大小时，用来设置对层内容的显示方法。有 4 个选项：Visible、hidden、scroll 和 auto。选择 Visible，则层的边界会自动延伸以适应层的内容；选择 hidden，将隐藏超出部分的内容；选择 scroll，则浏览器将在层上添加滚动条；选择 auto，则当层的内容超过指定大小时，浏览器才显示层的滚动条，否则不显示。

剪辑：用来设置层的可见区域。层经过“剪辑”后，只有指定的矩形区域才是可见的，“左”、“右”文本框用来设置这个可见区域的左、右边界距层左、右边界的距离；“上”、“下”文本框用来设置这个可见区域的上、下边界距层上边界的距离。

2. 多个 AP Div 的属性设置

当选取两个或两个以上层时，层的“属性”面板中就会显示文本属性和常规层属性。

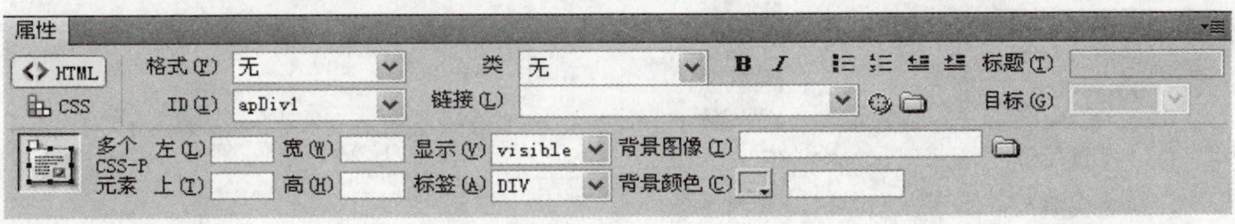

知识点拨 Knowledge **认识多个 AP Div 的属性面板中各选项的含义**

左（L）和上（T）：指定了层相对于页面或父层（如果是嵌套的）的左上角相对位置。

宽（W）和高（H）：指定层的宽度和高度。如果层中内容超过指定大小，这些值将被忽略。如果将 div 或 span 设置为默认标签，位置和大小的单位默认值是像素（px）。也可以指定下列单位：pc（picas）、pt（点）、in（英寸）、mm（毫米）、cm（厘米）或者%（相对父层大小的百分比）。需要注意的是数值后面必须紧接着单位缩写，中间不能有空格。例如：3mm。

显示（V）： 确定层的初始显示状况，包括4个选项，其中选择 Default（D）选项将不指定可见属性，但绝大部分浏览器将之解释为“继承”；Inherit 将使用父层的可见属性；Visible 将显示层内容；Hidden 将隐藏层内容，而不受父层属性影响。

背景图像： 为层指定背景图像。点击“文件夹”按钮，选取图像文件，或者在文本域中键入图像的路径。

背景颜色： 为层指定背景颜色。如果要指定透明背景则不要设置该选项。

9.1.4 AP Div 与表格的相互转化

在网页制作中，使用层可以更方便、精确地定位页面元素，因此，可以先使用层来快速创建复杂的页面布局，然后再把层布局转换为表格布局，供不支持使用层的浏览器浏览，需要时也可以将表格转化为层，来调整页面的设计。

将表格布局转化为层布局的前提是：首先创建一个含有多行多列的表格，并在表格中插入和单元格的宽度和高度相当的图像，然后选择“修改”|“转换”|“将表格转换为 AP Div”命令，即可将表格布局转化为层布局。

本小节将讲解如何实现 AP Div 与表格的相互转化。

新手演练 Novice exercises AP Div 与表格的相互转化（源文件\第 9 章\层\zhuanhua.html）

Step 01 展开“插入”工具栏，切换到“布局”面板中，单击 绘制 AP Div 按钮，在文档中绘制一个 AP Div 层。

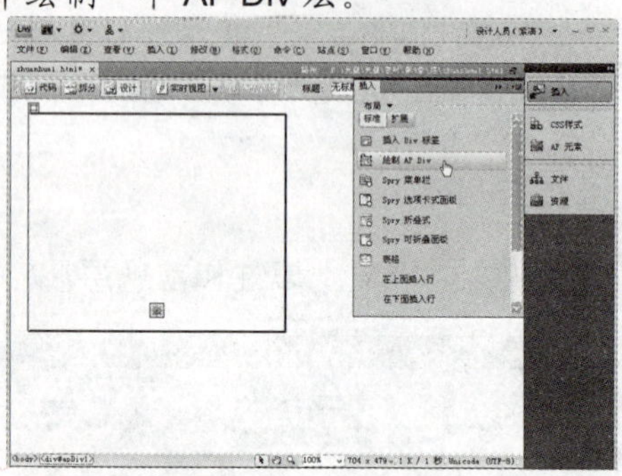

Step 02 将光标定位在该层中，选择“插入”|“图像”命令，为该层插入一幅事先准备好的素材图像。

Step 03 选中文档中的 AP Div 层，在属性面板中设置该层的左边距 37px、上边距 25px、以及宽度 285px 和高度 283px。

Step 04 依照同样的方法，绘制其他 AP Div 层，并选择“插入”|“图像”命令，插入相应的素材图片，使其拼合成一张完整的图像。

温馨提示牌 Warm and prompt licensing

在将这些层进行拼合时，一定要注意，层与层之间不要存在间隙，以免影响页面的预览效果。

Step 05 按 Ctrl+A 组合键选择所有层，选择“修改”|“转化”|“将 AP Div 转换为表格”命令。

Step 06 出现“将 AP Div 转换为表格”对话框，进行各项设置后，单击 确定 按钮。

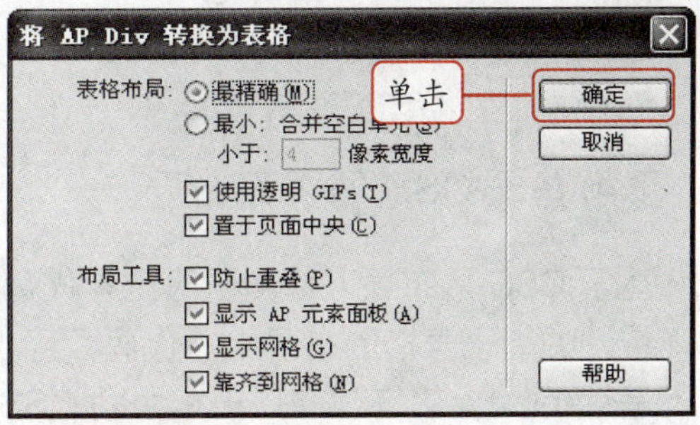

职场经验谈 Workplace Experience

“最精确”单选按钮：严格按照层的排列的方式生成表格，但表格结构复杂。

“最小”单选按钮：可以设置删除宽度小于一定像素的单元格。

“置于页面中央”复选框：会让表格在页面居中。

Step 07 保存文件，按 F12 键预览。

9.1.5 Div+CSS 页面布局

Div+CSS 是网站标准（或称“WEB 标准”）中常用的术语之一，通常是为了说明与 HTML 网页设计语言中的表格（table）定位方式的区别，因为 XHTML 网站设计标准中，不再使用表格定位技术，而是采用 Div+CSS 的方式实现各种定位。CSS（Cascading Style Sheets，层叠样式表单）是一种用来表现 HTML 或 XML 等文件式样的计算机语言。

Div 元素是用来为 HTML 文档内大块（block-level）的内容提供结构和背景的元素。Div 的起始标签和结束标签之间的所有内容都是用来构成这个块的，其中所包含元素的特性由 Div 标签的属性来控制，或者通过使用样式表格式化进行控制。

简单地说，Div 用于搭建网站结构（框架），CSS 用于创建网站表现（样式/风格），实质即使用 XHTML 对网站进行标准化重构。使用 CSS 将表现与内容分离，便于网站维护，简化 html 页面代码，可以获得一个较优秀的网站结构，便于协同工作、日后维护并支持搜索引擎。

1. 了解基于 CSS 的页面布局

基于 CSS 的布局（即使用块元素代替表格行和列的布局）所包含的代码数量要比具有相同特性的基于表格的布局中的代码数量少很多。基于 CSS 的布局通常使用<div>标签，而不是<table>标签来创建用于布局的 CSS 布局块。

用户可以将 CSS 布局块放置在页面上的任意位置，并为它们指定属性，如边框、边距、背景颜色等。此外，由于代码更为简单和短小，因此，使用屏幕读取器查看 Web 页的用户，可以更容易地浏览使用 CSS 构建的页面。

新手演练 Novice exercises　使用 CSS 构建页面（源文件\第 9 章\层\CSS.html）

Step 01　新建一个网页文档，单击“布局”工具栏中的 绘制 AP Div 按钮，在该页面中绘制一个层。

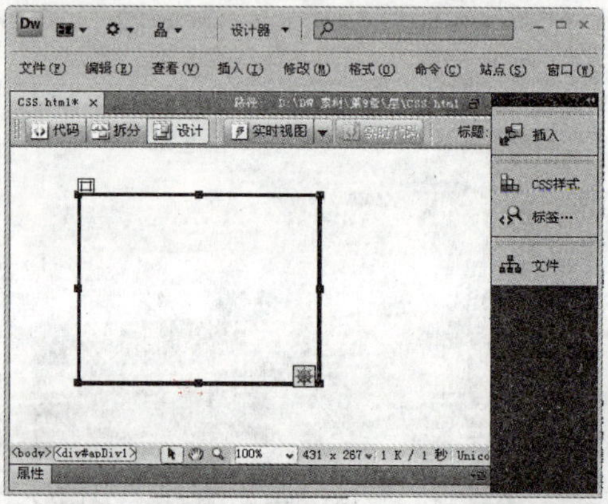

Step 02　选中该 AP Div 层，选择“窗口”|“CSS 样式”命令，展开“CSS 样式”面板，单击该面板右下角的“新建 CSS 规则”按钮。

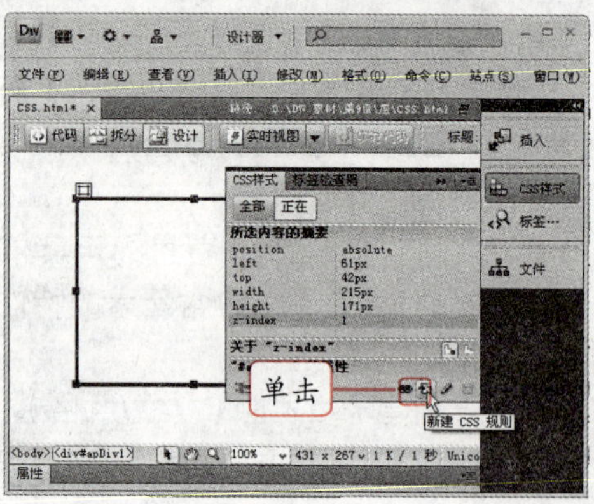

Step 03　出现“新建 CSS 规则”对话框，在“选择器类型”下拉列表中选择“ID（仅应用于一个 HTML 元素）选项，在“规则定义”下拉列表中选择“（仅限该文档）”选项，单击 确定 按钮。

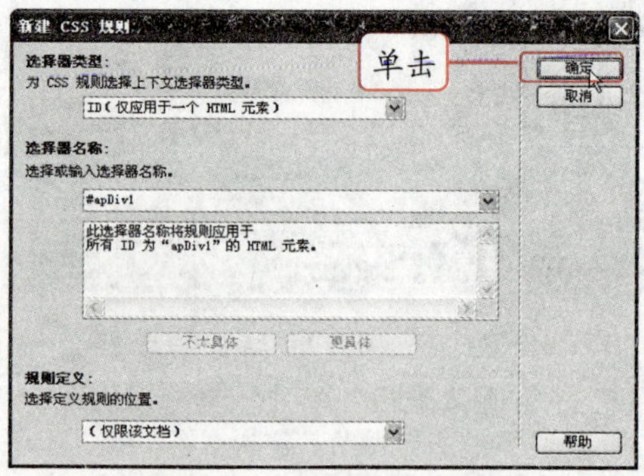

职场经验谈 Workplace Experience

在新建 CSS 规则时，可以将新建的 CSS 样式定义为外部样式。与内部样式不同的是，该样式会以文件的方式存放在文件夹中。

Step 04　出现 CSS 规则定义对话框，在“分类”列表中选择“背景”选项，并在右侧列表框中进行各项设置，也可以选择其他分类选项进行设置。

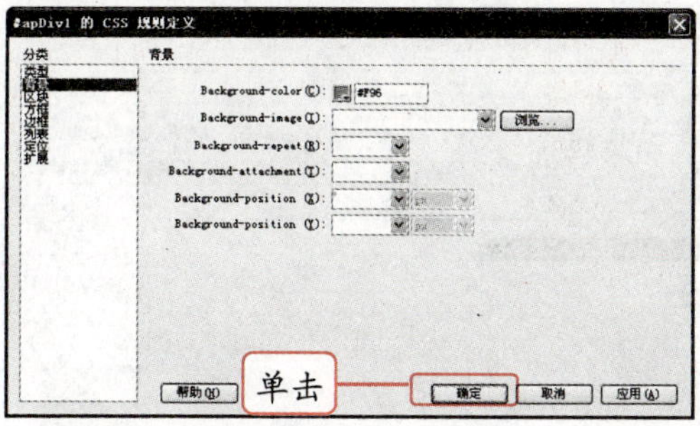

Step 05 单击 确定 按钮，返回设计界面，可以看到刚才对该层进行的设置。

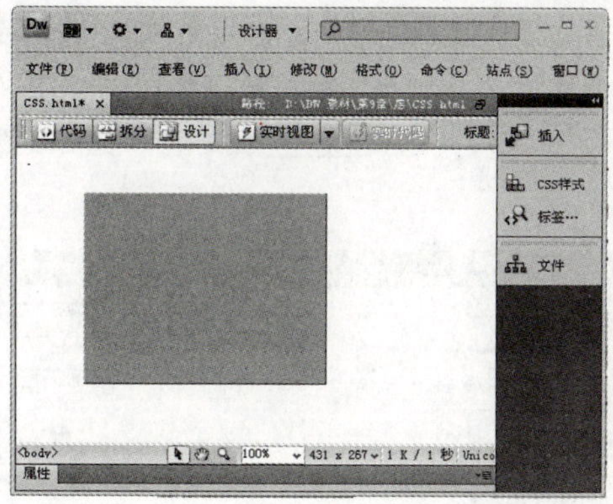

2. 插入 Div 标签进行布局

用户可以使用 Div 标签创建 CSS 布局块，并在网页中对它们进行定位。如果有一个带有附加到文档的定位样式的 CSS 样式表，使用该标签就非常有用了。Dreamweaver 能够快速插入 Div 标签并对其应用已有样式。

新手演练 Novice exercises 插入 Div 标签进行布局（源文件\第 9 章\层\div.html）

Step 01 新建一个网页文档，将光标定位在要插入 Div 标签的位置，选择“插入”|“布局对象”|“Div 标签”命令。

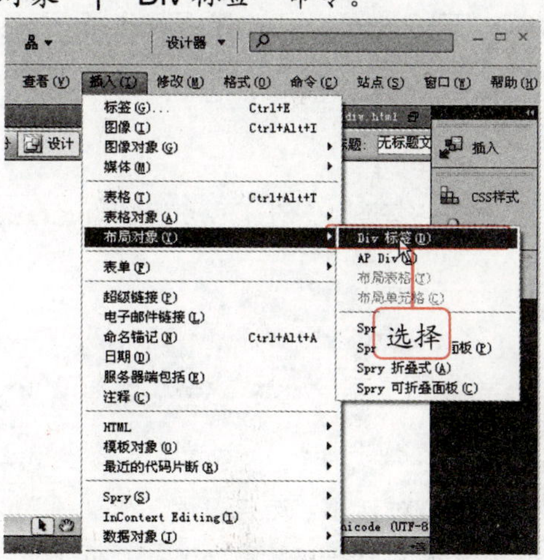

Step 02 出现“插入 Div 标签”对话框，单击 新建 CSS 规则 按钮。

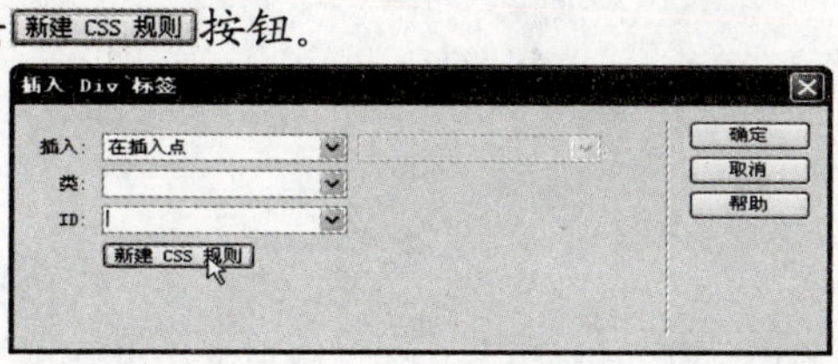

Step 03 出现“新建 CSS 规则”对话框，在“选择器名称”下拉列表中输入名称，单击 确定 按钮。

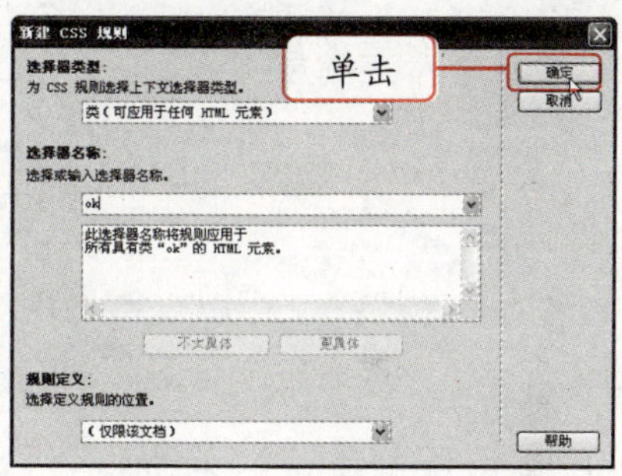

Step 04 出现“.OKCSS 规则定义”对话框，在“分类”列表中选择“背景”标签，并在右侧进行设置，也可以选择其他选项进行设置，设置完成后，单击 确定 按钮。

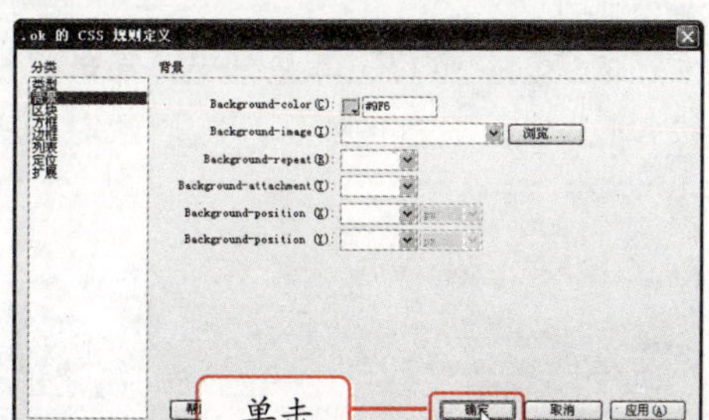

Step 05 返回“插入 Div 标签”对话框，可以看到，在“类”下拉列表中添加了刚才定义的 CSS 样式，单击[确定]按钮即可返回设计界面。

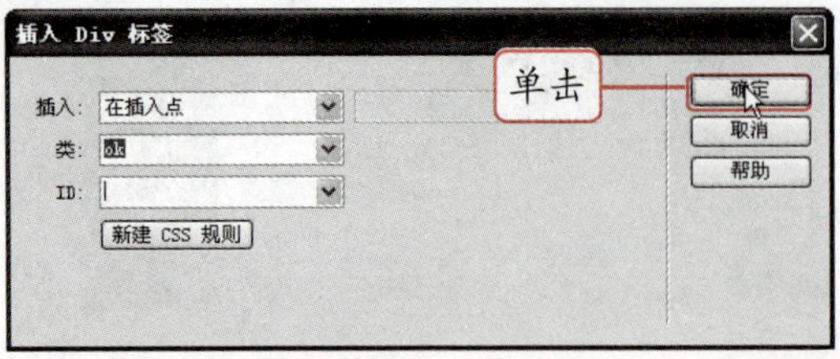

Step 06 在页面中插入了 Div 标签及样式。

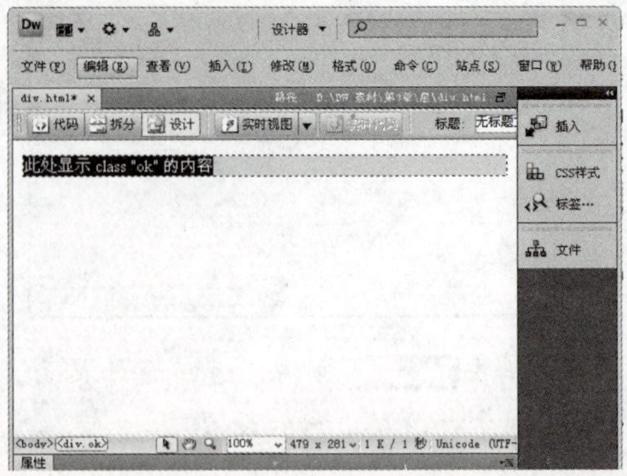

9.2 用框架布局网页

框架是一种非常重要的网页布局工具，一直广泛应用于页面导航中，使用框架技术，可以将多个网页文档集中在同一浏览器窗口中显示出来，并可以使不同的页面在同一浏览器窗口中互相切换。本节将学习如何建立框架页面和框架在网页布局中的实际应用等内容。

框架技术由框架集和框架两部分组成。所谓框架集，就是框架的集合，它是用于在一个文档窗口显示多个页面文档的框架结构,而框架则是框架集中显示出来的网页文档，在框架集中显示的每个框架都是一个独立的网页文档。用户利用框架技术最基本的目的就是保持网站风格的统一，并能灵活控制页面内容。使用框架可以将一个网页文档分割成多个 HTML 页面，每个框架都是一个独立的 HTML 页面。本节将学习如何创建框架集及框架。

9.2.1 直接创建预定义框架集

通过预定义框架集，可以很容易地选择需要创建的框架集类型。在 DreamWeaver CS4 中，创建预定义框架集的方法有三种。

知识点拨 Knowledge　创建预定义框架集的方法

方法一：将插入点放置在文档中，选择“插入”|“HTML”|“框架”命令，从子菜单中选择预定义的框架集。

方法二：展开“插入”工具栏，选择“布局”选项卡，切换到“布局”工具栏中，单击“框架”按钮旁的下三角按钮，选择预定义框架集即可。

方法三：选择“文件”|“新建”命令，出现“新建文档”对话框，选择“示例中的页”选项，在“显示文件夹”列表中选择“框架页”，在示例列表中选择一种框架集即可，设置完成后单击[创建(R)]按钮即可。

9.2.2 创建嵌套框架集

正确使用嵌套框架可以给网站的创建带来许多方便，比如：在同一网页中，当单击某个超级链接的文本时，在该页面中就会显示与该超级链接相对应的内容。这就是通过嵌套框架来实现的。

新手演练 Novice exercises　在网站中创建嵌套框架集

Step 01　新建一个网页文档，选择“查看”|“可视化助理”|“框架边框”命令。

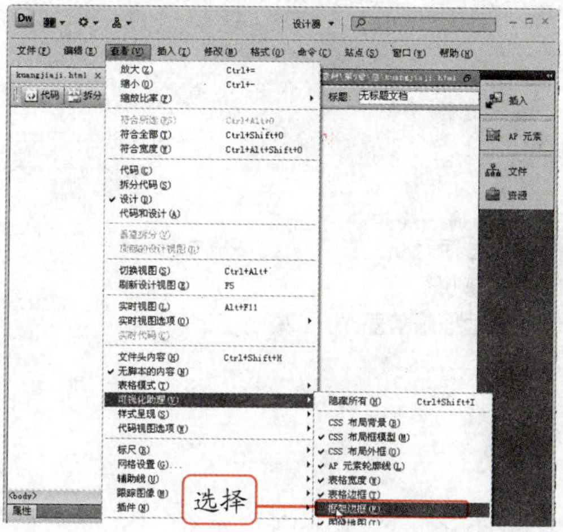

Step 02　显示出框架集边框，鼠标放在框架的上边界，当变为↕状态时，按住鼠标左键向下拖动，就会生成两个框架页面。

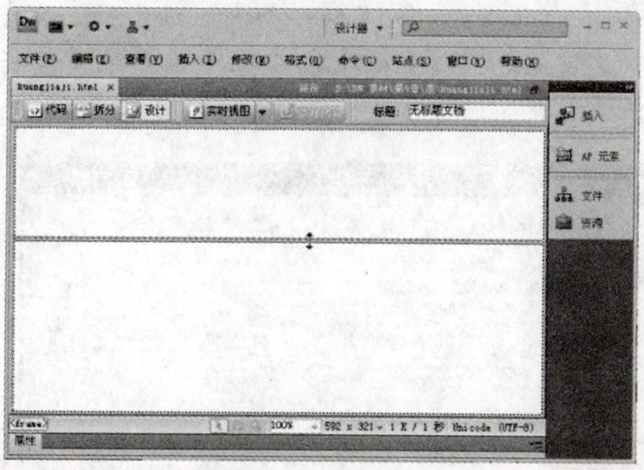

Step 03　选择“窗口”|“框架”命令，出现“框架”面板，单击框架面板中下面的框架。

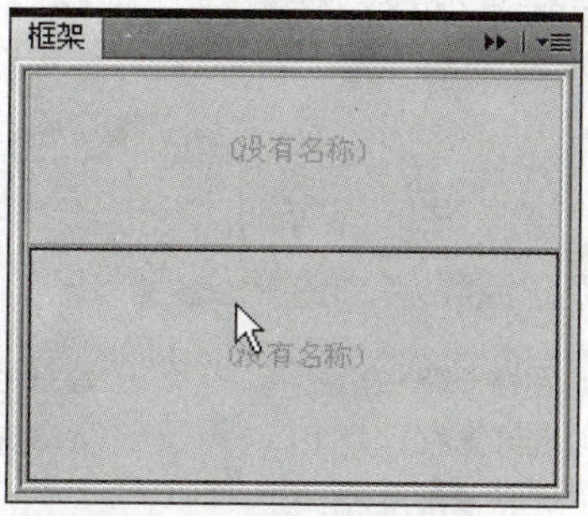

Step 04　将鼠标放在下面框架的左侧框，当鼠标变成↔状态时，向右拖动鼠标，即生成左右两个框架。

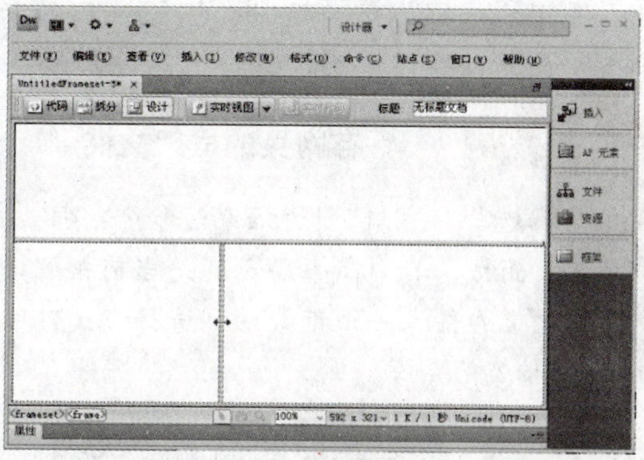

9.3　保存框架网页

上面的内容已经提到，每一个框架集或者框架都与一个 HTML 文件相关联，框架集的 HTML 文件描述的是框架的结构信息，例如包括几个框架、各框架的长度和宽度等。

当用户预览或者关闭包含有框架的网页文档时，必须先对框架集文件进行保存。事实上，当用户创建框架时就已经存在框架集和框架文件了，默认设置下，框架集名称是 UntitledFrame-1、UntitledFrame-2、……默认设置下，框架文件名称是 Untitle-1、Untitle-2、……，而这种命名方法不够直观，所以在保存框架集或者框架文件时要对它们重新命名。

在“文件”菜单下，Dreamweaver CS4 提供了三种与框架有关的保存命令，分别是：“保存框架页”、“框架集另存为”和“保存全部”。其中前两个命令都用于保存框架集文件，而第 2 个命令在保存文件时可以对文件重新命名。第 3 个命令是将页面中所包括的所有框架集、框架文件一起保存。

如果希望只单独保存某框架页面，那么只需将光标定位于该框架，选择“文件” | “保存”命令即可。

用户在对框架文档、框架集文档及所有文档保存时会发现，当对框架集的某一部分和对整个框架集进行保存时，所显示的保存命令是不同的，下面两个图依次为在保存框架文档和保存框架集文档时所显示出来的命令。

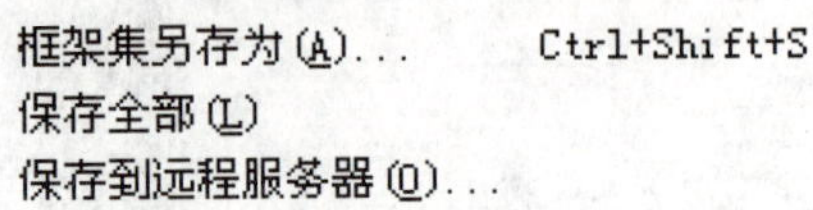

9.3.1 保存框架文档

如果用户要浏览有框架布局的网页，必须对该框架及框架中的内容进行保存，否则当浏览网页时，会自动出现保存框架网页的对话框。下面将讲解如何保存框架文档。

新手演练 Novice exercises　保存网页的框架文档

Step 01 选择“窗口” | “框架”命令，打开“框架”面板，其中高亮显示的是当前框架，将光标定位在任意一个框架中，选择“文件” | “保存框架”命令。

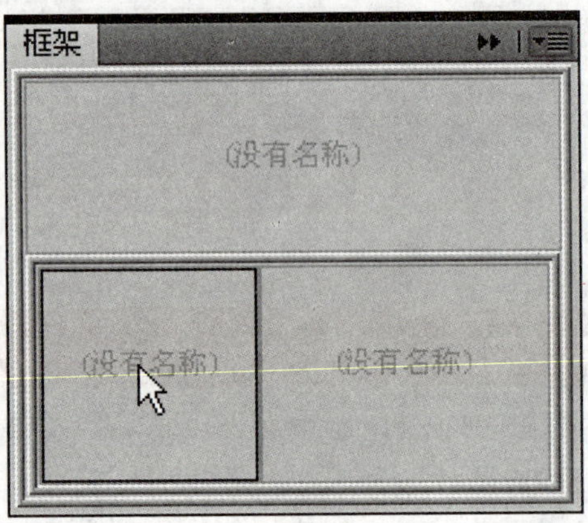

Step 02 出现“另存为”对话框，在“文件名”文本框中输入文件名称，单击 保存(S) 按钮即可。

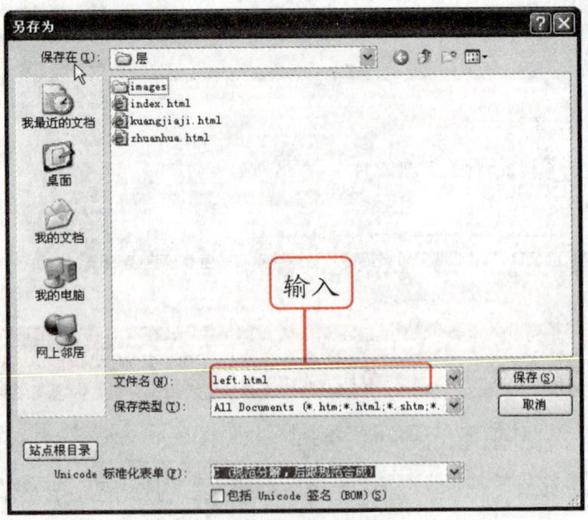

9.3.2 保存框架集文档

框架集文档即显示所有框架的文档，进行保存时需要注意的是，首先要选中需要保存的框架集，然后选择相应的命令进行保存操作。

下面讲解如何保存框架集文档。

新手演练 Novice exercises 保存框架集文档

Step 01 打开“框架”面板，单击整个框架的外框选择框架集，选择菜单“文件”|“框架集另存为”命令。

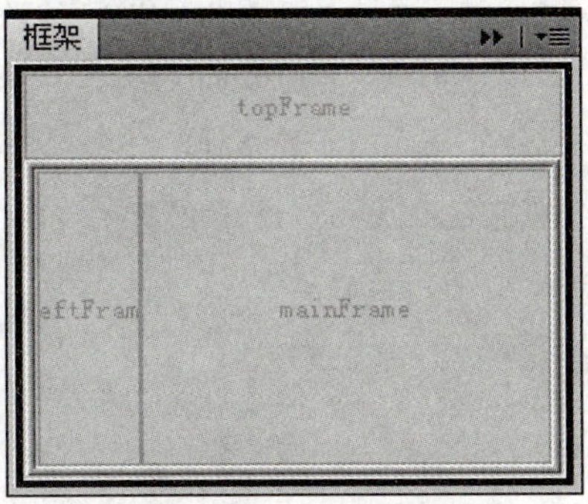

Step 02 出现“另存为”对话框，在“文件名”文本框中输入文件名称，单击 保存(S) 按钮即可。

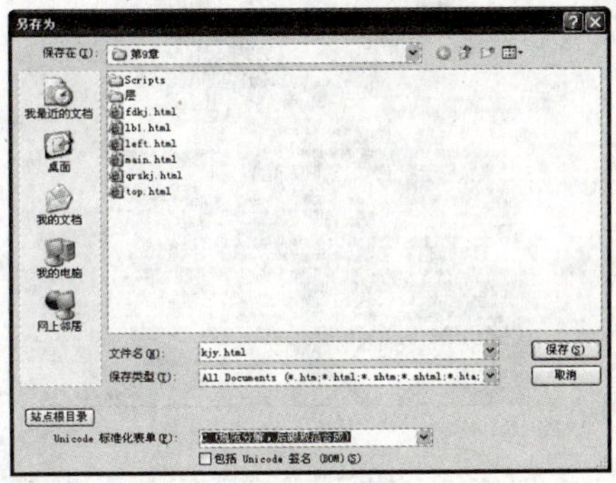

9.3.3 保存所有文档

在保存全部文档时，编辑窗口中将对当前保存的框架或框架集加粗显示，下面讲解如何保存所有文档。

新手演练 Novice exercises 保存所有文档

Step 01 选择“文件”|“保存全部”命令，出现“另存为”对话框，在“文件名”文本框中输入框架集名称，单击 保存(S) 按钮。

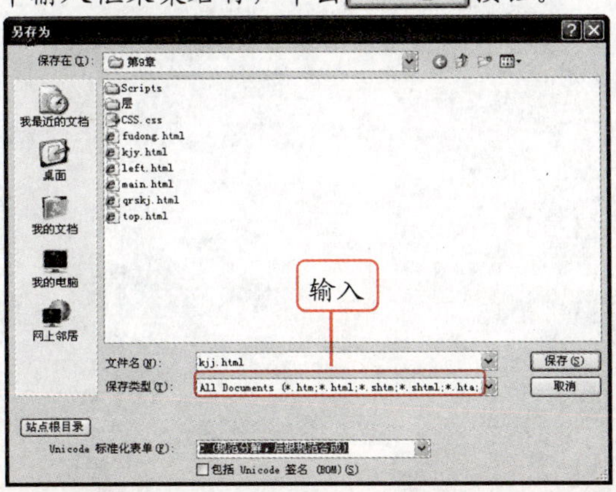

Step 02 保存右边的框架，此时右边的框架为加粗显示。

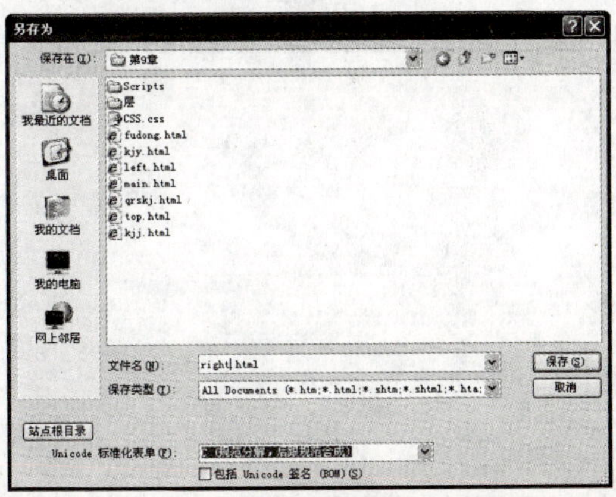

9.4 职场特训

本章主要讲解了如何使用 AP Div 布局网页，以及如何利用框架布局网页等方面的内容。下面通过两个实例，对本章所学内容进行巩固，并加深对层及框架的了解，以拓展更多的知识。

特训 1：利用层布局页面（源文件\第 9 章\层\paiban.html）

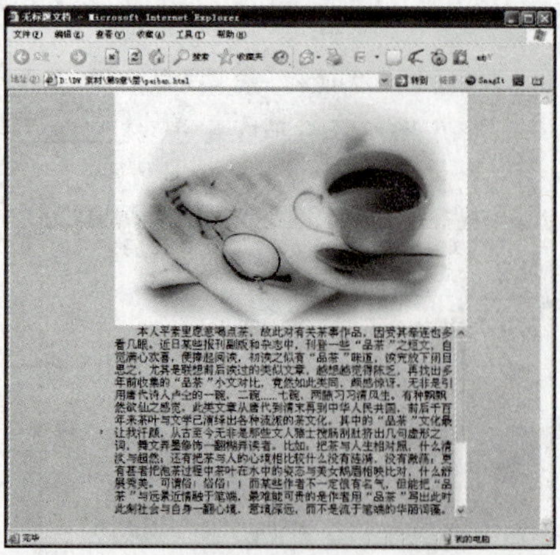

1. 新建一个网页文档，在页面中绘制一个层。选中刚绘制的层，在“属性”面板中进行设置。
2. 将光标定位在该层中，插入一幅素材图像，依照上述方法，在该层下侧再次插入一个层。
3. 选中刚插入的层，在“属性”面板中，设置该层距左侧和上部的距离分别为 150px、355px，宽度和高度分别为 500px、270px，并将“溢出”设置为“auto”。
4. 保存文件，按 F12 键预览。

特训 2：制作浮动框架（源文件\第 9 章\ fudong.html）

1. 新建一个网页文档，单击“布局”选项卡中的按钮，将插入的浮动框架的代码修改为：<iframe src="images/a1.jpg" height="120" width="100" scrolling="auto"></iframe>
2. 依照类似的方法，再次插入两个浮动框架，并输入相应的代码。
3. 保存文件，按 F12 键预览。

第 10 章

用模板加速网站制作

精彩案例

将已有网页保存为模板

利用工具栏创建空白模板

创建可编辑区域

取消创建的可编辑区域

从模板创建新网页

本章导读

模板是一种特殊的网页，主要用于创建具有固定结构和共同样式的网页，使用模板可以使整个网站的风格统一，避免一次次的重复操作，对于具有若干相同版面结构网页的网站来说，应用模板无疑是更好的选择。

10.1 创建及编辑模板

一个成功的网站在网页设计上必然具有独特的风格，要做到网站风格的个性化，单靠一两个好看的页面是不够的，它需要所有的页面共同来实现。大多数情况下，用户喜欢用复制文件的方法来使网站页面风格统一，但是当需要整体更新网站的时候，会出现非常大的工作量，避免出现这种情况的最好方法就是使用模板。

创建模板的方法有多种，可以根据已有网页生成模板；也可以先创建一个空白模板，再编辑模板的内容。

10.1.1 将已有网页另保存为模板

当在网站中重复使用一个网页时，就可以把该网页保存为模板文件，以供重复使用，使用该方法能够减少很多重复操作，提高网站开发效率。本节主要讲解如何将已有网页保存为模板。

新手演练 Novice exercises **将已有网页保存为模板**（源文件\第 10 章\模板\index.htm）

Step 01 打开一个需要保存为模板的网页文档。

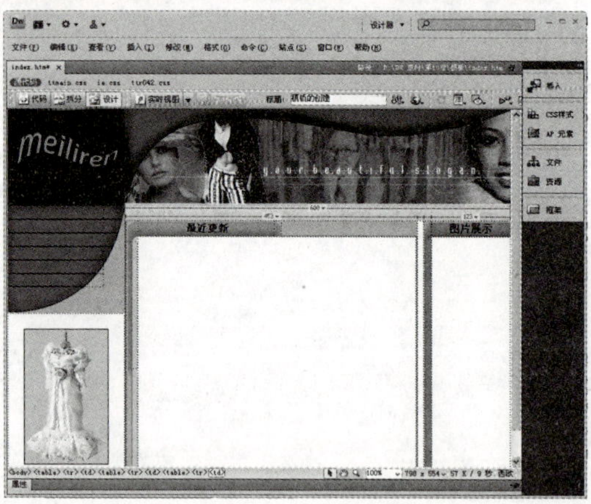

Step 02 选择“文件”|“另存为模板”命令，出现“另存模板”对话框，在“另存为”文本框中输入模板名称，单击 保存(S) 按钮。

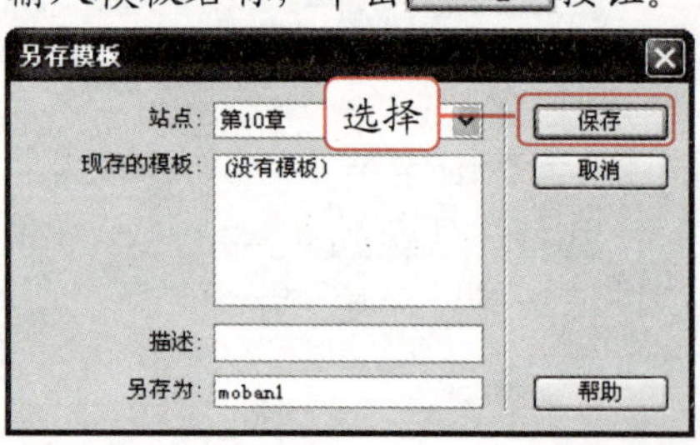

Step 03 打开“文件”面板，可以看到系统自动在站点根目录下创建了一个名为 Templates 的模板文件夹。

职场经验谈 Workplace Experience

如果在关闭模板文件时没有创建可编辑区，系统将弹出警告框，提醒用户进行设置。

10.1.2 创建空白模板

创建空白模板的方法有以下两种：一种是利用工具栏创建空白模板；另一种是利用“资源”面板创建空白模板。这两种创建模板的方式虽然不同，但是所达到的效果是一致的。

本小节将具体讲解通过第一种方式创建模板的方法。单击“常用”工具栏中的“模板”旁的下三角按钮，可以看到该模板工具集包含了 7 种命令，分别是创建模板、创建嵌套模板、可编辑区域、可选区域、重复区域、可编辑的可选区域和重复表格。这几种命令有着不同的功能。

新手演练 Novice exercises　利用工具栏创建空白模板

Step 01 新建一个网页文档，打开“插入”工具栏，单击“常用”工具栏中的“模板”按钮旁的下三角按钮，在弹出的菜单中选择“创建模板”命令。

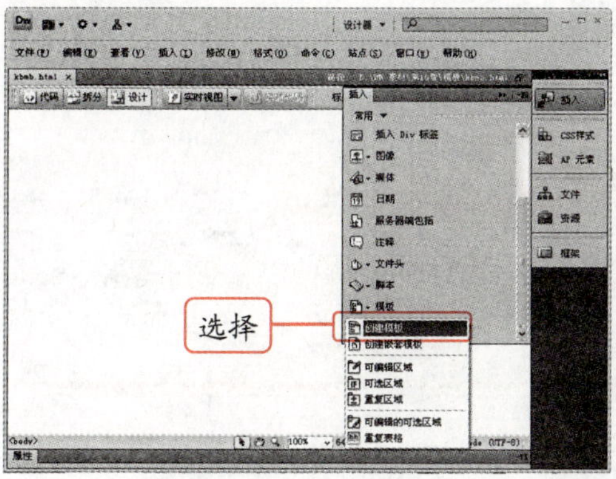

Step 02 出现“另存模板”对话框，在“另存为”文本框中输入模板名称，单击保存(S)按钮。

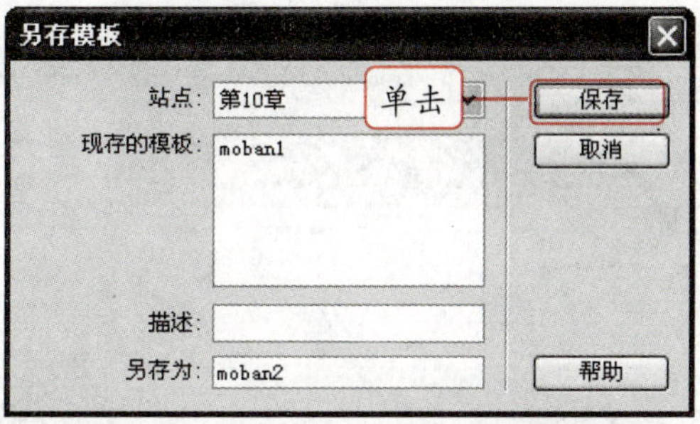

Step 03 展开“资源”面板，单击“模板”按钮，可以看到刚才创建的模板文件。

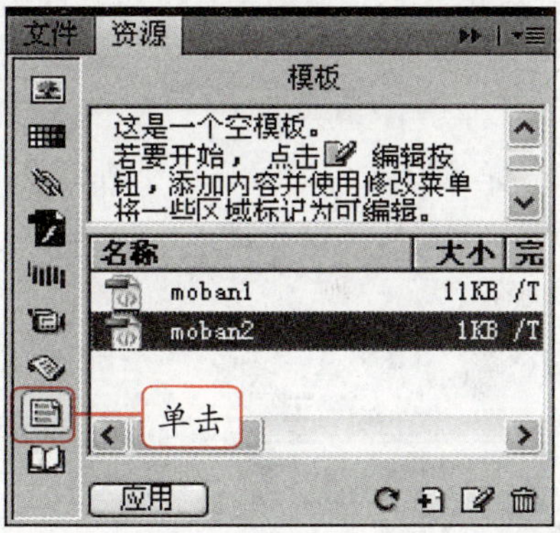

10.1.3 在模板中创建可编辑区域

模板建立好以后，还必须创建可编辑区域，才能正常使用模板来创建网页，模板文件最显著的特征就是存在可编辑区域和锁定区域之分。

所谓锁定区域也就是在整个网站中这些区域的内容是相对固定和独立的，如网页背景、导航栏、网站 Logo 等内容，也可以说是不可编辑区域。而可编辑区域则是用来定义网页具体内容的部分，如图像、文本、表格、层等页面元素。也可以把整个表格和表格里的内容设置成一个可编辑区域，还可以把某一个单元格及其内容设置成一个可编辑区域。当需要修改通过模板创建的网页的时候，只需修改模板所定义的可编辑区域即可对网页进行进一步的更新。

本小节将具体讲解如何在已有模板中创建可编辑区域。

新手演练 Novice exercises 创建可编辑区域（源文件\第 10 章\Templates\moban1.dwt）

Step 01 打开一个网页模板，选择需要创建可编辑区域的位置，本例选择页面中的一个嵌套表格。

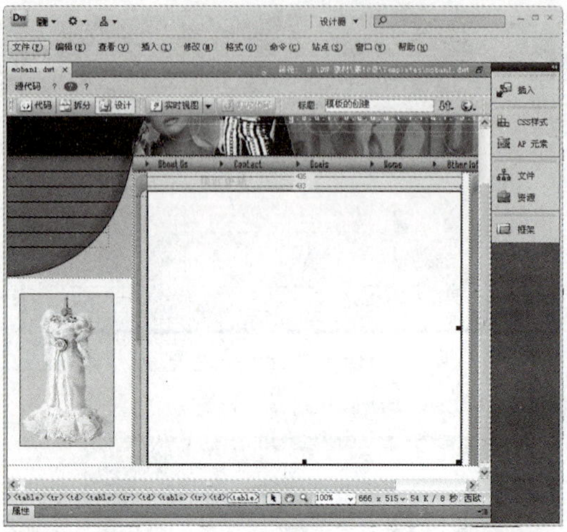

Step 02 单击“常用”工具栏中的按钮旁的下三角按钮，从弹出的菜单中选择“可编辑区域”命令。

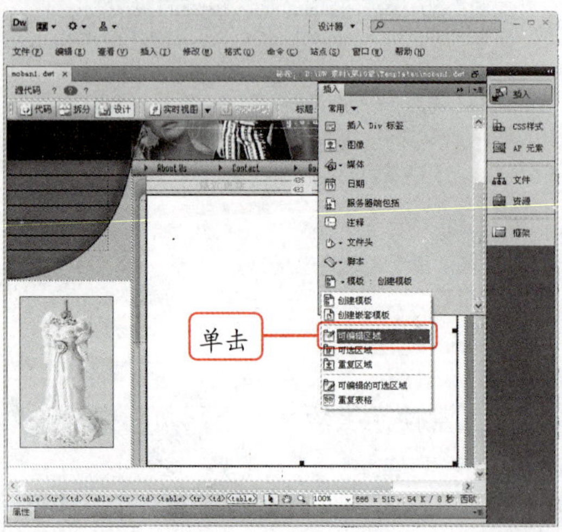

Step 03 出现“新建可编辑区域”对话框，在“名称”文本框中输入可编辑区域的名称，单击 确定 按钮。

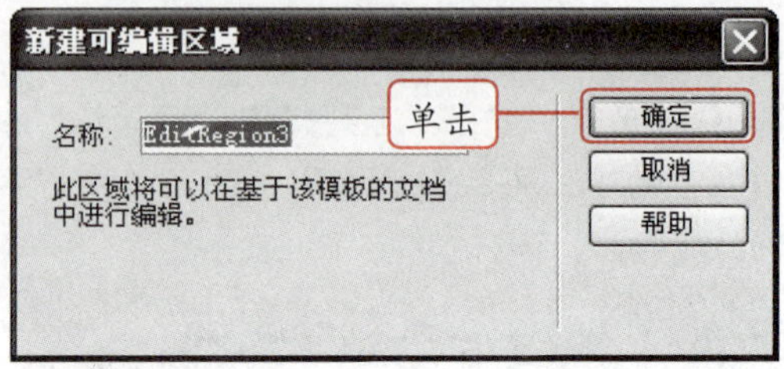

职场经验谈 Workplace Experience

在命名可编辑区域的时，不能使用某些特殊的字符，如单引号“'”和双引号“"”等。

Step 04 返回网页设计界面，可以看到新添加的可编辑区域有颜色标签，还有名称显示。

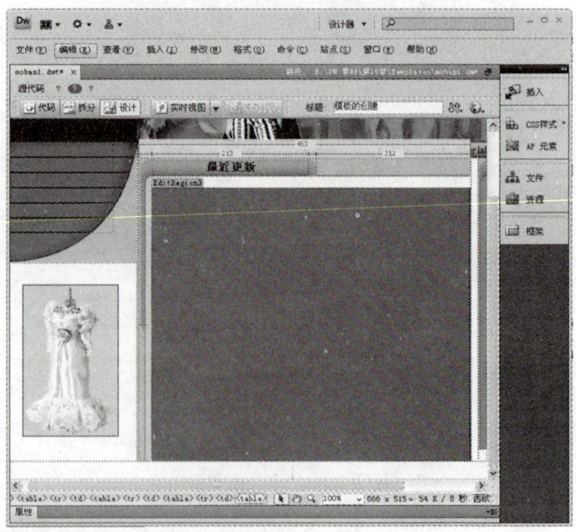

10.1.4 更改可编辑区域的名称

可编辑区域创建好之后，会在可编辑区域的左上角显示用户为该可编辑区域命名的名称。如果在一个网页模板中存在 1 到 2 个可编辑区域，也许用户能够很好地识别在这两个可编辑区域中的操作，但是当一个网页中含有多个可编辑区域时，就要明确各个可编辑区域所要实现的功能了。所以，这就需要为每个可编辑区域取一个容易理解的名字，本节将具体讲解如何更改可编辑区域的名称。

新手演练 Novice exercises　**更改可编辑区域的名称**（源文件\第 10 章\Templates\moban1.dwt）

Step 01　打开一个使用模板创建的网页，单击可编辑区域左上角的选项卡选中它。

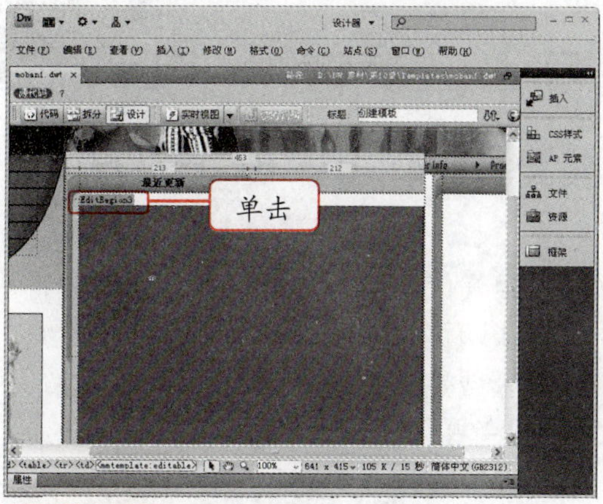

职场经验谈 Workplace Experience

在给网页套用模板时，需要定义网页内容插入到模板的哪个可编辑区域，“不一致的区域名称”对话框主要是为网页中的内容分配可编辑区域。

Step 02　在“属性”面板中的“名称”文本框中，删除以前的可编辑区域名称，输入新的名称。

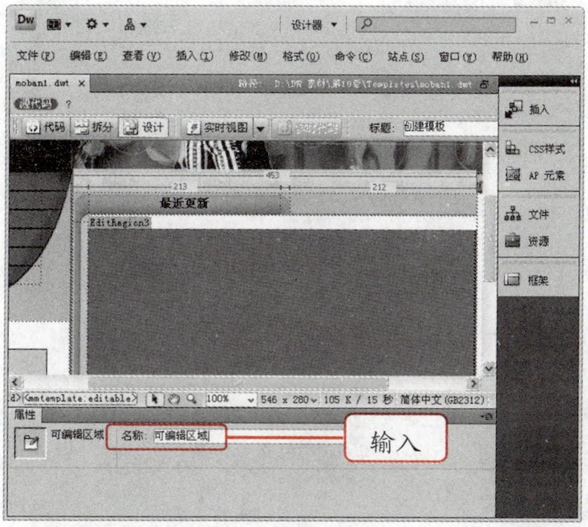

Step 03　这样可编辑区域的名称即被更改。

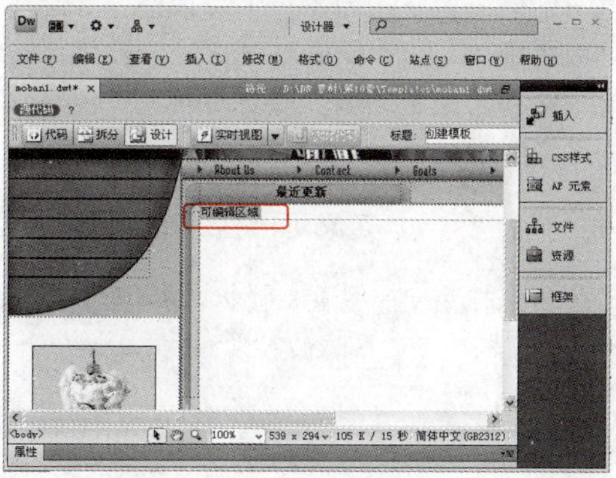

10.1.5 取消创建的可编辑区域

对于不需要的可编辑区域，可取消其标记。取消其标记，也就意味着删除该区域，所以当用户取消了创建的可编辑区域后，以前的可编辑区域将不可编辑。

新手演练 Novice exercises　取消创建的可编辑区域

Step 01　打开模板网页，单击要取消的可编辑区域左上角的可编辑区域标记，选择“修改”|“模板”|“删除模板标记”命令。

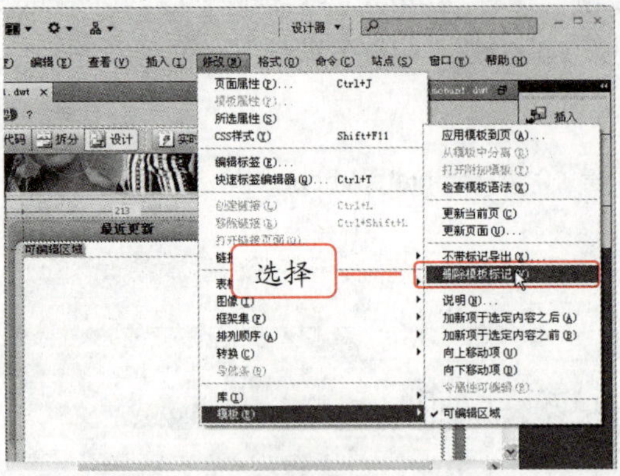

Step 02　可以看到该可编辑区域被取消。

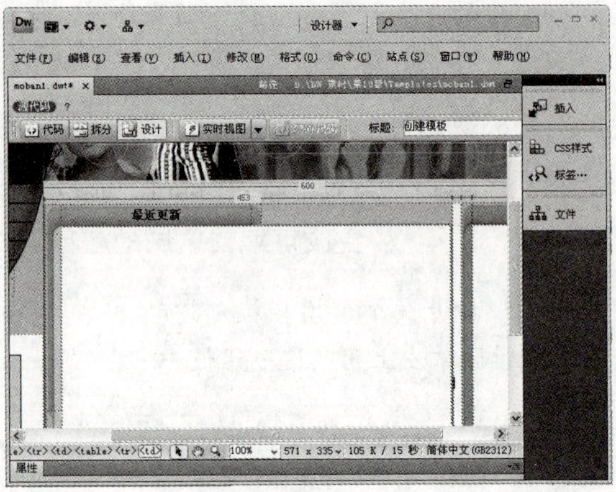

10.1.6　定义可选区域

对于模板，似乎定义可编辑区域就已经足够了，但在使用模板时，往往会遇到这样一种情况：模板页的某一部分内容，有些网页需要，有些网页可能不需要或者需要换成别的内容，这个时候定义可选区域就是最好的选择。可选区域是在创建模板时定义的。在使用模板创建网页时，对于可选区域的内容（如文本、图片等），可以选择显示或不显示。

可选区域的对象有两种：一种是可选区域，可以选择显示或者隐藏该区域，用户无法编辑这些区域中的内容，但可以定义该区域在所创建的页面中是否可见；另一种是可编辑可选区域，用户不仅可以设置是否显示该区域，还可以编辑该区域中的内容。

两种区域定义的步骤基本相同，下面将以定义可编辑可选区域为例具体讲述可选区域的定义步骤。

新手演练 Novice exercises　定义可选区域（源文件\第 10 章\模板\index.htm）

Step 01　打开一个网页或模板文档，选择要定义为可编辑可选区域的对象，这里选择一个素材图像。

职场经验谈 Workplace Experience

可选区域与可编辑可选区域的区别在于是不是可以编辑这个区域的内容。

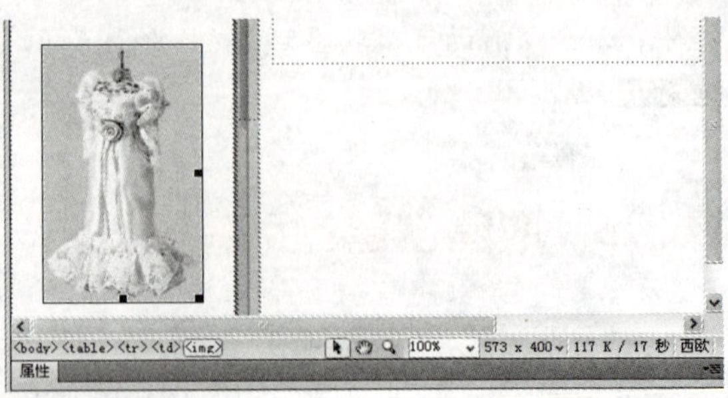

Step 02 单击常用工具栏中“模板”按钮旁的下三角按钮，在弹出的菜单中选择“可编辑可选区域”命令。

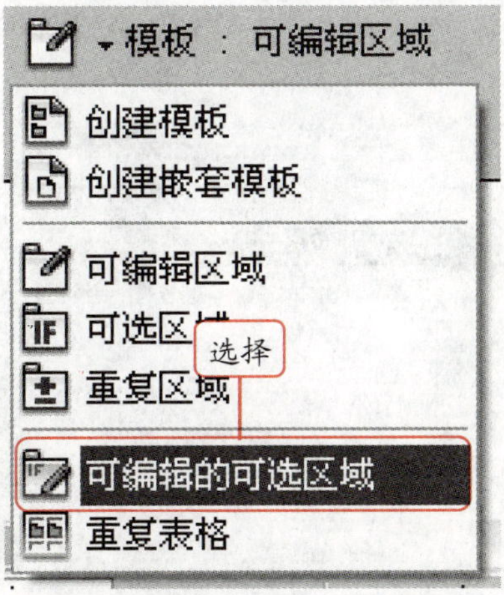

Step 03 出现 Dreamweaver 警告窗口，提示当创建可编辑可选区域时会自动将该网页文档转换为模板文件，单击 确定 按钮即可。

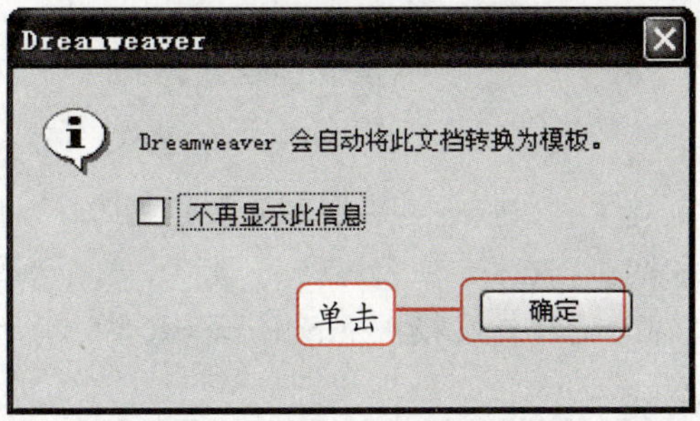

Step 04 在出现的“新建可选区域”对话框中输入可选区域名称，单击 确定 按钮，即可看到插入的可编辑可选区域。

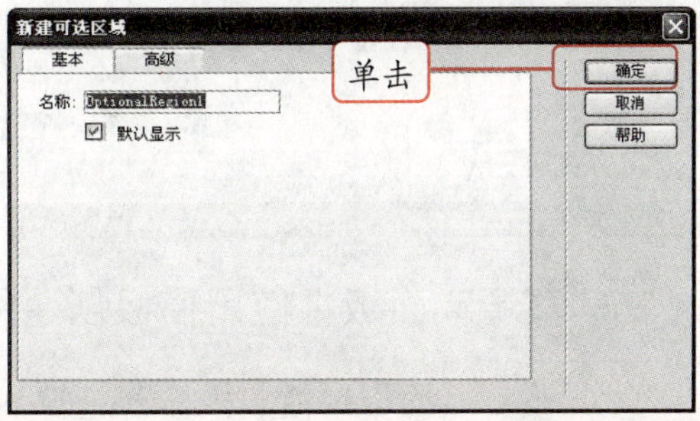

10.2 应用模板

在 Dreamweaver CS4 中，可以以模板为基础创建新的文档，或将一个模板应用于已有的文档。本节主要讲述如何应用模板。

在 Dreamweaver CS4 窗口中，选择“文件”|“新建”命令，出现“新建文档”对话框。在“新建文档”对话框中单击“模板”标签，切换到“模板”选项卡，此时，“新建文档”对话框中的“模板”选项卡中列出了各站点中的模板，从中选择一个模板，单击“创建”按钮，将基于这个模板创建一个网页。

10.2.1 使用模板创建新网页

在 Dreamweaver CS4 中，从模板创建新网页的方法有两种：一种是通过“新建文档”对话框创建，另一种是在“资源”面板中使用模板创建。这两种创建网页的方式都是将已有网页模板应用于新建的网页中，在功能上是一致的。本小节将对这两种创建方法进行具体介绍。

1. 通过对话框使用模板创建网页

从对话框中使用模板创建网页就是将模板应用于网页文档中，执行该操作的前提是，用户必须首先制作好模板网页，以供在创建网页时使用。下面将具体讲解如何通过对话框使用模板创建网页。

新手演练 Novice exercises　从模板创建新网页

Step 01　选择“文件”|“新建”命令，出现“新建文档”对话框，在左侧列表框中选择“模板中的页”选项，在“站点”列表框中选择“第10章”选项，在模板列表中选择需要应用的模板。

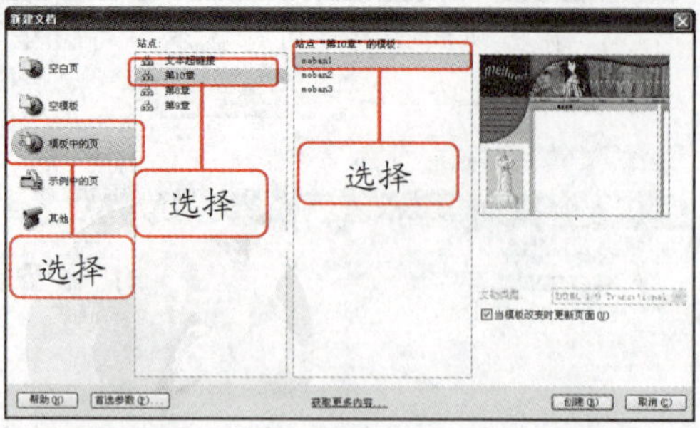

Step 02　单击 创建(R) 按钮，进入网页文档设计界面，在该界面的可编辑区域进行各项编辑即可。

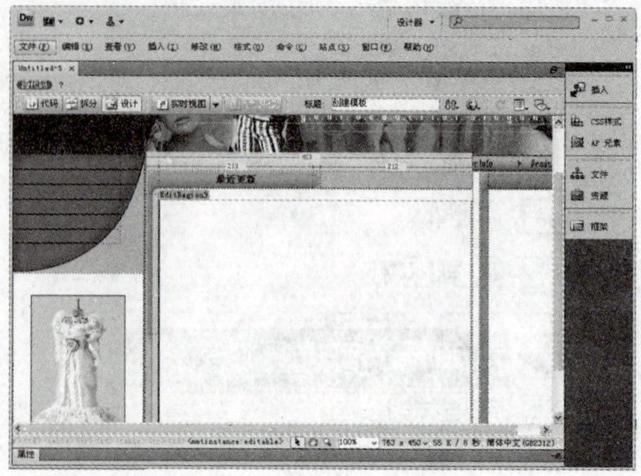

2. 在“资源”面板中使用模板创建网页

在“资源”面板中使用模板创建网页，就是将现有的模板文件应用于空白文件中，该操作的实现过程与在对话框中创建网页的方法基本相同。下面将具体讲解如何在“资源”面板中使用模板创建网页。

新手演练 Novice exercises　在“资源”面板中使用模板创建网页

Step 01　选择“窗口”|“资源”命令，展开“资源”面板，单击面板上的按钮，打开“模板”面板。

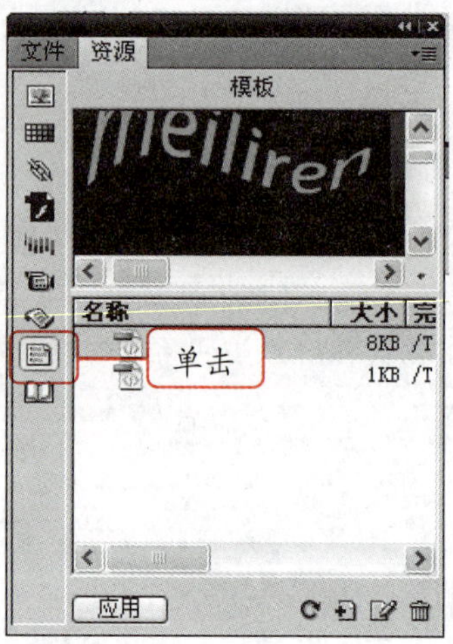

Step 02　在“模板”面板中选择一个模板，右击，在快捷菜单中选择“从模板新建”命令，即可根据该模板创建一个网页。

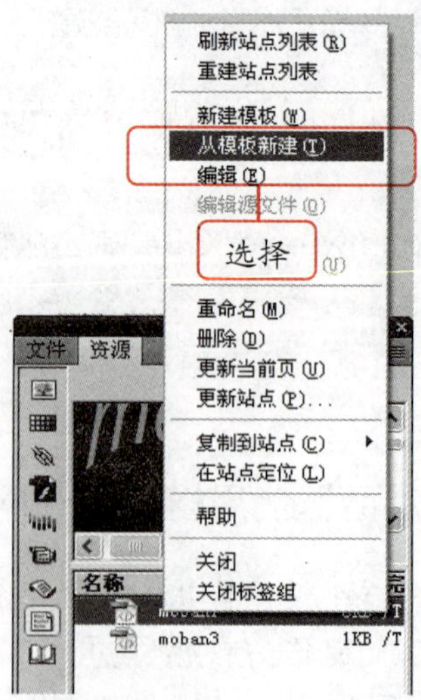

10.2.2 将当前网页应用为模板

除了通过模板创建新网页外，还可以将网页应用为模板。该方法是通过选中“资源”面板中的某个模板，单击“应用”按钮来实现的。

本小节将使用“资源”面板，将当前网页应用为模板。

新手演练 Novice exercises 在“资源”面板中使用模板创建网页（源文件\第 10 章\模板\zy.html）

Step 01 打开需要应用模板的文档，按快捷键“F12”，打开“资源”面板，单击面板上的“模板”按钮，打开“模板”面板，显示模板文件。

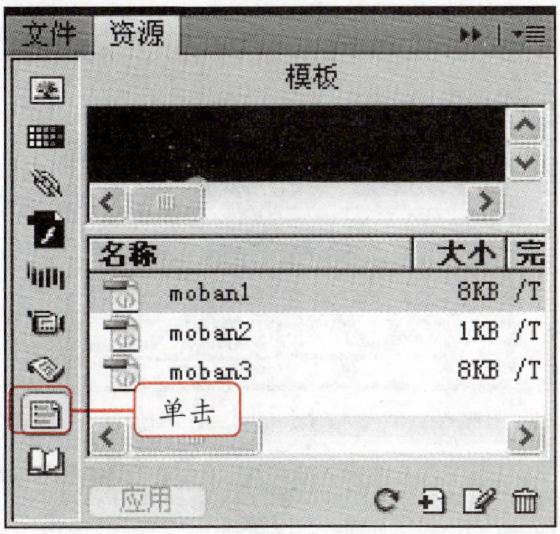

Step 02 选择需要应用到文档中的模板文件，单击“资源”面板左下方的 应用 按钮，此时将会出现“不一致的区域名称”对话框。

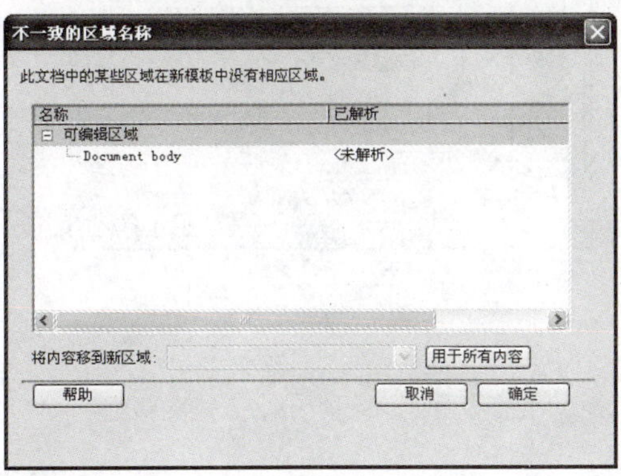

Step 03 在该对话框上方的列表中选择 Document body 选项，然后在“将内容移到新区域”下拉列表框中选择 EditRegion3 选项。

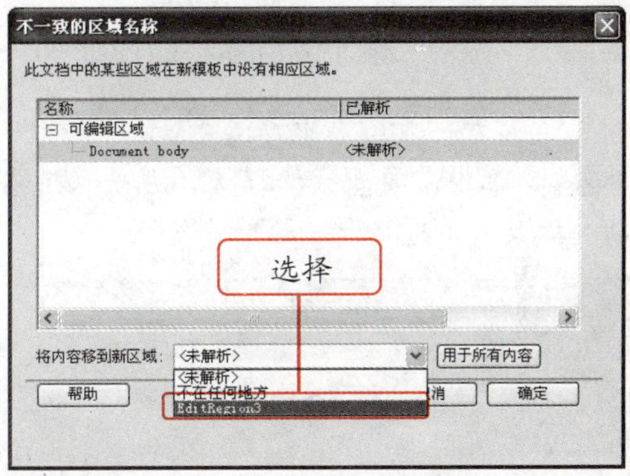

Step 04 单击“不一致区域名称”对话框中的确定按钮，可看到该文档已应用到模板中。

10.3 管理模板

为了实现网页的预设效果，在模板建设之初，可能没有考虑到以后的具体使用情况，所以没有进行精确的定义，于是在后期使用的过程中带来了很多麻烦。比如，有些模板的名称还是系统默认设置的名称，有些模板仅仅使用了一次或者是没有用过。对于这些模板必须进行合理的管理。

10.3.1 删除模板

对于不再使用的模板，用户可以将其删除以免占用磁盘空间。删除模板的方法有多种，下面是通过命令的方式来删除模板，需要注意的是，删除后的模板将不再存在于模板文件夹中，所以用户一定要确保删除的模板文件不再使用。

新手演练 Novice exercises 删除使用不到的模板

Step 01 打开“资源”面板，单击“模板”按钮，选中需要删除的模板，右击，在弹出的快捷菜单中选择“删除”命令。

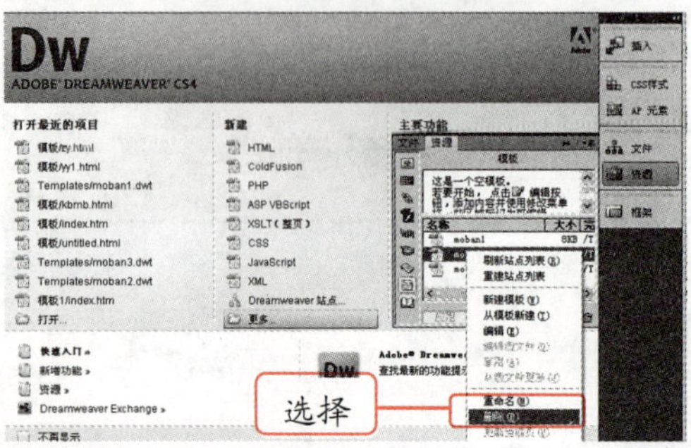

职场经验谈 Workplace Experience

用户也可以通过选中模板文件名称，按Delete键删除模板文件。

Step 02 出现提示对话框，如果确定删除，单击“是(Y)”按钮即可。

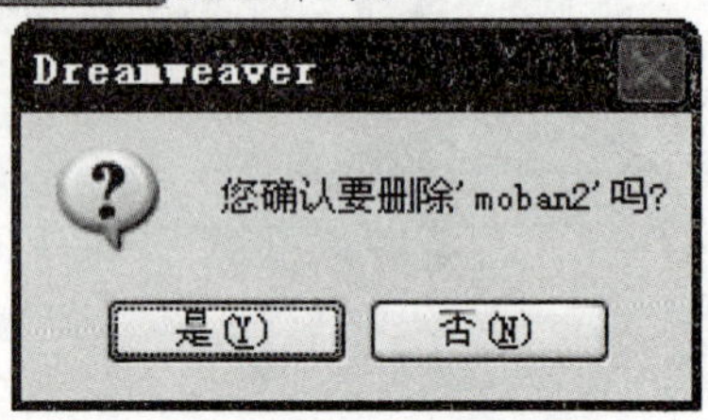

Step 03 moban2模板文件被删除。

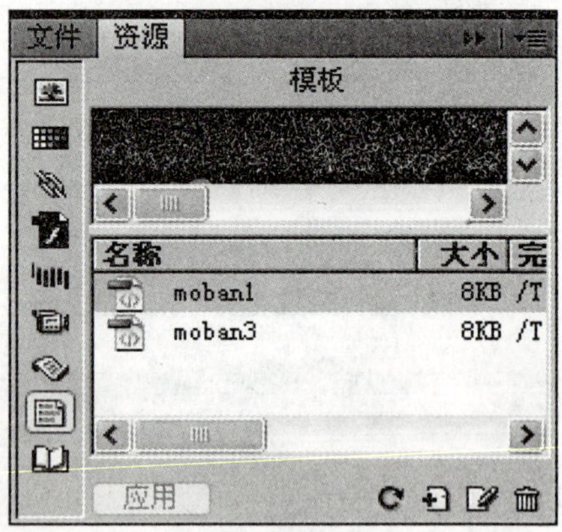

10.3.2 打开网页所附模板

通过模板创建网页后，网页与模板间就是链接关系，这种应用了模板的网页常被称为“附着模板的网页”。修改模板后，系统自动更新附着模板的网页。在编辑通过模板创建的网页时，若是对非可编辑区域不满意，需对模板进行修改，这时就可通过网页打开所附的模板。

新手演练 Novice exercises 通过所附模板更新页面内容

Step 01 打开一个使用模板创建的网页，选择“修改”|“模板”|“打开附加模板”命令。

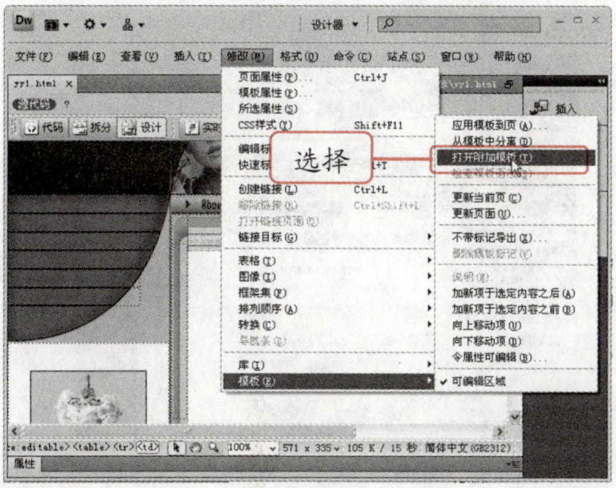

Step 02 打开该网页所使用的模板文件，可以看到已定义的可编辑区域，在该模板中将需要更新或删除的内容进行修改，并保存该模板文档。

Step 03 选择保存模板文档后，会出现“更新模板文件”对话框，在该对话框中显示了所有要更新的文件，如果用户要更新这些文件，单击 更新(U) 按钮，即可进行更新。

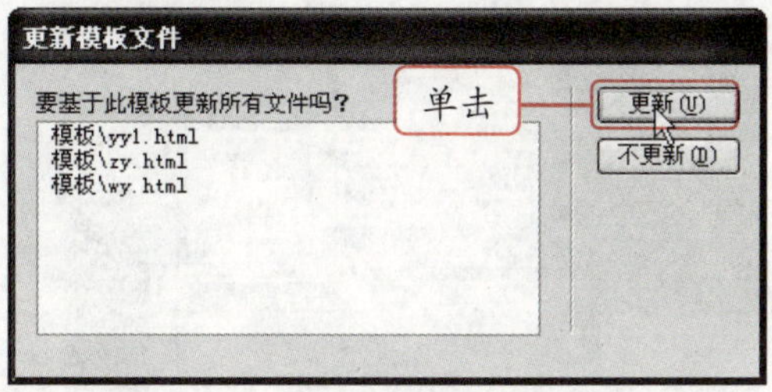

Step 04 更新完成后将会弹出“更新页面”对话框，在该对话框中显示了所有的更新内容，单击 关闭(C) 按钮即可。

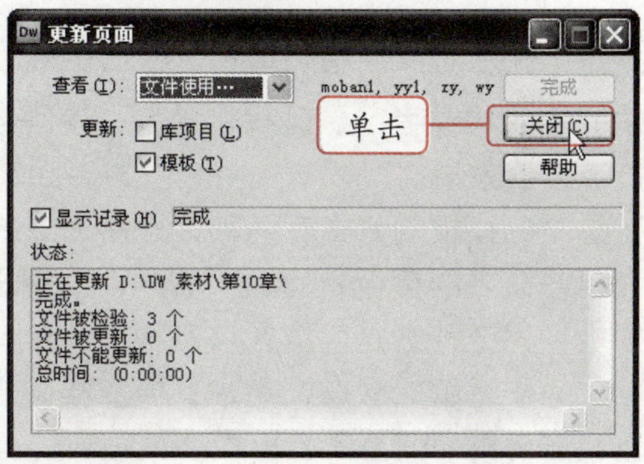

职场经验谈 Workplace Experience

打开附加模板功能可以随时调出网页套用的模板，并随时更新。

10.3.3 从网页中分离模板

套用了模板的网页，有时可能需要对模板的锁定区域（即不可编辑区域）进行编辑，这时就需要将页面从模板中分离出来。分离了模板的网页和正常的网页没有什么区别，用户可以在网页文档中对需要修改的部分进行重新设计，以达到预想的页面效果。下面将通过命令的方式，将网页从模板中分离。

新手演练 Novice exercises 从模板中分离网页

Step 01 打开一个使用模板创建的网页，选择"修改"|"模板"|"从模板中分离"命令。

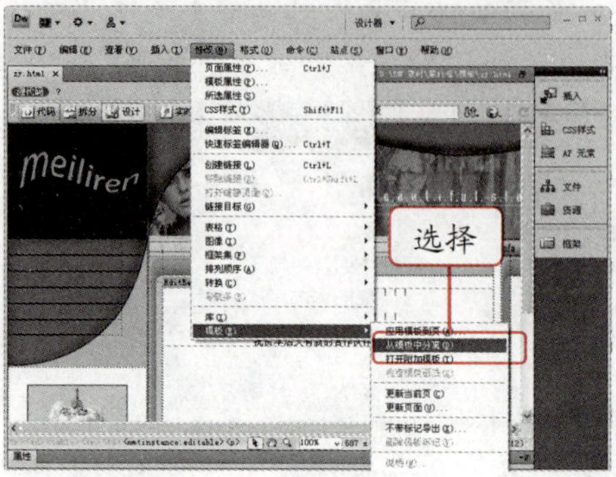

Step 02 在设计界面中可以看到可编辑区域标签已经不存在，也就是说该网页已经从模板中分离出来了。

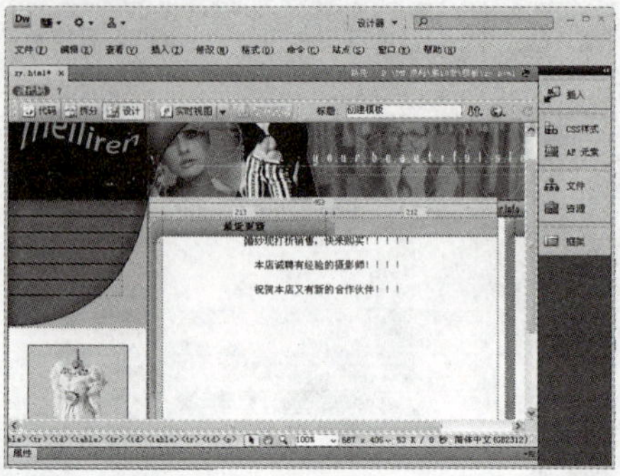

10.3.4 重命名模板

对于功能暂不明确的模板，可以随时通过重命名的方法，为该模板更改一个能够显示其功能的名称或者容易理解的名称，使得用户在看到模板名称时就能明白该模板所体现的功能或设计效果。

重命名模板的方式有两种，一种方式是通过命令方式来重命名模板，也就是将光标定位在要重命名的模板名称上，右击，从弹出的快捷菜单中选择"重命名"命令，即可重命名模板；另一种则是直接在该名称上修改，即将光标定位在该模板名称上单击，此时该模板名称处于可编辑状态，用户只要直接输入要修改的模板名称即可。本实例以第一种方式为例具体讲解如何重命名模板。

新手演练 Novice exercises 为创建的模板重命名

Step 01 打开"资源"面板，单击"模板"按钮，选中需要重命名的模板，右击，从弹出的快捷菜单中选择"重命名"命令。

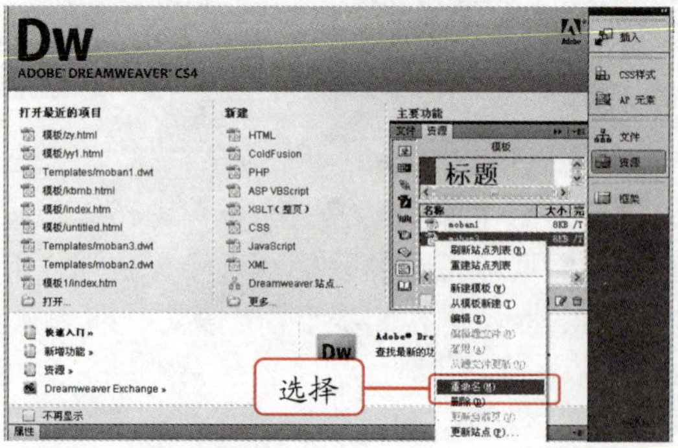

Step 02 为模板输入一个容易理解的名字。

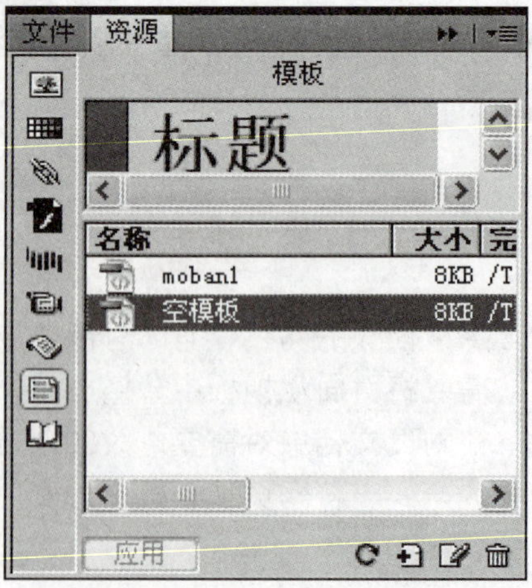

10.4 更新模板

使用模板最大的好处就是可以一次更新网站中很多页面，如果要更改网站的结构或其他整体设置，只需修改模板页就可以了。修改完成后，Dreamweaver 会提示更新基于该模板的网页，用户可以根据需要手动更新当前网页或整个站点。手动更新基于模板的网页与重新应用模板相同。下面以更新整个站点的方法为例，具体讲解如何更新整个站点中应用模板的网页。

新手演练 Novice exercises　**更新基于模板的网页**

Step 01 打开一个使用模板创建的网页文档，选择“修改”|“模板”|“更新页面”命令。

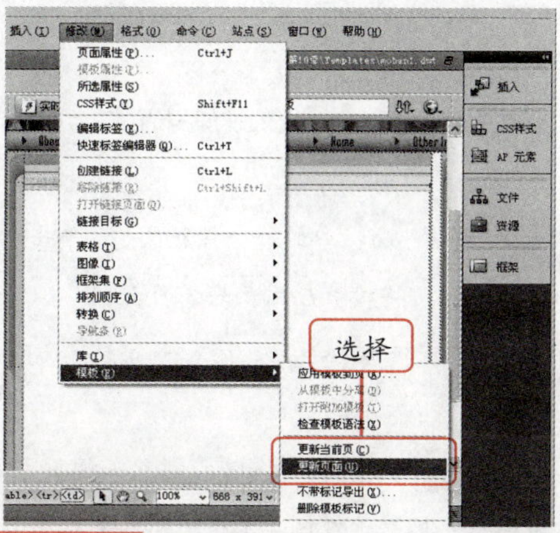

职场经验谈 Workplace Experience

> 如果要更新当前基于模板的文档，方法是：选择“修改”|“模板”|“更新当前页”命令即可。

Step 02 出现“更新页面”对话框，在“查看”下拉列表中选择“整个站点”，并在其后选择要更新的站点，选择“模板”复选框，同时选择“显示记录”复选框，以显示更新的内容，设置完成后，单击 开始(S) 按钮。

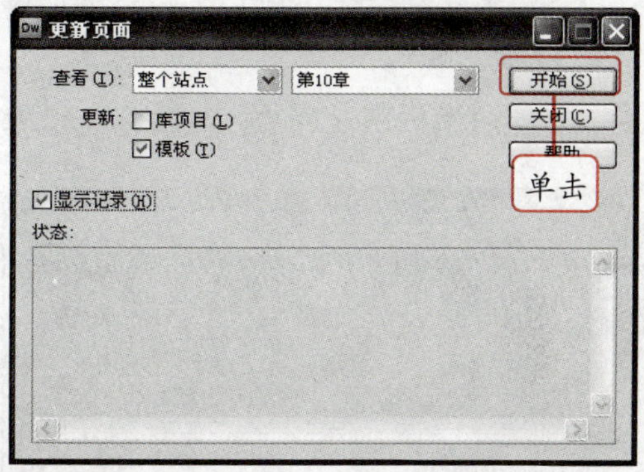

Step 03 更新完成后会在状态列表中显示所有更新的内容，单击 关闭(C) 按钮即可。

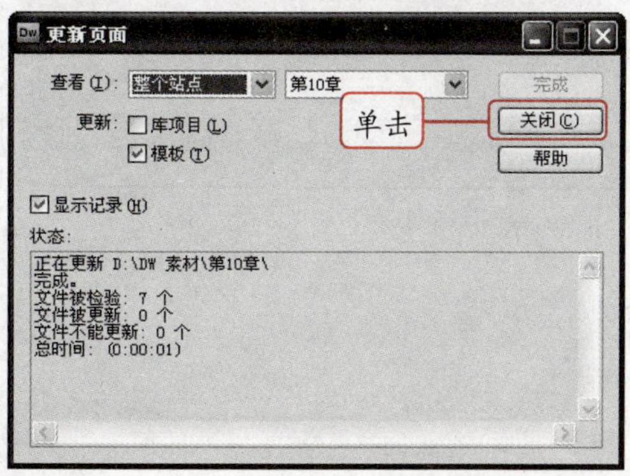

10.5 职场特训

本章主要讲解了有关模板的创建、可编辑区域的创建，以及模板的应用、管理和更新等知识，通过本章的学习，读者应该了解到使用模板创建网站的最大优点，就是可以加速网站建设，减少不必要的重复操作，但需要注意的是，使用模板的网站必须在结构上具有相似之处。下面通过两个实例将该部分的知识点进行巩固。

特训 1：创建模板文件（源文件\第 10 章\空模板.dwt）

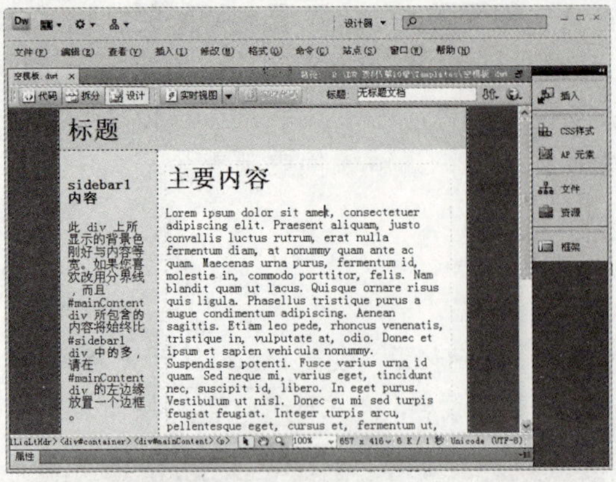

1. 选择“文件”|“新建”命令。
2. 出现“新建文档”对话框，单击“空模板”标签，在“模板类型”列表中选择“HTML 模板”标签，在“布局”列表框中选择“2 列固定，左侧栏、标题和脚注”标签。
3. 单击“创建”按钮，即可创建模板。

特训 2：使用模板创建网页（源文件\第 10 章\模板\wy.html）

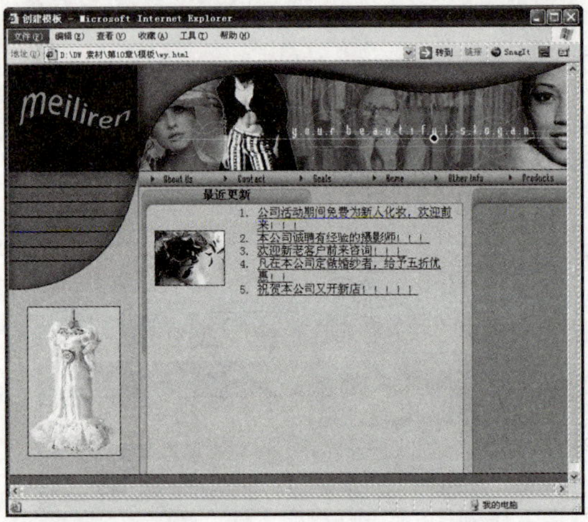

1. 新建一个网页文档，进入其设计界面，打开“资源”面板。
2. 选择“资源”面板中的一个模板文件，单击“应用”按钮，将模板应用于当前页面。
3. 将光标置于可编辑区域，插入一个 1 行 2 列的表格。
4. 将光标置于左侧单元格中，插入一幅素材图像，将光标置于右侧单元格中输入文本内容。
5. 选中文本，在“属性”面板中选择一种项目符号，为选中文本加入，并为文本设置空链接。

第 11 章

用表单实现交互功能

精彩案例

在网页文档中创建表单

制作人才信息采集表

添加单选按钮组

添加列表/菜单

添加按钮

添加跳转菜单

本章导读

表单是实现网页上数据交互的基础，可以用于在线调查、在线报名、搜索、定购商品等功能。利用表单，可以实现访问者与网站之间的交互，再根据访问者输入的信息，自动生成页面反馈给访问者。本章将详细讲解表单的创建与使用方法，并通过具体的实例来讲解如何创建表单、设置表单对象以及如何提交表单。

11.1 创建表单

使用 Dreamweaver CS4，可以创建各种各样的表单，表单中可以包含各种对象，如文本域、图像域、文件域、按钮及复选框等。

11.1.1 了解表单

表单是用户与服务器进行信息交流的重要工具之一，一般的表单由两部分组成：一是表单的 HTML 源代码；二是客户端的脚本，或者服务器端用来处理用户所填信息的程序。一个表单中会包含若干个对象，即控件。

当用户将信息输入表单并提交时，这些信息就会被发送到服务器，服务器端应用程序或脚本对这些信息进行处理，再通过请求信息发送给用户，或基于该表单内容执行一些操作来进行响应。用来处理信息的脚本或程序有 ASP、JSP、PHP、CGI 等，一般情况下，如果不使用这些程序或脚本处理表采集单，则该表单就无法实现数据的收集。

下图为利用表单制作的人才信息采集表。当用户填写了相关资料并提交后，所填写的信息就会被发送到服务器上，服务器端的应用程序或脚本对信息进行处理，再执行某些程序或将处理结果反馈给用户。

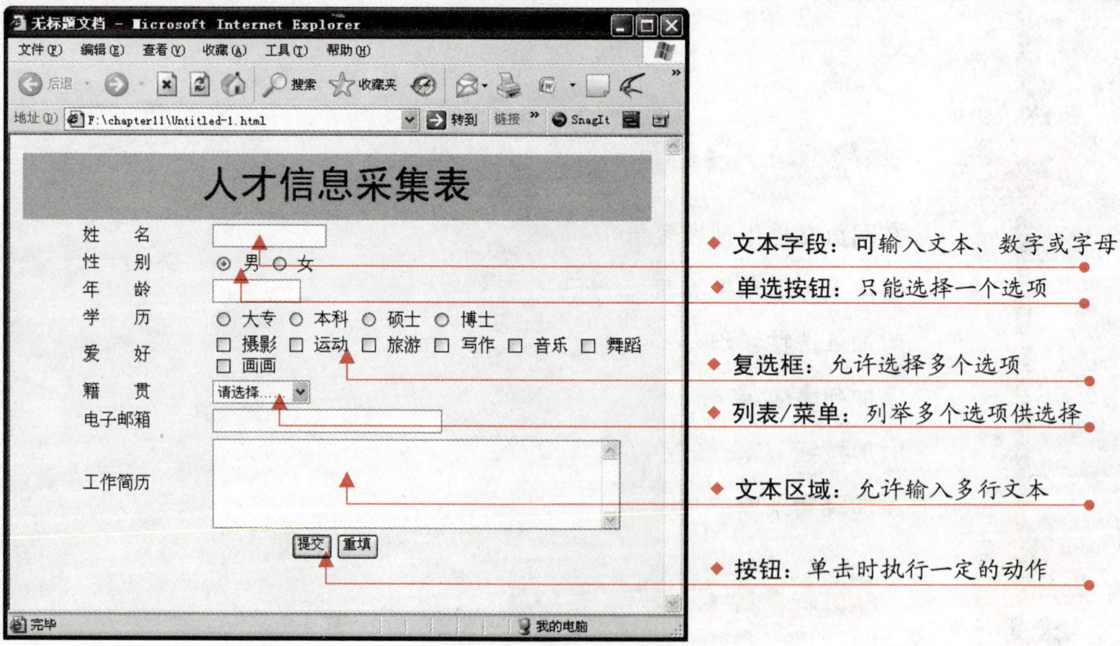

11.1.2 如何创建表单

创建表单的方法非常简单，下面就来介绍怎样创建一个表单。

新手演练 Novice exercises 在网页文档中创建表单

Step 01 新建一个网页文档，将光标定位在需要插入表单的位置，然后将“插入”面板上的“常用”选项卡切换为“表单”选项卡。

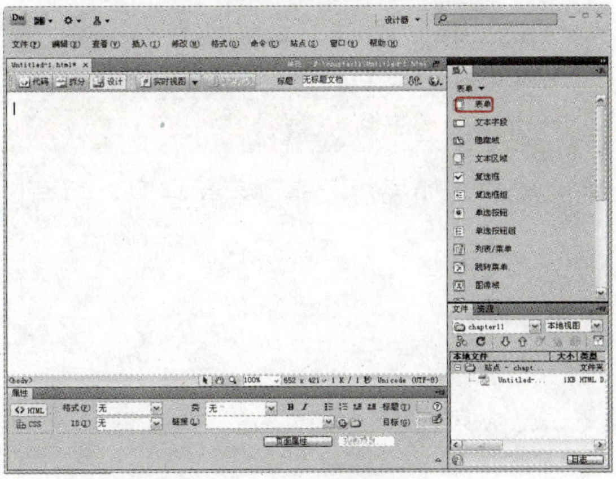

Step 02 单击“表单”按钮，在指定位置插入一个表单。

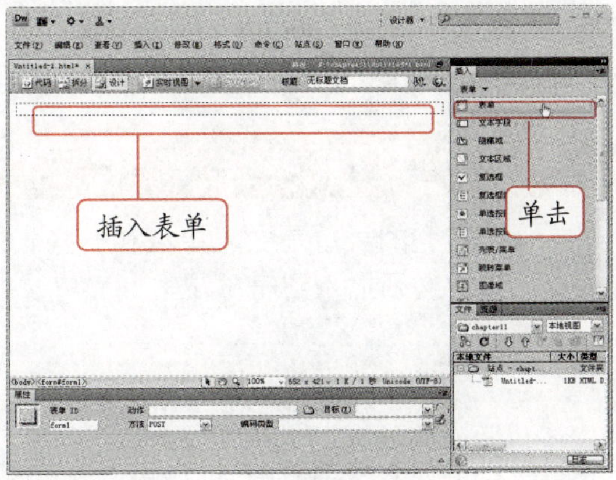

11.1.3 设置表单属性

下面来简单了解一下如何设置表单的属性。将光标定位在表单中，可以看到表单的“属性”面板。主要包括“表单 ID”、“动作”、“方法”、“编码类型”等参数。

知识点拨 Knowledge “属性”面板中各个参数的简介

表单 ID：用来设置该表单的名称，且该名称不能省略。

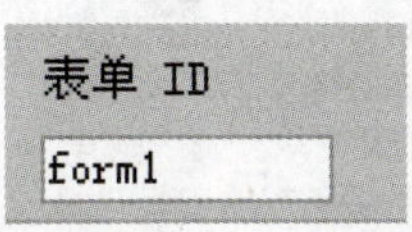

动作：用来设置处理这个表单的服务器端脚本的路径，当然，如果不希望被服务器的脚本处理，可以采用 E-mail 的形式收集信息，如输入 it_book@hotmail.com，则表示表单的内容将通过电子邮件发送至：t_book@hotmail.com 内。具体应用方法将在后面的实例中讲解。

方法：有 3 个选项分别为“默认”、“POST”和“GET”，用来设置将表单数据发送到服务器的方法。一般情况下应选择 POST，因为 GET 方法的限制较多，如 URL 的长度被限制在 8192 个字符以内等，一旦发送的数据量太大，数据就会被截断。

编码类型：设置发送数据的 MIME 编码类型，有两个选项："application/x-www- form-urlencode"和"multipart/form-data"，application/x-www-form-urlencode 通常与 POST 方法一起使用，如果表单中包含文件上传域，则应选择 multipart/form-data。如果不通过服务器端而采用 E-mail 收集数据的话，则可以在该处手工输入"text/plain"。

11.2 添加表单对象

一个完整的表单是由表单域和一些表单元素组成的，如果想收集到表单信息，所有的表单元素都必须插入到表单域里。

11.2.1 添加文本字段

在表单的文本字段中可以输入任何类型的文本、数字或字母。输入的内容可以单行显示也可以多行显示。

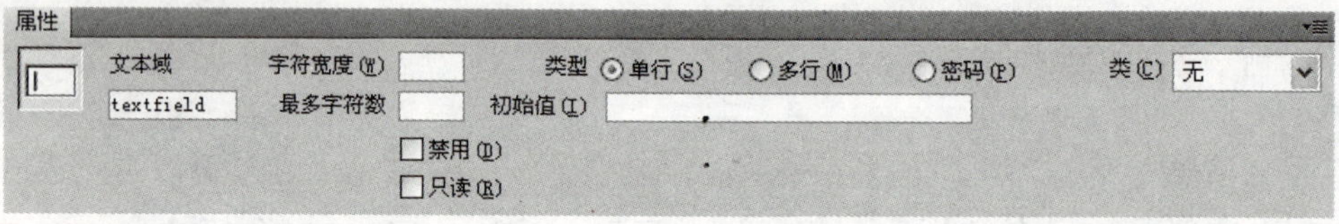

新手演练 Novice exercises 制作人才信息采集表（源文件\第 11 章\人才信息采集表.html）

Step 01 将光标定位在表单中要插入文本字段的位置，单击"表单"选项卡中的 文本字段 按钮。

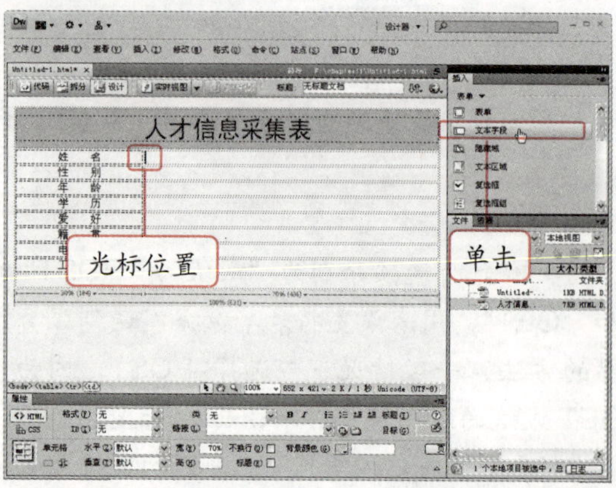

Step 02 在弹出的"输入标签辅助功能属性"对话框中，可以设置标签的 ID、位置等内容。

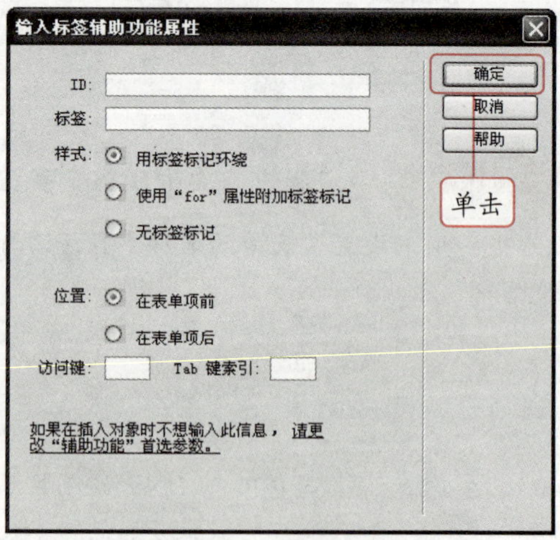

Step 03 这里直接单击 确定 按钮。可以看到，文本字段插入到指定的位置。如下图所示。

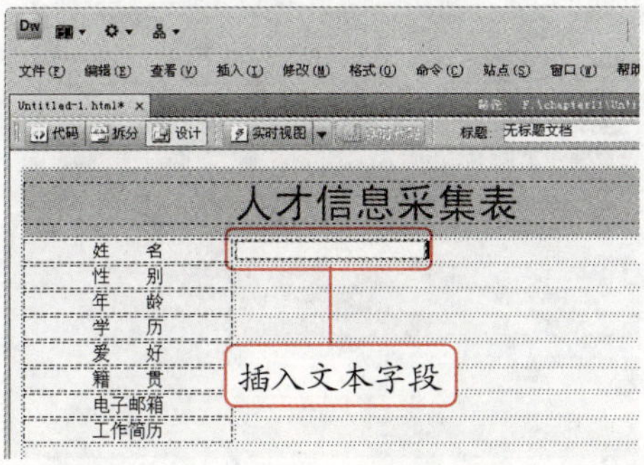

Step 04 在“属性”面板中设置“文本域”为“姓名”、“字符宽度”为 12、“最多字符数”为 8。

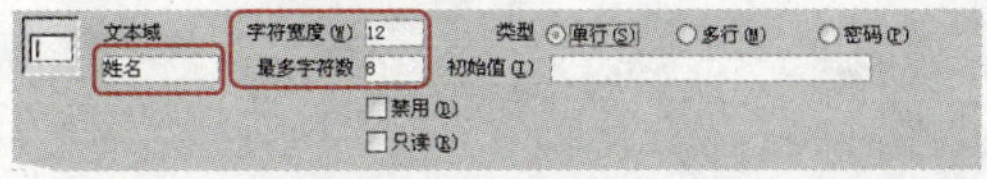

Step 05 设置完成后可以看到文本框发生的变化。

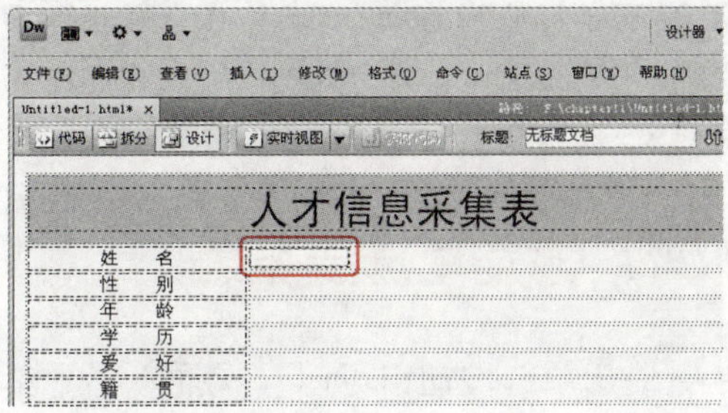

11.2.2 添加单选按钮

多个单选按钮经常作为一个组使用，提供彼此排斥的选项值，用户在单选按钮组中只能选择一个选项。

新手演练 Novice exercises 添加单选按钮（源文件\第 11 章\人才信息采集表.html）

Step 01 将光标定位在表单中要插入单选按钮的位置，单击“表单”选项卡中的 单选按钮 按钮。

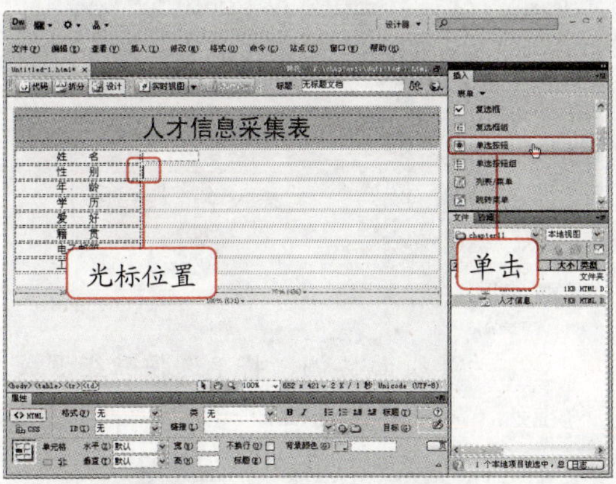

Step 02 在弹出的“输入标签辅助功能属性”对话框中，设置“标签”为“男”，完成后单击 确定 按钮。

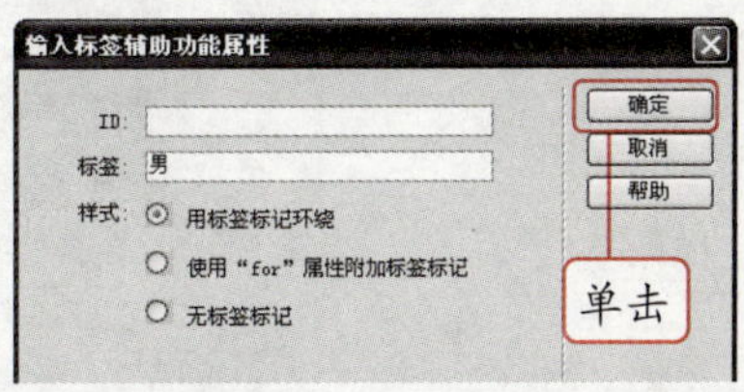

Step 03 显示插入的单选按钮。

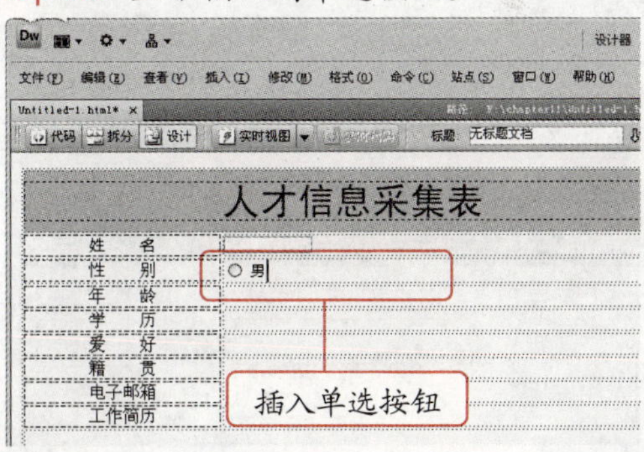

Step 04 选中单选按钮，在“属性”面板中设置“单选按钮”为“性别”、“选定值”为“男”、“初始状态”为“已勾选”。

Step 05　用同样的方法再添加一个单选按钮，设置“标签”为“女”，并在“属性”面板设置“单选按钮”为“性别”，“选定值”为“女”、“初始状态”为“未选中”。

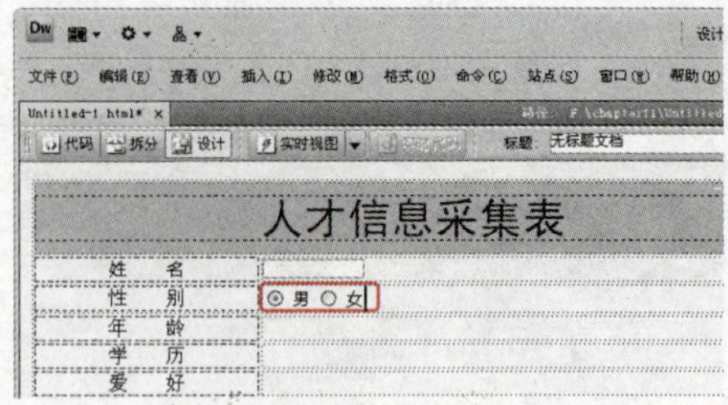

11.2.3　添加单选按钮组

使用单选按钮组可以一次插入多个单选按钮，不仅省去了逐个插入的麻烦，而且还省去了逐个定义属性的繁琐操作。

单选按钮组中的个数不固定，用户可以根据需要添加。

新手演练 Novice exercises　添加单选按钮组（源文件\第 11 章\人才信息采集表.html）

Step 01　将光标定位在表单中要插入单选按钮组的位置，单击“表单”选项卡中的 单选按钮组 按钮。

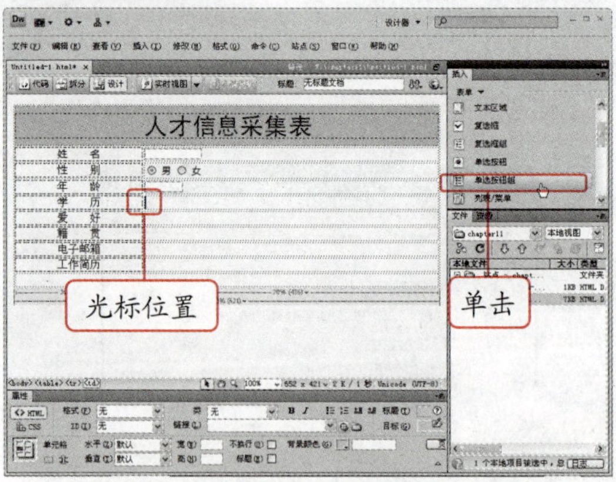

Step 02　在弹出的“单选按钮组”对话框中，设置“名称”为“学历”，依次添加单选按钮的标签和值。

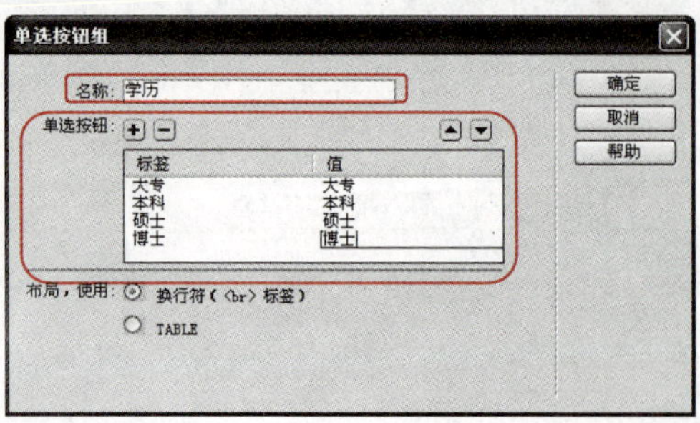

温馨提示牌 Warm and prompt licensing

添加单选按钮组后，系统会自动为每个按钮添加统一的名称和不同的选定值。

Step 03　单击“确定”按钮，显示添加的单选按钮组。

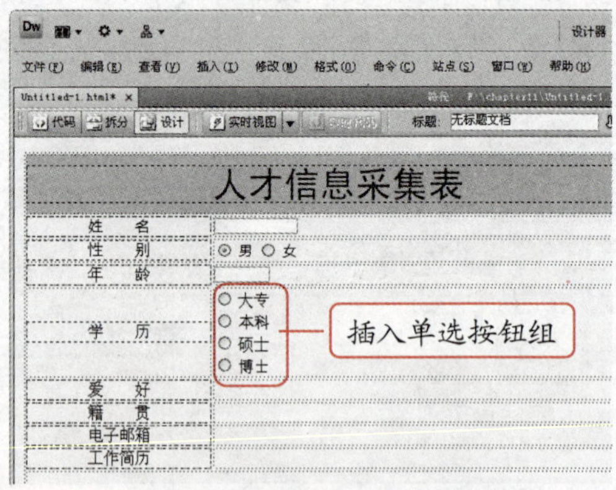

Step 04　为了页面协调，将单选按钮组调成横向排列，完成后保存文档。

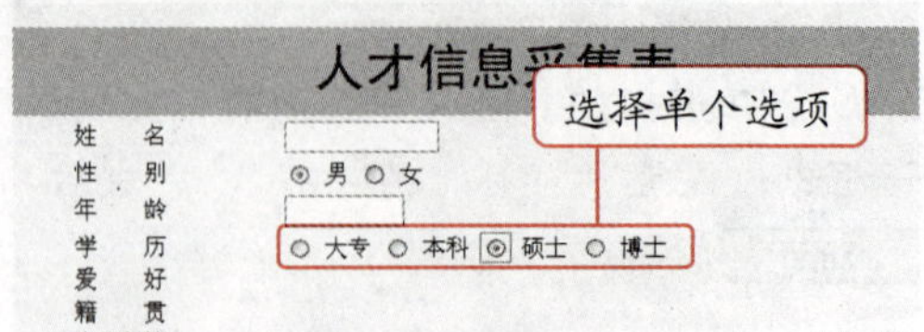

11.2.4 添加复选框

复选框的每个单独的选项可以在“关闭”和“打开”状态间切换，所以，用户可以从复选框中选择多个选项。

新手演练 Novice exercises 在网页文档中添加复选框（源文件\第 11 章\人才信息采集表.html）

Step 01 将光标定位在表单中要插入复选框的位置，单击“表单”选项卡中的 复选框 按钮。

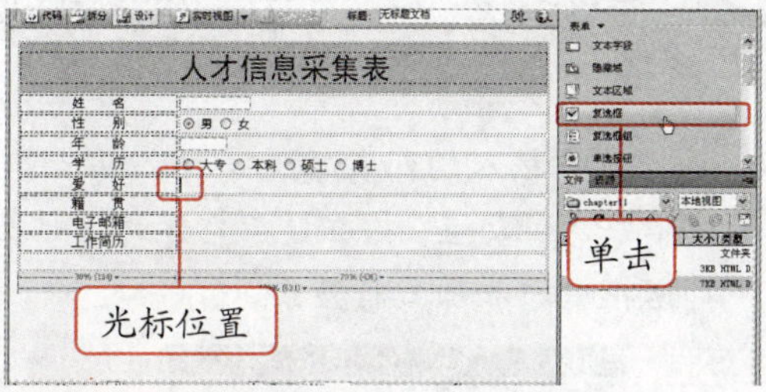

职场经验谈 Workplace Experience

用户也可以通过选择“插入”|“表单”|“复选框”命令，插入复选框按钮。

Step 02 在弹出的“输入标签辅助功能属性”对话框中使用默认设置，直接单击 确定 。

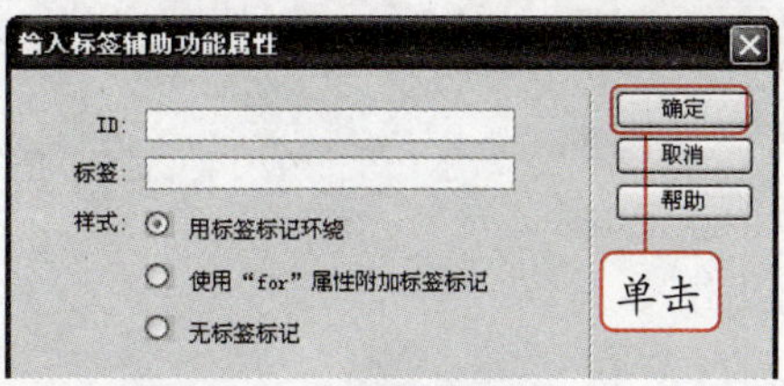

Step 03 在复选框后面输入文本“摄影”。

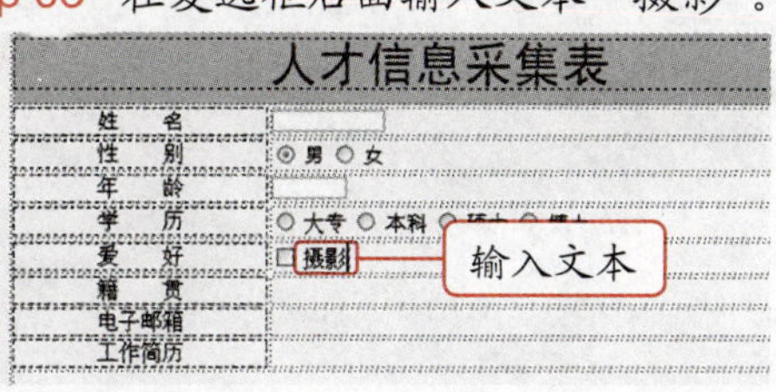

Step 04 选中复选框，在“属性”面板中设置“复选框名称”为“爱好”、“选定值”为“摄影”、“初始状态”为“未选中”。

Step 05 使用同样的方法添加多个复选框。

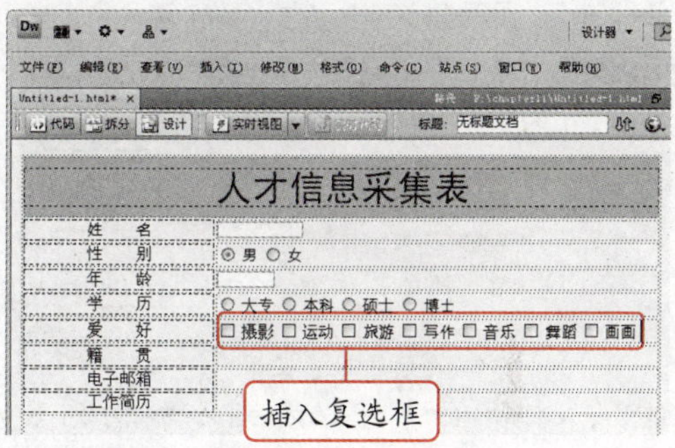

Step 06 保存文档，预览网页。

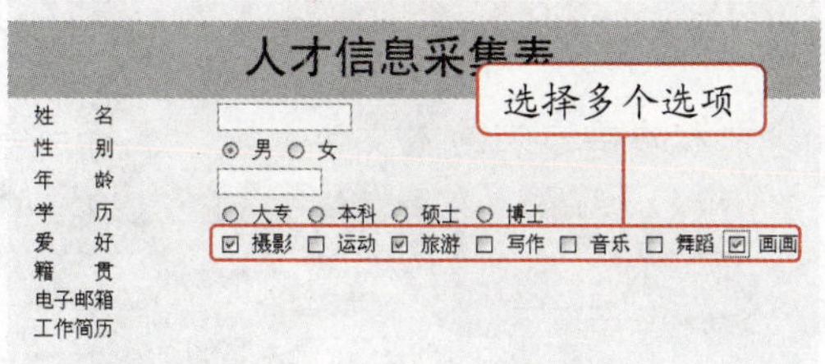

11.2.5 添加列表/菜单

列表/菜单的功能与单选按钮和复选框的功能类似，也是列举多个选项供用户选择，不同的是，在选项数量非常多时使用列表/菜单可以节省空间，同时使版面看起来也相对协调。

新手演练 Novice exercises 添加列表/菜单（源文件\第 11 章\人才信息采集表.html）

Step 01 将光标定位在表单中要插入列表/菜单的位置，单击“表单”选项卡中的 列表/菜单 按钮。

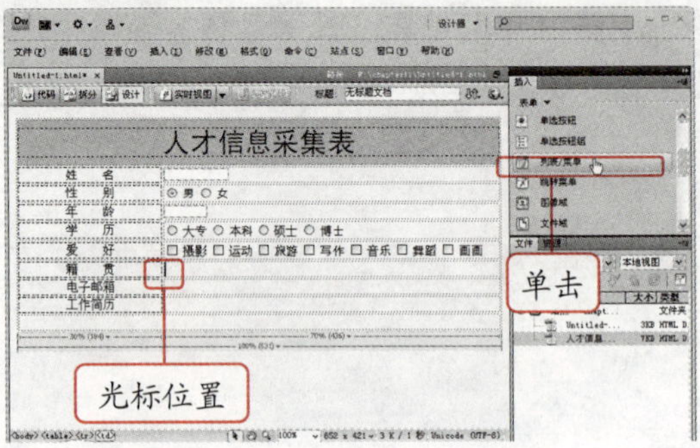

Step 02 在弹出的“输入标签辅助功能属性”对话框中，直接单击 确定 按钮。

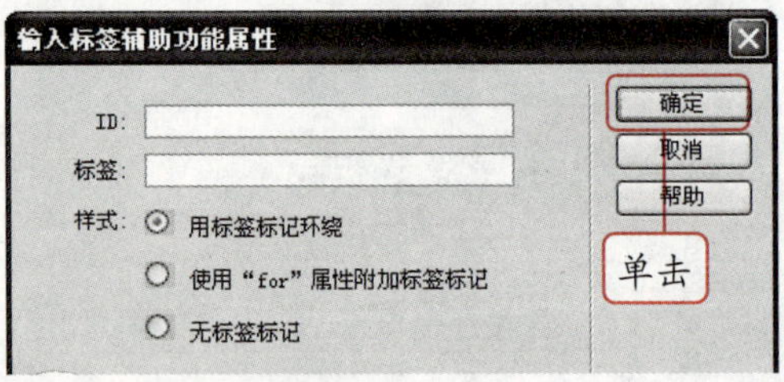

Step 03 在页面中可以看到添加的列表/菜单。

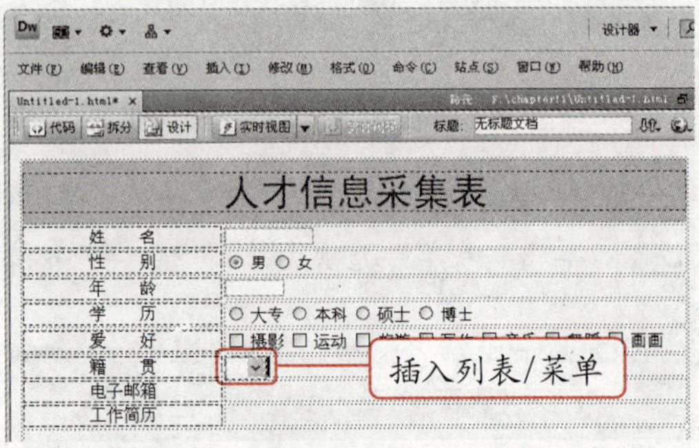

Step 04 选中插入的列表/菜单，在“属性”面板中单击“列表值”按钮，在打开的“列表值”对话框中添加项目标签。

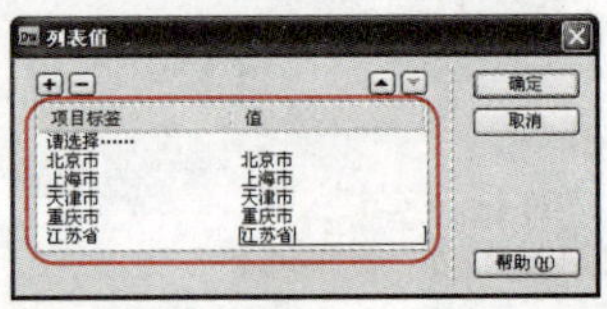

Step 05 完成后，在“属性”面板中设置“列表/菜单”的名称为“籍贯”、“类型”为“菜单”、“初始化时选定”为“请选择……”，这样设置可以起到提示信息的作用。

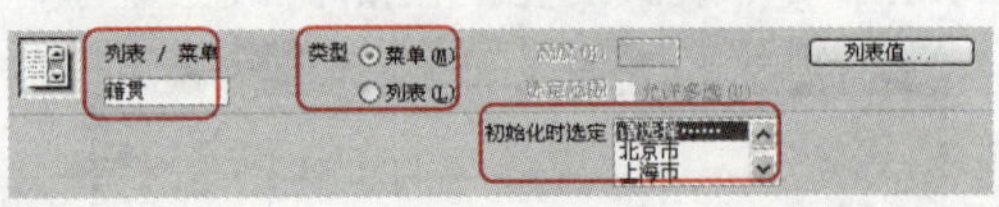

11.2.6 添加文本区域

文本域是专门输入文字、数字、标点等文本信息的区域。

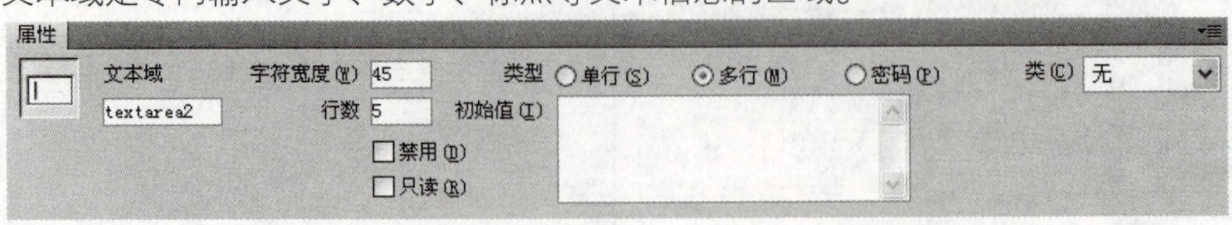

新手演练 Novice exercises 添加文本区域（源文件\第 11 章\人才信息采集表.html）

Step 01 将光标定位在表单中要插入文本区域的位置，单击“表单”选项卡中的 文本区域 按钮。

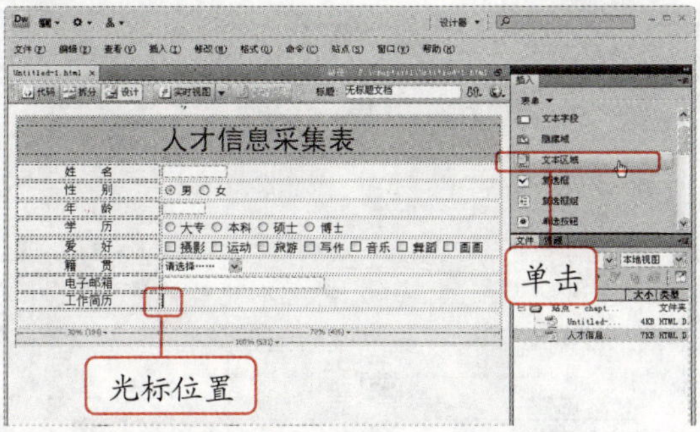

Step 02 在弹出的“输入标签辅助功能属性”对话框中采用默认，直接单击 确定 按钮。

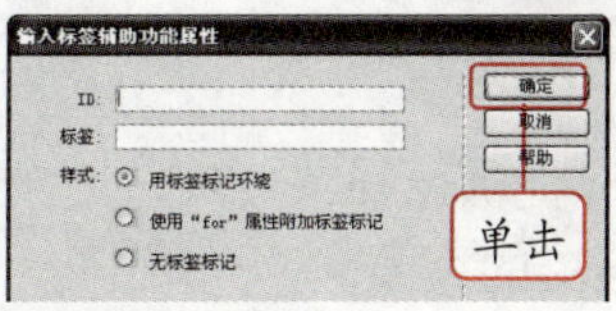

Step 03 在页面中可以看到添加的文本区域。

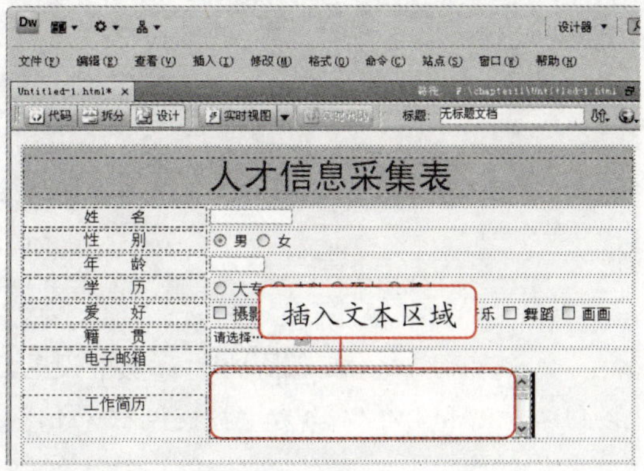

Step 04 选中文本区域，在“属性”面板中设置“文本域”为“工作简历”。完成后保存文档。

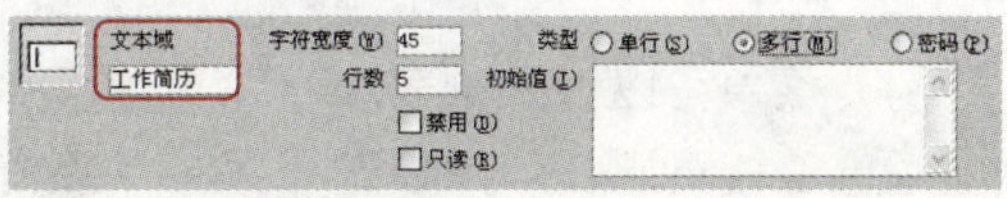

11.2.7 添加按钮

按钮的作用是当用户单击它后将执行一定的动作，常见的有提交表单、重设表单等按钮。用户在网上注册时经常会见到这些按钮。

新手演练 Novice exercises 添加按钮（源文件\第 11 章\人才信息采集表.html）

Step 01 将光标定位在表单中要插入按钮的位置，单击“表单”选项卡中的 按钮 选项。

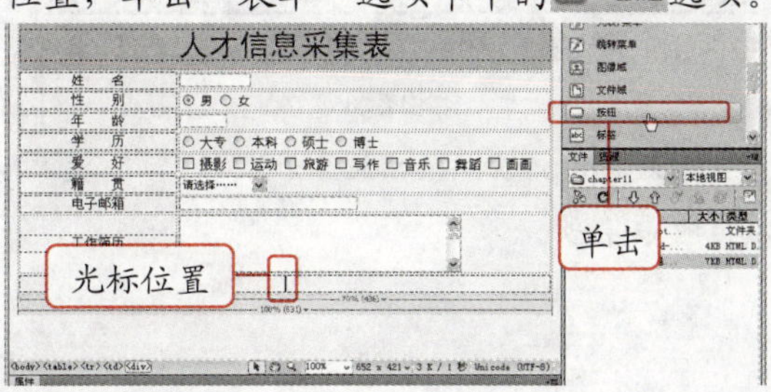

Step 02 在弹出的“输入标签辅助功能属性”对话框后，直接单击 确定 按钮。

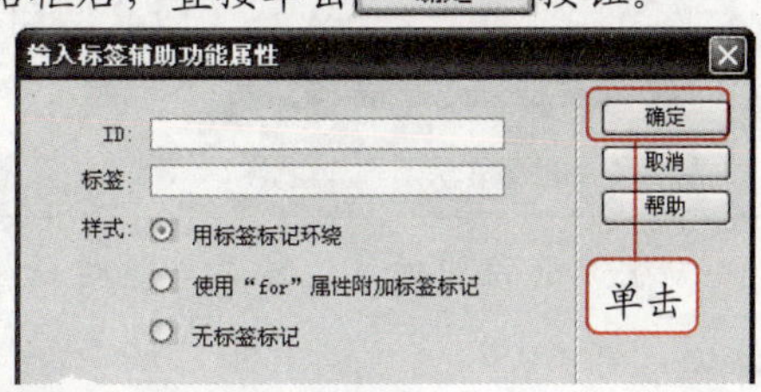

Step 03 显示添加的按钮。

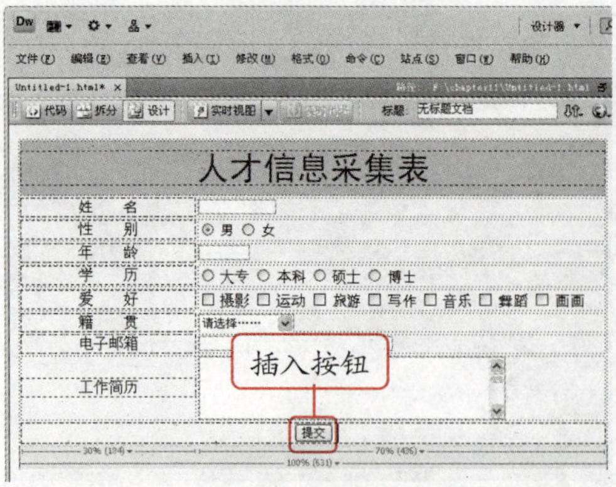

Step 04　选中按钮，在“属性”面板中设置“按钮名称”和“值”均为“提交”、“动作”为“提交表单”。

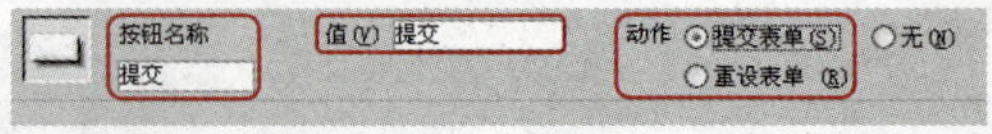

Step 05　用同样的方法添加第二个按钮，并在“属性”面板中设置“按钮名称”和“值”均为“重填”、“动作”为“重设表单”。

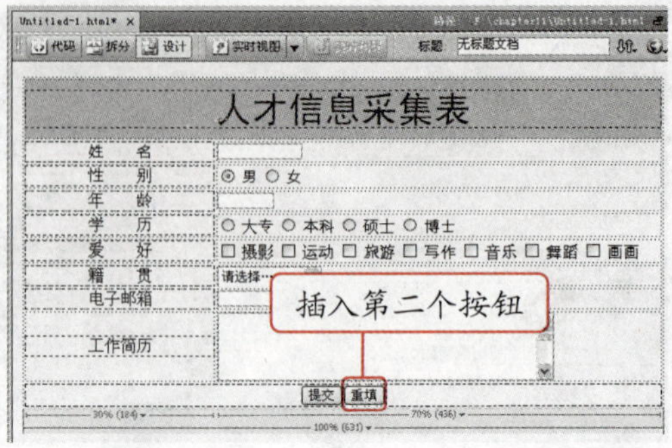

11.2.8　添加跳转菜单

跳转菜单可以说是列表/菜单功能的延伸，它不但可以提供选择菜单项，而且可以给菜单项指定链接页面，用户在选择菜单项后能立即进入所链接的页面。

新手演练 Novice exercises　添加跳转菜单（源文件\第 11 章\跳转菜单.html）

Step 01　将光标定位在表单中要插入跳转菜单的位置，单击“表单”选项卡中的 跳转菜单 按钮。

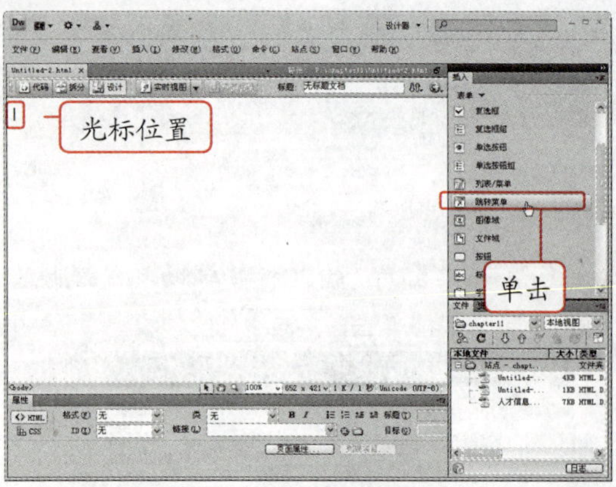

Step 02　在弹出的“插入跳转菜单”对话框中的“文本”文本框内输入“请选择……”，用来作为提示信息。

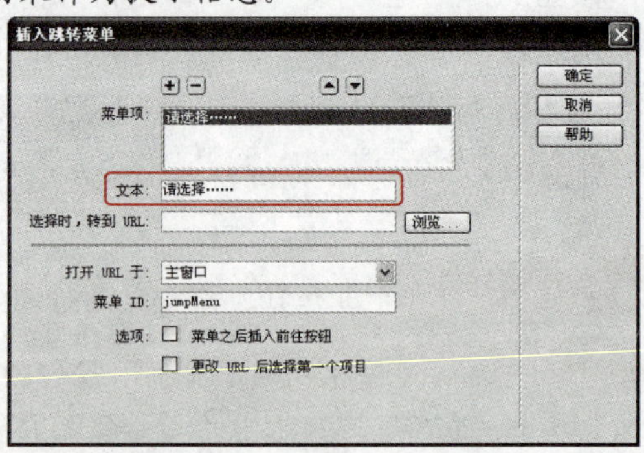

Step 03　单击 + 按钮，在“文本”文本框中输入“百度”，在“选择时，转到 URL”文本框中输入“http://www.baidu.com”，然后依次添加其他菜单项。

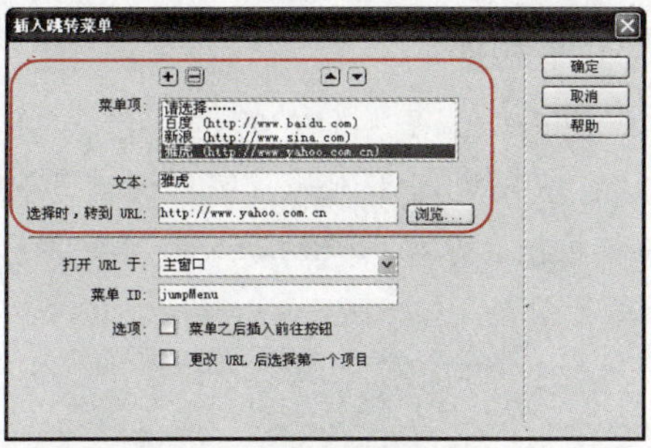

Step 04 显示设置好的跳转菜单。

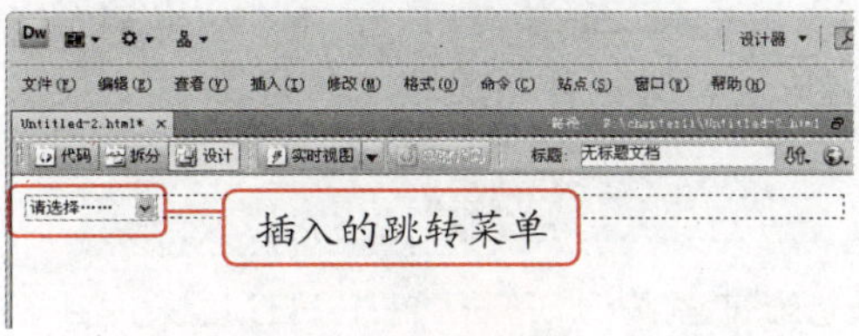

温馨提示牌 Warm and prompt licensing

修改跳转菜单的选项时，可以单击“属性”面板中的 列表值... 按钮进行修改。

Step 05 保存文档，预览网页。

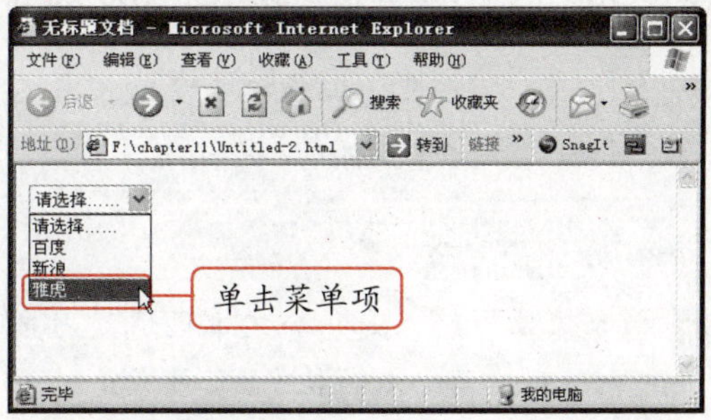

Step 06 当选择任意一个菜单项时，就会打开该菜单项所链接的页面。

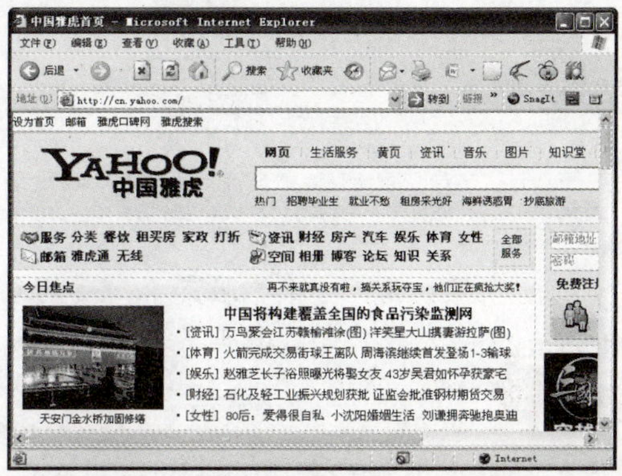

11.3 创建具有验证功能的 Spry 表单

Spry 表单具有验证功能，可以使用户方便地对输入内容进行验证。

11.3.1 Spry 构件

在“表单”选项卡中可以看到 Spry 构件，下面将对这些构件进行简单的介绍。

知识点拨 Knowledge “表单”选项卡中各个 Spry 构件按钮的用途

Spry 验证文本域： 用于站点浏览者输入文本时显示文本的状态（有效或无效）。

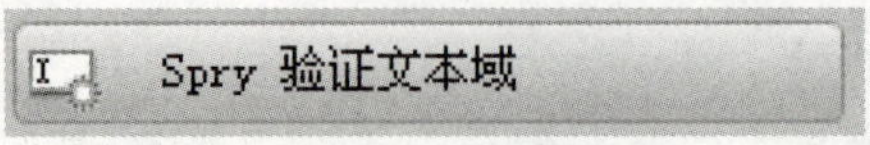

Spry 验证文本区域： 是一个文本区域，用户输入文本时将显示文本的状态(有效或无效)。

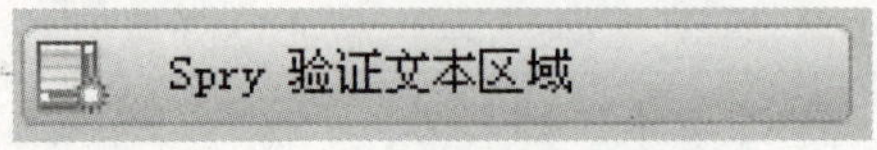

Spry 验证复选框： 用于 HTML 表单中的一个或一组复选框，即启用或没有启用复选框时，显示验证的状态（有效或无效）。

Spry 验证选择： 用于一个下拉菜单，该菜单在用户进行选择时会显示构件的状态有效或无效。

Spry 验证密码： 是一个密码文本域，可用于强制执行密码规则（例如，字符的数目和类型）。该控件会根据用户的输入信息提供警告或错误消息。

Spry 验证确认： 用于一个文本域或密码表单域，当用户输入的值与同一表单中类似域的值不匹配时，该构件将显示无效的提示信息。

Spry 验证单选按钮组： 用于 HTML 表单中的一组单选按钮，即使用或没使用单选按钮时，显示此次动作有效或无效。

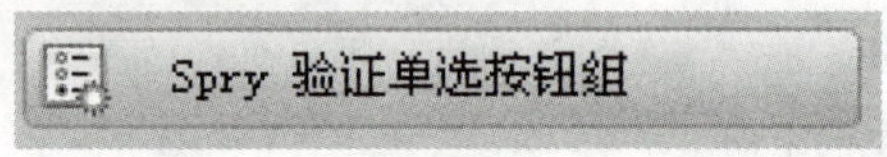

11.3.2 添加 Spry 验证文本域

验证文本域有许多状态，比如有效、无效、必需值等，用户可以根据实际情况选择验证结果。

新手演练 Novice exercises 添加 Spry 验证文本域（源文件\第 11 章\征集建议.html）

Step 01 将光标定位在表单中要插入 Spry 验证文本域的位置，单击“表单”选项卡中的 Spry 验证文本域 按钮。

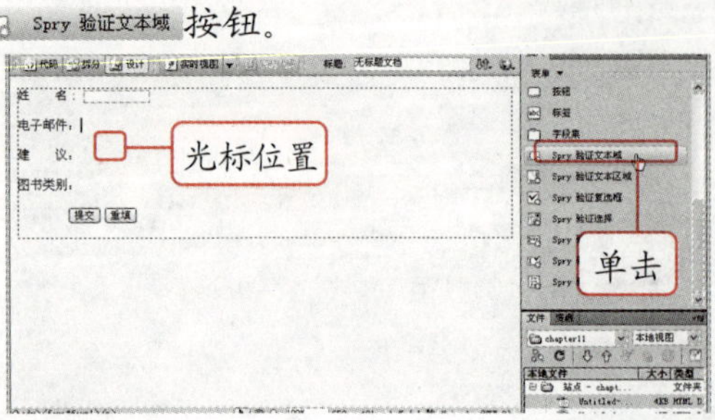

Step 02 在弹出的“输入标签辅助功能属性”对话框后，直接单击 确定 按钮。

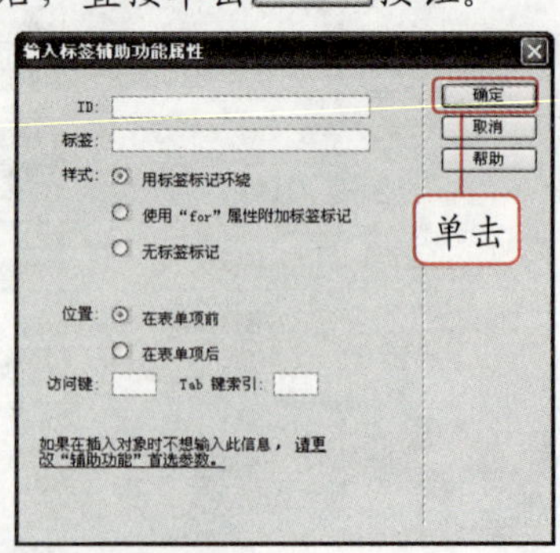

Step 03 此时可以看到添加的 Spry 验证文本域。

Step 04 选择 Spry 验证文本域，在“属性”面板中，设置“类型”为“电子邮件地址”、“提示”为“输入电子邮件地址”，并选择 onBlur 复选框。

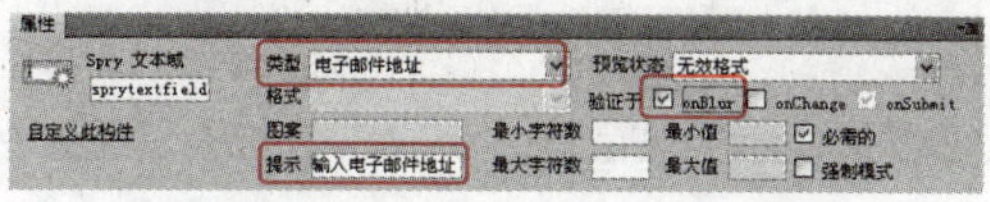

Step 05 保存文档，将弹出“复制相关文件”对话框，单击 确定 按钮。

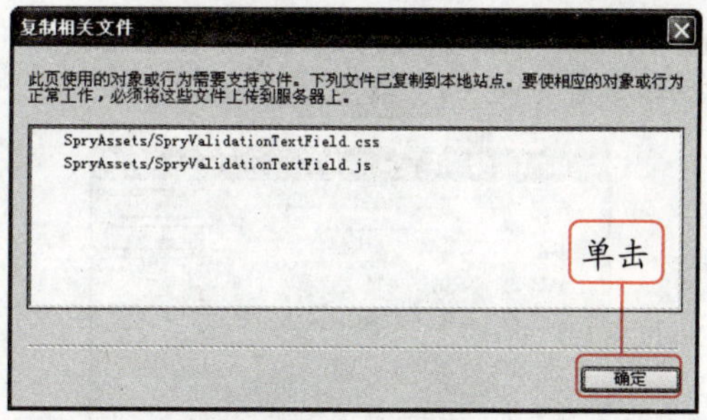

Step 06 保存文档后，预览网页，即可以对输入的电子邮件内容进行验证。

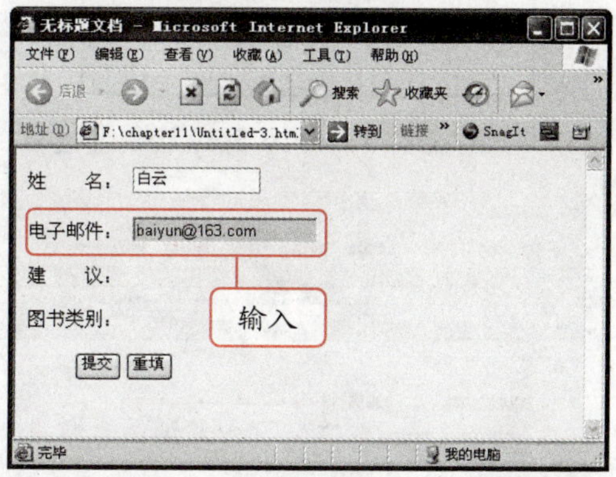

11.3.3 添加 Spry 验证复选框

Spry 验证复选框用于是 HTML 表单中的一个或一组复选框，启用（或没有启用）复选框时，显示验证的状态（动作有效或无效）。

用户在添加其他选项时，在“Spry 验证复选框：sprycheckbox1”选项卡内插入复选框及标签内容。如果用户再次插入 Spry 验证复选框则没有任何效果。

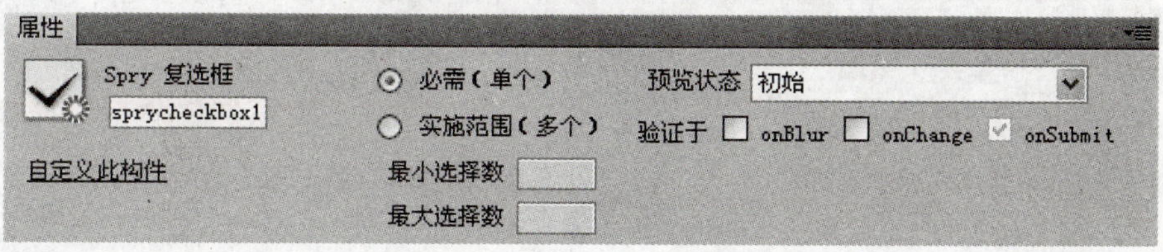

新手演练 Novice exercises 添加 Spry 验证复选框（源文件\第 11 章\征集建议.html）

Step 01 将光标定位在表单中要插入 Spry 验证复选框的位置，单击“表单”选项卡中的 Spry 验证复选框 按钮。

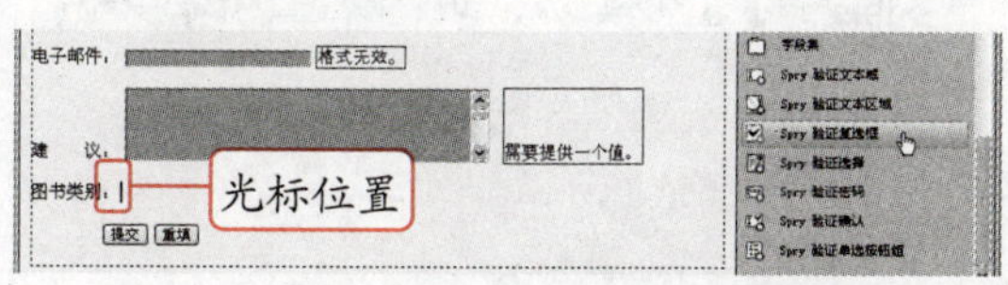

Step 02 在弹出的“输入标签辅助功能属性”对话框后，直接单击 确定 按钮。

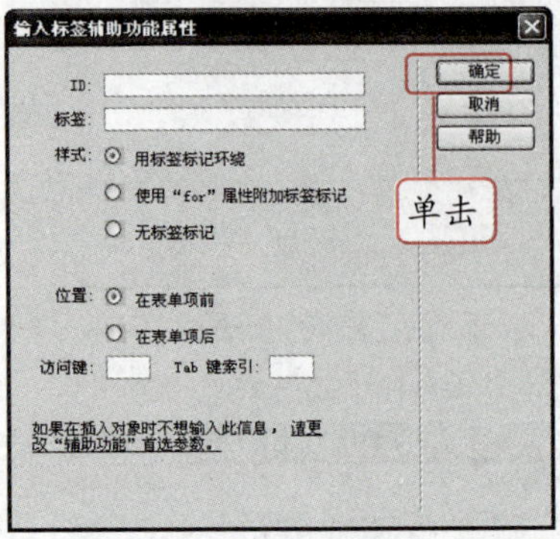

Step 03 此时会显示添加的 Spry 验证复选框。

Step 04 选择 Spry 验证复选框，在“属性”面板中，选择“实施范围”单选按钮，设置“最小选择数”为 2、“最大选择数”为 5，选择 onBlur 复选框。

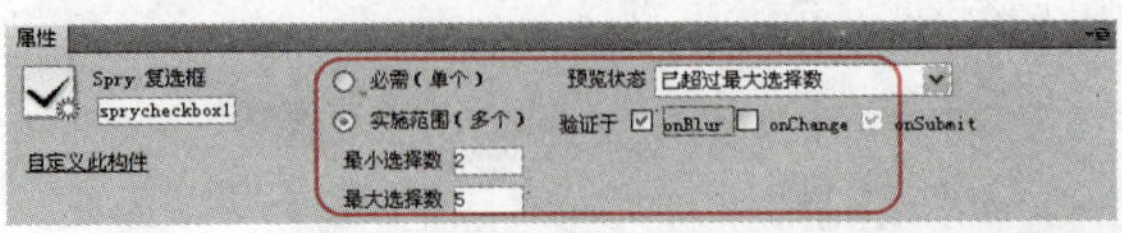

Step 05 保存文档，弹出“复制相关文件”对话框，单击 确定 按钮。

Step 06 预览网页。可以看到选择数量少时会出现的提示。

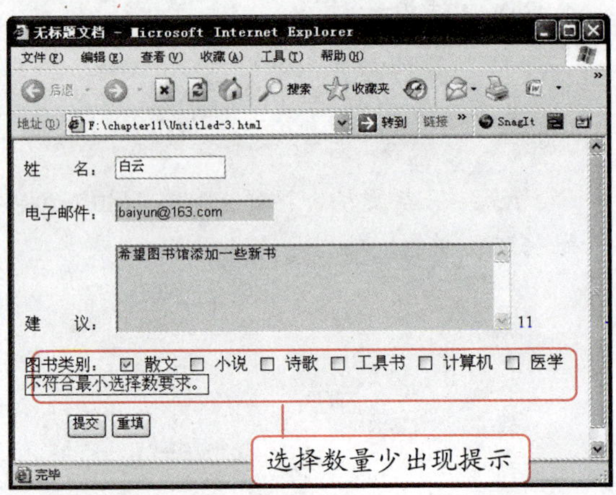

温馨提示牌 Warm and prompt licensing

> 若选择数量多时也会出现提示：“已超过最大选择数”。

11.4 职场特训

本章主要讲解了表单的作用，并通过典型案例展现出表单在网页制作中的应用范围。下面通过 3 个实例，巩固本章所学知识。

特训 1：制作用户登录界面（源文件\第 11 章\用户登录.html）

1. 打开素材目录中的“用户登录. html”文档。
2. 在“用户名”右侧单元格内插入一个文本字段，设置文本字段的“字符宽度”和“最大字符数”均为 20、“类型”为“单行”。
3. 在“密码”右侧单元格内插入一个文本字段，设置文本字段的“字符宽度”和“最大字符数”均为 20、“类型”为“密码”。
4. 保存文档，预览网页。

特训 2：使用图像代替按钮（源文件\第 11 章\添加图像域.html）

1. 打开素材目录中的“添加图像域. html”文档。
2. 插入图像域，选择图像源文件为图片“03.gif”，在“属性”面板中设置“替换”为“进入游戏”。
3. 制作完毕后，保存文档。

特训 3：制作“通行证注册”页面（源文件\第 11 章\通行证注册.html）

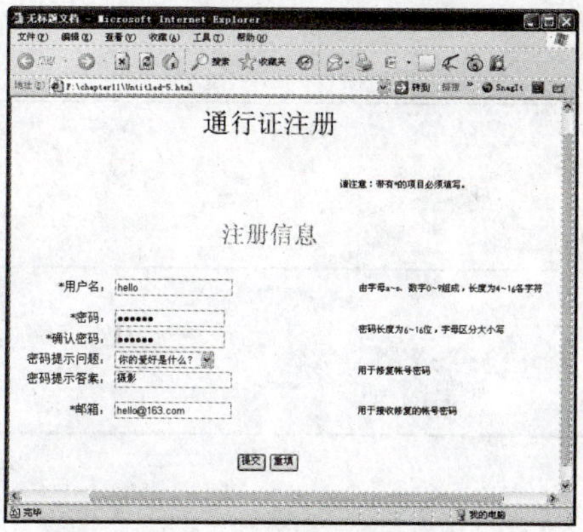

1. 打开素材目录中的“通行证注册.html”文档。
2. 根据前面所讲的知识依次在用户名、密码、确认密码、密码提示问题、密码提示答案和邮箱后面的单元格内添加表单项，分别为：Spry 验证文本域、Spry 验证密码、Spry 验证确认、Spry 验证选择、Spry 验证文本区域、Spry 验证文本域。
3. 制作完毕后，保存文档。

读书笔记

第 12 章

使用行为实现特效

精彩案例

为页面中的对象添加行为

在行为面板中编辑行为

为网页添加特效

添加“交换图像”行为

添加“显示-隐藏元素”行为

检查表单

本章导读

“行为”是 Dreamweaver 中强大的功能，它提高了网站的可交互性。行为是事件与动作的结合，浏览器响应用户的动作产生事件。事实上，动作是由预先写好的能够执行某种任务的脚本或程序代码组成，而事件与浏览者的操作相关，比如，单击鼠标，滚动鼠标等。行为允许浏览者改变网页内容以及执行特定的任务。利用 Dreamweaver 的行为，可以轻松地制作出动态的网页效果。

12.1 认识行为

Dreamweaver 中的行为是一系列使用 JavaScript 程序预定义的页面效果工具，是 JavaScript 在 Dreamweaver 中内置的程序库。Dreamweaver CS4 的行为将 JavaScript 代码放置在文档中，以允许访问者与 Web 页面进行交互。行为是事件和由该事件触发的动作的组合。“事件”通常由浏览器定义，可以被附加到各种页面元素对象中，常见的事件有：onMouseOver、onMouseOut、onClick、onDblClick 和 onLoad 等。“动作”通常是一段 JavaScript 程序，利用这段程序可以完成相应的任务。行为是指定动作和所触发的事件。

利用 Dreamweaver CS4 提供的行为，不需要书写代码即可实现丰富的动态页面效果，如：为网页添加背景音乐、显示/隐藏层、弹出消息和打开新浏览窗口等功能，从而实现用户与页面的交互。

12.1.1 什么是行为

Dreamweaver 中的行为实际上是一系列 JavaScript 程序的集合，它包括两部分内容，一部分是事件，另一部分是动作。

动作是随着事件的发生而执行的，动作可以被附加到链接、图像、表单及其他页面元素中。可以为某个事件指定多个动作，动作根据在“行为”面板中的顺序依次发生或通过时间的设定来定义动作执行的顺序。事件是依赖对象的存在而存在的，要应用某事件，就要先选中页面中的对象。每个页面元素所能执行的事件也不尽相同，如图像和层的事件就有许多不同之处。

12.1.2 Dreamweaver 中的“行为”面板

要使用行为，需要先打开行为面板，在 Dreamweaver CS4 中选择“窗口”|“行为”命令，用户就可以打开行为面板，如下图所示。

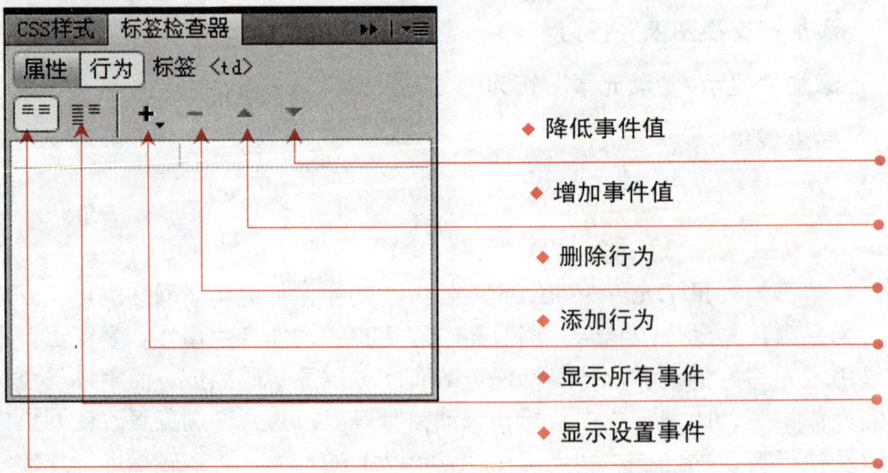

知识点拨 Knowledge 认识“行为”面板中各选项的含义

显示设置事件： 仅显示附加到当前文档的事件。每个类别的事件都包含在一个可折叠的列表中，使用者可以单击类别名称旁边的加号/减号按钮展开/折叠该列表。“显示设置事件”是默认的显示视图模式。

显示所有事件： 按字母降序显示给定类别的所有事件。

添加行为： 会出现一个弹出式菜单，其中包含可以附加到当前所选元素的行为。当从该列表中选择一个行为时，将出现一个对话框，可以在该对话框中指定该行为的参数。如果所有行为都以灰色显示，则表示没有所选元素可以添加的行为。

删除行为： 从行为列表中删除所选的行为。

增加事件值和降低事件值： 将特定事件的所选动作在行为列表中向上或向下移动。设定事件的动作以特定的顺序执行。选中一个事件或动作可以更改执行的顺序。

12.2 行为的添加与编辑

要想在网页中添加行为，首先要确定需要对网页的哪一个具体页面元素添加这个行为，在设计界面中，选择这个页面元素，或者在主窗口底部左侧的标签选择器中单击相应页面元素标签，接着单击行为面板中的+按钮，再在出现的行为菜单中选择一个行为。本节将具体讲解如何添加、编辑行为以及如何获取更多的行为。

12.2.1 添加行为

用户可以使用行为面板为整个页面文档，或是页面中的链接、图像、表单元素等其他 HTML 页面元素添加行为。

新手演练 Novice exercises 为页面中的对象添加行为

Step 01 选中整个网页文档或者选择文档中的一个元素，单击“添加行为”按钮+，在出现的菜单中选择一种行为。

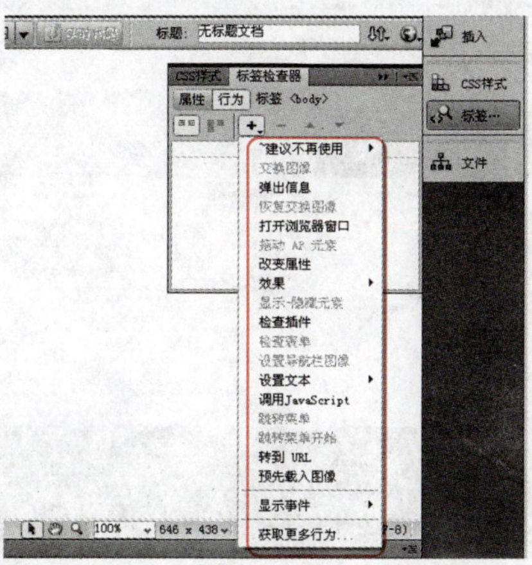

Step 02 弹出相应的设置行为对话框，设置相应的各项，完成后单击 确定 按钮，即可为选中的对象添加相应的行为。

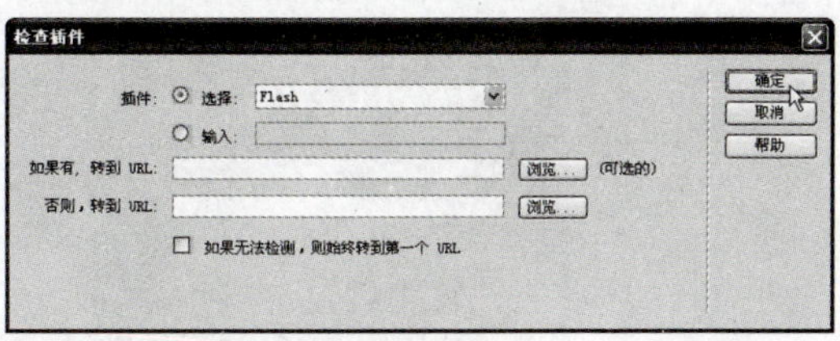

温馨提示牌 Warm and prompt licensing

此处列出了行为面板中所有的行为，如何添加这些行为，将在下面的小节中讲解。

12.2.2 编辑行为

当为页面中的元素添加行为后，会在行为面板中显示相应的事件和动作，用户可以对该行为进行编辑。

新手演练 Novice exercises 在“行为”面板中编辑行为

Step 01 展开“行为”面板，选中要编辑的行为，双击鼠标左键。

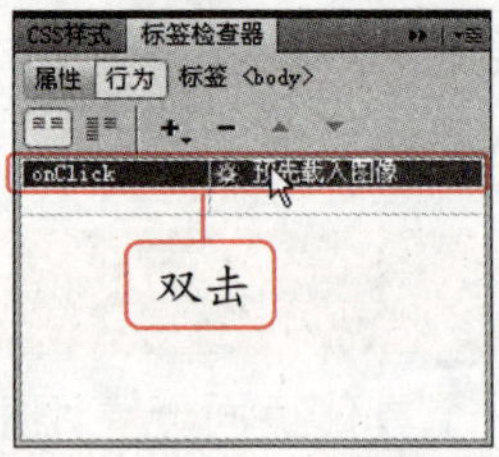

Step 02 出现编辑行为对话框，在该对话框中可以对各项进行重新设置，完成后单击 确定 按钮。

12.2.3 获取更多的行为

在 Dreamweaver 的“行为”面板中有一项行为可以通过网络获取，这就是行为面板中的“获取更多行为”命令。

获取更多行为的作用是，可以使用更多的行为，为网页添加特效，使网页无论在视觉上和功能上都能给浏览者全新的感觉，另外获取更多行为的最大好处就是减少使用代码设置网页特效的麻烦。

新手演练 Novice exercises 为网页添加特效

Step 01 打开行为面板，单击“添加行为”按钮 + ，从弹出的菜单中选择“获取更多行为”命令。

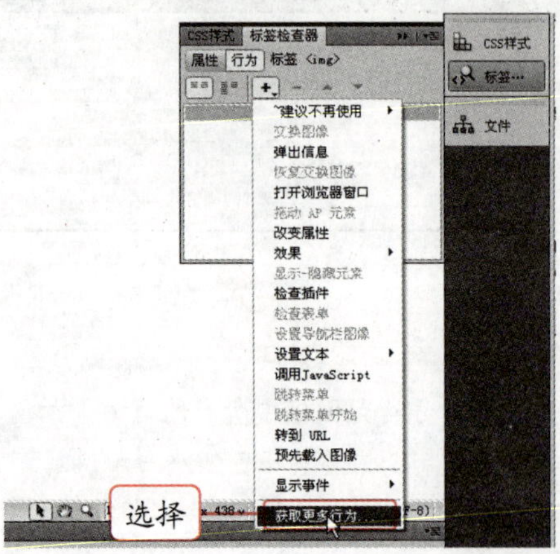

Step 02 打开帮助文件页面，在该网页中，读者可以下载到更多的行为。

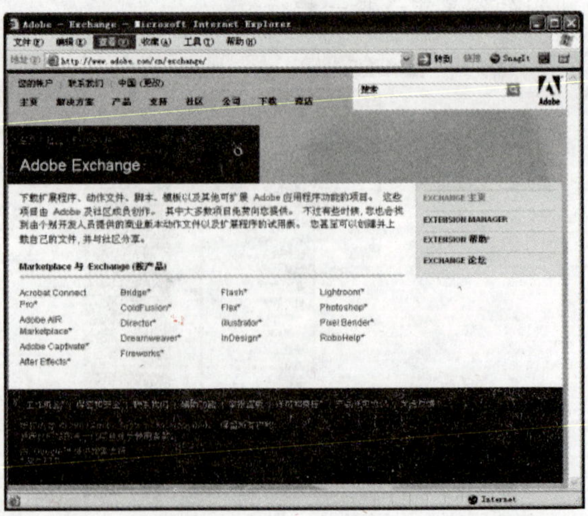

12.3 主要行为的添加

Dreamweaver CS4 提供了很多种行为，展开“行为”面板，可以看到系统为用户提供的各种行为命令。本节将就一些在网页设计中经常使用的行为做详细说明。

12.3.1 添加“交换图像”行为

读者在浏览网页的时候经常会看到这样的图片效果，当鼠标经过图像时，该图像变换成另外一张图片，当鼠标离开后，图片又变换成原来的样子。这种鼠标经过图像特效，可以通过行为面板中的“交换图像”命令来实现的，本小节将具体讲解这方面的有关知识。

新手演练 Novice exercises 添加“交换图像”行为（源文件\第 12 章\index.html）

Step 01 打开一个网页文档，选择文档中的一幅图片，在“行为”面板中单击 + 按钮，从弹出的菜单中选择“交换图像”命令。

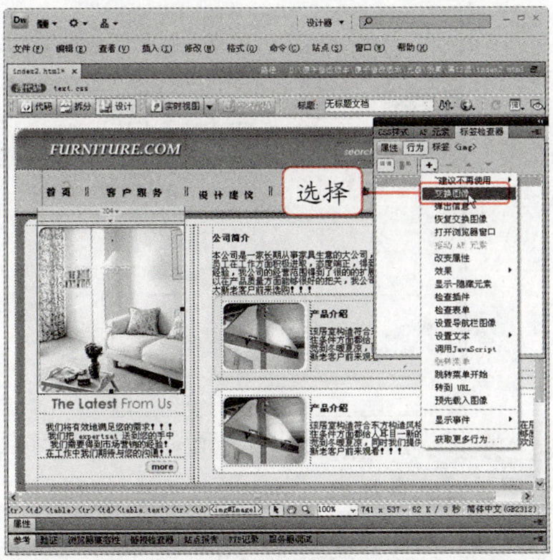

Step 02 弹出“交换图像”对话框，单击“设定原始档为”文本框后的“浏览”按钮。

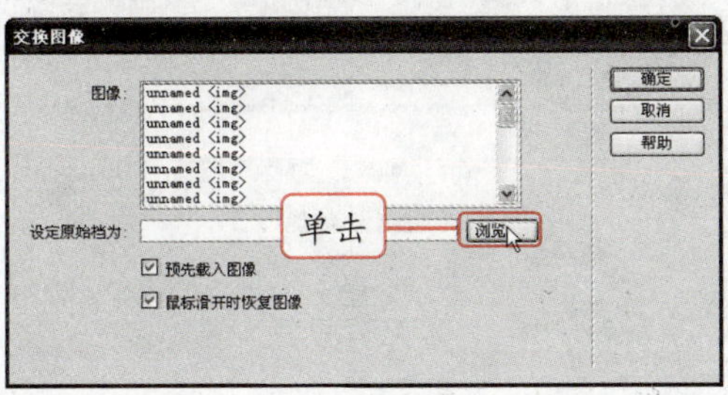

Step 03 打开“选择图像源文件”对话框，选择一幅素材图片，单击 确定 按钮。

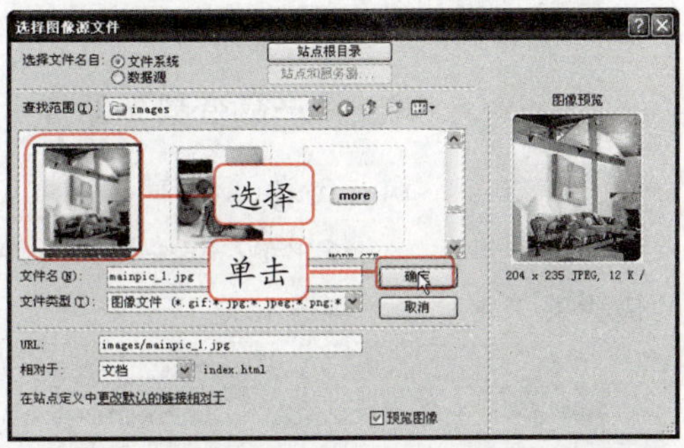

Step 04 返回“交换图像”对话框，单击 确定 按钮，展开“行为”面板，可以看到该面板中添加了两个事件行为。

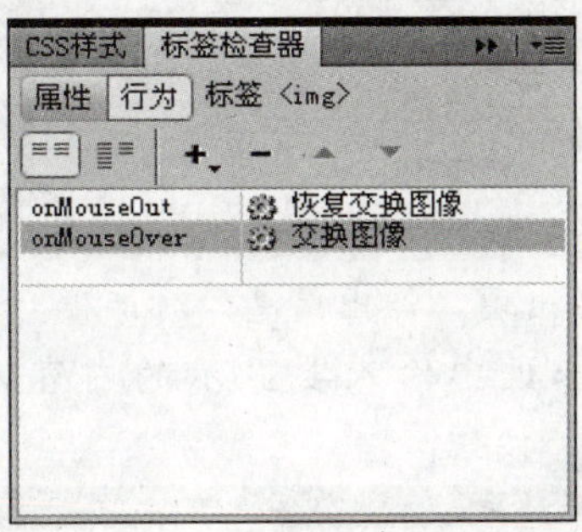

Step 05 保存文件，按 F12 快捷键预览效果。

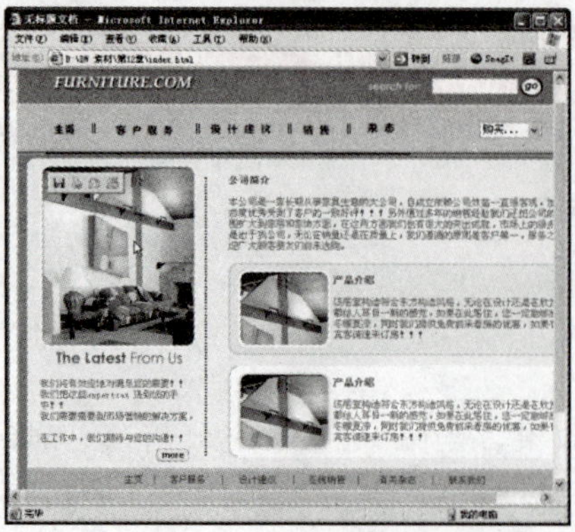

职场经验谈 Workplace Experience

制作交换图像时，应该选择一个与原图像具有相同尺寸的图像，以使其适应原图像的尺寸，否则，换入的图像显示时会被压缩或拉伸。

12.3.2 添加“弹出信息”行为

“弹出信息”是指在某种事件发生时，弹出一个对话框，给用户一些信息提示。由于该对话框是使用 JavaScript 代码实现的，所以对话框中只有一个按钮，也就是说，使用这个行为只是提供信息，而不允许用户进行选择。

新手演练 Novice exercises　调整“产品资料”图片（源文件\第 12 章\index.html）

Step 01　打开一个网页文档，选择一个图像对象，单击“行为”面板中的 + 按钮，从弹出的快捷菜单中选择“弹出信息”命令。

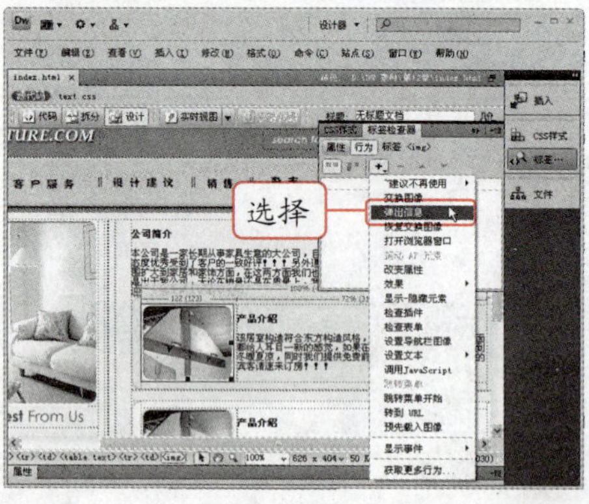

Step 02　出现“弹出信息”对话框，在“消息”文本框中输入要显示的内容，单击 确定 按钮。

Step 03　展开行为面板可以看到一个事件为 onClick 的行为。

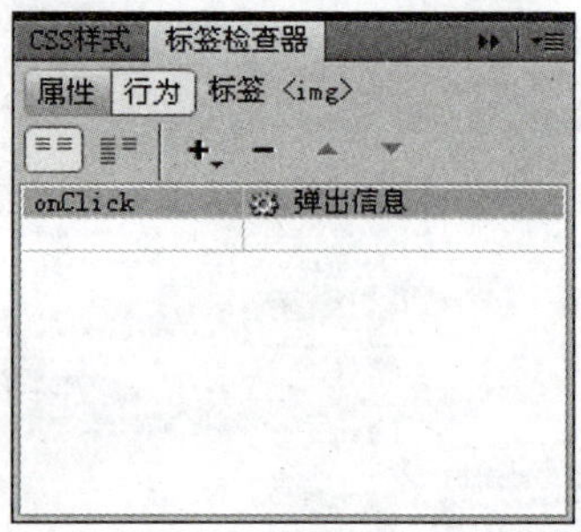

Step 04　保存文件，按 F12 预览，单击刚才设置的图片时就会弹出一个如图所示的对话框。

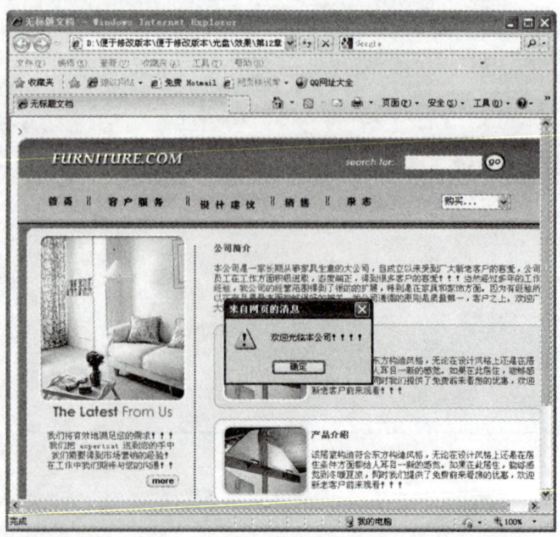

12.3.3 添加“打开浏览器窗口”行为

添加“打开浏览器窗口”行为可以让在浏览者触发该行为时打开一个新的浏览器窗口，在新的窗口中可以载入指定 URL 地址的网页，也可以设定新打开的浏览器窗口的属性，如是否显示导航栏、状态条等。如果没有指定窗口的属性，则窗口将按启动窗口的属性和大小打开，一旦指定了窗口的任何属性，都将自动关闭其他属性。

新手演练 Novice exercises 添加“打开浏览器窗口”行为（源文件\第 12 章\index.html）

Step 01 打开一个网页文档，选择“标签选取器”中的<body>标签，单击“行为”面板中的 + 按钮，从弹出的快捷菜单中选择“打开浏览器窗口”命令。

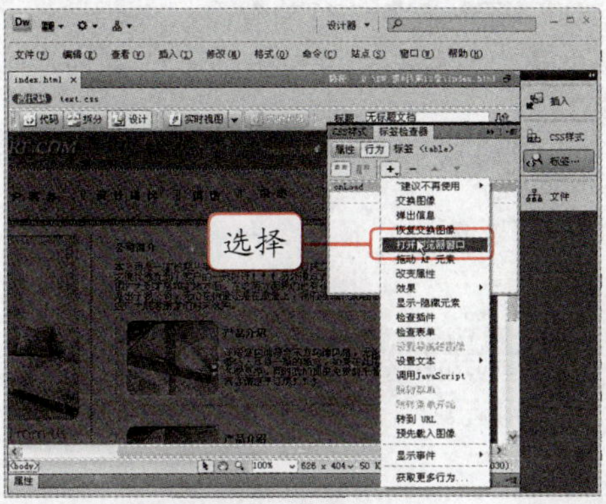

Step 02 出现“打开浏览器窗口”设置对话框，在“要显示的 URL”文本框中输入要在新打开的浏览器窗口中显示的文件名或者网址，同时设置该窗口的高度和宽度，选择“状态栏”复选框，设置完成后单击 确定 按钮。

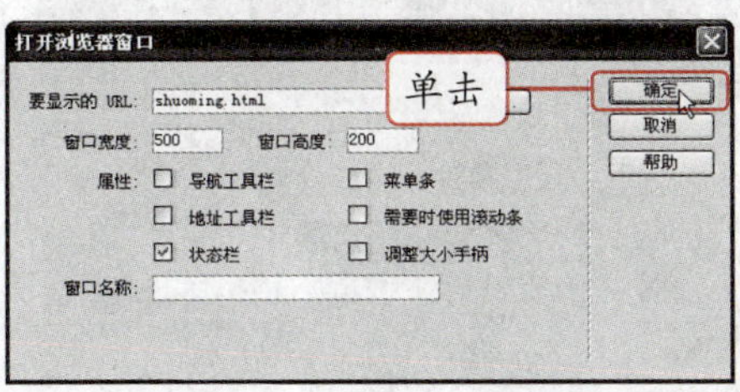

Step 03 可以看到行为面板中新增的“打开浏览器窗口”行为，该行为的事件为 onLoad，即当页面加载时打开浏览器窗口。

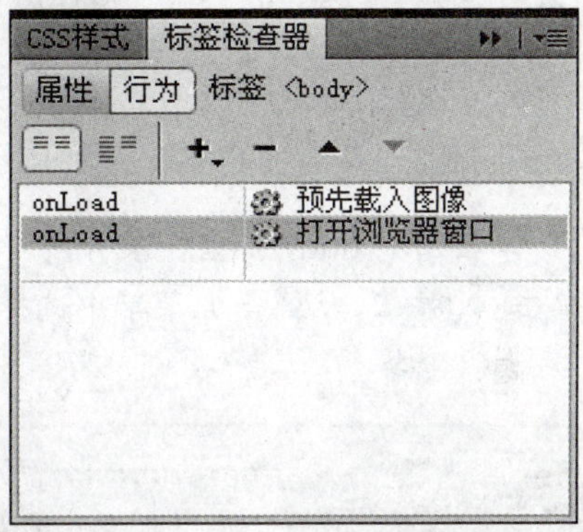

Step 04 保存文件，按 F12 键预览，效果如图所示。

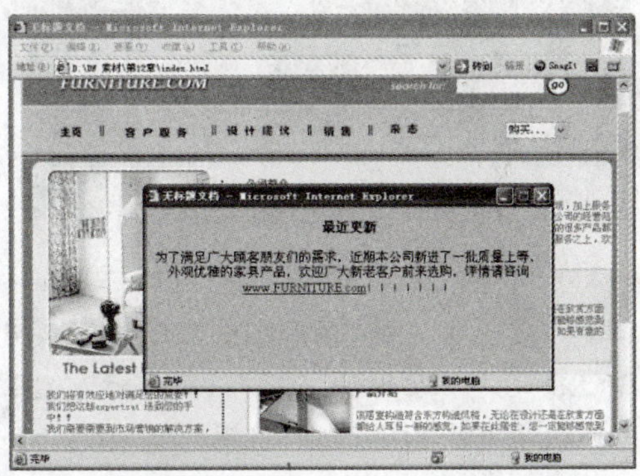

12.3.4 添加“拖动 AP 元素”行为

浏览者在浏览网页的时候经常会看到，有的网站上会有一个浮动的公告窗口，且用户可以使用鼠标随意拖动该窗口，这是通过拖动 AP 元素来实现的。

拖动 AP 元素可以让访问者拖动绝对定位的 AP 元素（包括图片、表格和按钮等），该行为经常用来制作交互网页的界面。例如，本实例中的“在线调查”对话框，用户就可以随意拖动。

新手演练 Novice exercises 添加“拖动 AP 元素”行为（源文件\第 12 章\index.html）

Step 01 打开一个网页，首先在该页面中制作一个层，然后在层中加入页面元素。

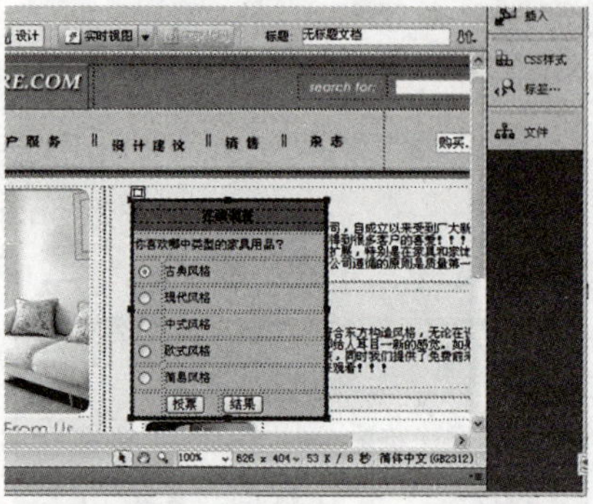

Step 02 单击选中 body 标签，展开“行为”面板，单击 + 按钮，从弹出的菜单中选择“拖动 AP 元素”命令。

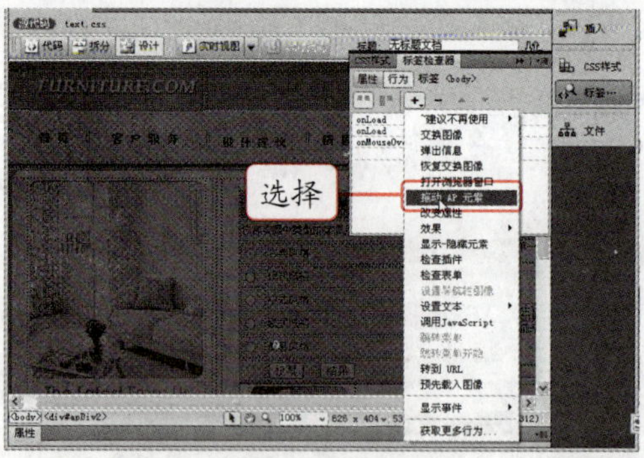

Step 03 出现“拖动 AP 元素”对话框，选择“基本”选项卡，在“AP 元素”下拉列表中可以选择允许拖动的层，在“放下目标”选项区域可设置一个预定位置，当用户将层拖动到该位置时，自动放下层。

Step 04 选择“高级”选项卡，在此处可以设置拖动层的控制点、呼叫的 javascript 程序等，这里选择默认，单击 确定 按钮。

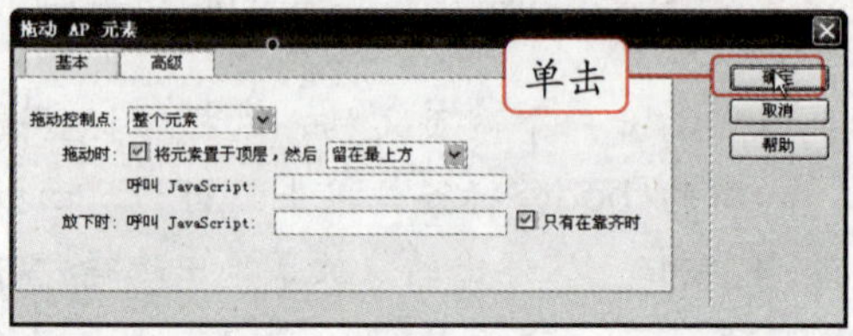

Step 05 可以看到“行为”面板中新增的“拖动 AP 元素”行为，该行为的事件为 onLoad。

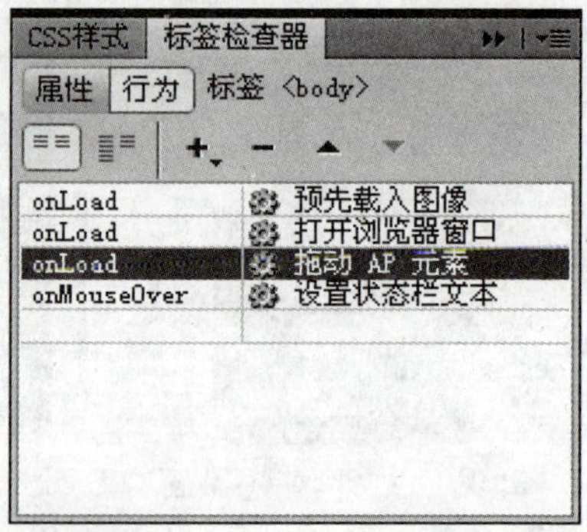

Step 06 保存文件，按 F12 键预览，即可看到层出现在浏览器中。用鼠标拖动层，可随意对其进行移动。

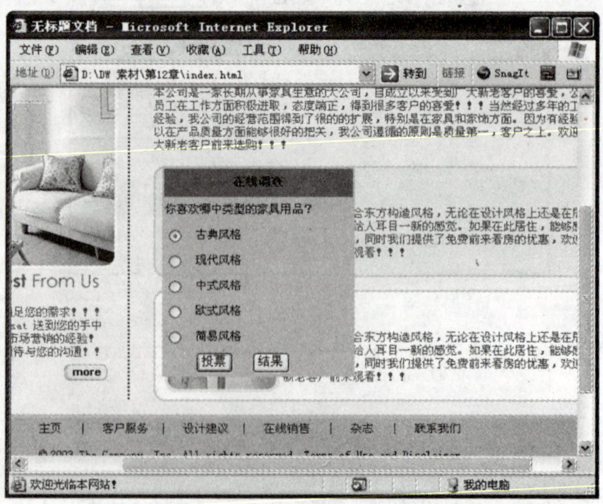

12.3.5 添加“转到 URL”行为

“转到 URL”是指在当前窗口或指定的框架中打开一个新页。最常见的例子是那些经常发生变化的网站，常常在旧网址的首页上注明网址已变，然后通过设置旧网页的转到 URL 自动将访问者带到新的地址去。

新手演练 Novice exercises 添加“转到 URL”行为（源文件\第 12 章\index.html）

Step 01 打开一个网页文档，在适当位置插入一个按钮，将该按钮名称更改为“转到主页”。

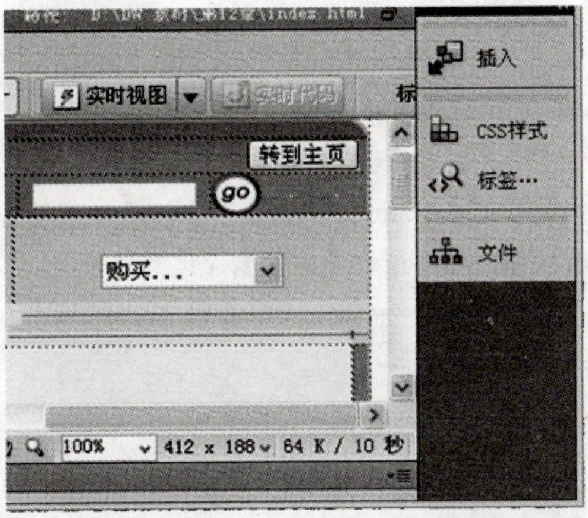

Step 02 选中该按钮，展开“行为”面板，单击[+]按钮，从弹出的菜单中选择“转到 URL”命令。

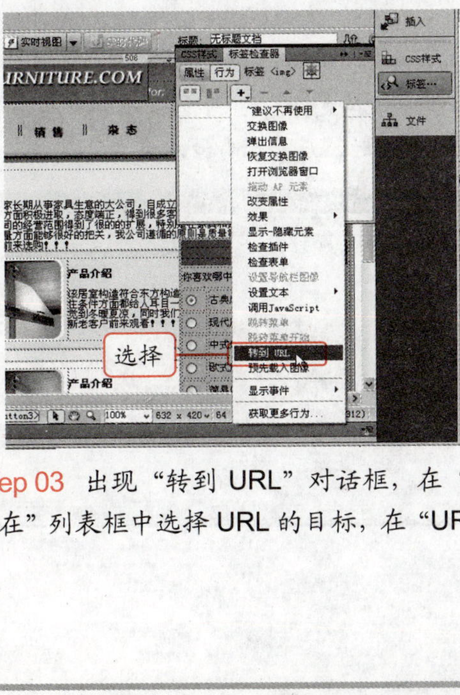

Step 03 出现“转到 URL”对话框，在“打开在”列表框中选择 URL 的目标，在“URL”文本框中输入要跳转的网址，设置完成后单击 [确定] 按钮。

Step 04 在行为面板中添加了一个“转到 URL”的行为，事件为 onClick。

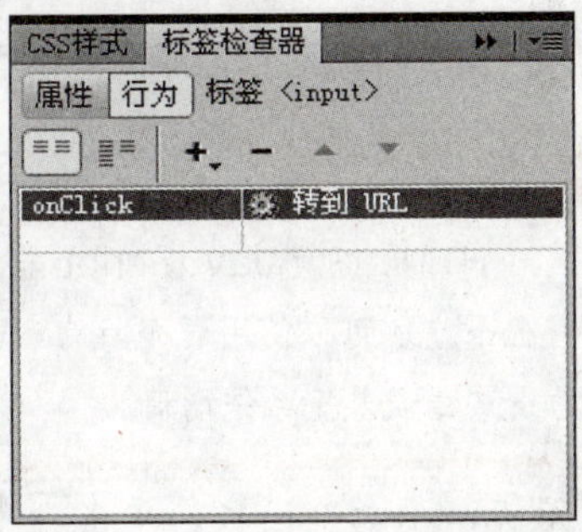

Step 05 保存文件，按 F12 键预览，单击“转到主页”按钮，将自动跳转到相应的页面。

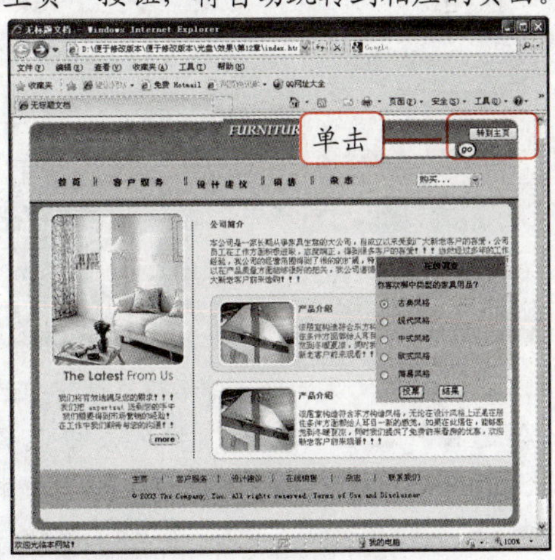

12.3.6 添加“改变属性”行为

添加“改变属性”行为，可以通过设定的事件触发行为，动态改变连接行为的对象的各种属性，包括对象的颜色、尺寸和背景等，需要注意的是：可以改变哪些属性，是与所用浏览器有关系的。

新手演练 Novice exercises 添加“改变属性”行为（源文件\第 12 章\shuxing.html）

Step 01 打开一个网页文档，在页面中插入层，在该层中插入一幅素材图片，层比图像要大一些。

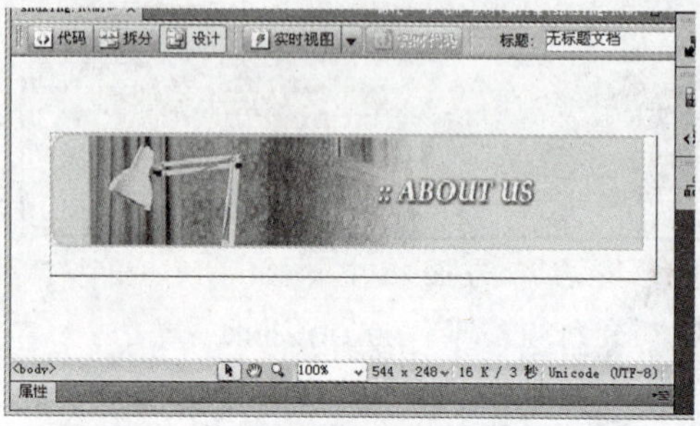

温馨提示牌 Warm and prompt licensing

只有在对 HTML 以及 JavaScript 非常熟悉的情况下，才可以使用这个行为，否则很容易造成错误甚至系统崩溃。

Step 02 展开“行为”面板，单击 + 按钮，从弹出的菜单中选择“改变属性”命令。

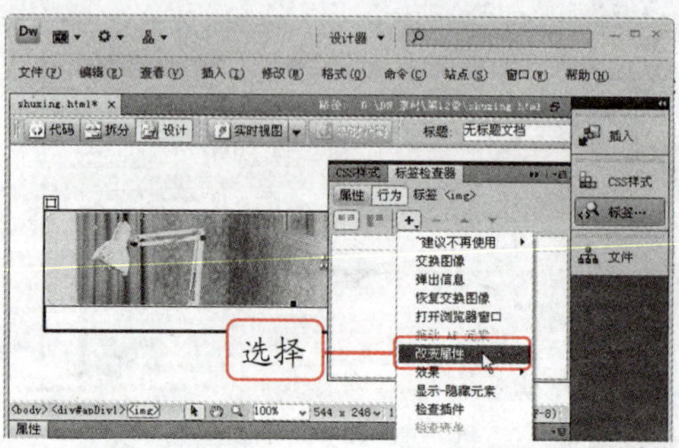

Step 03 出现“改变属性”对话框，选中“选择”单选按钮，在其后的下拉列表中选择“backgroundColor”选项，在“新的值”文本框中输入设置的颜色值，单击 确定 按钮。

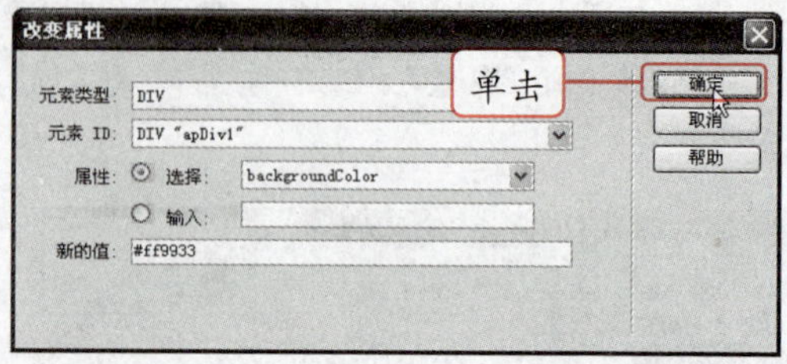

Step 04 在“行为”面板中确认激活该行为的事件是否是 onMouseOver。如果不是，应单击扩展按钮，在弹出的菜单中选择正确的事件。

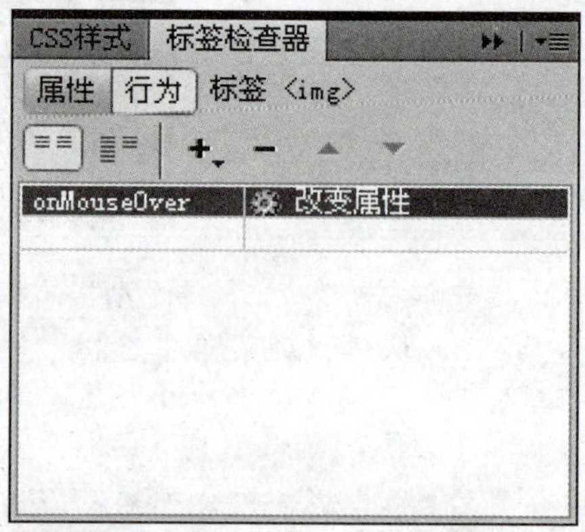

Step 05 保存文件，按 F12 键预览，当鼠标停在图像上时，后面的背景颜色发生变化。

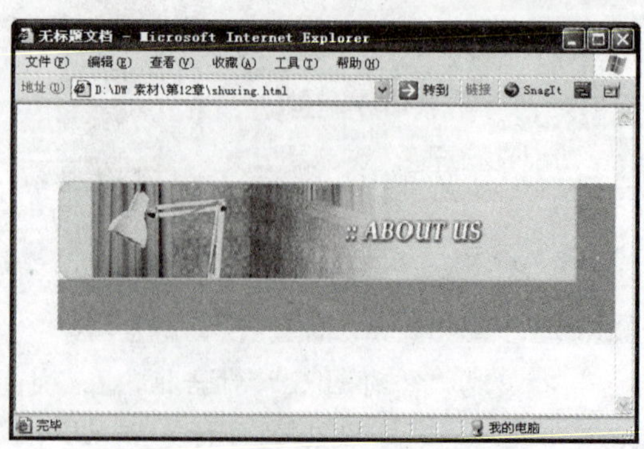

12.3.7 添加“显示-隐藏元素”行为

“显示-隐藏元素”行为可以根据鼠标事件显示或者隐藏页面中的层元素，这样能很好地实现与用户之间的交互，这个动作一般用于提示给网页浏览者一些信息。例如，当用户将鼠标指针划过栏目图像时，可以显示一个层给出有关该栏目的说明、内容等详细信息，这就是在浏览网页时，经常看到的弹出式菜单。也就是说，添加“显示-隐藏元素”行为，可以显示、隐藏或恢复一个或多个图层默认的可见性。

新手演练 Novice exercises　添加“显示-隐藏元素”行为（源文件\第 12 章\index.html）

Step 01　打开一个网页文档，选择要设置的层对象，在“行为”面板中单击 **+** 按钮，在弹出的菜单中选择“显示-隐藏元素”命令。

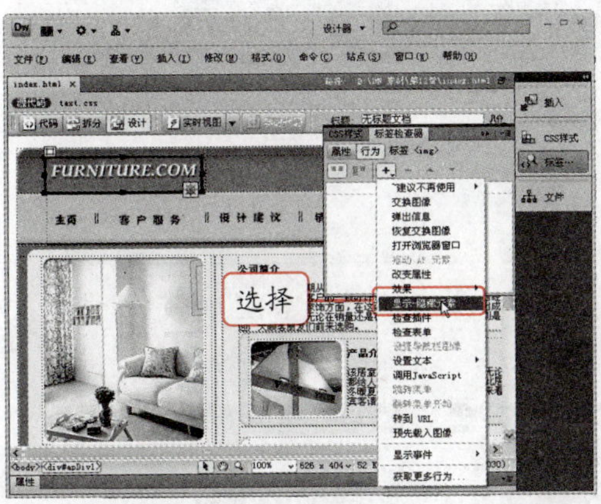

Step 02　出现“显示-隐藏元素”对话框，在“元素”下拉列表框中选择要隐藏的元素对象，单击下面的三个按钮中的一个，这里单击“隐藏”按钮，然后单击 确定 按钮。

Step 03　可以看到在行为面板中添加了一个事件为 onFocus 的行为。

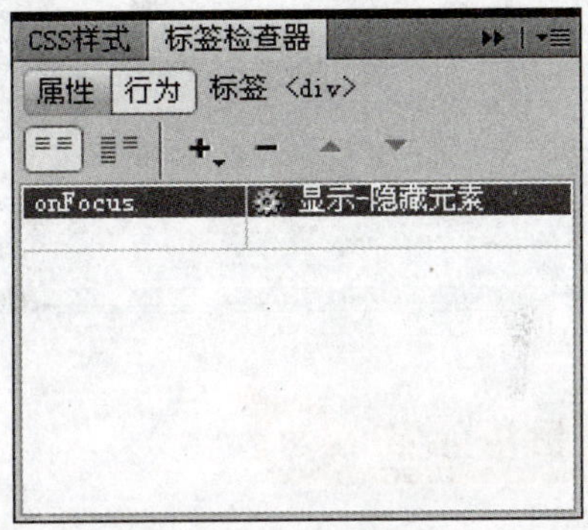

Step 04　保存文件，按 F12 键预览网页，当单击该层时，层就隐藏不再显示出来。

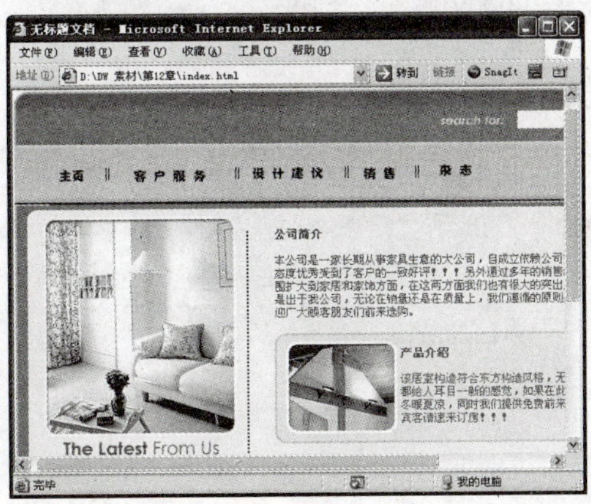

12.3.8 添加“设置文本”行为

在 Dreamweaver CS4 中，设置文本的方式有 4 种：设置容器的文本、设置文本域文字、设置框架文本和设置状态栏文本，其中状态栏文本是一种非常常用的网页特效，本小节将具体讲解如何设置状态栏文本。

新手演练 Novice exercises 添加“设置状态栏文本”行为（源文件\第 12 章\index.html）

Step 01 打开一个网页文档，选择“标签选择器”中的 body 标签，单击“行为”面板中的 + 按钮，在弹出的菜单中选择“设置文本”|“设置状态栏文本”命令。

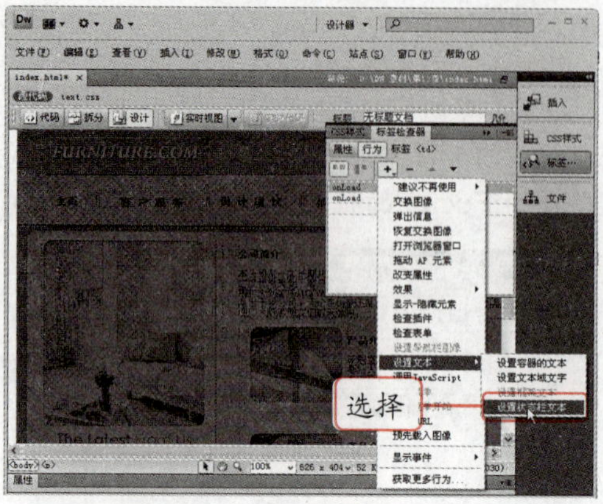

温馨提示牌 Warm and prompt licensing

设置状态栏文本行为，可以在页面加载时在状态栏中显示文本信息，它不仅可以选择 body 标签，还可以选择其它图像、文本等元素，而事件也可以是单击、双击等。

Step 02 出现“设置状态栏文本”对话框，在“消息”文本框中输入在状态栏中显示的内容，单击 确定 按钮。

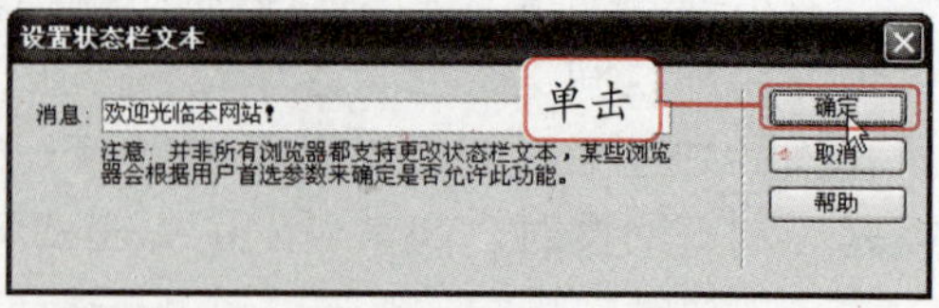

Step 03 可以看到在行为面板中添加了一个事件为 onMouseOver 的行为。

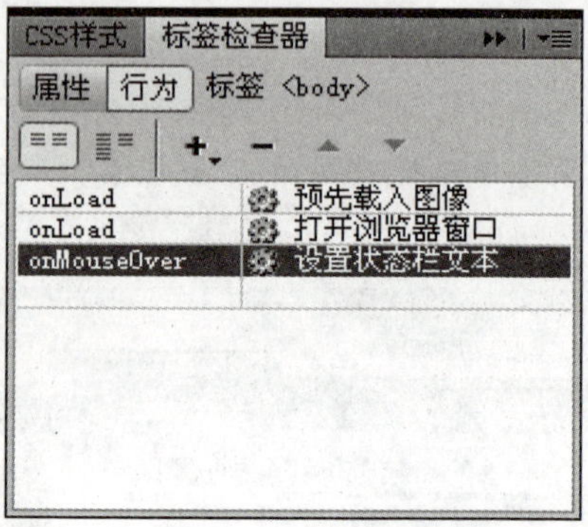

Step 04 保存文件，按 F12 键预览网页，可以在状态栏中看到刚才设置的文本。

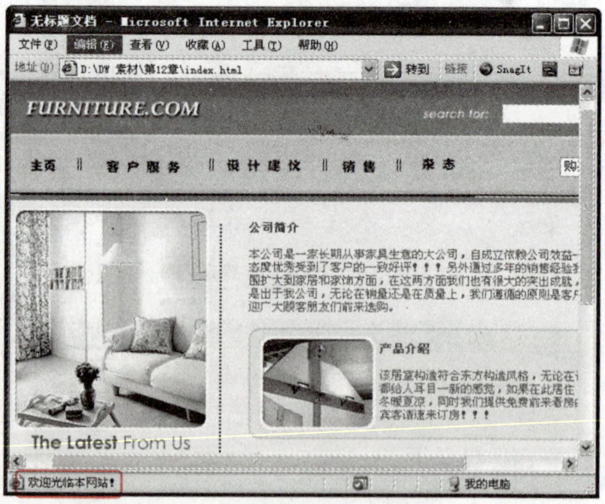

12.3.9 添加“滑动效果”行为

在 Dreamweaver CS4 的行为面板中提供了 7 种添加效果的行为，它们分别是：增大/收缩、挤压、显示/渐隐、晃动、滑动、遮帘和高亮颜色，如下图所示。添加效果行为主要操作对象是层，所以在进行添加效果行为操作之前，首先要绘制层，并在层中插入网页素材。本节将以添加滑动效果为例，具体讲解如何添加效果行为。

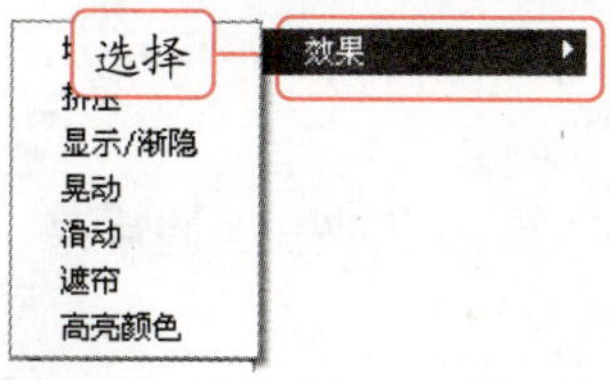

新手演练 Novice exercises 添加“滑动效果”行为（源文件\第 12 章\huadong.html）

Step 01 新建一个网页文档，在该文档的设计界面，插入 6 个大小一致的 AP Div 元素，并在每个层元素中插入一幅素材图片。

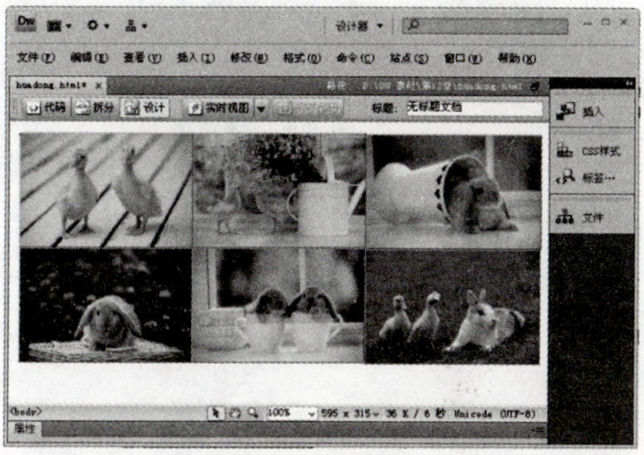

温馨提示牌 Warm and prompt licensing

通过在属性面板中设置层的高和宽可以调整图层与图像的大小比例关系。

Step 02 选中 apDiv1，展开“行为”面板，单击[+]按钮，从弹出的菜单中选择“效果”|“滑动”命令。

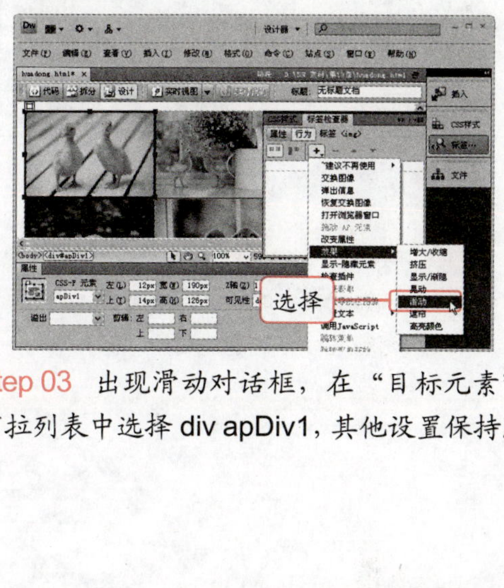

Step 03 出现滑动对话框，在“目标元素”下拉列表中选择 div apDiv1，其他设置保持默认值，单击[确定]按钮。

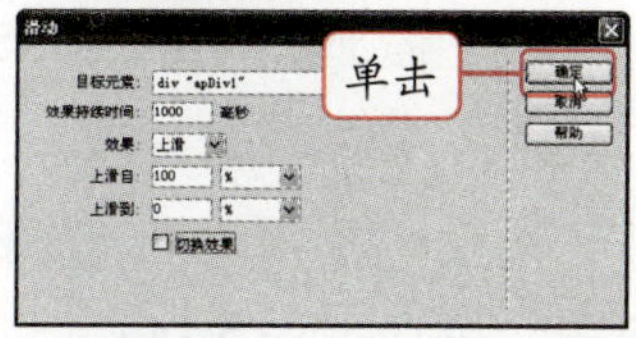

Step 04 可以看到在“行为”面板中添加了一个事件为 onClick 的行为。

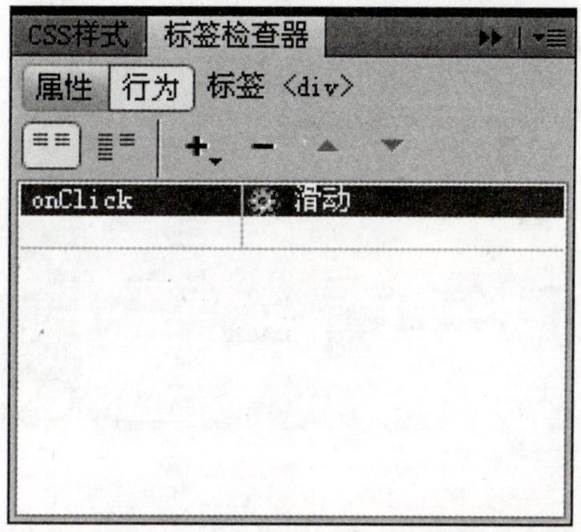

Step 05 保存文件，按 F12 键预览，当单击 apDiv 中的图像时，可以看到该图像会向上滑动，直到消失。

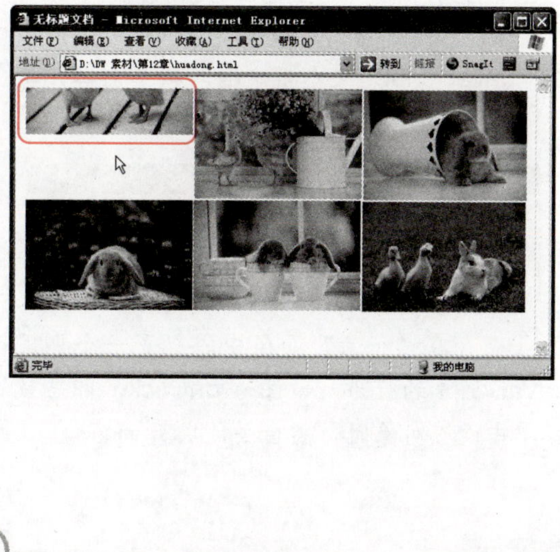

12.3.10 添加“调用 JavaScript”行为

当某个鼠标事件发生的时候，可以指定调用某一个 JavaScript 函数，来处理该鼠标事件。

一般情况下，用户都是使用简单的 JavaScript 代码来实现调用 JavaScript 的行为，如果用户想在使用 Javascript 代码方面有一定的突破，必须掌握更多有关 JavaScript 的编程知识。

新手演练 Novice exercises 添加“调用 JavaScript”行为（源文件\第 12 章\index1.html）

Step 01 打开一个网页文档，选择一个对象，单击“行为”面板中的 + 按钮，在打开的快捷菜单中选择“调用 JavaScript”。

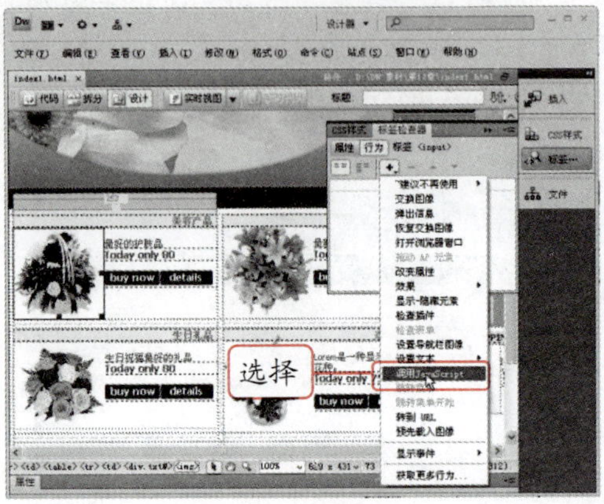

温馨提示牌 Warm and prompt licensing

用户可以使用自定义的 JavaScript 代码，也可以自己定义代码。

Step 02 出现“调用 JavaScript”对话框，在“JavaScript”文本框中输入脚本内容，单击 确定 按钮。

Step 03 在“行为”面板中添加了一个调用 JavaScript 的行为，事件为 onClick，即当鼠标单击设置对象时，将会关闭打开的窗口。

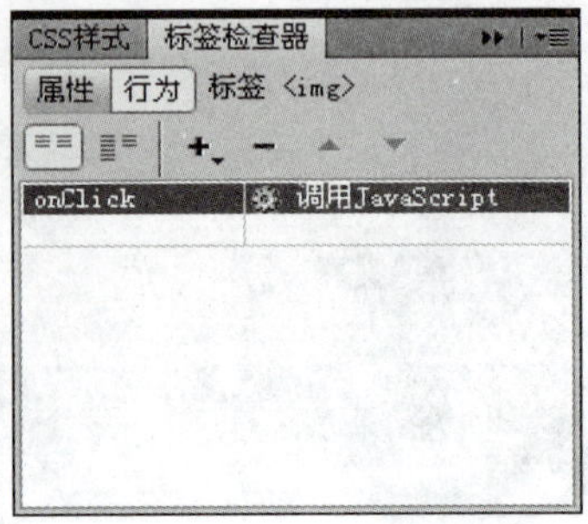

Step 04 保存文件，按 F12 键预览，当单击设置图像时，将会弹出询问是否关闭窗口的对话框，单击 是(Y) 按钮，将会关闭该窗口。

温馨提示牌 Warm and prompt licensing

读者可以尝试其它的 JavaScript 脚本，也可以改变触发行为的事件类型。

12.3.11 添加“设置导航栏图像”行为

“设置导航栏图像”与插入导航条图像类似，主要是利用多个大小相同的图像，通过设置行为来制作动态导航栏。在添加该行为之前，需要事先准备好所使用的几个状态图像。

新手演练 Novice exercises 添加“设置导航栏图像”行为（源文件\第 12 章\index2.html）

Step 01 打开一个带有导航栏的网页文件，本例以“客户服务”按钮为例，为其添加其他状态下的图像。

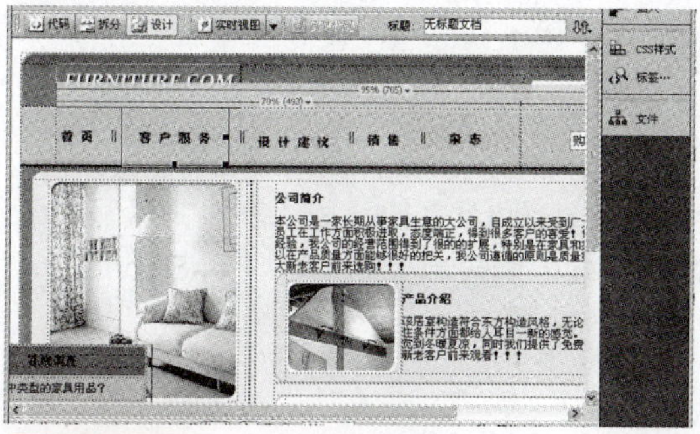

职场经验谈 Workplace Experience

选中文档中的图片后，才会显示“图片工具格式”选项卡；也可直接双击文档中的图片快速切换。

Step 02 选中“客户服务”按钮，单击“行为”面板中的 + 按钮，从弹出的菜单中选择“设置导航栏图像”命令。

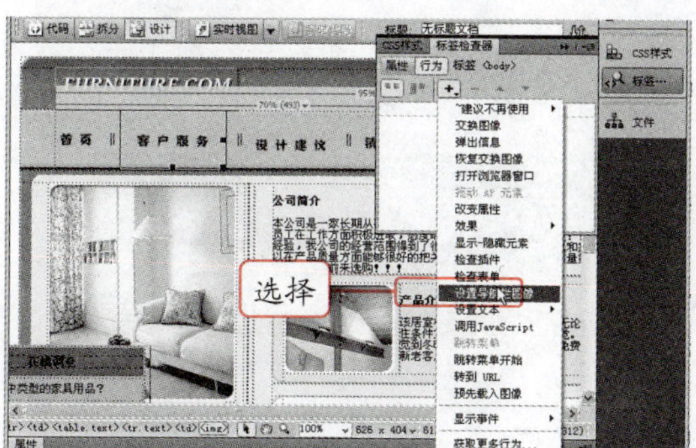

Step 03 出现“设置导航栏图像”对话框，依次单击各状态图像后的 浏览... 按钮。

Step 04 出现“选择图像源文件”对话框，选择准备好的各个状态图像，并在“替换文本”中输入“客户服务”，在“按下时，前往的 URL”文本框中输入所链接的页面，设置完成后，单击 确定 按钮。

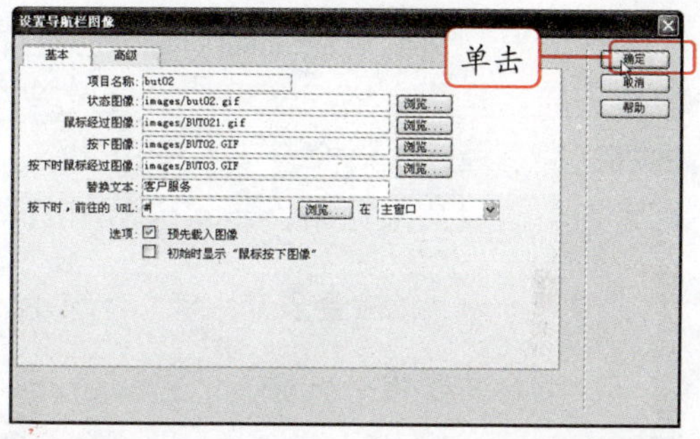

Step 05 在行为面板中添加了三个设置导航栏图像的行为，它们的事件分别为 onClick、onMouseOut 和 onMouseOver，即当鼠标单击、移出和放置到该导航栏时，图像将会变化。

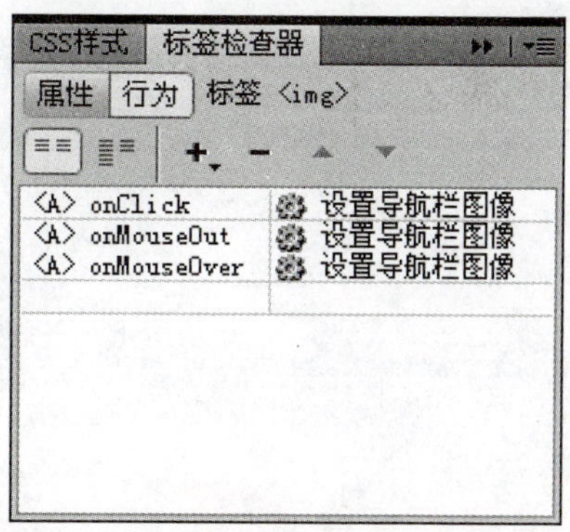

Step 06 保存文件，按 F12 键预览，可以看到鼠标移动到“客户服务”按钮，以及单击该按钮时各个状态的变化。

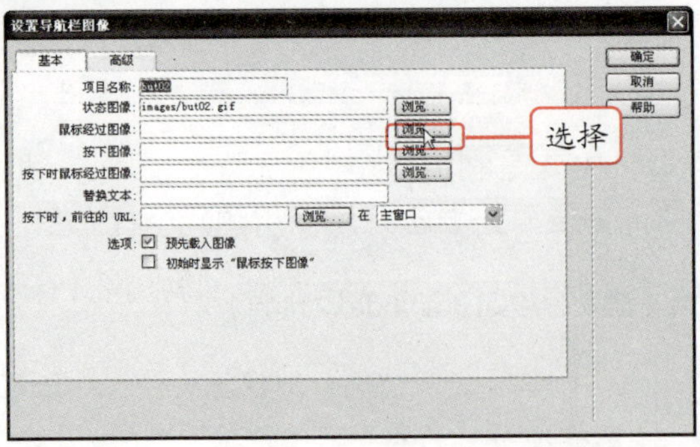

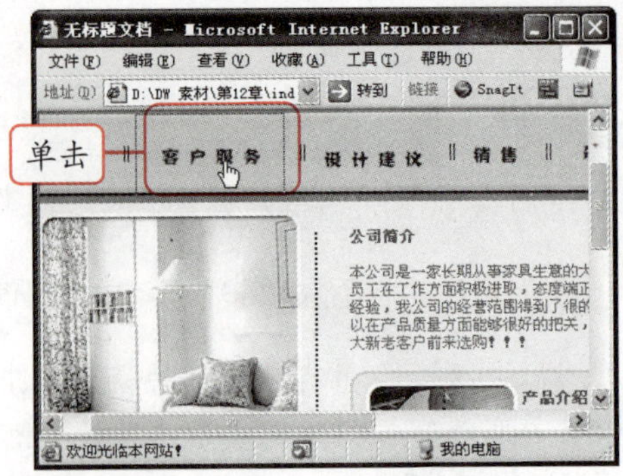

12.3.12 添加“检查表单”行为

在浏览网页时，经常会填写很多的表单，填写完毕提交后，一般都会有程序自动检验表单的内容是否合格。使用“检查表单”行为再配以 onBlur 事件，可以在用户填写完表单的每一项之后，立刻检验该项是否合格。也可以使用“检查表单”行为配以 onSubmit 事件，当用户单击提交按钮后，一次校验所有填写内容的合理性。

新手演练 Novice exercises 检查表单（源文件\第 12 章\biaodan.html）

Step 01 打开制作好的页面，选择<form>标签，展开“行为”面板，单击 + 按钮，从弹出的菜单中选择“检查表单”命令。

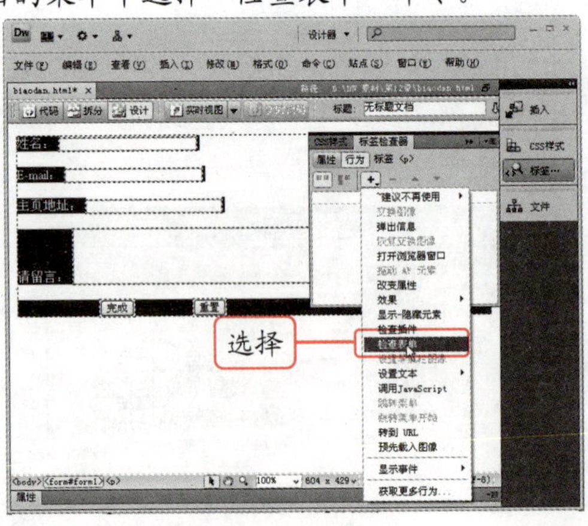

温馨提示牌 Warm and prompt licensing

也可以单击表单外面的框线选择整个表单，再执行添加“检查表单”行为命令。

Step 02 出现“检查表单”对话框，在“域”列表中选择要检查的文字域，在“可接受”选项区域中选择“电子邮件地址”单选按钮。

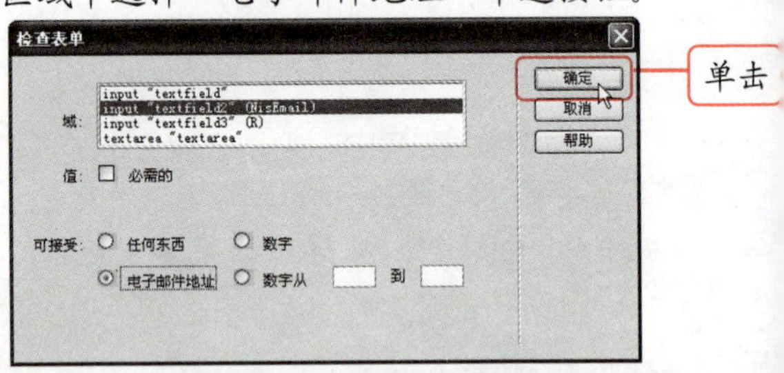

Step 03 在“行为”面板中添加了一个检查表单的行为，事件为 onSubmit。

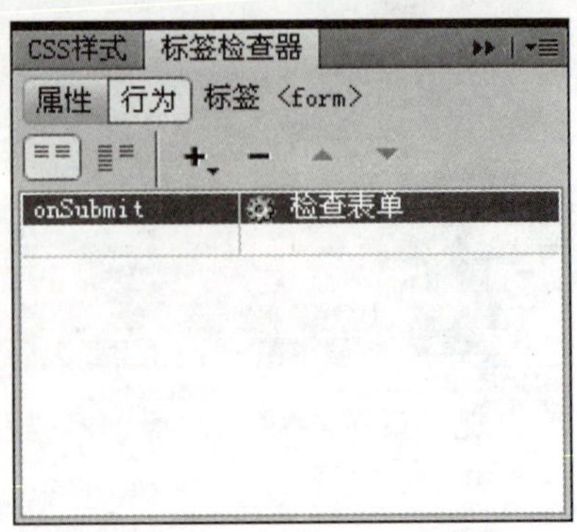

Step 04 保存文件预览，在表单中输入相应的内容，在“E-mail”文本框中输入的电子邮件地址不加“@”符号时，单击 完成 按钮，将出现错误提示框，单击“确定”按钮并重新输入。

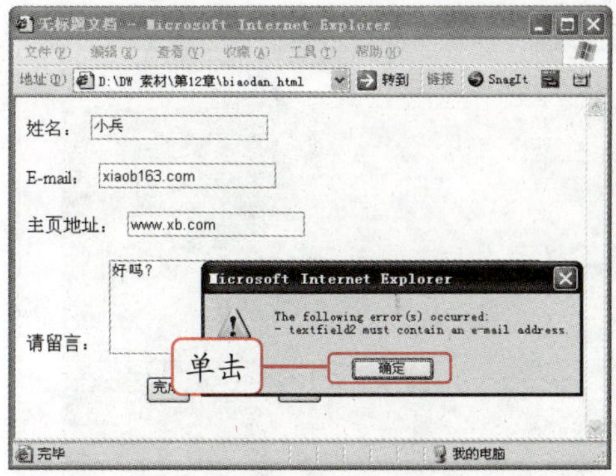

12.3.13 添加“检查插件”行为

在利用 Flash、Shockwave 等技术制作网页的时候，如果浏览者的电脑中没有安装相应的插件，就没有办法看到网页中的这些对象。“检查插件”动作会自动检测客户端是否已经安装了相应的软件，然后转到不同的页面中去。下面以是否存在 Flash 插件为例，具体讲解如何通过检查插件进入不同的页面。

新手演练 Novice exercises　添加“检查插件”行为（源文件\第 12 章\flash.html）

Step 01 打开 flash.html 网页文档，单击“标签选取器”中的<body>标签，单击“行为”面板中的 + 按钮，从弹出的快捷菜单中选择“检查插件”命令。

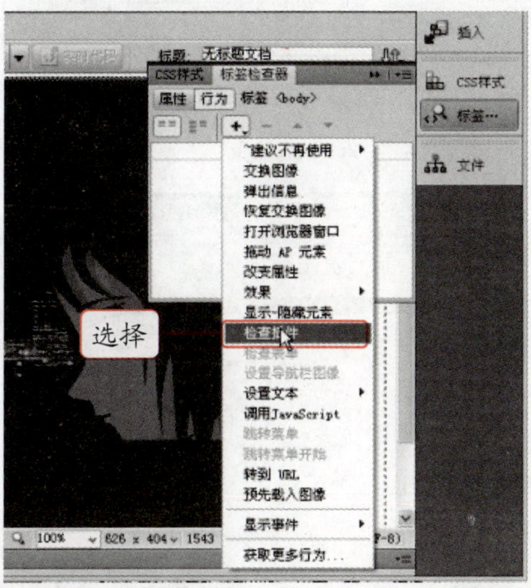

Step 02 出现“检查插件”对话框，选择插件为 Flash，单击“浏览”按钮，分别选择有 Flash 插件和没有 Flash 插件时要转到的页面，单击“确定”按钮。

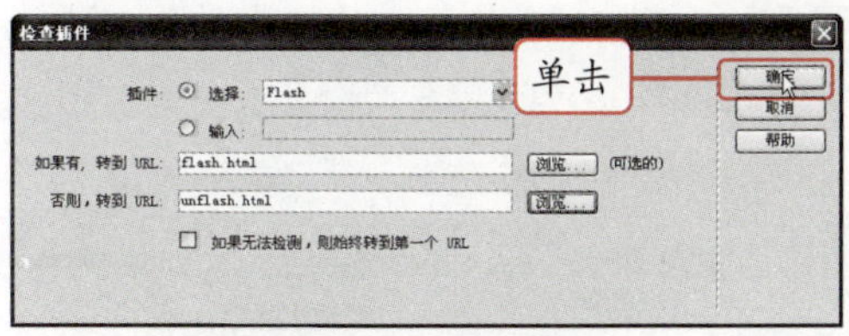

Step 03 可以看到在“行为”面板上添加了一个事件为 onLoad 的行为，即当页面打开时检查插件。

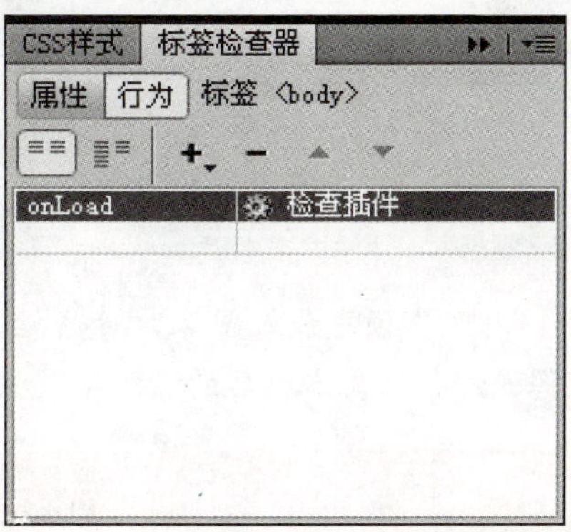

Step 04 如果用户的浏览器有 Flash 插件，则打开如图所示的页面。

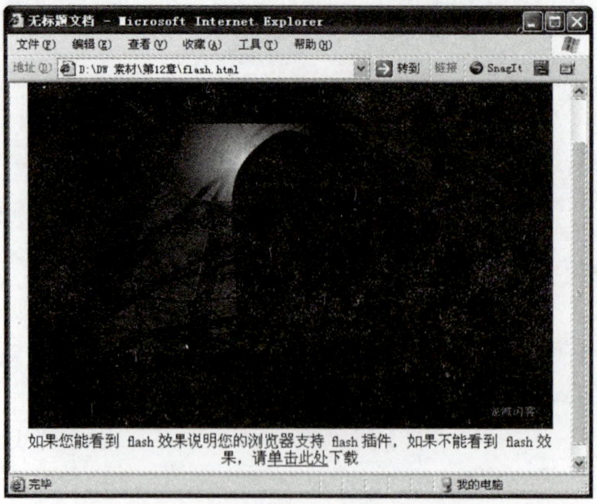

Step 05　如果用户的浏览器中没有 Flash 插件，则会打开如图所示的网页。

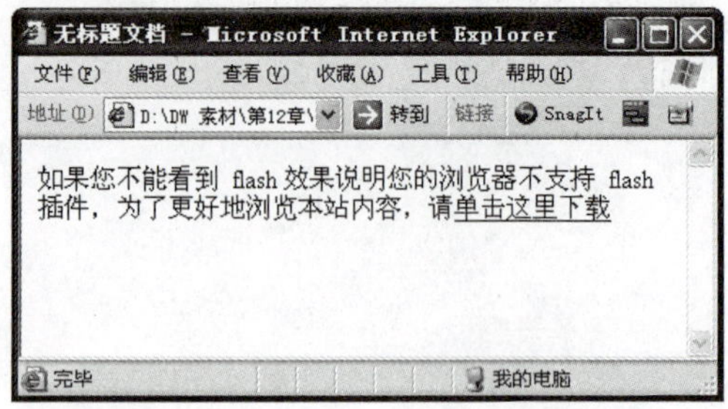

12.3.14　添加“预先载入图像”行为

“预先载入图像”动作可以在浏览器缓存中载入不会立刻出现在页面中的图像。

新手演练 Novice exercises　添加“预先载入图像”行为（源文件\第 12 章\index1.html）

Step 01　打开网页，选择一幅图片，展开“行为”面板，单击 + 按钮，从弹出的菜单中选择“预先载入图像”命令。

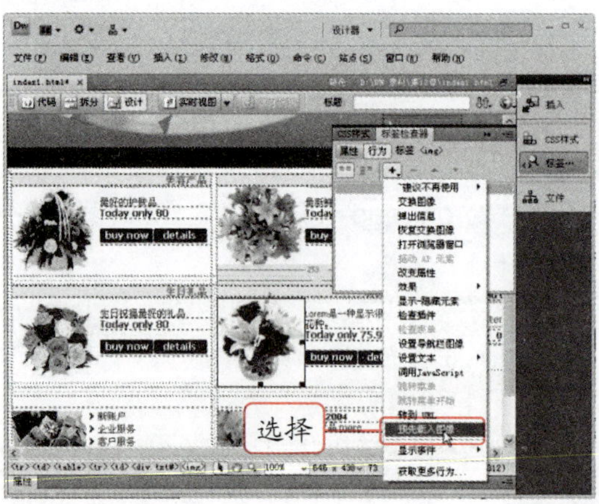

Step 02　出现“预先载入图像”对话框，单击“图像源文件”文本框后的“浏览”按钮，选择一幅图像，单击 确定 按钮。

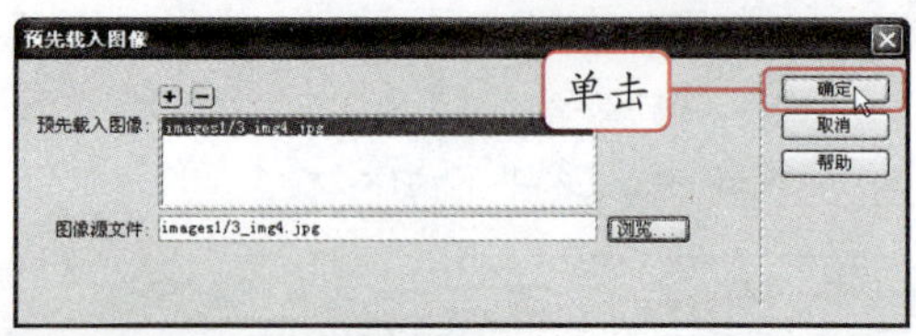

Step 03　在行为面板中添加了一个预先载入图像行为，事件为 onClick。

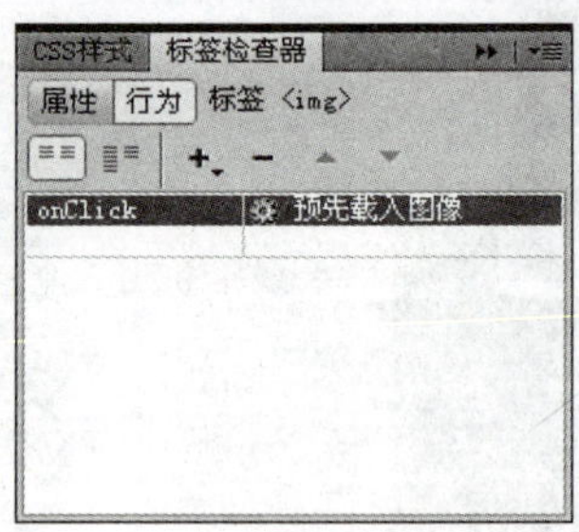

12.4　职场特训

本章主要介绍了有关行为的相关知识，包括行为的概念，认识行为面板，以及行为的添加和编辑。下面将通过几个实例对本章所学的知识进行巩固。

特训 1：设置容器的文本

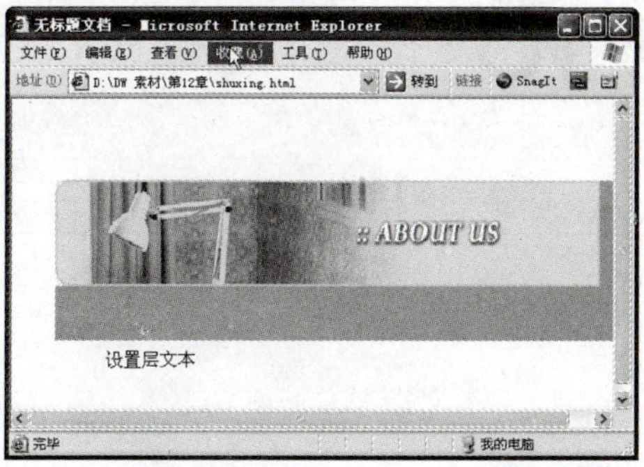

1. 打开素材文件，单击“绘制 AP Div”按钮，插入一个 ap Div 层，并在层中输入“改变属性”文本。
2. 单击按钮，从弹出的菜单中选“设置文本”|“设置容器的文本”命令，打开“设置容器的文本”对话框，在“容器”下拉列表中选择“ap Div2”，在“新建 HTML”文本框中输入“设置层文本”，单击“确定”按钮。
3. 保存文件预览，单击文本，变成了设置的文本。

特训 2：添加渐隐图像

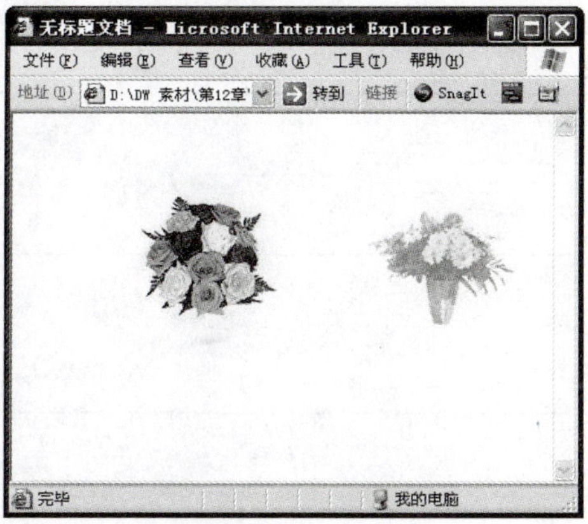

1. 新建一个网页文档，在该文档中插入两个 AP Div 元素，并分别插入两幅素材图片。
2. 选中层 1 中的图像，单击按钮，选择“效果”|“显示/渐隐”命令，出现“显示/渐隐”对话框，在“目标元素”下拉列表中选择层 1，在“效果”下拉列表中选择“显示”。
3. 依照同样的方法设置层 2，只是在设置“效果”时选择“隐藏”。
4. 保存文件预览，单击层 2 中的图像时，该图像渐隐。

特训 3：添加渐变缩小的图像

1. 新建一个网页文档，在该文档中插入一个 AP Div 元素，并插入一幅素材图片。
2. 选中层 1 中的图像，单击按钮，选择“效果”|“挤压”命令，出现“挤压”对话框，在“目标元素”下拉列表中选择层 1，单击“确定”按钮。
3. 保存文件预览，单击层中的图像时，该图像渐渐变小至消失。

读书笔记

第 13 章

测试与发布站点

精彩案例

在系统中安装 IIS 组件

配置 IIS 组件

测试网站的兼容性

测试网站的链接

在万网上申请域名

本章导读

在完成了本地站点中网页的设计工作之后，就可以将其上传到 Internet 服务器上，形成真正的网站，以供他人浏览。Dreamweaver 的功能不仅体现在制作网页上，它更是一个管理网站的工具，而且与普通的 FTP 文件上传软件相比，它对网站的管理更加科学全面。本章将具体讲解如何测试与发布站点。

13.1 IIS的安装与配置

IIS 是一种 Web 服务器，主要包括 WWW 服务器、FTP 服务器等。它使得在 Intranet（局域网）或 Internet（因特网）上发布信息成为一件很容易的事。

13.1.1 安装 IIS 的必要性

IIS 是 Internet Information Server 的缩写，它是微软公司主推的服务器，Windows XP 里面包含的版本是 IIS 5.1。IIS 与 Windows NT Server 完全集成在一起，因而用户能够利用 Windows NT Server 和 NTFS（NT File System，NT 的文件系统）内置的安全特性，建立强大、灵活而安全的 Internet 或 Intranet 站点。

IIS 支持 HTTP（Hypertext Transfer Protocol，超文本传输协议），FTP（File Transfer Protocol，文件传输协议）以及 SMTP 协议，通过使用 CGI 和 ISAPI，IIS 可以得到高度的扩展。

如果用户仅仅是在本地计算机中编辑静态的 HTML 网页，那么就没有安装和配置 IIS 服务器的必要。因为 HTML 页面的运行无须服务器的支持，而当测试 ASP 或者 ASP.NET 等动态网页时，服务器的支持是必不可少的。

13.1.2 IIS 的安装

IIS 服务器是 Windows 操作系统中的一个组件。安装时需要从操作系统安装盘中提取所需要的文件。

新手演练 Novice exercises　在系统中安装 IIS 组件

Step 01　选择“开始”|“控制面板”命令，打开“控制面板”窗口，双击“添加或删除程序”图标。

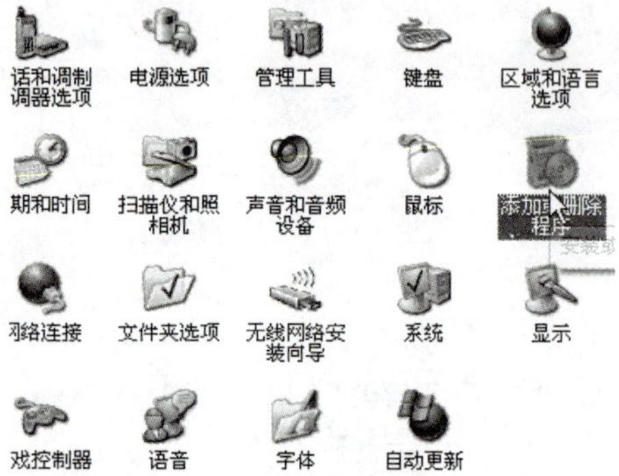

Step 02　打开“添加或删除程序”窗口，在窗口左侧，单击“添加/删除 Windows 组件”标签。

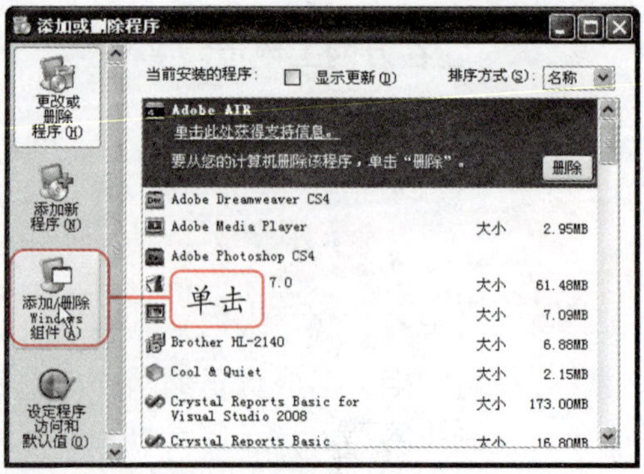

Step 03 启动“Windows 组件”向导，在“Windows 组件向导”对话框中勾选“Internet 信息服务（IIS）”复选框，如果复选框已经被选择，则说明当前计算机上已经安装了 IIS。

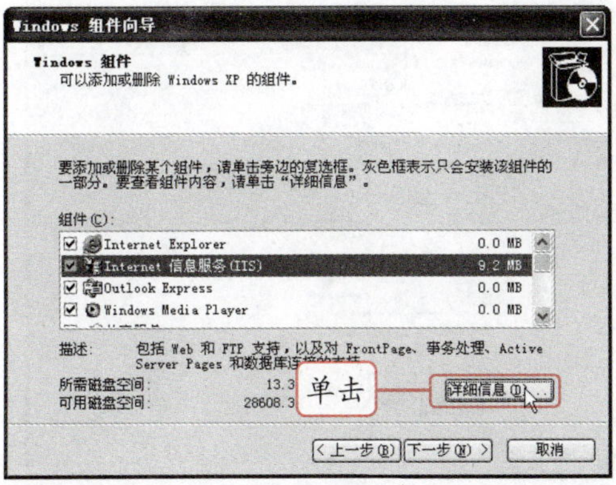

Step 04 单击“详细信息”按钮，出现“Internet 信息服务（IIS）”对话框，在对话框中可以选择 IIS 的子组件。设置完成后，单击“确定”按钮。

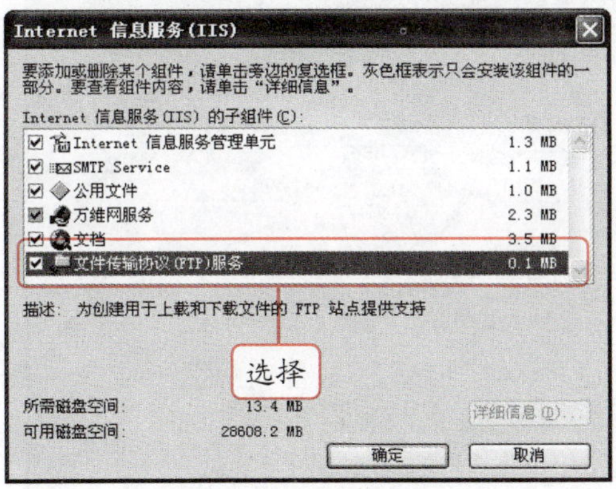

Step 05 单击 下一步(N) > 按钮，开始安装，安装期间可能会出现要求插入系统安装盘(取决于本机操作系统的安装方法)，此时只要将光盘插入即可。

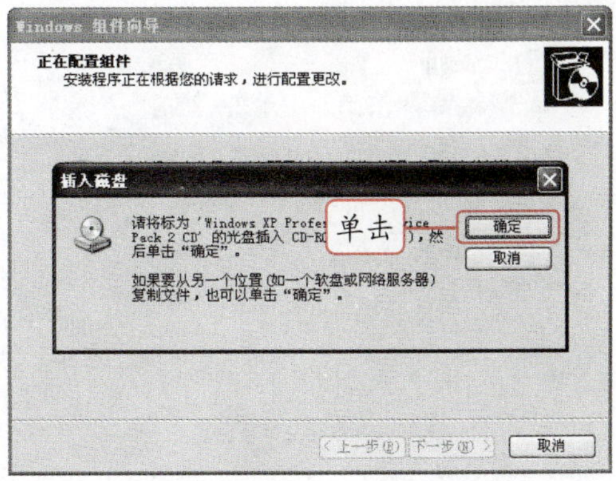

Step 06 插入系统光盘，单击 确定 按钮，再单击“浏览”按钮，选择安装盘目录下的 i386 目录，最后单击 确定 按钮进行安装，这样就完成了 IIS 的安装，单击 完成(D) 按钮即可。

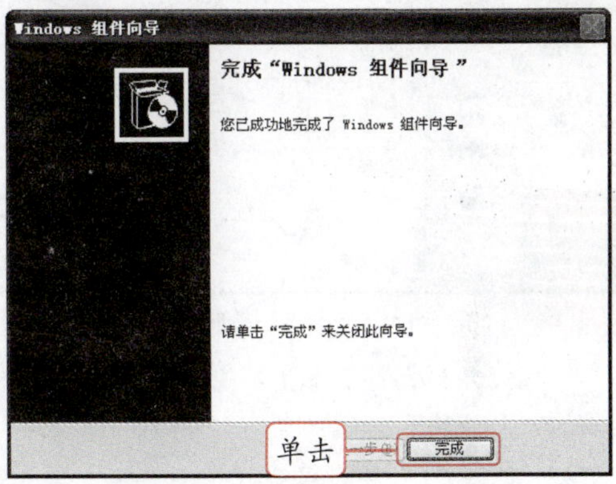

13.1.3 IIS 的简单配置

使用 Internet 信息服务（IIS）管理器，可以创建用来承载 ASP.NET Web 应用程序或其他应用程序的本地网站。

下面以在 Windows XP 系统下配置 IIS 为例，具体介绍有关 IIS 的简单配置，这些配置包括网站和主目录的配置，对于 IIS 其他方面的配置，读者可以参考有关方面的书籍。

新手演练 Novice exercises 配置 IIS 组件

Step 01 选择“开始”|“控制面板”命令，打开“控制面板”窗口，双击“管理工具”应用程序图标。

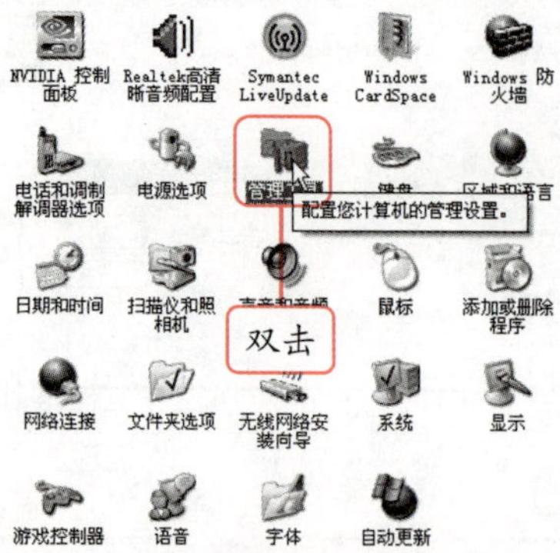

Step 02 打开“管理工具”窗口，双击“Internet 信息服务”快捷方式。

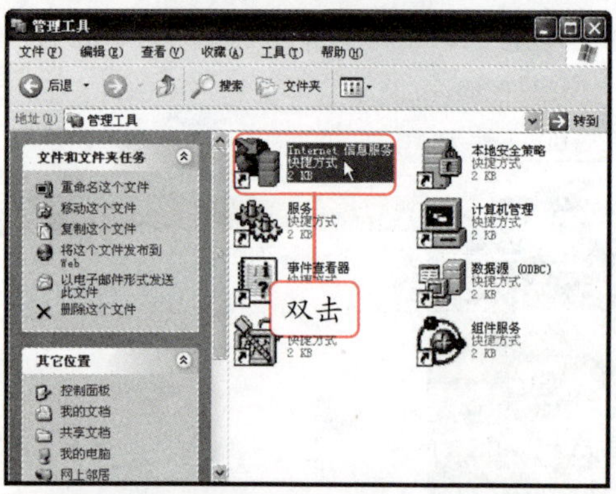

Step 03 打开“Internet 信息服务”窗口。展开“本地计算机”，再展开“网站”文件夹，选择“默认网站”选项，在窗口的右侧窗格中显示默认网站的文件目录结构。

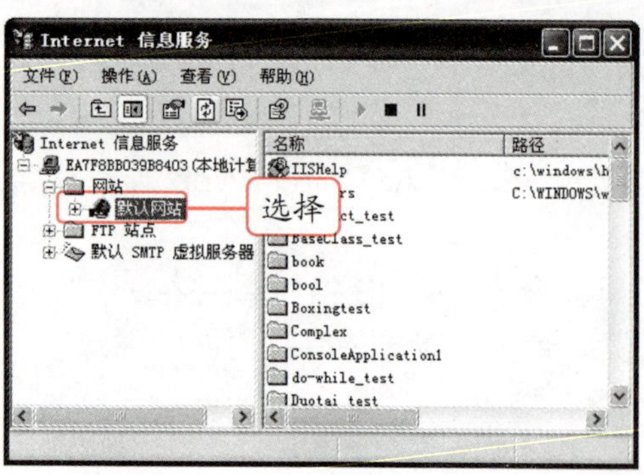

Step 04 选中“默认网站”，右击，从弹出的快捷菜单中选择“属性”命令。

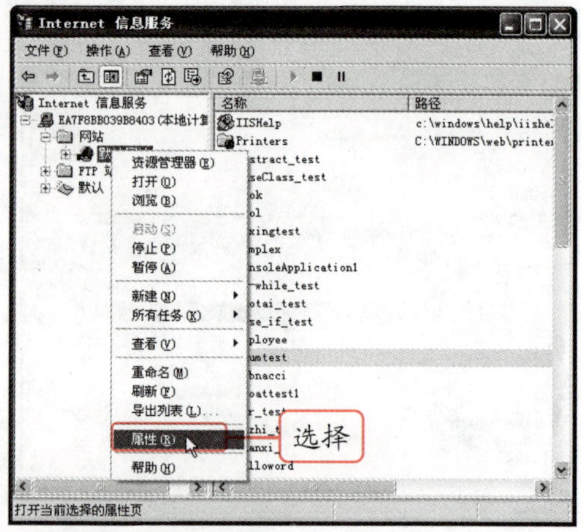

Step 05 出现“默认网站 属性”对话框，从中设置站点 IP 和端口，在“IP 地址”下拉列表中选择“全部未分配”选项，在“TCP 端口”文本框中填写“80”。

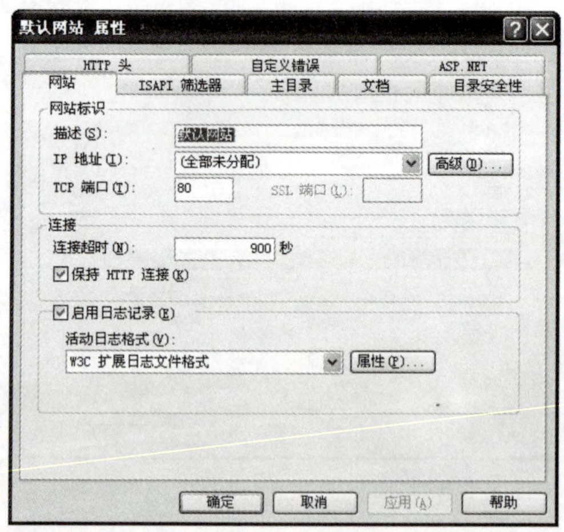

Step 06 设置网站文件目录位置和执行权限。单击“主目录”选项卡，在“连接到资源时的内容来源”选项区域选择“此计算机上的目录”单选按钮，“本地路径”文本框中的默认值为“c:\inetpub\wwwroot”。选中“脚本资源访问”和“读取”复选框。在“执行权限”下拉列表框中选择“脚本和可执行文件”选项。

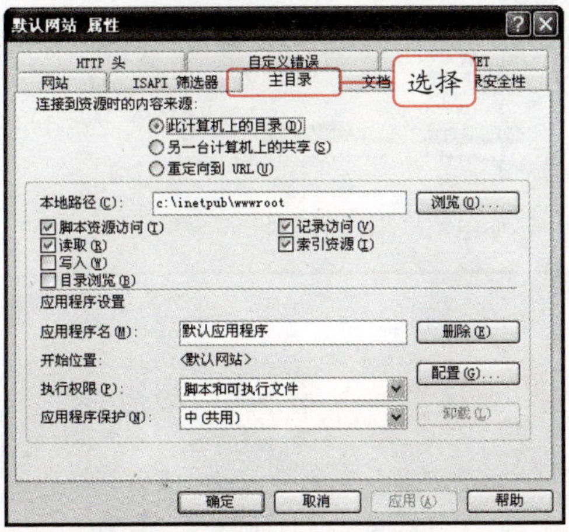

Step 07 测试 IIS，打开 IE 浏览器，输入“http://localhost”，显示效果如下图所示，IIS 配置成功。

13.2 本地站点的测试

无论是编写软件还是制作网站，测试工作都是不可或缺的。一般情况下，对网站的测试工作大部分都是在本地计算机中进行的。测试站点的内容有很多，在站点测试之前，需要了解一些有关测试的内容。

13.2.1 测试兼容性

检测兼容性是网站建设中非常重要的一个环节，兼容性的高低，直接影响到网站的浏览量。

如果用户要查看在不同的浏览器中网页的布局、颜色、字体大小和默认浏览器窗口大小等方面的区别（这些区别在目标浏览器检查中是无法预见的），可以通过 Dreamweaver CS4 提供的网页检查功能来实现，该功能可以检测出在不同浏览器中网页的显示情况。

新手演练 Novice exercises 测试网站的兼容性

Step 01 打开网站中的某个文件，选择“文件”|“检查页”|“浏览器兼容性”命令。

Step 02 出现“浏览器兼容性”面板，显示页面出现的错误。

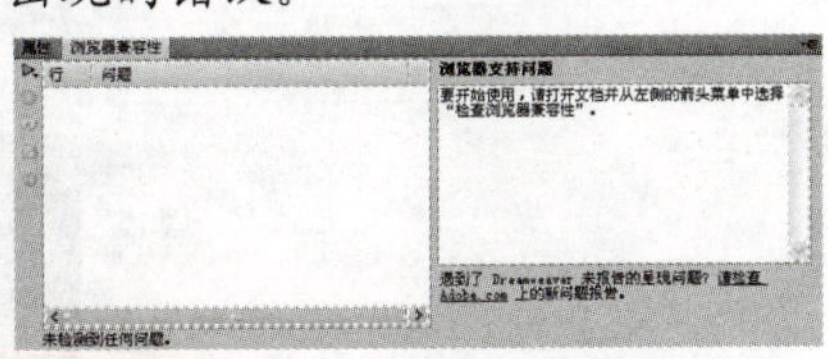

职场经验谈 Workplace Experience

“浏览器兼容性”面板位于设计界面下方，用户可以将它拖动到不同的位置。

Step 03 单击 旁的下三角按钮，从弹出的快捷菜单中选择“设置”命令。

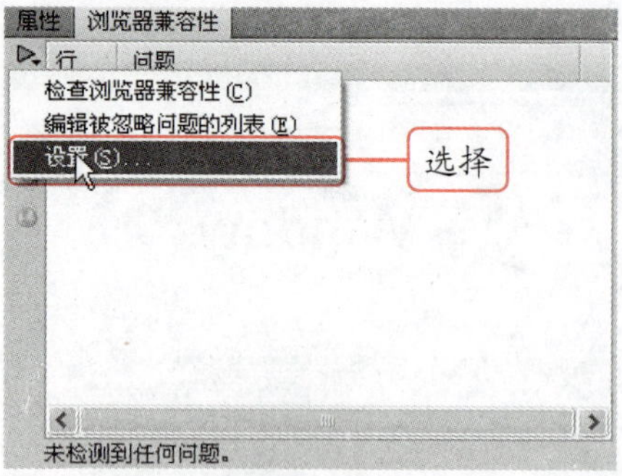

Step 04 出现“目标浏览器”窗口，从中选择浏览器版本，单击 确定 按钮。

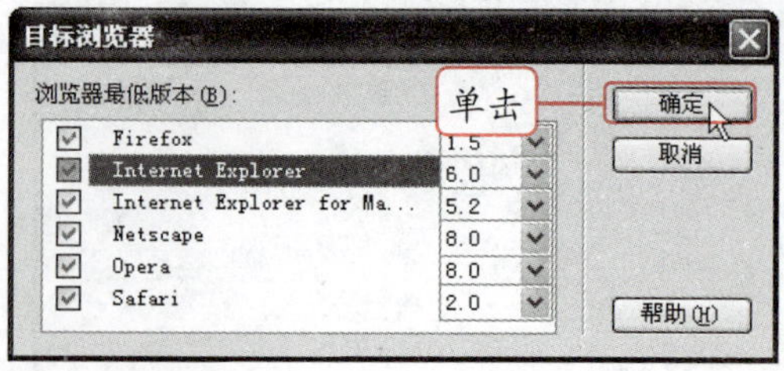

职场经验谈 Workplace Experience

浏览器兼容性功能能够帮助用户定位会触发浏览器呈现错误的 HTML 和 CSS 组合。

13.2.2 测试链接

检查网站中是否含有断开的链接也是站点测试的一个重要内容。Dreamweaver CS4 允许用户检测一个页面、部分站点乃至整个站点的链接。这几种方式的不同之处在于测试的链接个数不同，这就直接影响到修复链接的工作量。整个站点的链接个数要多于部分站点的链接个数，部分站点的链接个数要多于一个页面的链接个数。

本小节以检查站点中所有的链接为例，具体讲述这部分内容。

新手演练 Novice exercises 测试网站的链接

Step 01 选择菜单“文件”|“检查页”|“链接”命令。

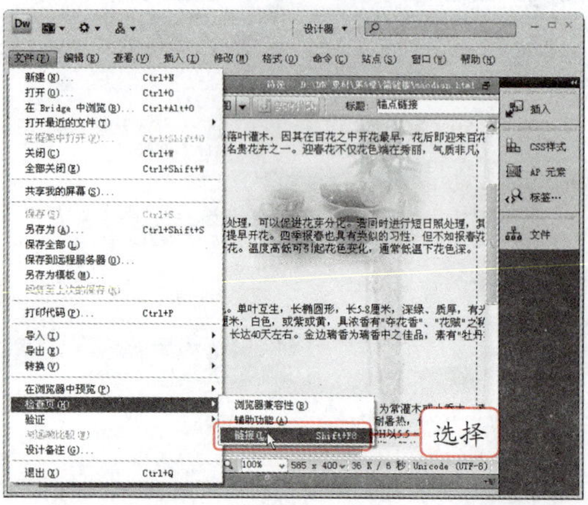

Step 02 出现“链接检查器”面板，单击 图标旁的下三角按钮，在弹出的快捷菜单中选择“检查整个当前本地站点的链接”命令。

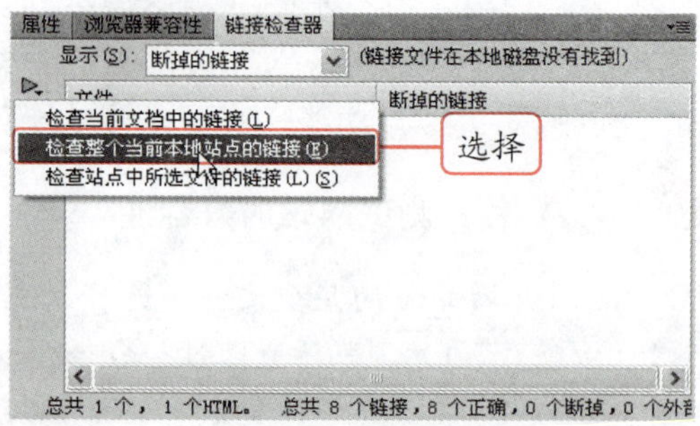

Step 03 在“连接检查器”面板中，可以看到所有断掉的链接。

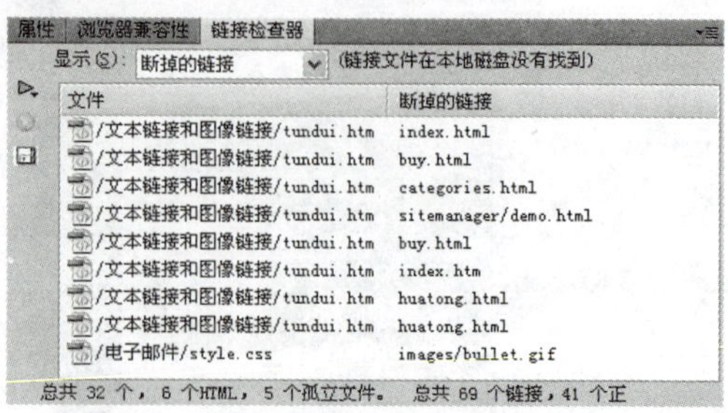

13.2.3 设置下载速度

网页显示速度是衡量网页制作水平的一个重要标准，一般情况下，用户进入一个网站的耐心等待值最长为 8 秒，如果大于这个数值，设计的网页就是不合格的网页。

新手演练 Novice exercises　设置网站下载速度

Step 01 打开一个网页文档，选择“编辑”|“首选参数”命名，出现“首选参数”对话框。

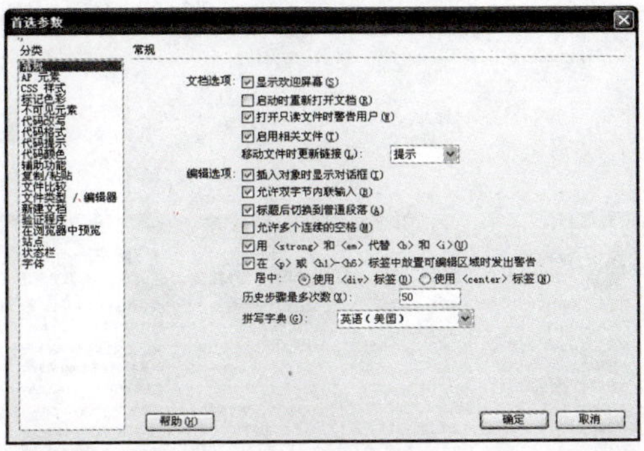

Step 02 从“分类”列表框中选择“状态栏”选项，从“窗口大小”列表框中选择窗口大小，在“下载速度”下拉列表框中选择下载该网页的链接速度，一般使用默认值。设置完成后单击 确定 按钮。

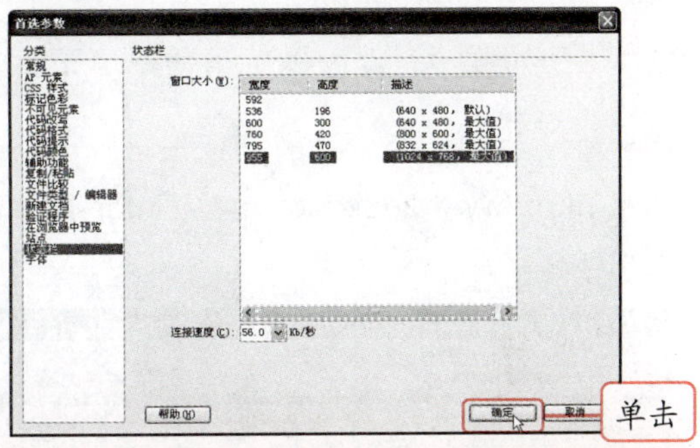

13.3 在 Internet 上发布站点

网站制作完成后，就可以正式上传到 Internet，在上传网站之前，应先在 Internet 上申请一个网站空间，这样才能把所做的网站放在 WWW 服务器上，供用户浏览。网站空间按是否付费可分为免费网站空间和付费网站空间两种。不过，随着网络信息化的快速发展，在 Internet 上的免费网络空间越来越少，不太容易申请到。

13.3.1 了解域名和网站空间

域名相当于网站的姓名，只有让网站有了域名后才能让世界各地的网民们有机会浏览到自己的网站。如果要上传的网站是一个公司的网站，最好申请一个收费域名，定期向域名管理机构支付相应费用，以免遭受随时被删除或停止的风险。域名是按地理域或组织域进行分层管理的，各层间用.（小数点）隔开，比如 http://www.dx-kj.com.cn 的最高域名为 cn（地理域），次级域名为 com（组织域），三级域名为 dx-kj。

网站空间是指能够存放网站文件和资料，包括文字、文档、数据库、网站的页面、图片等文件的容量。空间大放的东西就多，空间小放的东西就少。一般企业网站需要的空间容量为 100M 至 300M，需要放较多视频文件的除外，视频文件通常都比较大。

网站空间大小以“MB”为单位，“MB”就是“兆字节”，1024MB 为 1GB。网站空间也叫虚拟主机或服务器空间，笼统地说，就是存放网站内容所占用的服务器空间。

13.3.2 申请主页空间及域名

在申请个人主页时，提供个人主页的机构会同时提供一个域名及相应的空间。网上有许多提供主页存放空间的网站，用户可以根据需要进行选择。

1. 申请收费主页空间

Internet 上提供收费主页空间的网站非常多，而且许多网站还提供 3 天的免费试用，如果使用满意可以再付款然后正式开通网站。

如果用户要长期使用主页空间，建议申请收费的主页空间，因为免费主页空间只是一个试用空间，时间很短暂。

新手演练 Novice exercises 在网络上申请个人主页空间

Step 01 在浏览器窗口的“地址栏”中输入网址 http://www.zgsj.com 后按 Enter 键，进入该网站首页。

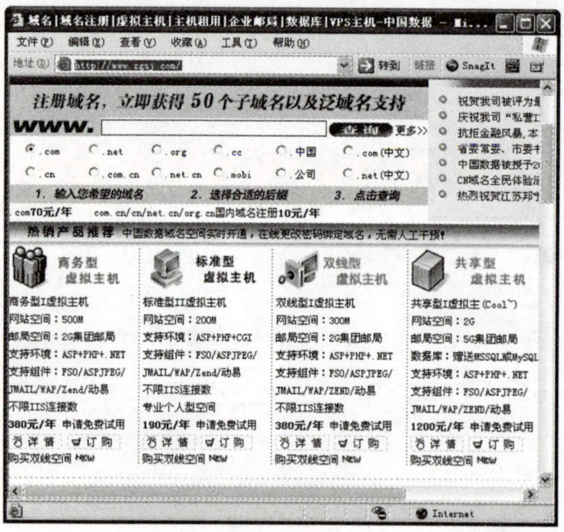

温馨提示牌 Warm and prompt licensing

三天的试用期限，到来前还没有付费将影响该空间的使用。

Step 02 在该页面的中部，选择任何一种类型的主页空间，单击“购买双线空间”标签。

Step 03 打开年限和价格选择页面，在该页面中选择一种类型，单击 马上开通 按钮。

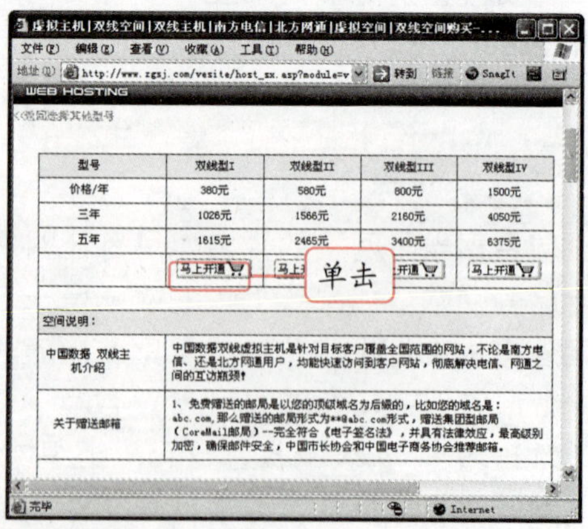

Step 04 出现“会员登录”对话框，单击 注册新会员 按钮。

Step 05 出现“会员注册”窗口，进行各项设置，完成后单击 注 册 按钮，注册成功后并登录，即可开通该主页空间。

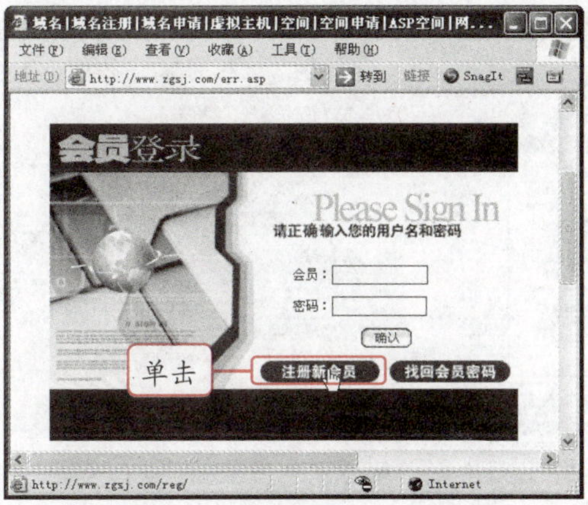

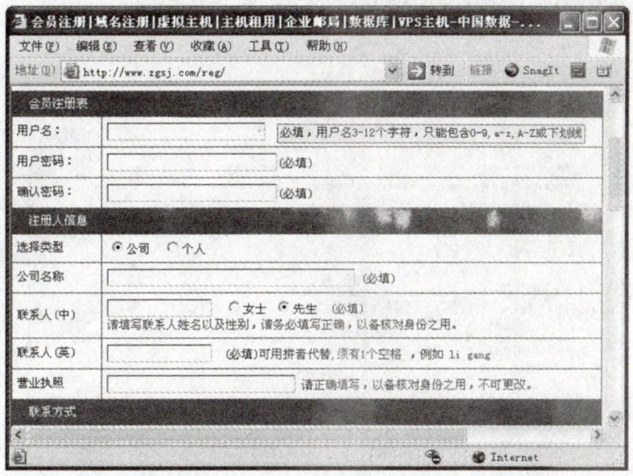

2. 查询并申请域名

任何人都可以注册以.com、.net 或.org 等后缀结尾的域名，条件是所要注册的名字没有人使用过。因此在注册收费域名前最好先到相应的域名注册机构去查询域名是否被注册，或登录到万网（http://www.net.cn）上查询要申请的域名。

在申请域名前，应根据网站性质确定不同的后缀。如网站属于公司、教育机构、网络组织及行业协会等，不同性质的网站可用不同的后缀，如 edu 为教育机构专用，gov 为政府部门所属。

新手演练 Novice exercises 在万网上申请域名

Step 01 在浏览器窗口的“地址栏”中输入 http://www.net.cn 打开万网首页。

温馨提示牌 Warm and prompt licensing

读者也可以通过百度网站搜索一些其他类似万网的网站进行域名申请练习。

Step 02 在“域名查询”选项区域中选择“英文域名”或“中文域名”单选按钮，并在文本框中输入要查询的域名，单击“查询”按钮。

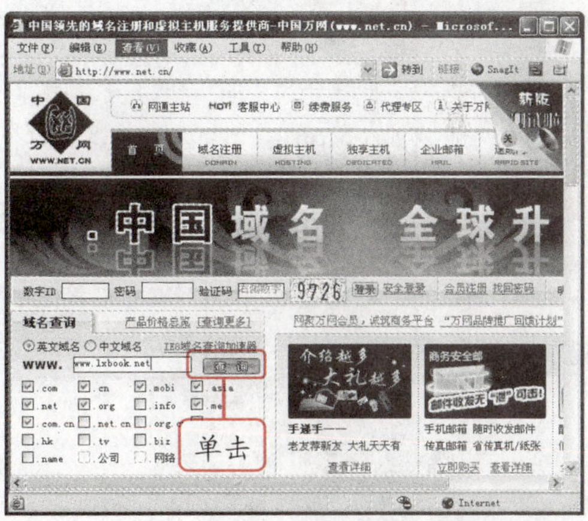

Step 03 出现“域名查询结果”页面，单击一个尚未使用过的域名。

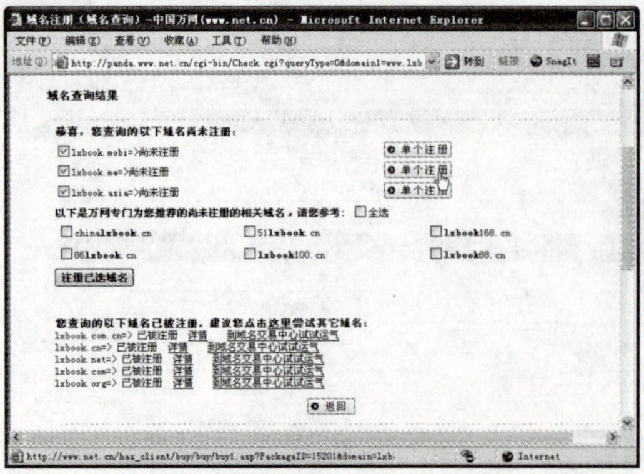

Step 04 出现“年限选择”页面，在“年限与价格”下拉列表中选择一个选项，单击“提交”按钮。

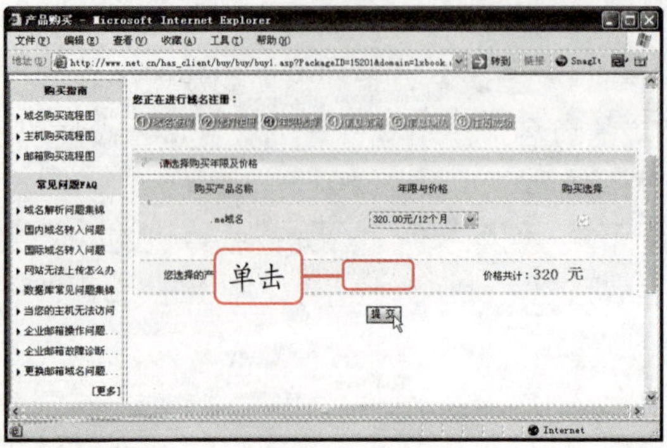

Step 05 进入“会员登录”页面，单击“立即注册”按钮进行信息注册。

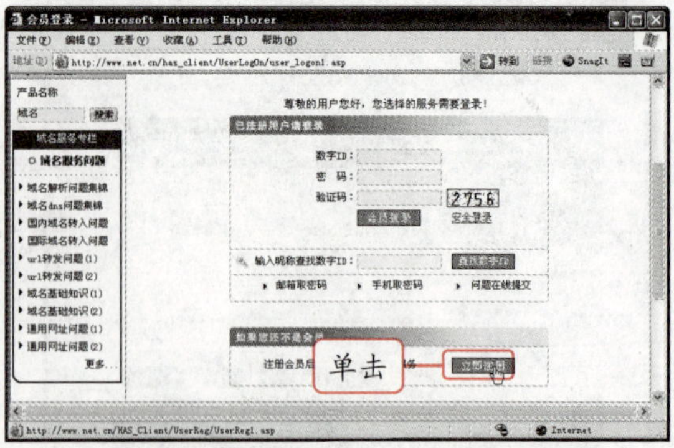

Step 06 进入“注册信息”页面，在该页面中填写各项信息，完成后单击“同意注册条款，提交注册信息”按钮，注册成功后即可使用该域名。

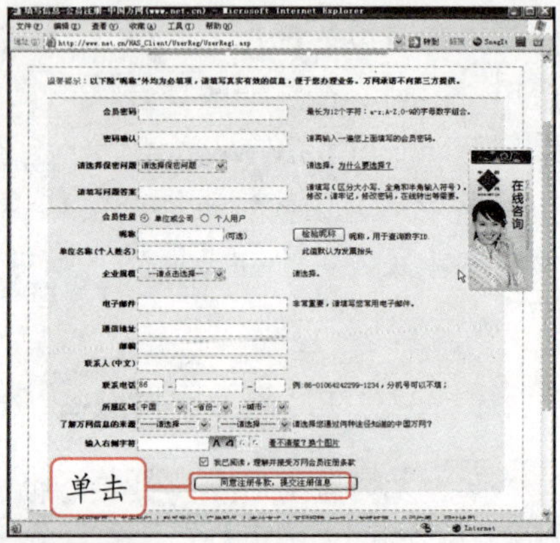

13.3.3 发布站点

在完成了本地站点中网页的设计工作之后，就可以将其发布到 Internet 服务器上，形成真正的网站，以供更多的用户浏览。一般来说，发布站点包括上传文件、下载文件和同步文件。

新手演练 Novice exercises 在 Internet 服务器上发布站点

Step 01 单击“文件”面板中的“文件”选项卡中的 按钮。

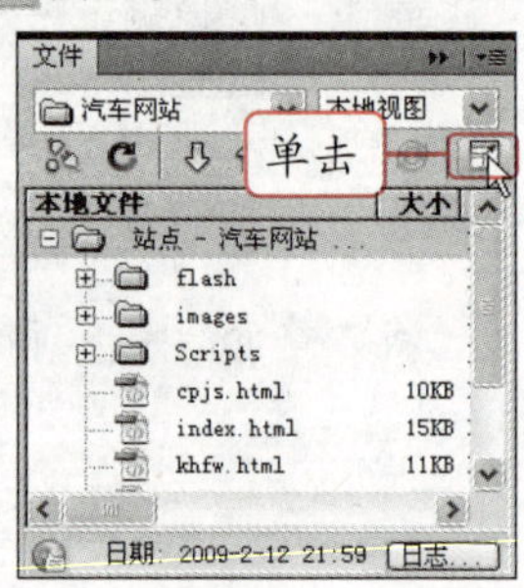

Step 02 打开 Dreamweaver CS4 的站点管理窗口。

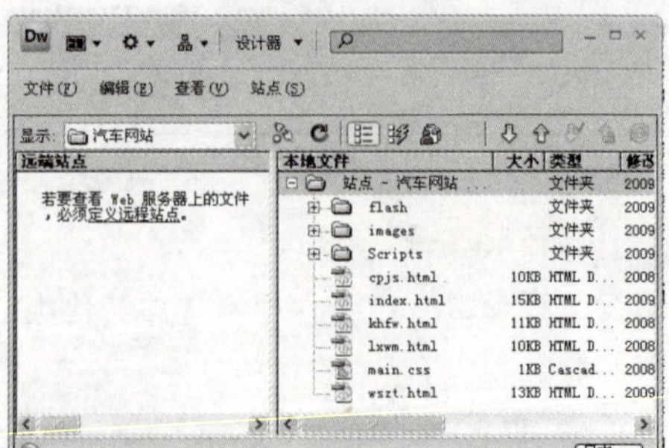

Step 03 选择“站点”|“管理站点”命令，出现“管理站点”对话框，选择“汽车网站”选项，单击“编辑”按钮。

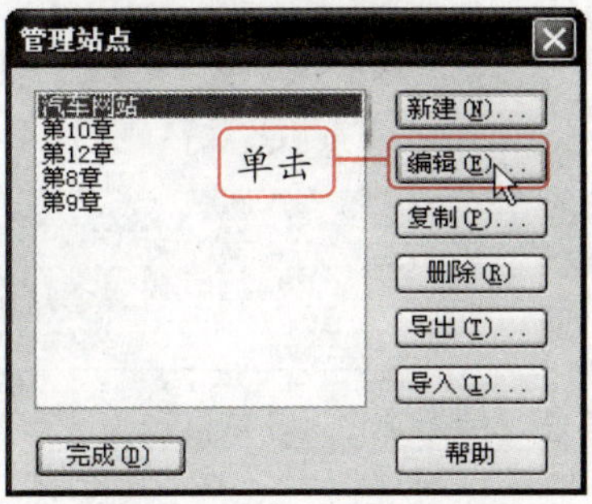

Step 04 出现“汽车网站的站点定义为”界面，在该界面中选择“高级”选项卡，左侧的“分类”列表中选择“远程信息”列表项。

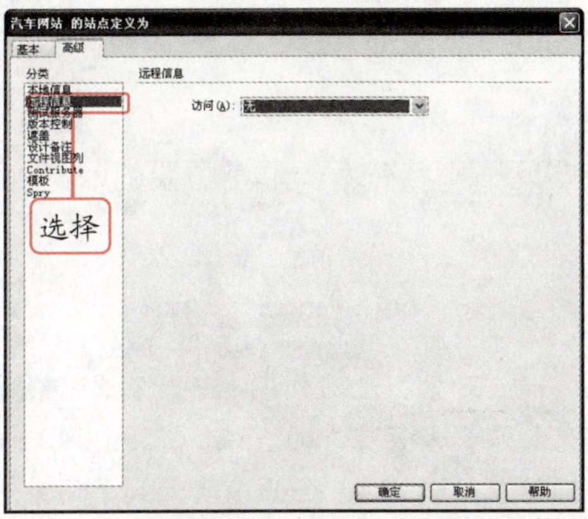

Step 05 在右侧“远程信息”选项区域的“访问”下拉列表框中选择“FTP”，此时的界面会显示出FTP的相关设置信息。

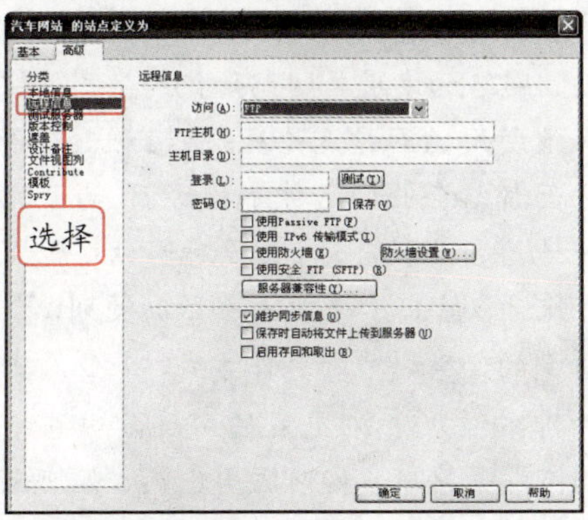

Step 06 在“FTP主机”文本框中填入远程主机的域名或IP地址。在“主机目录”文本框中填入远程主机为站点定义的目录，为根目录，则可以不填。

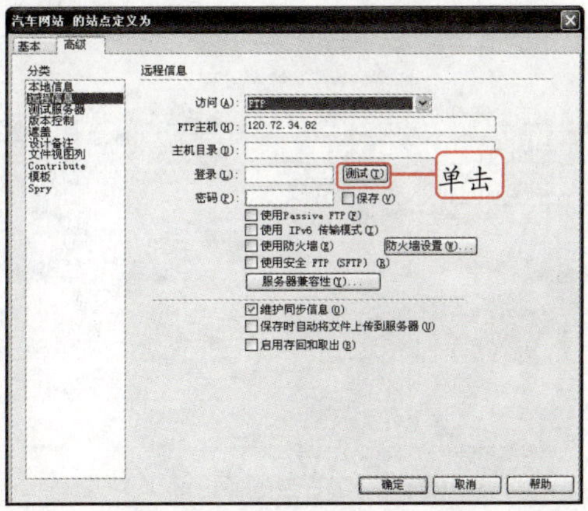

Step 07 分别在“登录”文本框和“密码”文本框中输入服务器提供的用户名和密码，设置完成后单击“测试”按钮，测试成功后单击 确定 按钮，返回设置界面。

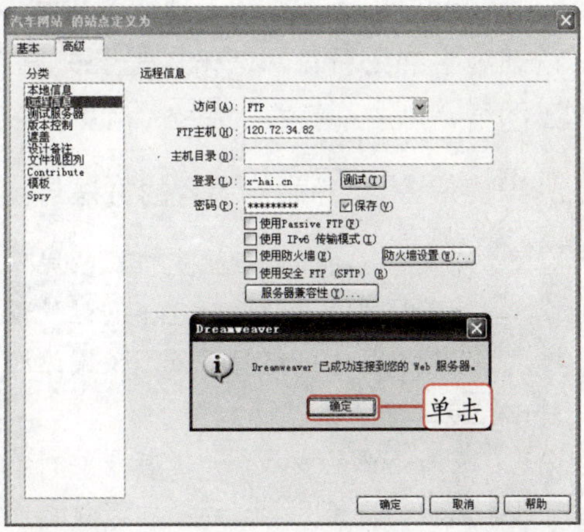

Step 08 单击“确定”按钮后，回到站点管理窗口，单击左上角的按钮，连接到远程主机。

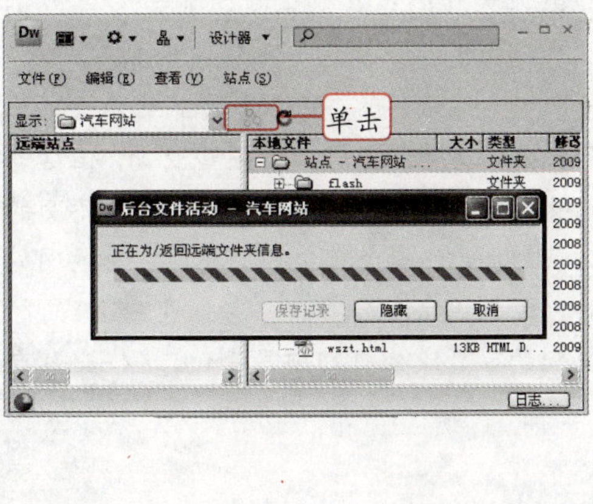

Step 09 连接到远程站点后，左侧的“远端站点”栏内就会显示远端站点目录的状态。从本地站点窗格中选中要上传的文件，单击“上传”按钮。

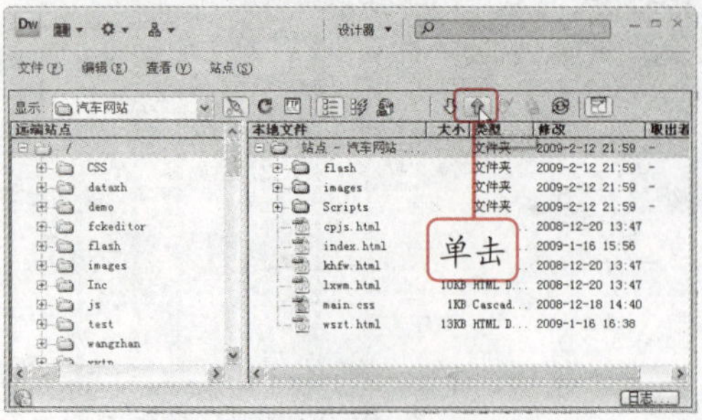

Step 10 弹出询问“是否确定要上传整个站点”对话框，单击“确定”按钮，即可上传整个站点。

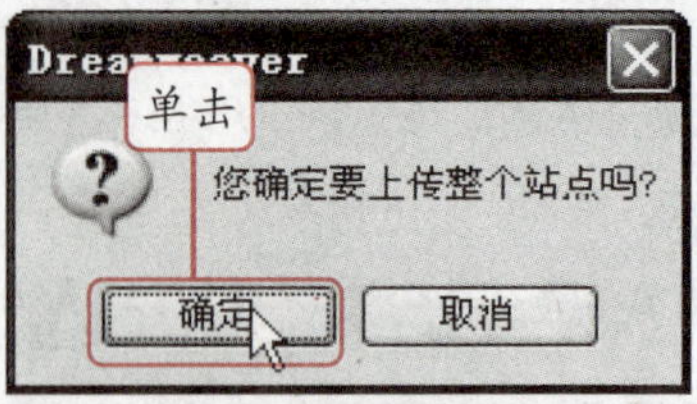

Step 11 显示正在上传整个网站的信息。

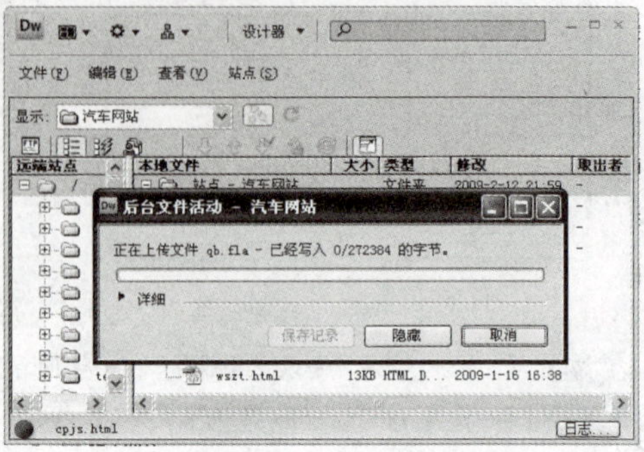

13.3.4 更新站点内容的方法

网站内容的更新对网站来说是至关重要的。决定网站排名有两个非常重要的因素：一是网站的导入链接，另一个是网站的内容。

知识点拨 Knowledge 更新站点内容的方法与技巧

内容完善：所谓“完善”是指检查自己网站中不专业、缺乏营销思想的地方，包括网站的设计、推广、营销、技术、维护等等，使网站给人一种比较专业的印象。

更换内容：随着企业的发展，一定有一些新产品、新服务问世，或者网站上的一些促销信息随着时间的流逝而失去效用，这就需要更换网站的内容。更换网站的内容，可以让浏览者感到网站在不断的更新，不断有新内容可以浏览，这样，用户才肯再次光顾该网站。

更换风格：一般来说，风格是一个网站或企业的形象。所以风格最好不要频繁变动，但这并不意味着永远不变，否则面对永远一成不变的网站，浏览者可能会有厌烦的感觉。变换网站风格可以考虑半年一变或一年一变，最好是随着特别的节日或公司的项目变化，这样更容易宣传。

增添功能或内容：建站初期，中小企业可能投资不大，属于试探性质的尝试，但随着网站发布和网站项目的实施，企业确实看到了网站对于企业的作用，因此，会考虑增添某些功能或添加更多的产品/服务信息。

重新设计规划：有些企业在刚刚接触互联网时，对于它的概念并不是理解很深。随着网站的建设、网络的发展、网站知识的丰富，往往觉得目前所用的网站无论从规划、设计，还是内容方面都与企业的运作不相协调，为了让网站更好地为企业服务，有必要对网站重新规划设计，此时，最好请专业人士帮助策划，企业熟悉自身的经营特点、运作方式，专业人士会站在专业的角度和浏览者的角度分析策划，如：如何设置导航、如何运用色彩、如何设计网站风格等等。这种更新方式较以上几种方式投资要大，项目周期长，需要企业认真筹划。

项目重新规划： 也是所有更新方式中投资最大的一种，因为企业在建站初期，往往是租用虚拟主机空间，这种方式投资小、见效快，但在空间大小、流量、稳定性等方面并不能完全保证，随着企业发展，可能会考虑拓展空间，增加功能，这就需要对项目进行重新规划。

13.4 站点的后期管理

站点运行后，还需要经常进行管理和维护，如更新网站内容，修复网站错误等，以保证站点按照设计者的设计正常运行。

13.4.1 站点的管理与维护

Dreamweaver CS4 提供了一些管理站点的功能，包括网站同步和站点报告等。本小节将通过实例对站点报告进行详细讲解。

新手演练 Novice exercises 对网站进行站点管理与维护

Step 01 选择“站点”|“报告”命令，出现“报告”窗口，适当选择报告项目，单击 运行 按钮。

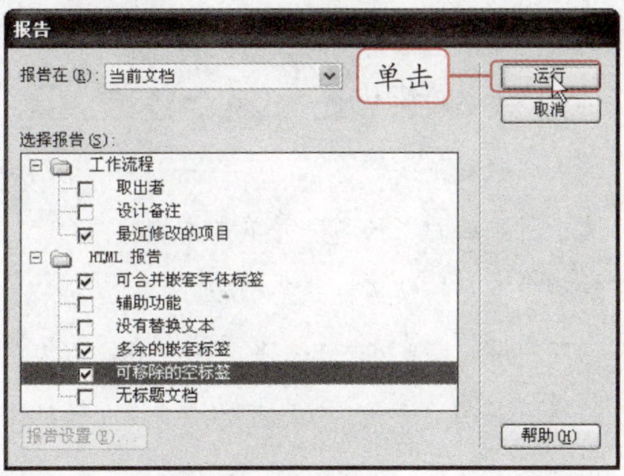

Step 02 生成站点报告。

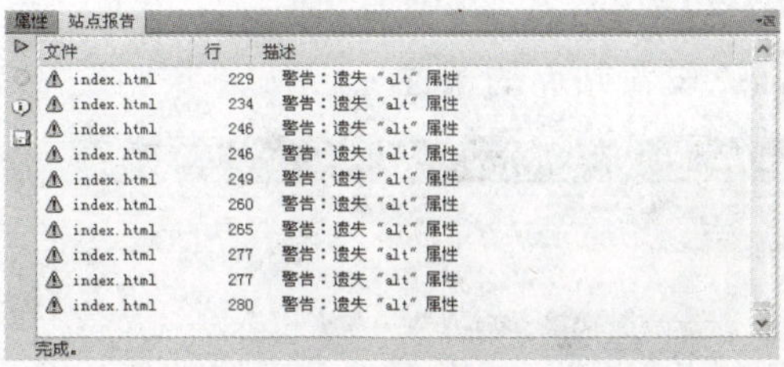

温馨提示牌 Warm and prompt licensing

在“报告在”下拉列表框中选择生成站点报告的范围，可以是当前文档、整个当前本地站点、站点中的已选文件和文件夹。

13.4.2 宣传站点

站点在 Internet 发布后，就需要对站点进行宣传以增加站点的访问量，站点的宣传方法有很多种，常见的有登录搜索引擎，在相关 BBS、聊天室、社区上宣传，提供相关的免费资源以及网站之间互相友情链接等。

知识点拨 Knowledge 网站推广的途径

登录搜索引擎： 目前对于绝大多数的网站来说，通过搜索引擎带来的访问量占网站总访问量的 60%以上，所以要将网站登录到主要的搜索引擎上去。

媒体宣传： 不要停止有效的印刷广告，在报刊、杂志上做广告时一定要带上网址信息，也可以使用发送邮件、明信片等其它媒体方式，引导人们访问该网站。

在相关 BBS、聊天室、社区上宣传：BBS 是现在非常流行的一种交流方式，能够给每个人提供空间来发表自己的文章或者生活随笔等。可以在 BBS 上发表自己的建议，同时附上自己网站的网址加以推广。当然通过聊天和社区网页宣传也是宣传站点的好方法。

提供相关的免费资源：要知道与其在网站上说"请访问我们的网站并了解我们"不如说"欢迎免费使用本网独有的厨房装修计算器"。发布免费的网上资源成本并不很大，但是会为网站增加访问量，很值得。

网站间互建友情链接：也就是与其他相关的、互补的网站交换友情链接，增加双方网站的访问量。

13.5 职场特训

本章主要讲解了 IIS 的安装与配置，站点的测试及发布等知识。通过对这些知识的学习，读者会对网站的测试及发布有一个全面的了解。下面通过一个实例，巩固本章知识并拓展所学知识的应用。

特训：设置站点的属性

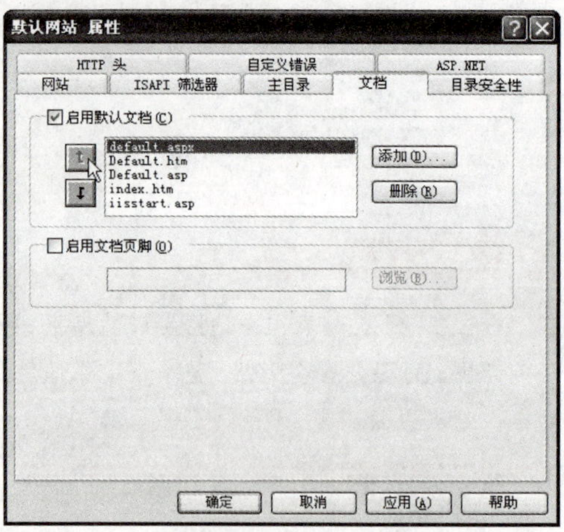

1. 打开"默认网站 属性"对话框，切换到"文档"选项卡，单击"添加"按钮。
2. 出现"添加默认文档"对话框，输入文件名，单击"确定"按钮。
3. 选择所添加的文档名，并单击左侧的"向上"或"向下"按钮，调整其顺序。
4. 创建网站时，将网站主页名直接命名为文档中的指定名称。这样，浏览该网站时将直接打开该网站主页。

第14章

制作汽车公司网站

精彩案例

制作网站首页面

制作客户服务页面

制作网上展厅页面

用表格布局页面

插入网站 Banner 和导航栏

内容显示区域和版权信息区的制作

本章导读

目前，无论是哪种类型的网站，在网站设计之初，首先需要设计网站的模板（当网站模板制作好后，一个网站的雏形也就出现），主要包括首页、栏目页和内容页等几个页面，然后再用标签或代码实现这些页面的功能。总之，网站的制作主要包括 3 个部分：网站栏目设计、网站模板制作及程序设计。本章将主要介绍如何使用 Dreamweaver CS4 来设计一个汽车公司网站，其中包括网站首页面、客户服务页面和网上展厅页面等的制作。

14.1 确定站点主题风格、收集整理素材

对于一个公司网站来说，建站的目的就是让更多的浏览者了解公司的信息，进而提升公司形象和知名度。所以在建站之初最重要的一点就是确定站点的主题。所谓主题，就是网站的类型、主体内容等。以公司网站为例，一个公司网站的栏目相对较少，主要包括公司介绍、公司动态、产品展示等，而在界面设计方面，为了向客户展示一个良好的公司形象，界面要做得简洁大方。

所谓网站风格，是指站点的整体形象给浏览者的综合感受。这个“整体形象”包括站点的 CI（标志、色彩、字体、标语）、版面布局、浏览方式、交互性、文字、语气、内容价值、存在意义、站点荣誉等诸多因素。例如：迪斯尼是生动活泼的，IBM 是专业严肃的，这些都是网站给浏览者留下的不同感受。

一个好的网站设计师，在进行网站制作之前，一定要先将需要的素材尽可能地整理完整，比如文本内容、图片以及所需要的 Flash 动画等。本例在制作之前就需要整理一些汽车的图片、对相关产品的介绍文本，另外，还可以根据版面需要设计一些 Flash 动画。上述素材整理完之后，就可以开始制作网站了。该汽车公司网站需要设计的页面主要包括：网站首页、客户服务页面和网上展厅页面。

14.1.1 网站首页面

网站首页由 4 大部分组成，网站 Banner、网站导航栏、网站主体部分和网站版权信息。这几个部分的布局如下图所示。

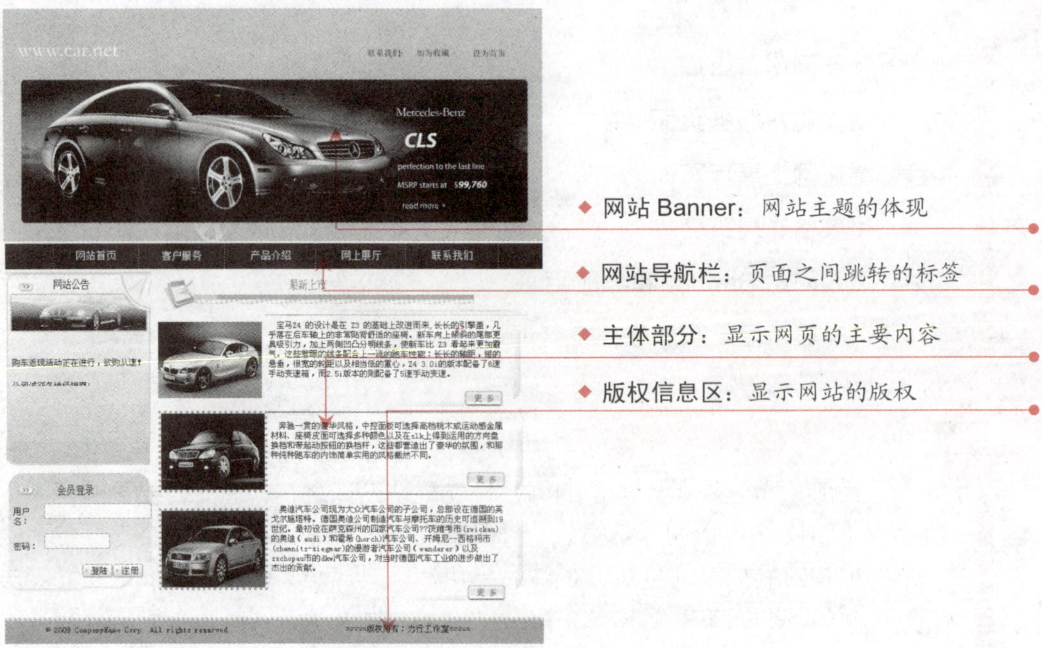

14.1.2 客户服务页

网站的首页设计好后，也就大致定下了网站的总体风格，客户服务页只需把制作好的图片添加到相应的网页位置即可。客户服务页的首尾部分和网站首页是一样的，这个页面也包括 4 个部分，除首、尾两部分外，还有中间的“相关链接”和“客户服务”部分，这两部分是使用表格来实现的。

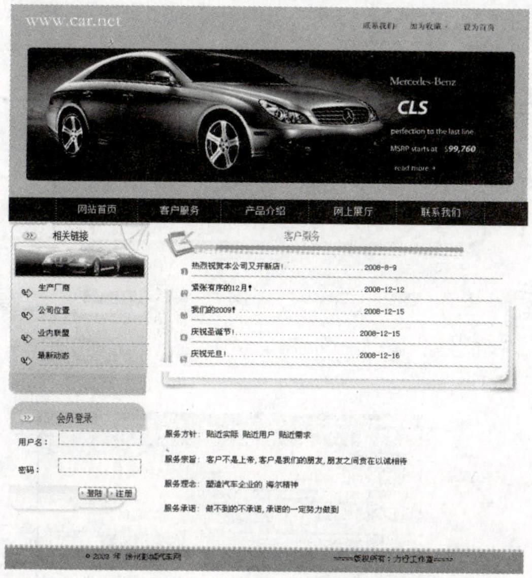

14.1.3 网上展厅页

网上展厅页，用来展示汽车的各个品牌的标志，通过图片链接和文本链接跳转到更详细的介绍页面，该页面的制作是在首页稍作修改的基础上完成的。

14.2 确定网站结构、建立站点

脉络清晰的网站结构为日后对网站的维护提供了方便，特别是一些大型网站。而结构不清的网站将会给日后的维护工作带来困难。要制作一个好的站点，必须事先建立一个合理的站点规划，做到有的放矢。下面将对该汽车网站的整体结构作一个明确的规划，其结构图如下图所示。

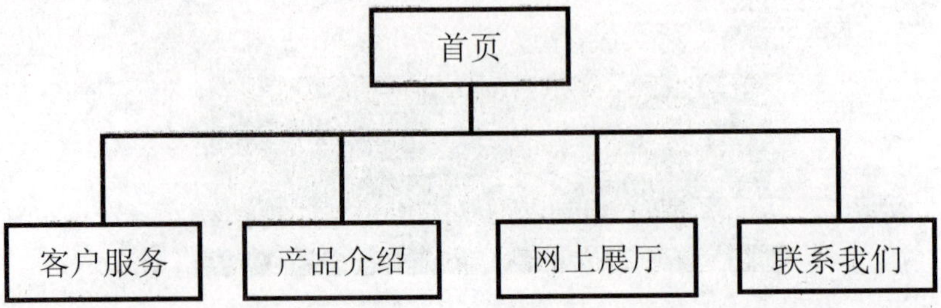

网站结构确定好以后，接下来就是网站建设中最基础也是最重要的一步，建立网站站点。根据第 2 章所学的站点创建知识，创建 1 个包含 1 个 images 文件夹，1 个 flash 文件夹和 5 个页面的站点，如下图所示。

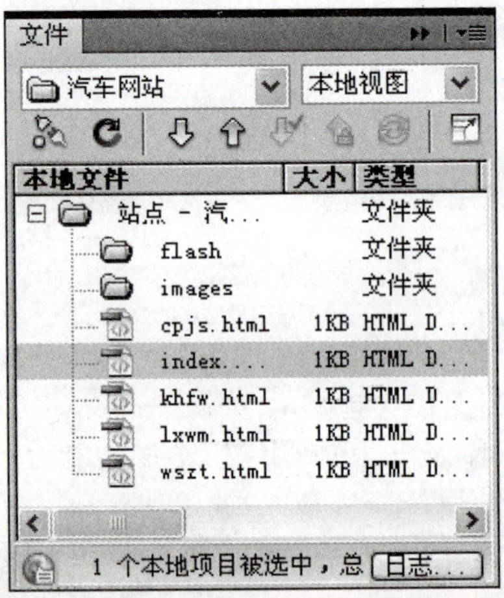

14.3 制作网站首页

站点建好以后就可以实施页面的设计与制作了。由于在网站制作过程中需要用到一些图片素材，因此，需要将网页设计和图片素材制作这两项工作协调好。在用 Dreamweaver CS4 制作网页之前，首先要构思好整个网页的结构和配色，可以先使用 Photoshop 或 Fireworks 等软件将所需要的图片素材制作好，待制作网页时直接插入即可。不过在设计网页时经常需要对图片的大小、效果进行调整，因此，用户也可以一边设计网页，一边制作图片素材。

网站的首页是网站制作的关键，首页不仅要在设计方面给浏览者全新的感觉，更要在内容设置方面给浏览者提供有价值的信息，否则这个网站在开始制作的时候就是失败的。

14.3.1 用表格布局页面

总体来讲，网站的首页包括 4 大部分，因此需要在页面中建立 4 个 1 行 1 列的表格，每个表格的“宽度”设置为 778 像素，“填充”、“间距”和“边框”值都设置为 0，“背景颜色”设置为“白色”。分别选择这 4 个表格，在“属性”面板的“对齐”下拉列表框中选择“居中对齐”。

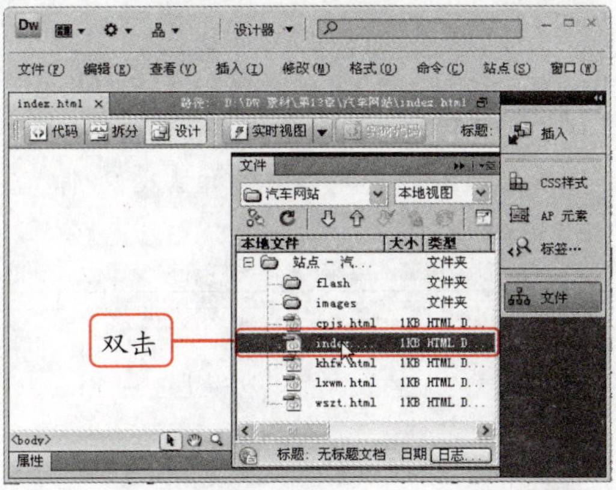

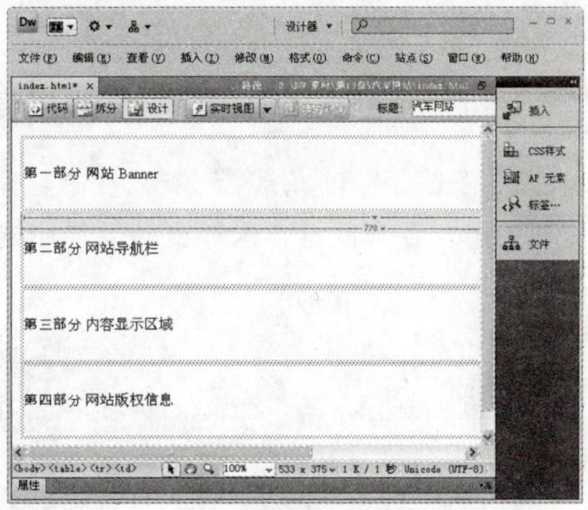

14.3.2 插入网站 Banner 和导航栏

该汽车网站的 Banner 部分的制作，在 Dreamweaver CS4 中没有什么工作量，而是需要在 Photoshop 软件中处理图片以及使用 Flash 软件制作动画。同网站 Banner 的设计一样，该网站的导航栏部分的制作也不是在 Dreamweaver CS4 中完成的，它是一个 Flash 动画。在该表格中直接插入事先制作好的 Flash 动画即可（Flash 可编辑文件附在光盘中）。

新手演练 Novice exercises　插入网站 Banner 和导航栏（源文件\第 14 章\index.html）

Step 01 将光标定位在第一个表格中，删除以前的文本，选择“插入”|“媒体”|“SWF”命令，插入作为网站 Banner 的 flash 文件。

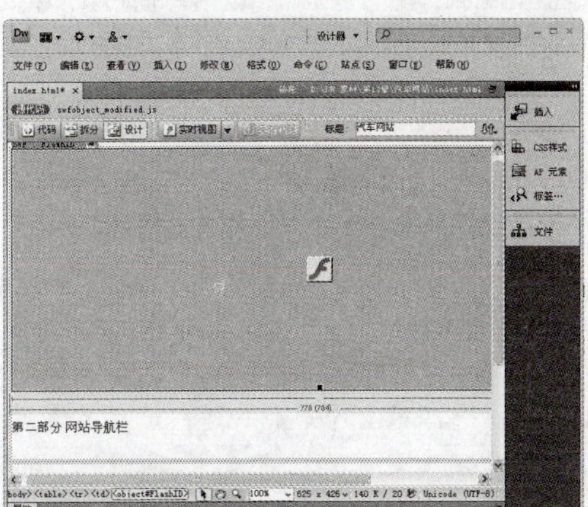

Step 02 将光标定位在第二个表格中，删除以前的文本，选择“插入”|“媒体”|“SWF”命令，插入一个 flash 文件，作为网站的导航栏。

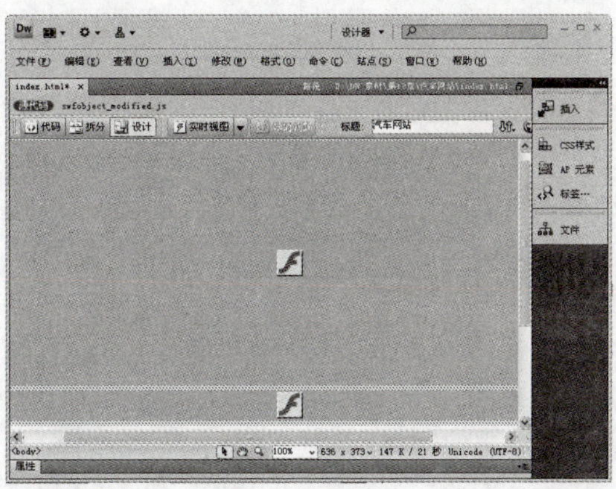

14.3.3 内容显示区域和版权信息区的制作

内容显示区域包括 3 个版块的设计：“网站公告”、“会员登录”和“最新上市”。其中，“网站公告”中显示的内容是滚动新闻；“会员登录”是使用表单知识设计的登录界面，至于后台如何实现请参考其他相关书籍；“最新上市”中实现了图片和文字的混排。下面将具体介绍这 3 个部分的制作过程。

新手演练 Novice exercises 内容显示区域和版权信息区的制作（源文件\第 14 章\index.html）

Step 01 将光标定位在第 3 个表格中，删除以前的文本，右击鼠标，从弹出的菜单中选择“表格”|“拆分单元格”命令。

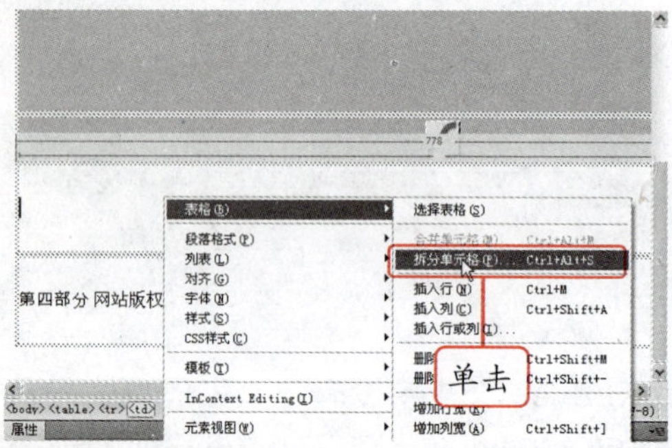

Step 02 出现“拆分单元格”对话框，选择“列”单选按钮，在“列数”文本框中输入 2。单击 确定 按钮。

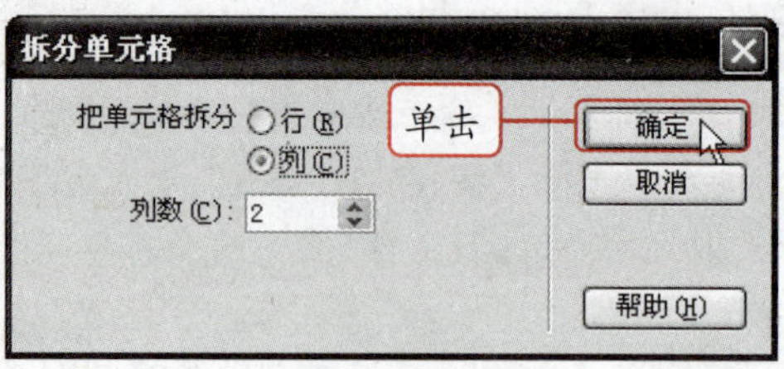

Step 03 将光标定位在左侧单元格中，在“标签选择器”中选择<td>标签，并在“属性”面板中设置其为“垂直顶端对齐”。

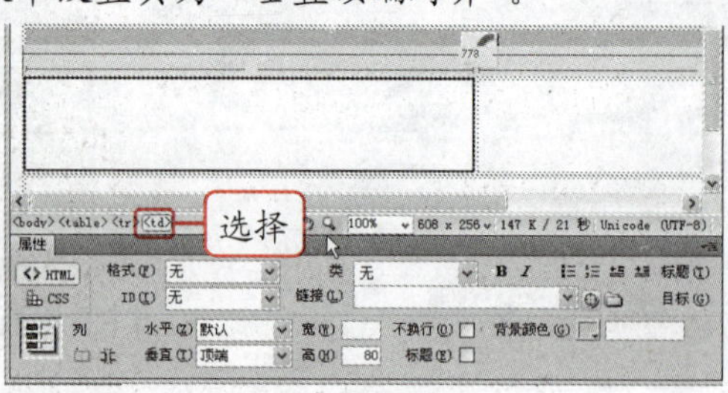

Step 04 在该单元格中依次插入 2 个宽度为 213px 的表格。

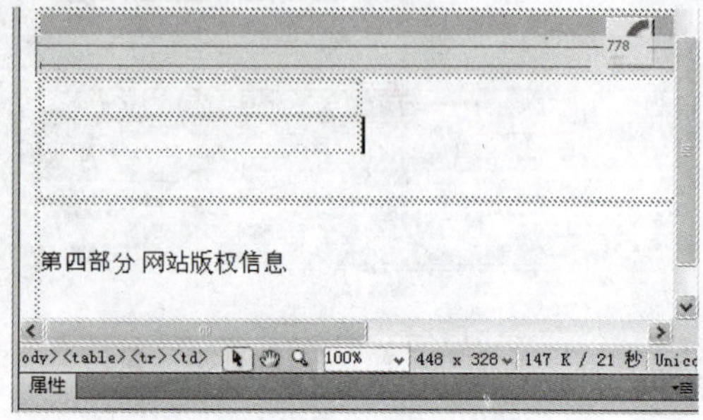

Step 05 将光标定位在刚插入的第 1 个表格中，选择“插入”|“图像”命令，将素材中的图像插入。

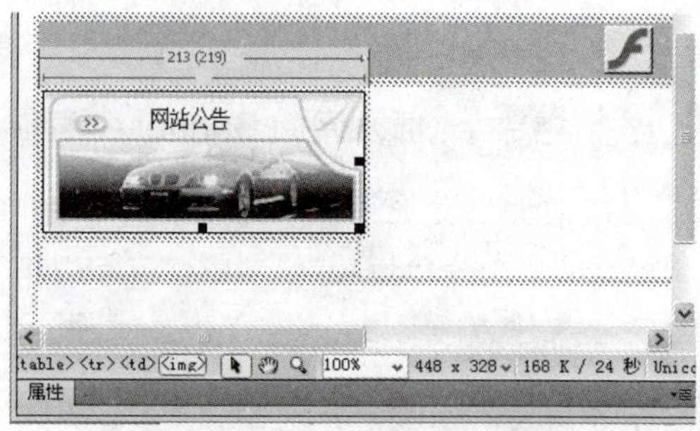

温馨提示牌 Warm and prompt licensing

用户也可以通过下面的方法插入图像：将光标定位在表格中，单击“常用”工具栏中的 图像 按钮。

Step 06 选择第 2 个表格，适当调整其高度，单击 拆分 图标，在蓝色文本区域输入用于设置该表格背景图片的代码。

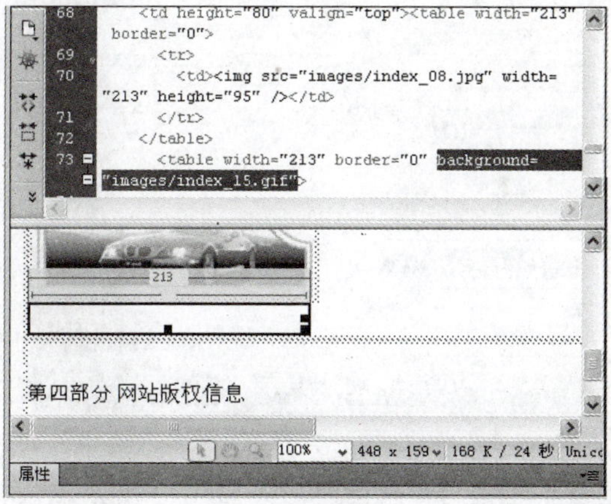

Step 07 单击 页面属性... 按钮，在出现的“页面属性”对话框中，选择“分类”列表中的“外观（CSS）”，在右侧的“外观”选项区域中对字体样式、大小和颜色进行设置。

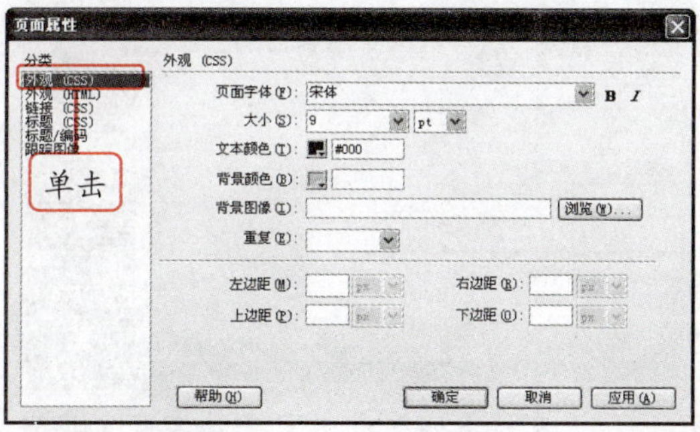

Step 08 选择“链接（CSS）”选项，对其中涉及的各项进行设置，完成后单击 确定 按钮。

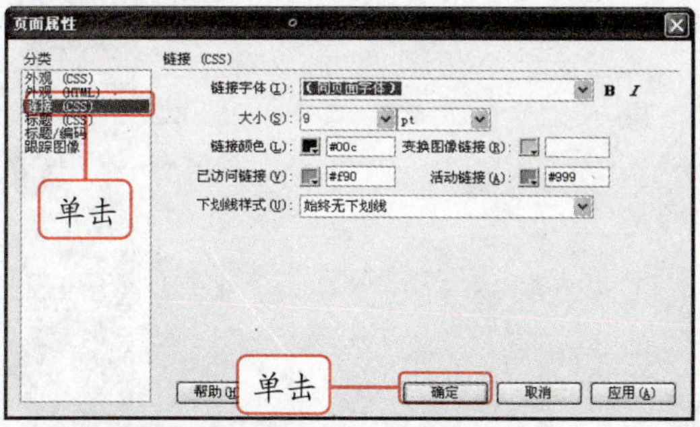

Step 09 将光标定位在第 4 步创建的第 2 个表格中，将其拆分成左右 2 列单元格，并适当调整左右两侧单元格的宽度。

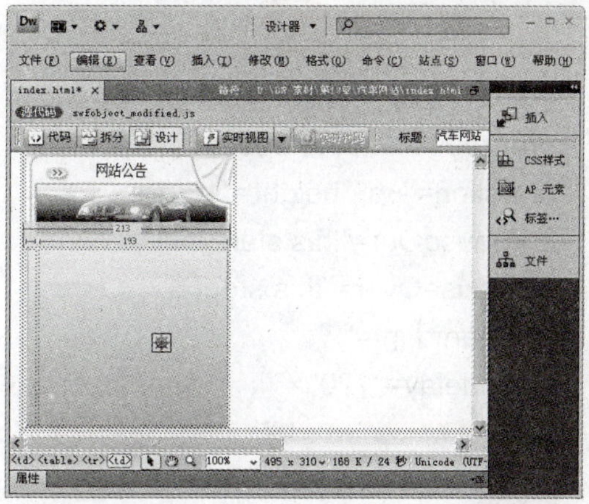

Step 10 将光标定位在第 2 列单元格内，输入文本内容。

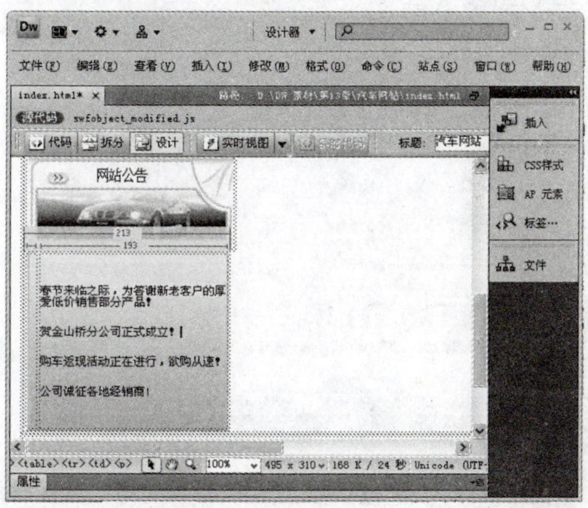

Step 11 选中刚才输入的文本内容，单击 拆分 图标，在蓝色区域前输入滚动代码，并在蓝色区域后输入结束滚动代码</marquee>。

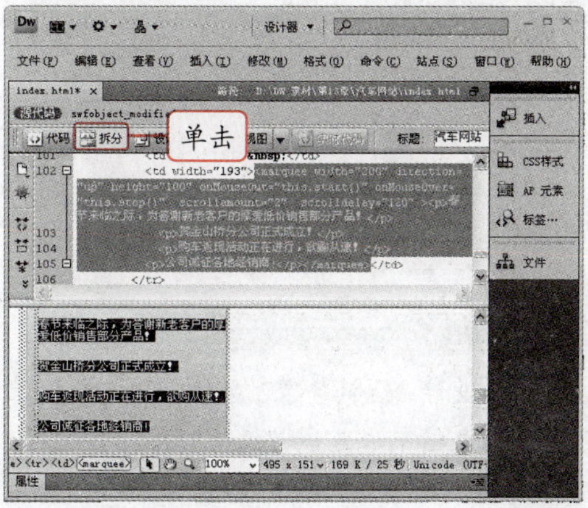

温馨提示牌 Warm and prompt licensing

步骤 11 中输入的滚动代码为：

```
<marquee width="200"
direction="up" height="100"
onMouseOut="this.start()"
onMouseOver="this.stop()"
scrollamount="2"
scrolldelay="120">
```

Step 12 将光标定位到表格外，单击 表格 按钮，依次插入 4 个宽度为 213px 的 1 行 1 列，“边框粗细”、“单元格间距”和“单元格边距”都为 0 的表格。

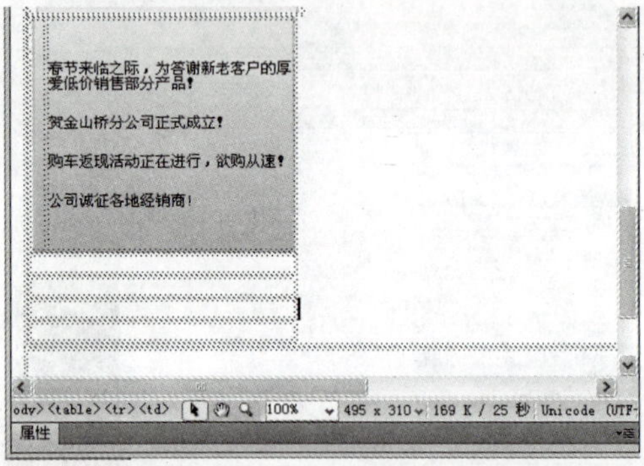

Step 13 将光标定位在刚插入的第 1 个表格中，单击“插入”|“图像”命令，将所需要的素材图像插入，并适当调整其宽度。

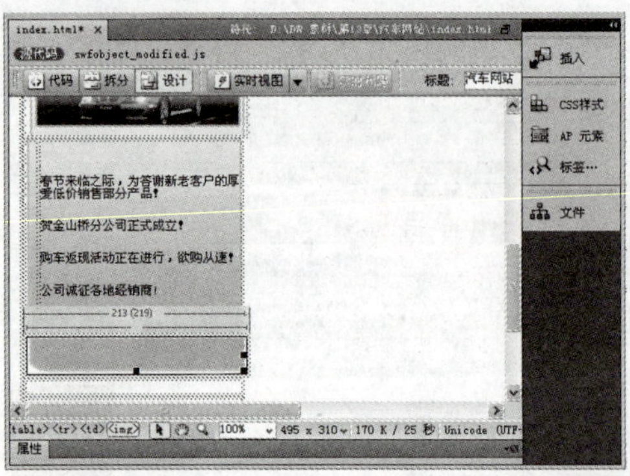

Step 14 设计“会员登录”版块，将光标定位在第 2 个表格中，选择“插入”|“图像”命令，插入一幅素材图像。

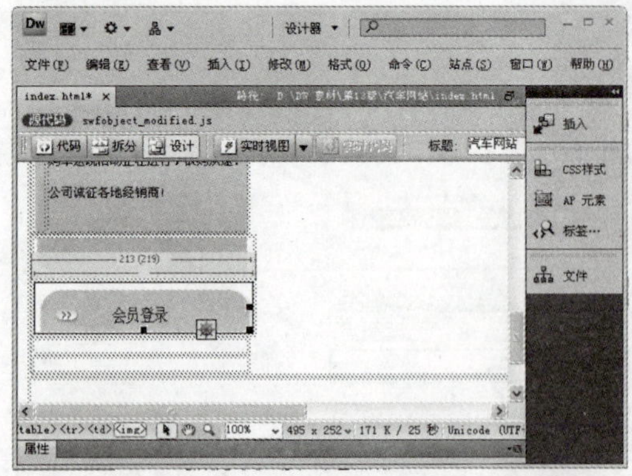

Step 15 将光标定位在第 3 个单元格中，设置该单元格的背景图片，并插入一个 2 行 3 列，宽度为 213px，“边框粗细”、“单元格间距”和“单元格边距”都为 0 的表格。

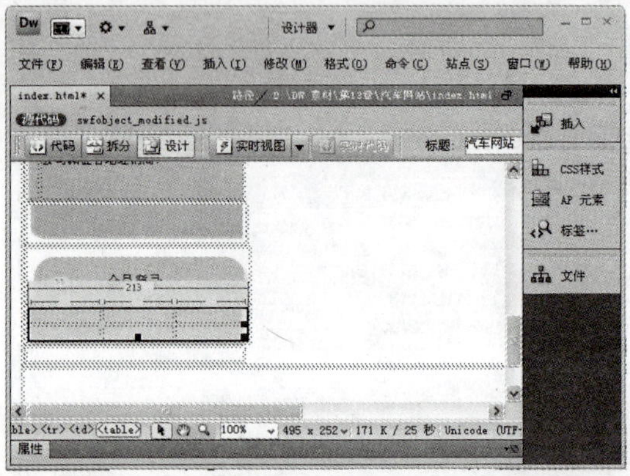

Step 16 适当调整单元格宽度和高度，将光标定位在第 1 行第 2 列单元格中，输入“用户名：”文本。

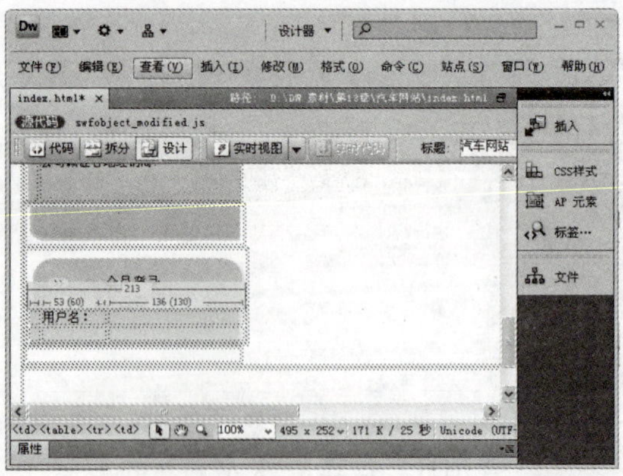

Step 17 将光标定位在第 1 行第 3 列单元格中，选择“插入”|“表单”工具栏中的 文本字段 按钮。

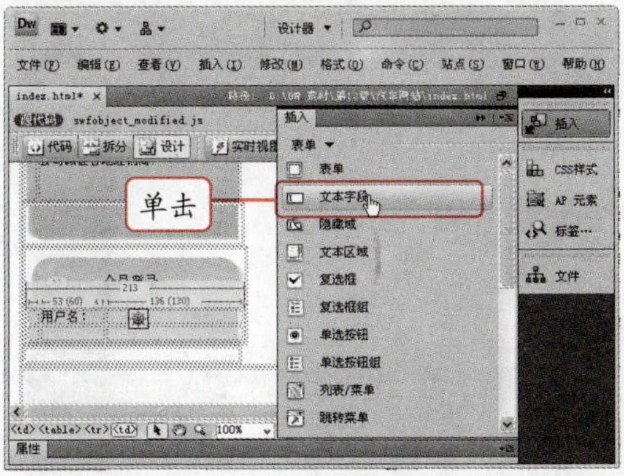

Step 18 此时会出现“输入标签辅助功能属性”对话框，不做任何设置，单击 确定 按钮即可。

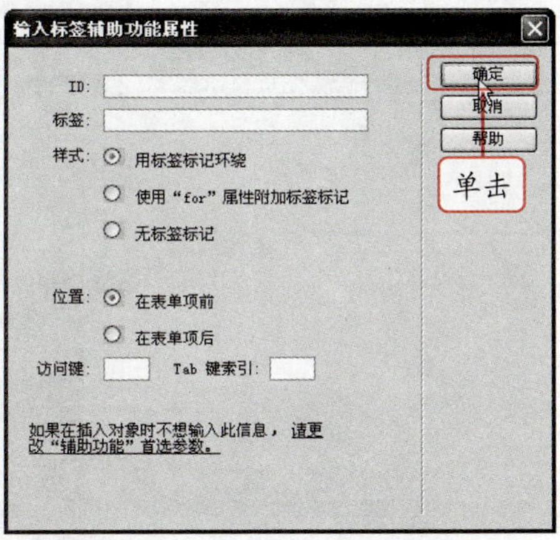

Step 19 返回设计界面，出现“是否添加表单标签”提示对话框，因为这里是静态网页，不需要动态效果设置，所以直接单击 否(N) 按钮即可。

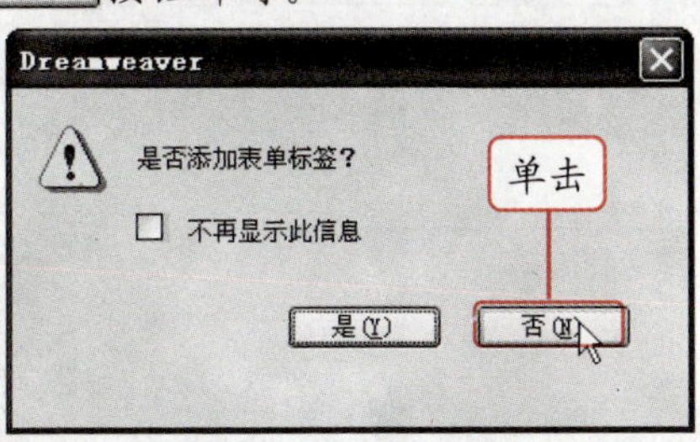

Step 20 插入一个文本字段，选中该文本字段，在其属性面板中设置其“字符宽度”为 20，“最多字符数”为 20。

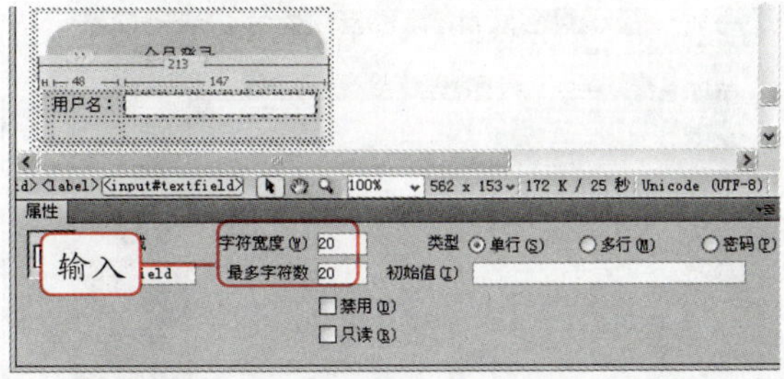

Step 21 将光标定位在第 2 行，重复步骤 16~20 设置“密码”项，同样会弹出步骤 19 中的对话框，同样单击 否(N) 按钮，并在“属性”面板中设置其“字符宽度”为 10，“最多字符数”为 10，“类型”选择“密码”。

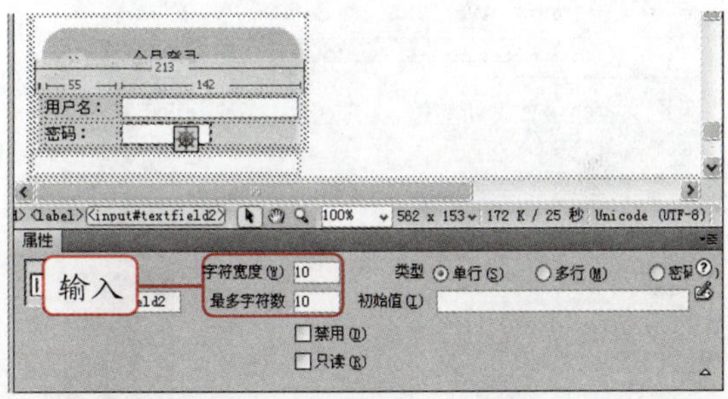

Step 22 将光标定位在第 4 个表格中，右击鼠键，选择“表格”|“拆分单元格”命令，将其拆分成左右 2 列单元格，在左侧单元格中插入一幅素材图片，并适当调整其宽度。

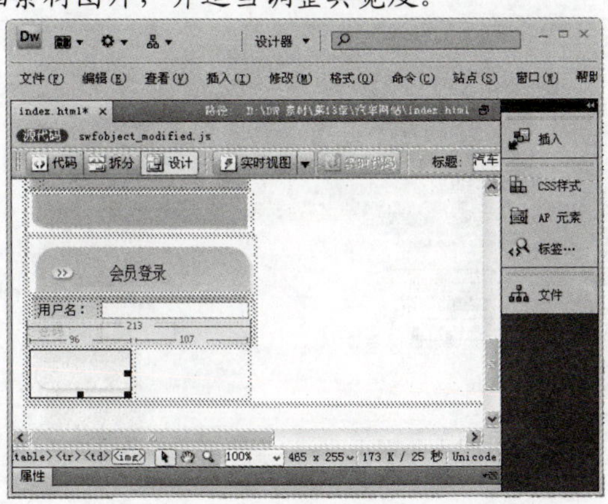

Step 23 将光标定位在第 2 列单元格中，将其拆分成上下两行单元格。

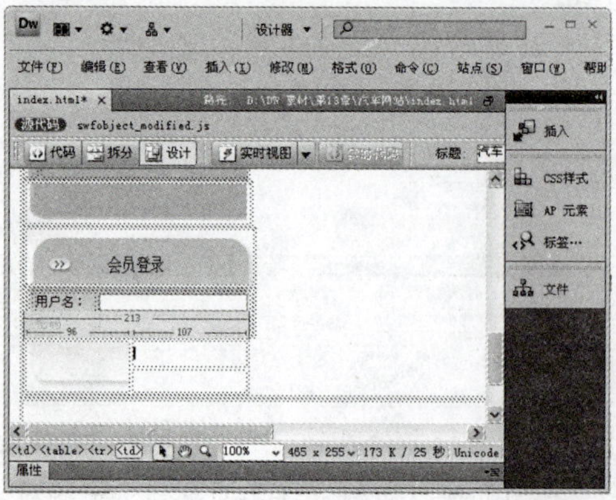

Step 24　将光标定位在第 1 行单元格中，依次选择“插入”|“图像”命令，在该单元格中插入两幅素材图片。

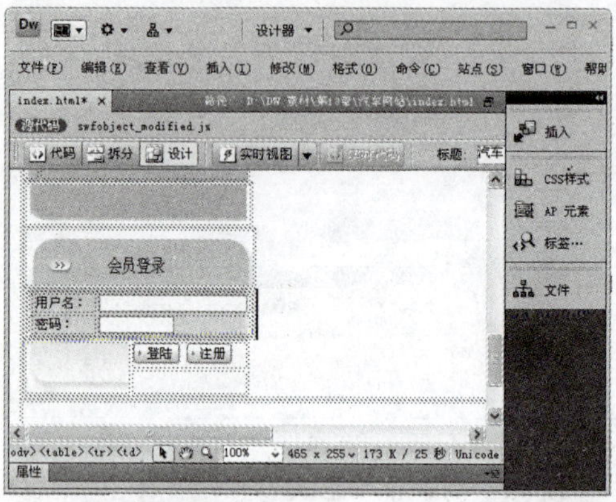

Step 25　将光标定位在第 2 行单元格中，选择“插入”|“图像”命令，在该单元格中插入一幅素材图像。

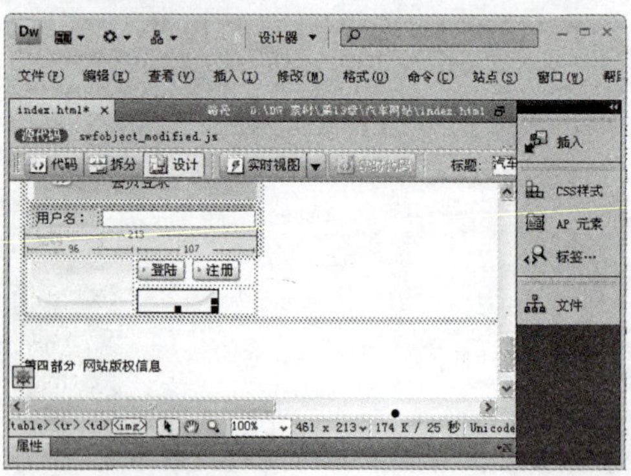

Step 26　适当调整主体表格中左右两个单元格的宽度，将光标定位在右侧单元格中，在“属性”面板中设置其对齐方式为“垂直顶端对齐”。

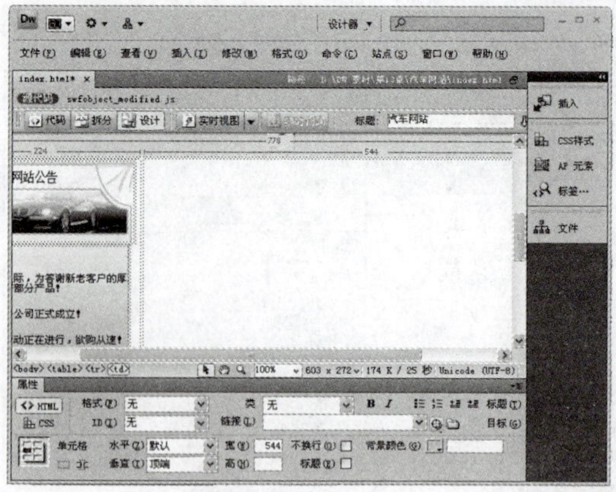

Step 27　依次插入 4 个 1 行 1 列，宽度为 550px 的表格并在第 1 个表格中插入一幅素材图像。

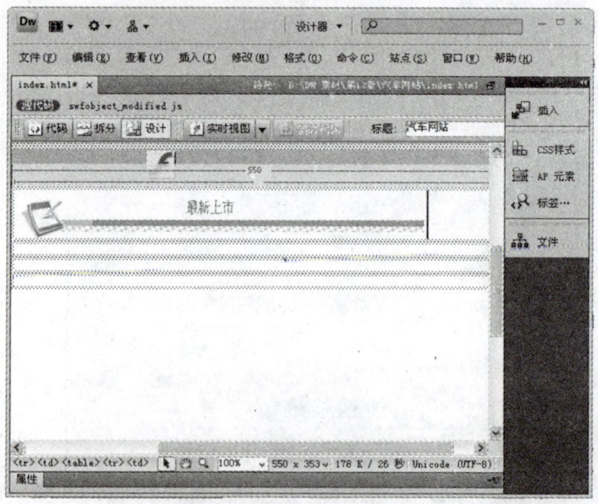

Step 28　将光标定位在第 2 个表格中，将表格拆分成左右两列单元格。

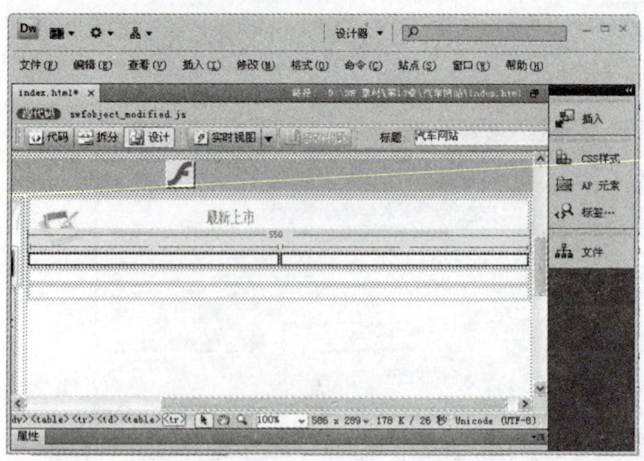

Step 29　将光标定位在第 1 列单元格中，插入 1 个 1 行 1 列宽度为 150px 的表格。

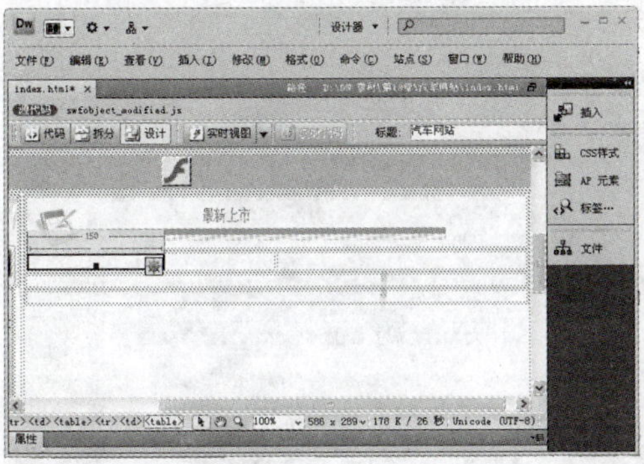

Step 30 将光标定位在该表格中，选择“插入”|“图像”命令，在该表格中插入一幅图像，选中该图像在“属性”面板中适当调整其“宽”为 150px，“高”为 110px。

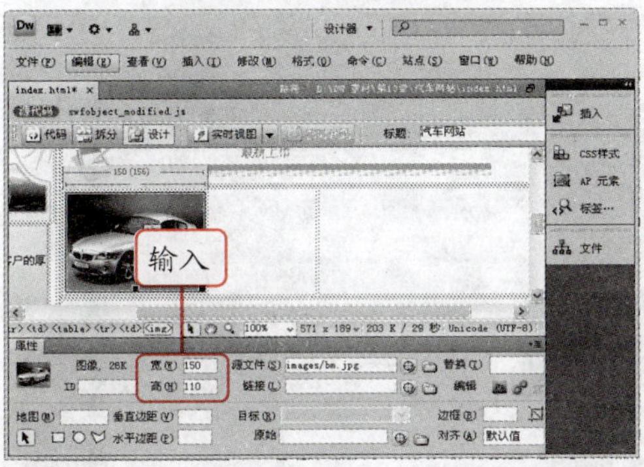

Step 31 适当调整左右单元格宽度，并将光标定位在第 2 列单元格，选中“标签选择器”中的<td>标签，在“属性”面板中设置其对齐方式为“垂直顶端对齐”。

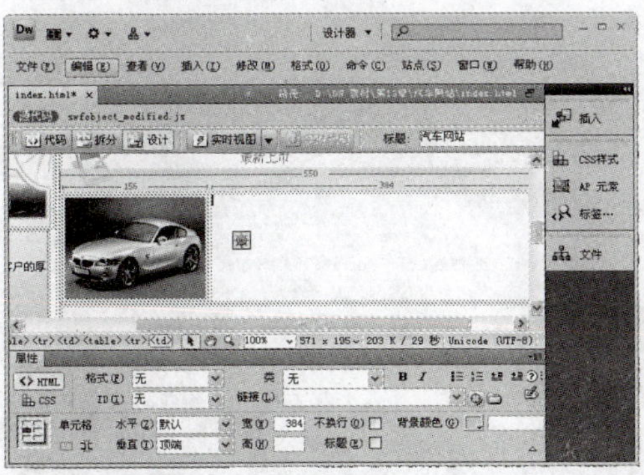

Step 32 将光标定位在第 2 列单元格中，插入 2 个宽度为 385px 的表格。

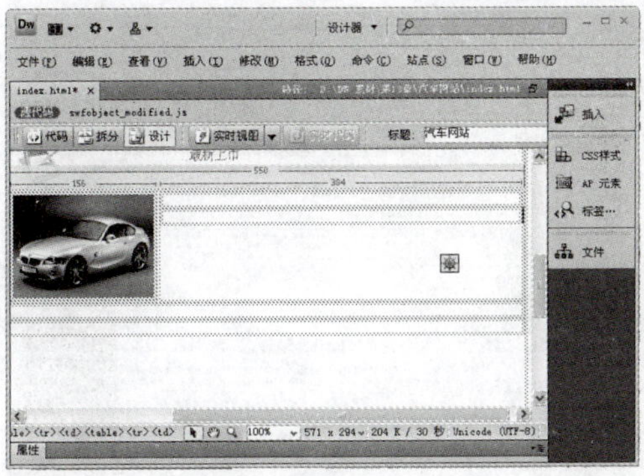

Step 33 将光标定位在刚插入的第 1 个表格中，选择“插入”|“图像”命令，为该表格中插入一幅素材图像。

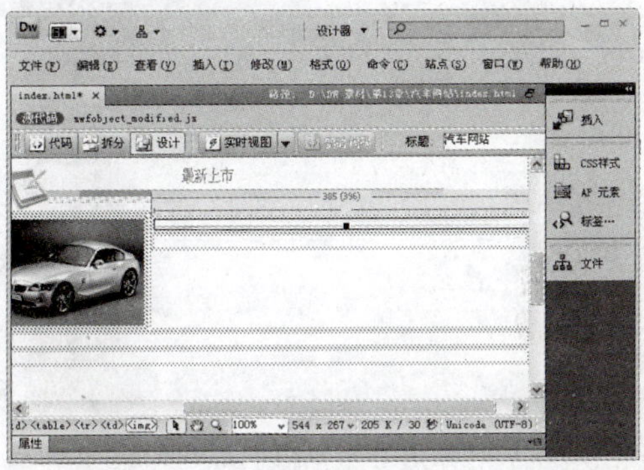

Step 34 将光标定位在第 2 个表格中，单击 表格 插入一个 1 行 2 列、宽度为 380px 的表格。

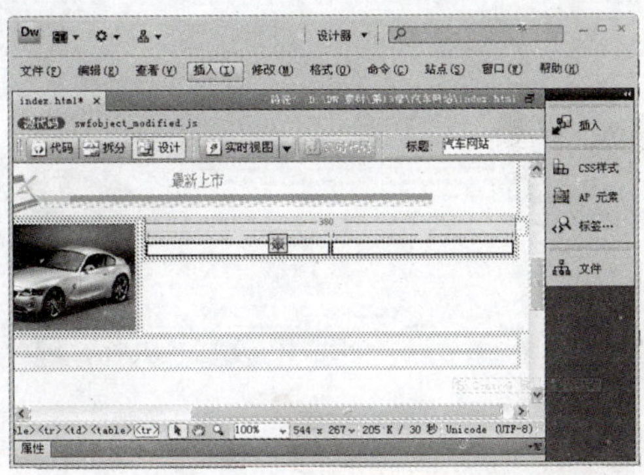

Step 35 将光标定位在第 2 列单元格中，选择“插入”|“图像”命令，在该单元格中，插入一幅素材图像，将光标定位在左右单元格分界上，适当调整左右两侧单元格的宽度。

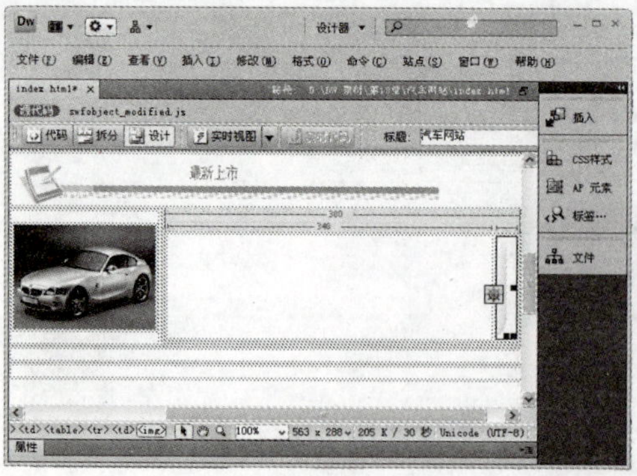

Step 36 将光标定位在第 1 列单元格中，插入 1 个 1 行 1 列、宽度为 350 像素的表格。

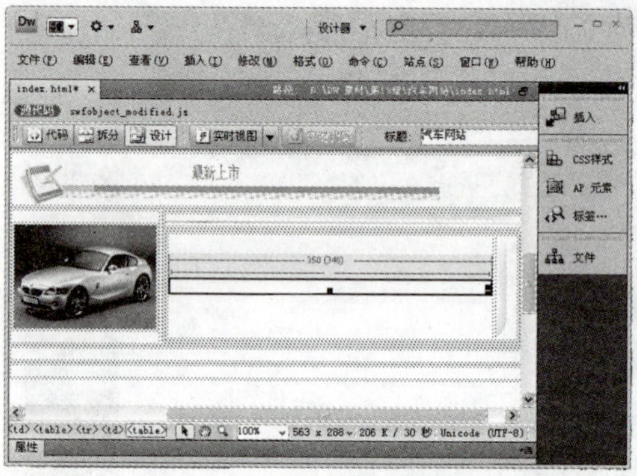

Step 37 将光标定位在刚创建的表格中，将其拆分成上下 2 行。

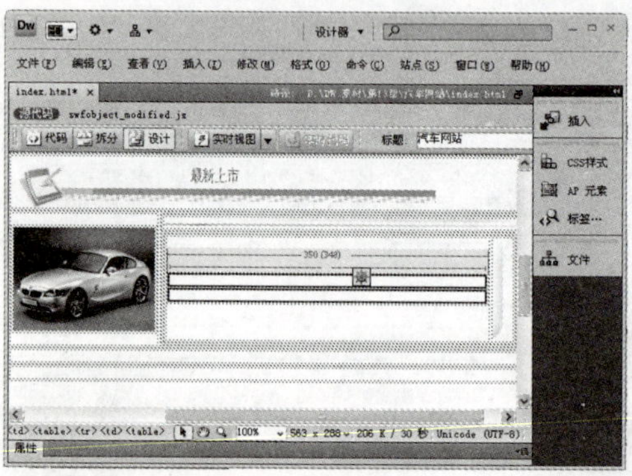

温馨提示牌 Warm and prompt licensing

在步骤 36~37 中，用户也可以在插入表格的时候将该表格设置成 2 行 1 列，这样就不用再将表格拆分。

Step 38 将光标定位在第 1 行单元格中输入相应的文本内容。

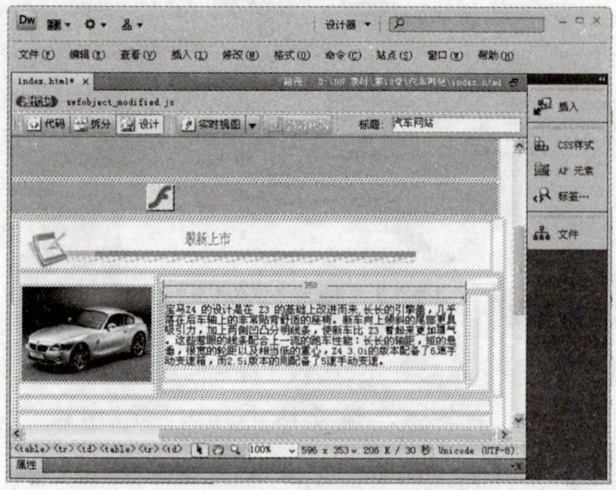

Step 39 将光标定位在第 2 行单元格中，插入两幅图片。

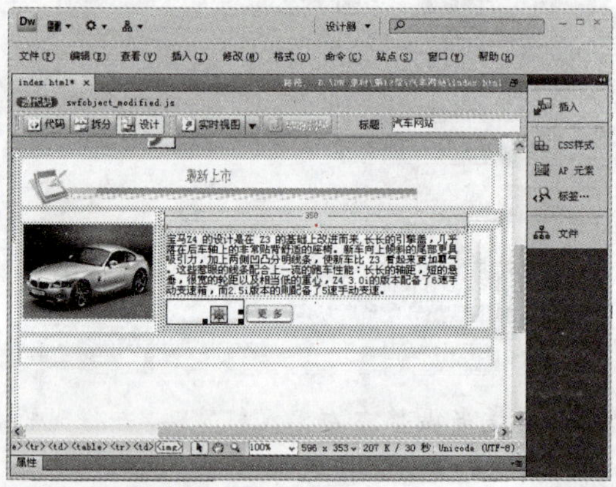

Step 40 将光标定位在该单元格中，在“属性”面板中的“水平”下拉列表框中选择“右对齐”。

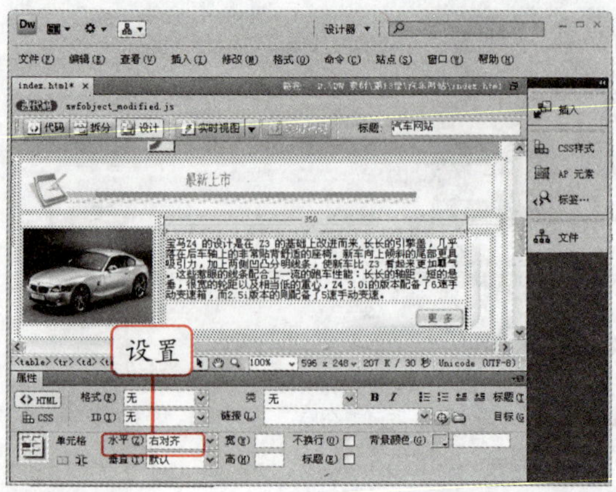

Step 41 为了使文本与边框之间隔开一段距离，选中该文本所在的表格，在“属性”面板中，将其“填充”设置为 5。

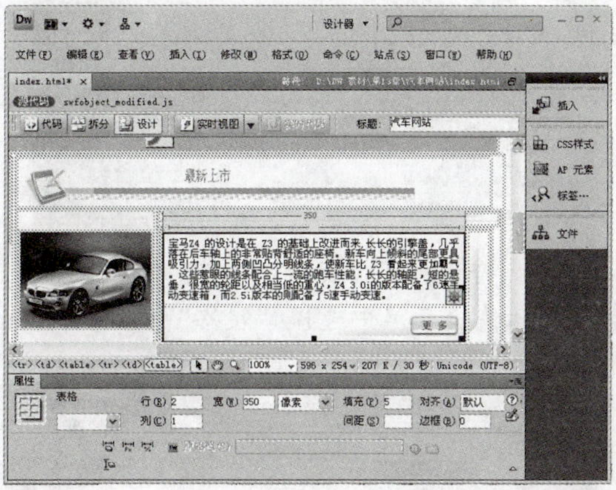

Step 42 将光标依次定位在第 3 和第 4 个表格中，重复步骤 28~41，依次制作另外两个表格中的内容。

温馨提示牌

Warm and prompt licensing

至此第 3 版块的内容制作完毕，但是，所有的汽车图片在网页上看是去显得有些突兀，所以在下面的步骤中，将使用 CSS 样式为表格制作边框样式。

Step 43 选择“窗口”|“CSS 样式”命令，打开“CSS 样式”面板，单击“新建 CSS 规则”按钮。

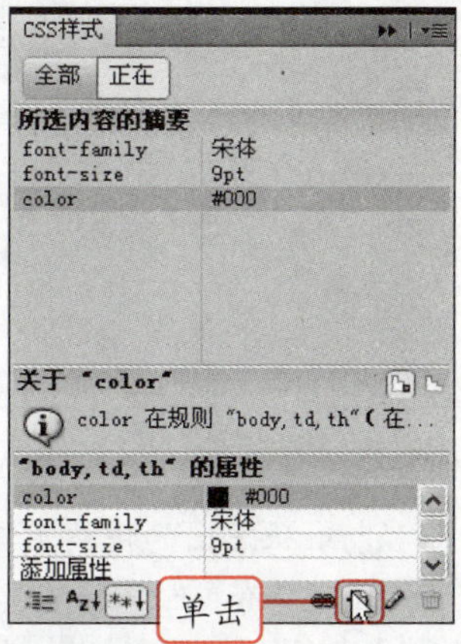

Step 44 出现“新建 CSS 规则”对话框，按下图所示设置 CSS 样式，创建外部样式表，完成后单击 确定 按钮。

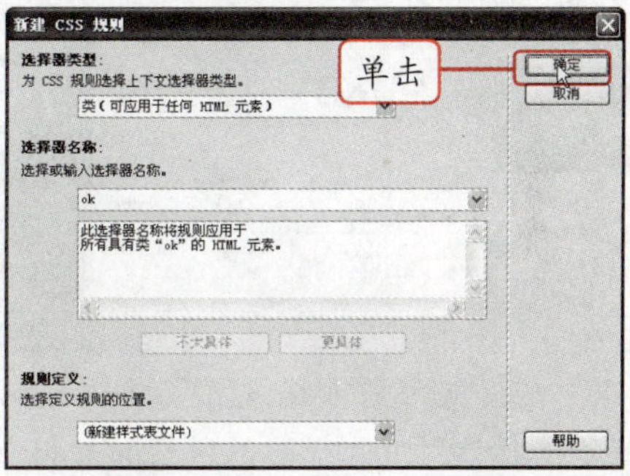

Step 45 出现“将样多表文件另存为”对话框，输入“main.css”，单击 保存(S) 按钮。

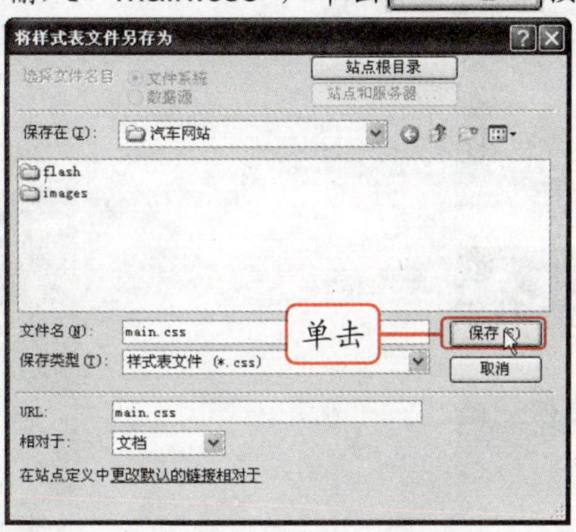

Step 46 出现.“Ok 的 CSS 规则定义（在 main.CSS 中）”对话框，在“分类”列表中选择“边框”选项，在右侧按下图所示对边框属性样式进行设置，完成后单击 确定 按钮。

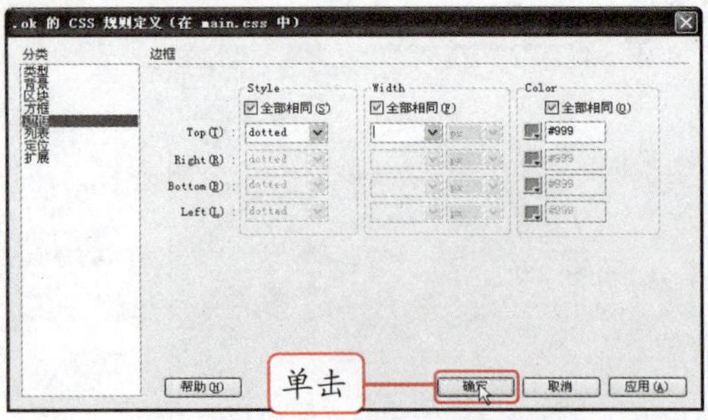

Step 47　在“标签选择器”中选择图像所在的表格，右击鼠标，从弹出的快捷菜单中选择“设置类” | “ok” 命令。

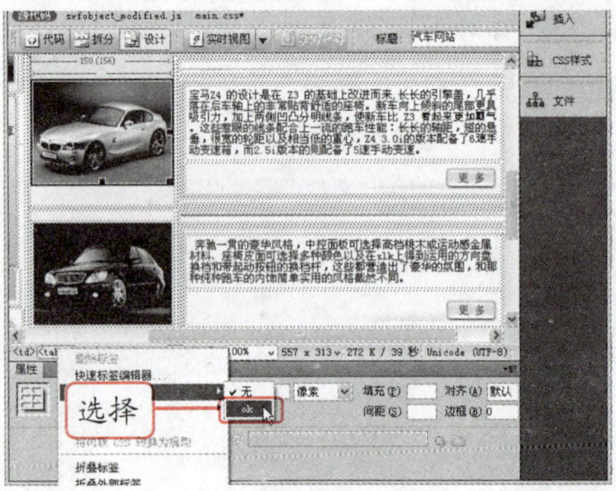

Step 48　这样就为该表格设置了边框，同样在“标签选择器”中选择图像所在的表格，右击鼠标，从弹出的快捷菜单中选择“设置类” | “ok” 命令，为其他表格设置边框样式。

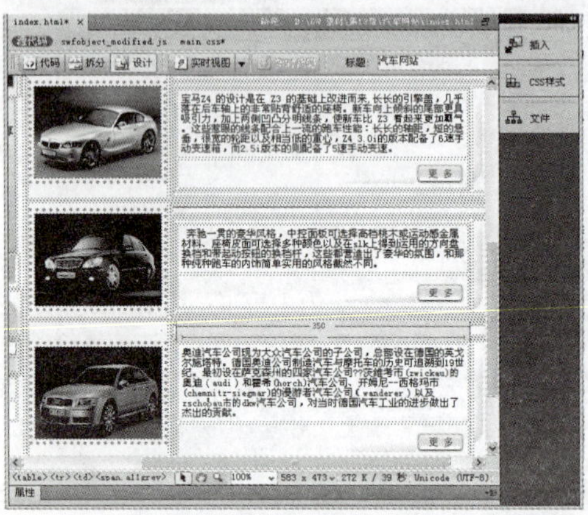

Step 49　在设计界面中，选中版权信息区所在的表格，单击“拆分”按钮，进入代码编辑区域，在蓝色区域输入设置该表格背景图片的代码。

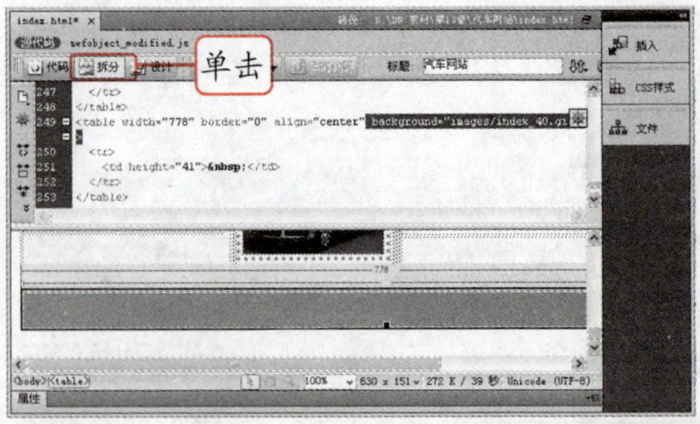

Step 50　将光标定位在该表格中，右击鼠标，从弹出的快捷菜单中选择“表格” | “拆分单元格” 命令，将表格拆分成左右 2 列单元格。

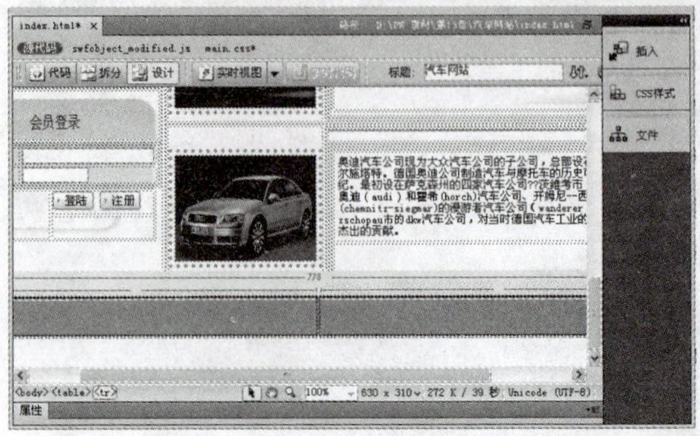

Step 51　将光标定位在第 1 列单元格中，输入公司名称，并设置“水平居中对齐”，并调整单元格宽度。

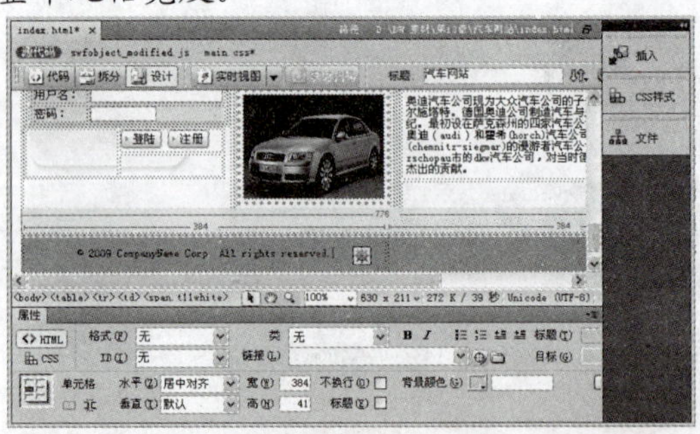

Step 52　将光标定位在第 2 列单元格中，输入版权信息，并设置“水平居中对齐”。

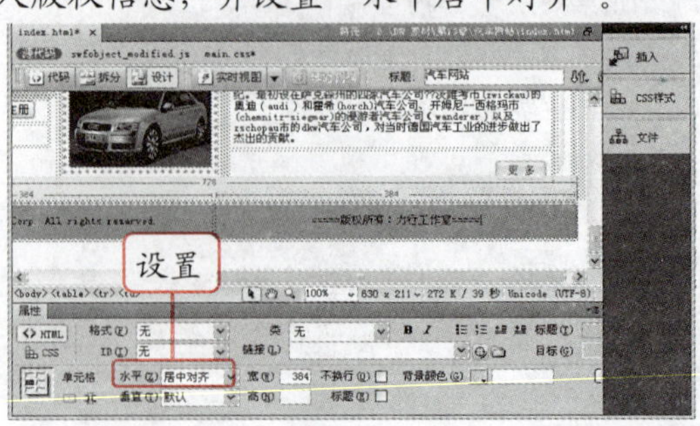

14.4 制作产品页

网站展示产品的页面和主页的设计布局是相同的，也是由 4 个大表格进行整体设计，其中第一和第二个表格用来放置网站 Banner 和网站导航栏，这两个部分都是 flash 文件，第三个表格又可分为左右两个单元格，左侧单元格主要包括友情链接和联系信息，右侧单元格用于放置各种汽车标志，第四个表格用来设置网站的版权信息，与首页设置相同。下面将具体讲解该产品页的制作步骤。

该产品页主要向浏览者展示了汽车的各个标志，当单击某一汽车标志时，会自动跳转到该汽车品牌的介绍界面，也就是说无论是图片还是图片下面的文本内容，都要添加相应的超级链接，本实例使用的是空链接，用户可以对这部分内容自行补充。

新手演练 Novice exercises 产品页的制作（源文件\第 14 章\wszt.html）

Step 01 展开“文件”面板，在该面板中，双击 wszt.html 文件，在“标题”文本框中输入标题“汽车网站”。

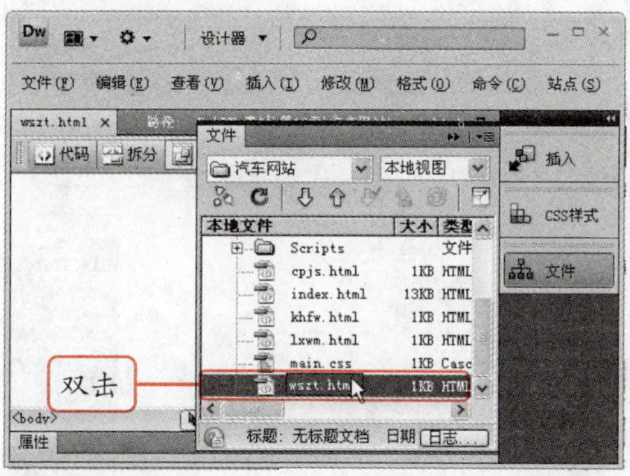

Step 02 依次插入 4 个 1 行 1 列、宽度为 778px 的表格。

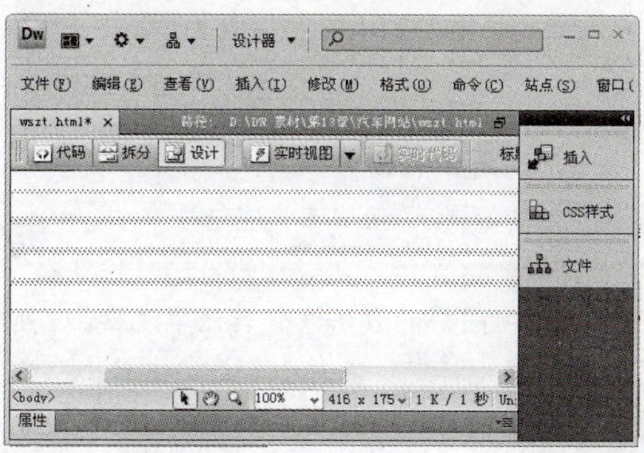

Step 03 将光标定位在第 1 个表格中，插入 flash 素材作为该网站的 Banner。

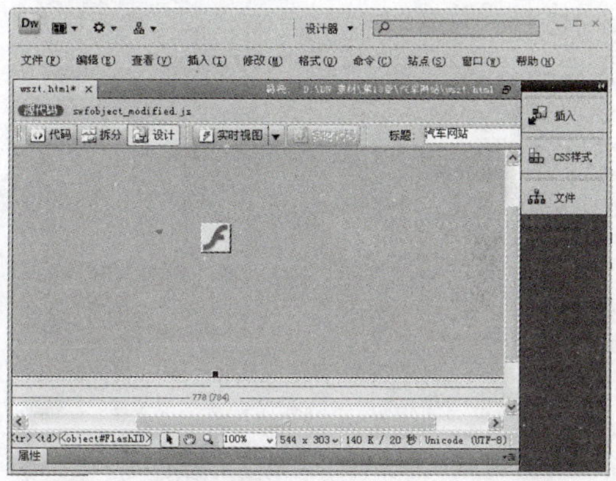

Step 04 将光标定位在第 2 个表格中，插入 flash 素材作为该网站的导航栏。

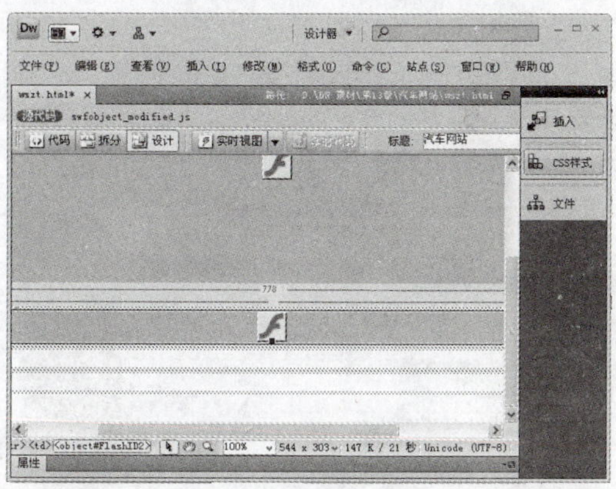

Step 05 将光标定位在第 3 个表格中，将其拆分成左右 2 列单元格，并在左侧单元格中插入 5 个 1 行 1 列、宽度为 213px 的表格。

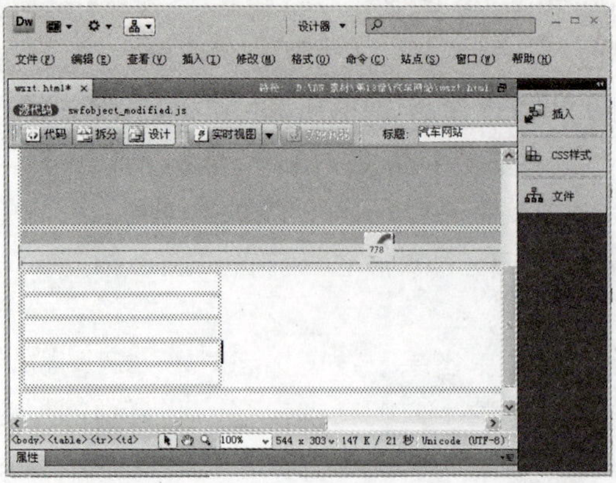

Step 06 将光标在刚插入的第 1 个表格中，选择“插入”|“图像”命令，在该表格中插入一幅素材图像。

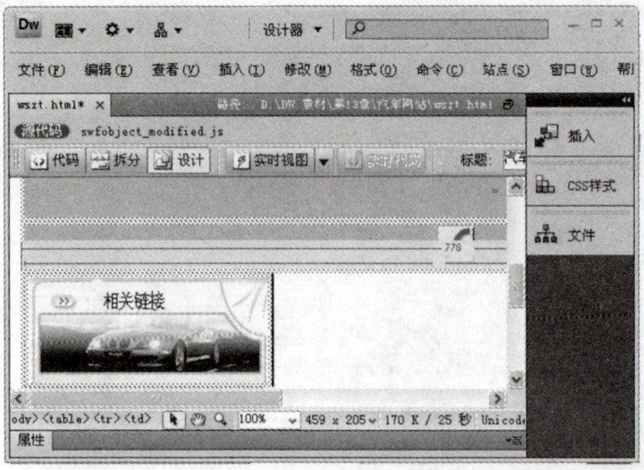

Step 07 选中第 2 个表格适当调整其高度，单击 拆分 按钮，在蓝色区域内，为该表格设置背景图片。

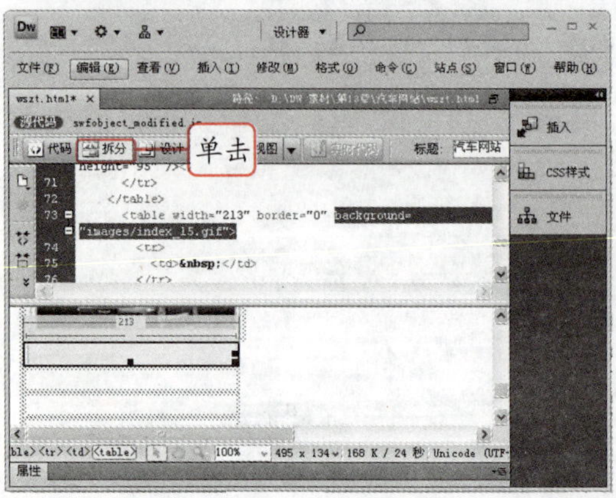

Step 08 将该表格拆分成 4 行 3 列 12 个单元格，并适当调整左右单元格宽度。

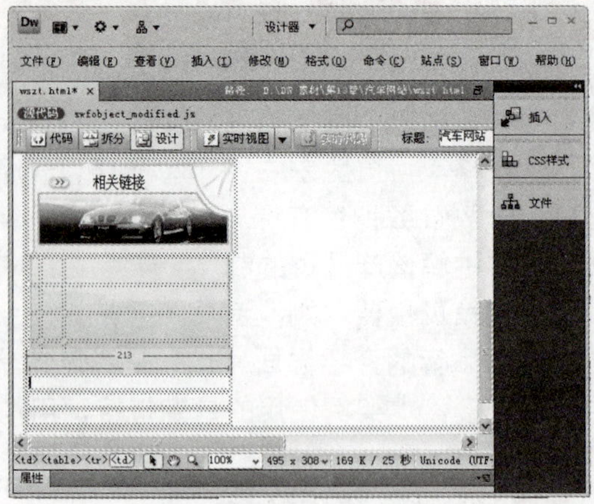

Step 09 将光标定位在第 1 行第 2 列单元格中，选择“插入”|“图像”命令，插入一个装饰图像，并在第 3 列单元格中输入文本文字。

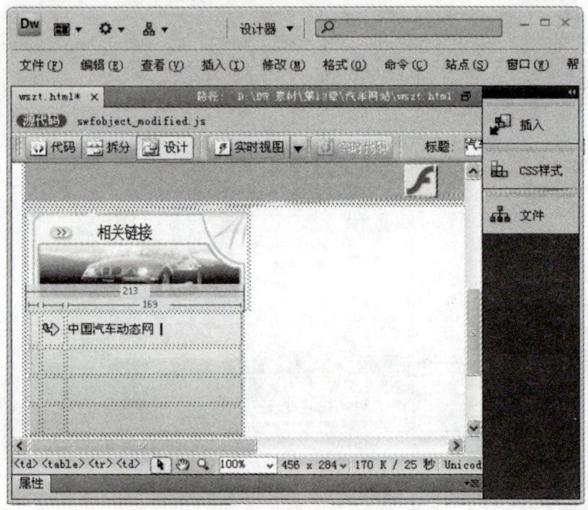

温馨提示牌 Warm and prompt licensing

此处对页面属性的设置，与在首页中对页面属性的设置相同，故不再赘述。另外，本页面涉及的链接，使用的都是空链接。

Step 10 用同样的方法设置其他单元格，设置完成后，将光标定位在每个单元格中单击“常用”工具栏中的 水平线 按钮，在每个文本下方加入一条水平线，来修饰该单元格中的文本。

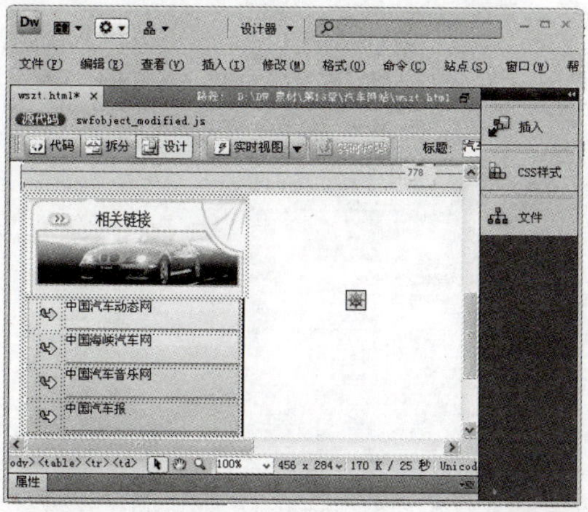

Step 11 将光标定位在第 3 个表格中，插入一幅素材图像。

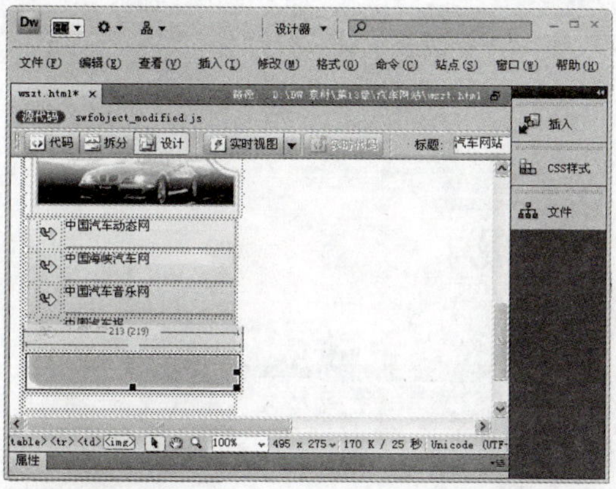

Step 12 将光标定位在第 4 个表格，插入一幅素材图像。

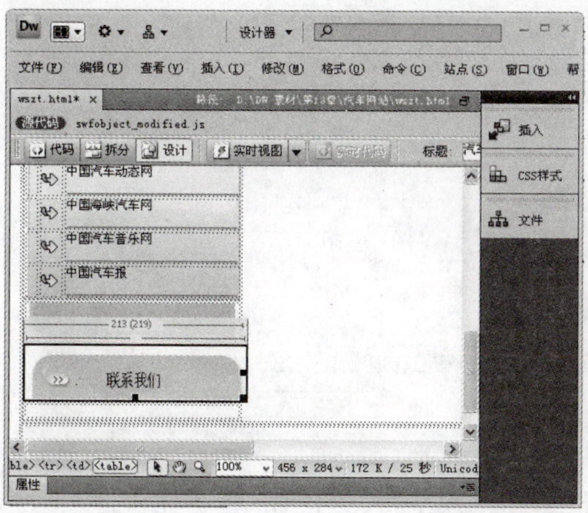

Step 13 将光标定位在第 5 个表格中，设置其背景颜色，并将其拆分成 3 行 2 列 6 个单元格。

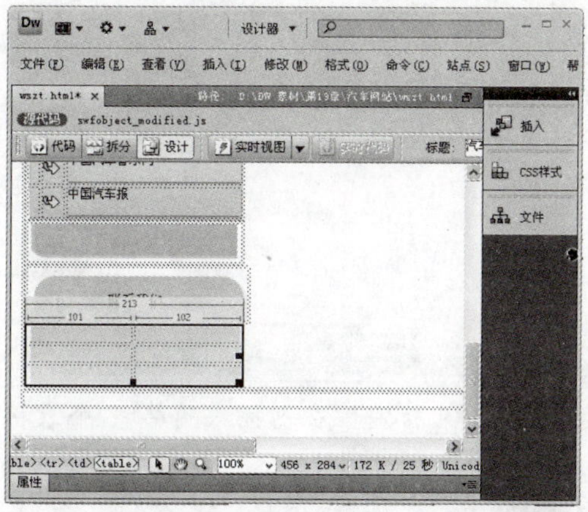

Step 14 适当调整各个单元格的宽度和高度，并在单元格中输入文本内容，如下图所示。

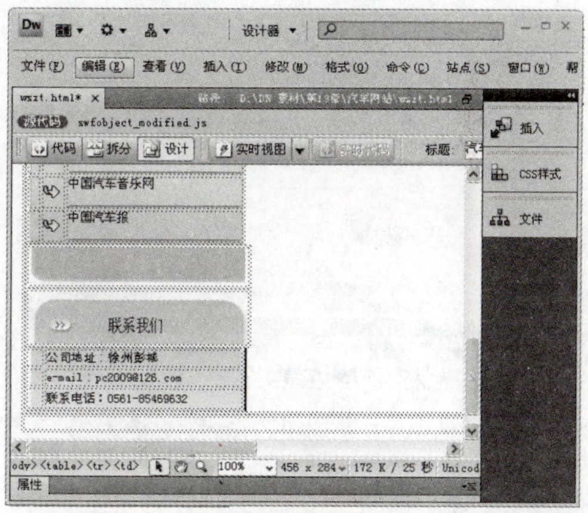

温馨提示牌

Warm and prompt licensing

对于单元格高度的设置，用户可以将光标定位在单元格中，展开“属性”面板，在“高”文本框中输入相应的数值即可。另外也可以在代码编辑区通过输入代码的方式设置单元格高度。

Step 15 将光标定位在主体表格右侧的单元格中，在“属性”面板中设置其“垂直顶端对齐”，并插入 2 个 1 行 1 列、宽度为 555px 的表格。

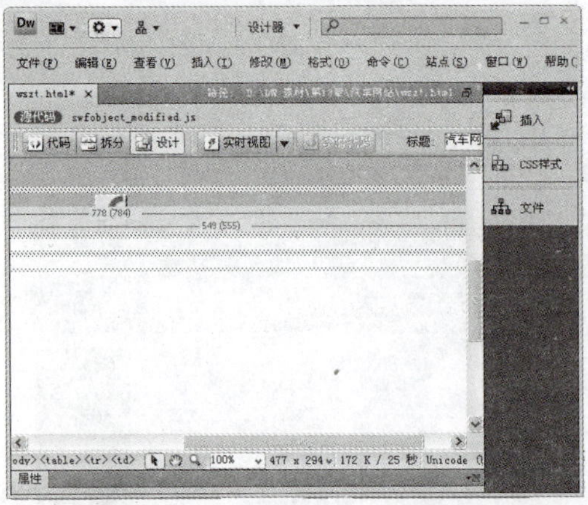

Step 16 将光标定位在刚插入的第 1 个表格中，插入一幅素材图像。

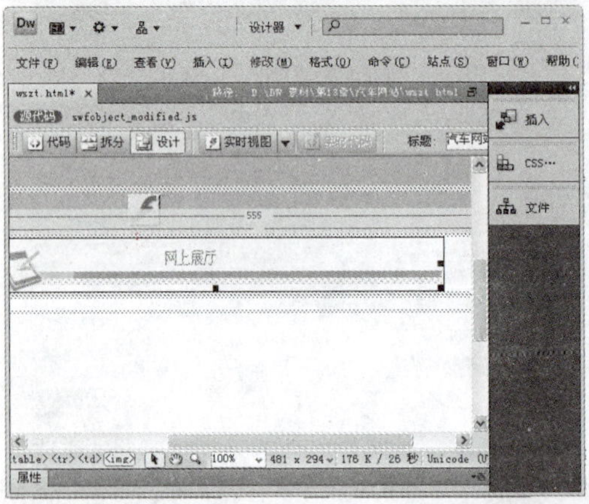

Step 17 将光标定位在第 2 个单元格中，将该表格拆分成 3 行 4 列 12 个单元格。

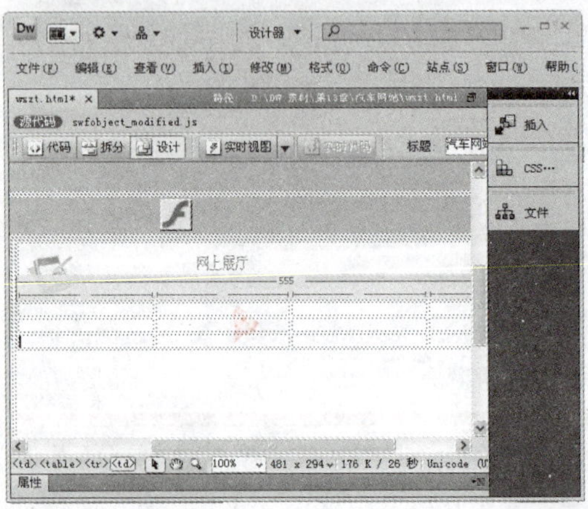

Step 18 将光标定位在第 1 行第 1 列单元格中，插入一个 2 行 1 列、宽度为 120px 的表格。

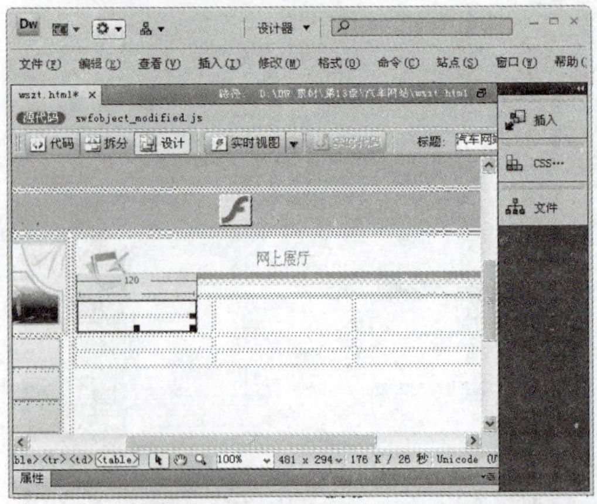

Step 19 将光标定位在第 1 行单元格中，插入一幅素材图像，并在其“属性”面板中设置其“高”和“宽”都为 95px 并为其加入空链接。

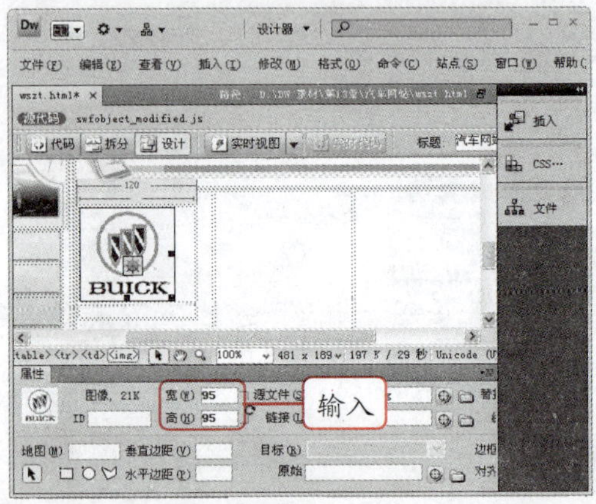

Step 20 将光标定位在第 2 行单元格中，输入文本，并为其加入空链接。

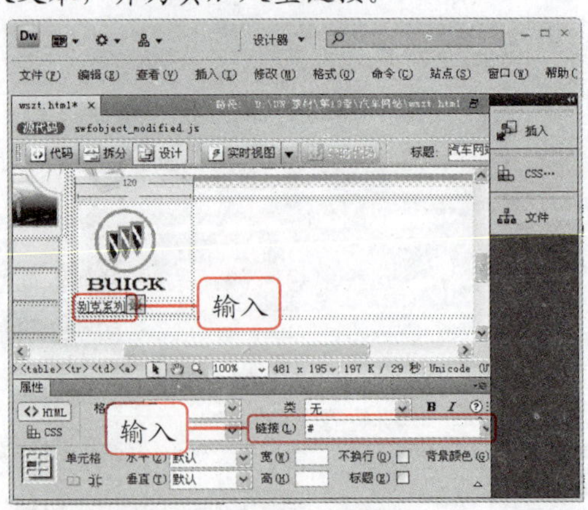

Step 21 重复步骤 18-20，设置其他单元格，最终效果如下图所示。

温馨提示牌 Warm and prompt licensing

至此主体部分设计完毕，但是图片与边框之间，以及两个表格之间都显得非常突兀，所以在此加入前面制作好的 CSS 样式。

Step 22 打开“CSS 样式”面板，单击“附加样式表”按钮。

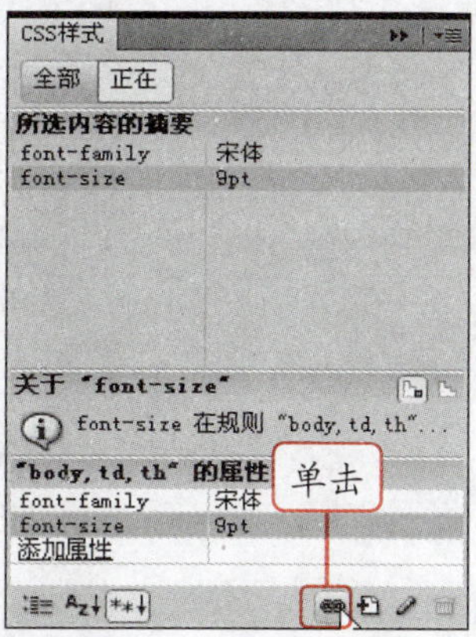

Step 23 打开“链接外部样式表”对话框，在“文件/URL”文本框中输入要导入的 CSS 样式，选择“链接”单选按钮，单击 确定 按钮。

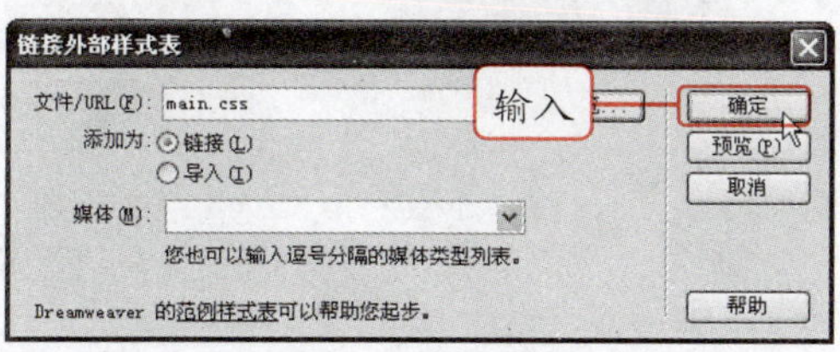

Step 24 在 CSS 样式面板中就链接了一个外部样式表。

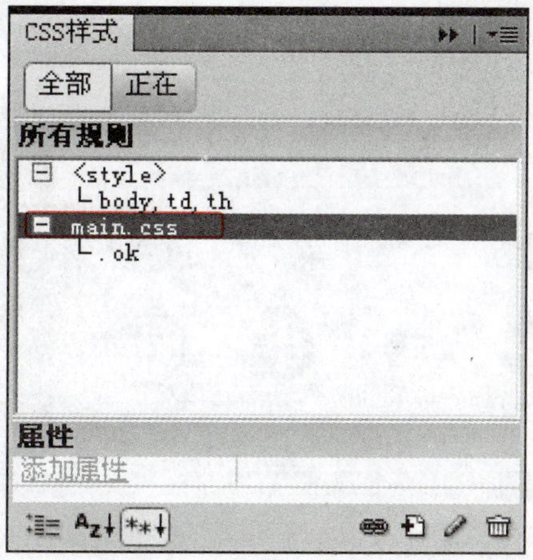

在“标签选择器”中选中要使用该样式的表格，右击鼠标，从弹出的快捷菜单中选择“设置类”|“ok”命令。

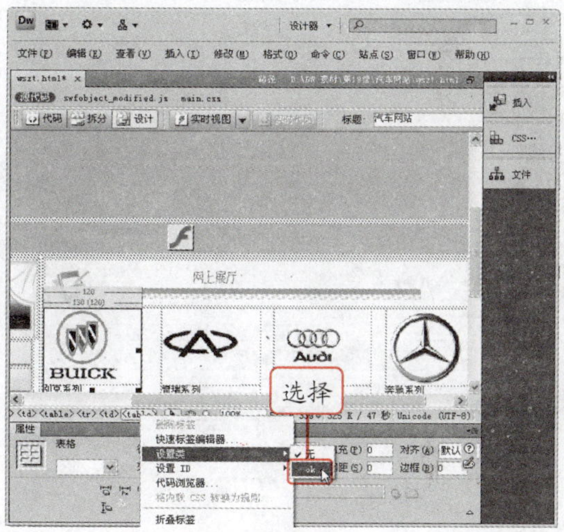

温馨提示牌 Warm and prompt licensing

用户也可以通过如下方式为表格加入样式：选中该表格，右击鼠标，从弹出的快捷菜单中选择“CSS 样式”|“ok”命令即可。

Step 25 依照同样的方法，选中其他表格加入该样式。

Step 26 将光标定位在步骤02中创建的最后1个表格，为其添加背景图片。

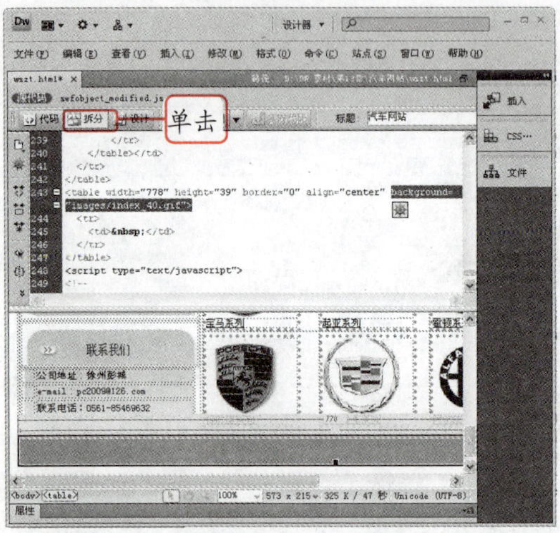

Step 27 将表格拆分成左右 2 列单元格，在左侧单元格中输入公司名称，并设置其“水平居中对齐”。

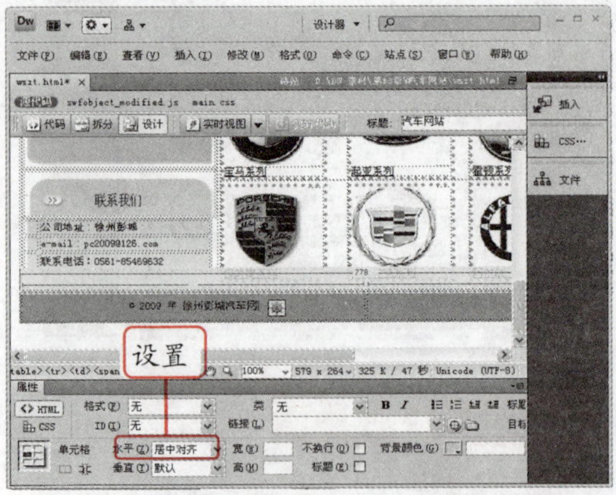

Step 28 在右侧单元格中输入版权信息，并设置其“水平居中对齐”。

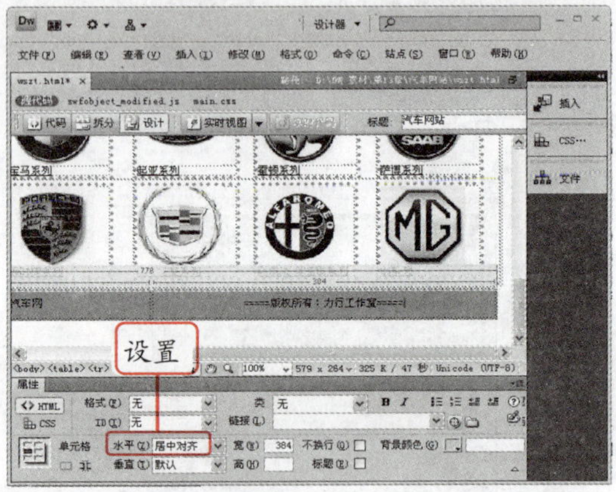